U0387873

先进热能
工程丛书

岑可法 主编

# 过程装备节能技术

# Energy Saving Technologies of Process Equipment

刘宝庆
钱锦远 编著
洪伟荣

化学工业出版社
·北京·

## 内容简介

《过程装备节能技术》以过程工业“三传一反”为纲，分6章系统介绍了过程节能相关的理论、技术和装备成果。第1章在分析过程节能必要性的基础上，概述了能源、节能、过程装备的基本概念以及过程用能分析的基本方法；第2章为动量传递过程装备节能技术，涉及泵、风机、压缩机与阀门节能的理论、技术和典型装备；第3章为热量传递过程装备节能技术，介绍了过程传热、强化传热的理论技术以及微通道换热器、蜂窝夹套换热器、螺旋槽管换热器等新型节能换热器；第4章为质量传递过程装备节能技术，重点介绍了蒸发过程、干燥过程、精馏过程的节能技术与典型节能装备；第5章为反应过程装备节能技术，重点介绍了机械搅拌反应器的混合与传热技术，同时介绍了固定床反应器、移动床反应器、流化床反应器、超临界反应器、超重力旋转填充床反应器和微反应器等典型装备；第6章为过程装备节能技术的评价，介绍了节能技术的经济评价与全生命周期评价等。

本书过程与装备结合，理论与实用并重，经典与前沿兼具，可作为过程工业企业管理人员、工程技术人员的参考书，亦可作为高等院校化学工程与工艺专业、过程装备与控制工程专业以及制药、生物化工、冶金、能源、环境保护等相关专业的教材。

**图书在版编目（CIP）数据**

过程装备节能技术/刘宝庆，钱锦远，洪伟荣编著. —北京：化学工业出版社，2021.10(2023.4重印)

（先进热能工程丛书/岑可法主编）

ISBN 978-7-122-39496-5

Ⅰ.①过… Ⅱ.①刘… ②钱… ③洪… Ⅲ.①化工过程-化工设备-节能 Ⅳ.①TQ051

中国版本图书馆CIP数据核字（2021）第131823号

责任编辑：袁海燕　　文字编辑：陈立璞

责任校对：边　涛　　装帧设计：王晓宇

出版发行：化学工业出版社（北京市东城区青年湖南街13号　邮政编码100011）

印　　装：北京建宏印刷有限公司

710mm×1000mm　1/16　印张20¼　字数350千字

2023年4月北京第1版第2次印刷

购书咨询：010-64518888　　售后服务：010-64518899

网　　址：http://www.cip.com.cn

凡购买本书，如有缺损质量问题，本社销售中心负责调换。

**定　　价：118.00元**

**版权所有　违者必究**

## “先进热能工程丛书”

编委会

**丛书主编**

岑可法

**编委**

倪明江　严建华　骆仲泱　高　翔　郑津洋　邱利民

周　昊　金　滔　方梦祥　王勤辉　周俊虎　程乐鸣

李晓东　黄群星　肖　刚　王智化　俞自涛　洪伟荣

邱坤赞　吴学成　钟　崴

# 丛书序

能源是人类社会生存发展的重要物质基础，攸关国计民生和国家战略竞争力。当前，世界能源格局深刻调整，应对气候变化进入新阶段，新一轮能源革命蓬勃兴起。我国经济发展步入新常态，能源消费增速趋缓，发展质量和效率问题突出，供给侧结构性改革刻不容缓，能源转型变革任重道远。

我国能源结构具有“贫油、富煤、少气”的基本特征，煤炭是我国基础能源和重要原料，为我国能源安全提供了重要保障。随着国际社会对保障能源安全、保护生态环境、应对气候变化等问题日益重视，可再生能源已经成为全球能源转型的重大战略举措。到2020年，我国煤炭消费占能源消费总量的56.8％，天然气、水电、核电、风电等清洁能源消费比重达到了20％以上。高效、清洁、低碳开发利用煤炭和大力发展光电、风电等可再生能源发电技术已经成为能源领域的重要课题。

党的十八大以来，以习近平同志为核心的党中央提出“四个革命、一个合作”能源安全新战略，即“推动能源消费革命、能源供给革命、能源技术革命和能源体制革命，全方位加强国际合作”，着力构建清洁低碳、安全高效的能源体系，开辟了中国特色能源发展新道路，推动中国能源生产和利用方式迈上新台阶、取得新突破。气候变化是当今人类面临的重大全球性挑战。2020年9月22日，中国政府在第七十五届联合国大会上提出：“中国将提高国家自主贡献力度，采取更加有力的政策和措施，二氧化碳排放力争于2030年前达到峰值，努力争取2060年前实现碳中和。”构建资源、能源、环境一体化的可持续发展能源系统是我国能源的战略方向。

当今世界，百年未有之大变局正加速演进，世界正在经历一场更大范围、更深层次的科技革命和产业变革，能源发展呈现低碳化、电力化、智能化趋势。浙江大学能源学科团队长期面向国家发展的重大需求，在燃煤烟气超低排放、固废能源化利用、生物质利用、太阳能热发电、烟气 $CO_2$ 捕集封存及利用、大规模低温分离、旋转机械和过程装备节能、智慧能源系统及智慧供热等方向已经取得了突破性创新成果。先进热能工程丛书是对团队十多年来在国家自然科学基金、国家重点研发计划、国家“973”计划、国家“863”计划等支持下取得的系列原创研究成果的系统总结，涵盖面广，系统性、创新性强，契合我国“十四五”规划中智能化、数字化、绿色环保、低碳的发展需求。

我们希望丛书的出版，可为能源、环境等领域的科研人员和工程技术人员提供有意义的参考，同时通过系统化的知识促进我国能源利用技术的新发展、新突破，技术支撑助力我国建成清洁低碳、安全高效的能源体系，实现“碳达峰、碳中和”国家战略目标。

**中国工程院院士　浙江大学教授**

**岑可法**

**2021 年 7 月**

# 前言

以化工、石化、煤化工、生物化工、制药、能源、冶金、环境保护等行业为代表的过程工业是国民经济的支柱产业，其通过一系列有机结合的工艺过程得以实现，这些工艺过程涉及动量传递过程、热量传递过程、质量传递过程、反应过程、热力过程和机械过程等。作为耗能大户，过程工业生产过程需要消耗大量能源，从建设节约型社会、实现过程工业可持续发展的角度考虑，进行过程工业的节能很有必要。特别是在中国过程工业单位产品能耗较国际平均水平仍有较大差距的情况下，进行过程节能势在必行。

过程装备是实现过程工业生产的硬件设施，过程工艺依靠各种各样的过程装备来实现，过程能耗的很大部分都消耗在过程装备上，因此选用和开发高效过程装备很有必要。但过程装备种类繁多，分类方法多样，不同类型过程装备的节能既有共性也有个性。而“三传一反”是被广泛接受的过程工艺基础，依此分类进行过程装备节能的介绍，有利于兼顾内容的系统性和全面性。

本书系统介绍了动量传递过程装备、热量传递过程装备、质量传递过程装备、反应过程装备的节能技术，同时阐述了过程节能的必要性以及节能技术的评价方法等。本书内容编写力争体现以下特点：

① 内容编排和表达上有所创新。以往对过程节能的介绍更多地将过程与装备分离，内容偏理论或偏应用，本书内容编排以经典的“三传一反”过程原理为主线，融合过程与设备，兼顾基础理论和工程实际，便于读者理论联系实际。

② 力求展示过程装备节能技术的最新成果。有选择地增加了过程节能的新理论、高效节能的新装备、节能评价的新方法等，以体现过程装备节能技术的进展和趋势。

③ 兼顾专业需求，拓宽应用范围。考虑到过程工业学科门类较多的特点，本书更注重专业性和通用性的协调，略去了复杂的演绎推导，重点介绍了各专门过程的节能原理以及高效节能、

量大面广的典型装备。

本书的编写工作由浙江大学刘宝庆、钱锦远、洪伟荣等共同完成。具体编写分工为：刘宝庆编写第1章、第4章、第5章、第6章，钱锦远编写第2章、第3章，洪伟荣参与编写了第2章部分内容。本书成稿，融汇了编著者从事过程装备节能技术研究的成果与心得，同时学习和吸收了相关优秀著作的精华，对编写过程中所参阅文献的原始作者表示诚挚的谢意。编写过程中，浙江大学郑津洋教授、金志江教授、陈志平教授、蒋家羚教授、林兴华教授等对本书编写体系的确定，给予了有益的建议和帮助，研究生徐子龙、王博、杨潮、张子璇、张自强、杨晨、仇畅等参与了图文录入加工等工作，在此一并表示衷心的感谢。

由于编著者水平有限，书中难免有不尽如人意之处，敬请读者批评指正，以利改进和完善，不胜感激。

**编著者**

**2021年3月**

# 目录

第 1 章　绪论　001

1.1　能源概论　002

1.1.1　能源定义　002

1.1.2　能源分类　002

1.1.3　能源评价　005

1.2　节能的概念及必要性　006

1.2.1　节能的定义　006

1.2.2　节能的必要性　007

1.2.3　节能的相关概念　009

1.3　过程用能分析基础　015

1.3.1　热力学分析　015

1.3.2　热经济学分析　018

1.3.3　夹点技术　020

1.4　过程装备概述　027

第 2 章　动量传递过程装备节能技术　029

2.1　动量传递过程节能的理论基础　030

2.1.1　动量传递概论　030

2.1.2　流体流动概述　033

2.1.3　流体流动的基本方程　037

2.1.4　流体流动的阻力　046

2.2　动量传递过程节能技术　050

2.2.1　泵节能技术　050

2.2.2　风机节能技术　061

2.2.3　压缩机节能技术　069

2.2.4　阀门节能技术　078

2.3　动量传递过程节能的典型装备　091

2.3.1　轴流泵　091

2.3.2　动叶可调轴流风机　095

2.3.3　多级轴流压缩机　102

2.3.4 主给水调节阀 106
2.3.5 先导式截止阀 109

第3章 热量传递过程装备节能技术 113

3.1 热量传递过程节能的理论基础 114
3.1.1 传热基础知识 114
3.1.2 强化对流传热的物理机制 120
3.1.3 场协同强化原理 125
3.1.4 强化传热的评价方法 127
3.2 热量传递过程节能技术 129
3.2.1 有源强化技术 130
3.2.2 无源强化技术 136
3.2.3 复合强化技术 156
3.3 热量传递过程节能的典型装备 159
3.3.1 微通道换热器 159
3.3.2 蜂窝夹套换热器 173
3.3.3 螺旋槽管换热器 180

第4章 质量传递过程装备节能技术 187

4.1 质量传递过程节能的理论基础 188
4.1.1 扩散传质 188
4.1.2 对流传质 189
4.1.3 传质工程描述 190
4.2 蒸发过程及蒸发器的节能 192
4.2.1 蒸发过程热力学分析 193
4.2.2 蒸发过程节能技术 198
4.2.3 典型蒸发器 202
4.3 干燥过程及干燥器的节能 205
4.3.1 干燥过程的热力学分析 205
4.3.2 不同干燥方法的比较 209
4.3.3 干燥过程节能技术 212

4.3.4 典型干燥器 215

**4.4 精馏过程及精馏塔的节能 220**

4.4.1 精馏过程热力学分析 221

4.4.2 精馏过程节能技术 222

4.4.3 典型精馏塔 232

第5章 反应过程装备节能技术 236

**5.1 反应过程热力学分析 237**

5.1.1 化学反应有效能的计算 237

5.1.2 实际反应过程有效能损耗及复杂反应的反应有效能估算 238

**5.2 反应过程节能技术 239**

5.2.1 化学反应热的有效利用 239

5.2.2 反应装置的改进 242

5.2.3 催化剂的开发 242

5.2.4 反应与其他过程的结合 243

**5.3 机械搅拌反应器的节能 245**

5.3.1 搅拌混合技术 245

5.3.2 换热技术 259

**5.4 典型反应器 268**

5.4.1 固定床反应器 268

5.4.2 移动床反应器 269

5.4.3 流化床反应器 270

5.4.4 微反应器 272

5.4.5 超临界反应器 276

5.4.6 超重力旋转填充床反应器 279

第6章 过程装备节能技术的评价 284

**6.1 节能技术评价的必要性 285**

**6.2 节能技术经济评价 286**

6.2.1 技术经济基础 286

6.2.2 节能方案经济评价基础 288
6.2.3 节能方案评价方法 290
**6.3 节能技术生命周期评价 295**
6.3.1 生命周期评价的概念及发展历程 295
6.3.2 生命周期评价技术框架 299
6.3.3 节能技术生命周期评价应用策略 301
6.3.4 生命周期评价注意问题及发展趋势 302

附录1 常见物质的热力学性质 304

附录2 理想气体摩尔定压热容的常数 306

附录3 常见气体在不同温度区间的平均摩尔定压热容 308

参考文献 310

# 第1章 绪论

1.1 能源概论
1.2 节能的概念及必要性
1.3 过程用能分析基础
1.4 过程装备概述

# 1.1 能源概论

## 1.1.1 能源定义

能源（energy sources）意为能量的源泉，它是产生各种能量的自然资源，是人类赖以生存、社会得以发展的物质基础。《中华人民共和国节约能源法》（2018 年修正本）中定义的能源是指煤炭、原油、天然气、生物质能和电力、热力以及其他直接或者通过加工、转换而取得有用能的各种资源。

能源是自然界中能够直接或通过转换提供某种形式能量的物质资源，它包含在一定条件下能够提供某种形式能的物质或物质的运动中，也指可以从其获得热、光或动力等形式能的资源，如燃料、流水、阳光和风等。

能源是经济发展的原动力，是现代文明的物质基础。凡是自然界存在的、可以通过科学技术手段转换成各种形式能量（如机械能、热能、电能、化学能、电磁能、原子核能等）的物质资源都称为能源。

能源不是一个单纯的物理概念，还有技术经济的含义。也就是说，必须是那些技术经济上合理、可以得到能量的资源才能称为能源，所以能源的内容随时间在变化。现在指的能源包括天然矿物质燃料（煤炭、石油、天然气、核能）、生物质能（薪柴、秸秆、动物干粪）、天然能（太阳能、水能、地热、风力、潮汐能等）以及这些能源的加工转换制品。在生产和生活过程中，由于需要或为了便于运输使用，常将上述能源经过一定的加工、转换使之成为更符合使用要求的能量来源，即能源加工转换的制品，如焦炭、各种石油制品、煤气、蒸汽、电力、沼气和氢能等。

## 1.1.2 能源分类

根据不同的基准，能源有不同的分类方法。

### 1.1.2.1 按其来源分类

按其来源分类，能源可分为三大类。

第一类，来自地球以外天体的能量，其中最主要的是太阳辐射能。目前人类所用的绝大部分能源，都直接或间接地来源于太阳能。各种植物通过光合作用，把太阳能转化为化学能，在植物体内储存下来，形成生物质能。煤炭、石油、天然气等矿物燃料就是古代动植物沉积在地下经过漫长的地质年代形成的，而其能量来源于固定下来的太阳辐射能。水能、风能、海洋能等也来源于太阳辐射能。太阳的辐射使地球表面的水分蒸发，上升为高空中的水汽，而后又凝结以雨雪的形式返回地面，在高山地区的雨水通过江河流向大海，形成了巨大的水力资源。地球表面各地不均匀的太阳辐射热，使各处大气中的温度和压力不同而导致了空气流动，形成了风能。风力还使海洋表面的水形成了波浪能，由于海洋各处接受太阳辐射强度的不同而形成了海洋能，同时海洋表面和内部温度的不同形成了海洋温差。

从数量上看，太阳能非常巨大。据估计，地球表面一年从太阳获得的总能量可达174000TW。但太阳能能量密度较低，且受到气候变化的影响。当前主要是利用太阳能直接供热，如提供热水、房间采暖、太阳灶做饭、空调制冷、海水淡化、干燥等。除此之外，太阳能光伏发电也已成为现实，具有成本低、维护方便、清洁无污染的优点，且太阳能取之不尽、用之不竭，对降低能源危机和燃料市场不稳定因素的影响大有裨益。

第二类，地球本身蕴藏的能量，主要有地热能和原子核能。地球内部有大量热源，在45亿年以前地球形成以来逐步冷却，至今地球的核心部分仍具有5000℃的高温，因此，地球本身是个大热库。地热能的数量很大，但品位低，因此开发数量不大，仅有一些温泉和少量的地热发电站利用地热能。原子核能是某些物质（如铀、钍、氘和氚等）的原子核在发生反应时释放出来的能量，原子核反应有裂变反应和聚变反应两种。现在各国的核电站，都是使用铀原子裂变时放出的能量，核聚变尚在研究之中。

第三类，地球和其他天体相互作用而产生的能量，如潮汐能。地球和月亮、太阳之间的引力与相对位置的变化，使海水涨落形成了潮汐能。目前人类对潮汐能还利用得很少，仅建成少量的潮汐发电站。

#### 1.1.2.2 按能源的转换和利用层次分类

按有无加工转换，可将能源分为三大类。

（1）一次能源

自然界自然存在的、未经加工或转换的能源。如原煤、石油、天然气、天然铀矿、水能、风能、太阳辐射能、海洋能、地热能、薪柴等。

根据能否再生，一次能源可再分为可再生能源与非再生能源。

① 可再生能源：指那些可以连续再生，不会因使用而日益减少的能源。这类能源大都直接或间接来自太阳，如太阳能、水能、风能、海洋能、地热能、生物质能等。

② 非再生能源：指那些不能循环再生的能源，如煤炭、石油、天然气、核燃料等。它们随人类的使用而越来越少。

（2）二次能源

为满足生产工艺或生活上的需要，由一次能源加工转换而成的能源产品。如电、蒸汽、煤气、焦炭、各种石油制品。

（3）终端能源

通过用能设备供消费者使用的能源。二次能源或一次能源一般经过输送、储存和分配成为终端使用的能源。

#### 1.1.2.3 按使用状况分类

按人类使用能源的状况，又可将能源分为常规能源和新能源。

第一类，常规能源：指那些开发技术比较成熟、生产成本比较低、已经大规模生产和广泛利用的能源，如煤炭、石油、天然气、水力等。

第二类，新能源：指目前尚未得到广泛使用、有待科学技术的发展以期更经济有效开发的能源，如太阳能、地热能、潮汐能、风能、生物质能、原子能等。

这种分类是相对的。例如核裂变应用于核电站，目前基本上已经成熟，即将成为常规能源。即使是常规能源，目前也在研究新的利用技术。如磁流体发电，就是利用煤、石油、天然气作燃料，把气体加热成高温等离子体，在通过强磁场时直接发电。又如风能、沼气等，使用已有多年历史，但目前又采用现代技术加以利用，也把它们作为新能源。

目前生物质能的利用越来越受到关注。生物质能是太阳能的一种存在形式，它是通过生物的光合作用把光这种过程性能源转化为化学能保存在了生物质中。它的使用量仅次于煤、石油、天然气排在第 4 位，但一直以相对分散的形式利用。例如秸秆的气化、生物质制氢气、能源植物的利用。能源植物是指那些具有较高还原成烃的能力、可以产生接近石油成分或石油替代品的富含油的植物。

#### 1.1.2.4 按对环境的污染程度分类

按对环境的污染程度，能源可分为清洁能源和非清洁能源。

第一类，清洁能源：无污染或污染小的能源，如太阳能、风能、水力、海洋能、氢能、气体燃料等。

第二类，非清洁能源：污染大的能源，如煤炭、石油等。

除了上述四种常见的分类方法外，世界能源委员会推荐的能源分类更为直接，直接按能源的性质分类，分为固体燃料（solid fuels）、液体燃料（liquid fuels）、气体燃料（gaseous fuels）、水能（hydropower）、核能（nuclear energy）、电能（electrical energy）、太阳能（solar energy）、生物质能（biomass energy)、风能（wind energy）、海洋能（ocean energy）、地热能（geothermal energy）。

### 1.1.3 能源评价

能源多种多样，各有优缺点。为了正确地选择和使用能源，必须对各种能源进行正确的评价。通常评价的方面有以下几项。

（1）储量

作为能源的一个必要条件是储量要足够丰富。在考察储量的同时还要对能源的可再生性和地理分布作出评价。比如太阳能、风能、水能等为可再生能源，而煤炭、石油、天然气则不能再生。能源的地理分布和使用关系密切，例如我国煤炭资源多在华北，水能资源多在西南，工业区却在东部沿海，因此能源的地理分布对使用很不利。

（2）品位问题

能源的品位有高低之分，例如水能能够直接转变为机械能和电能，它的品位要比先由化学能转变为热能，再由热能转换为机械能的化石燃料高些。另外，热机中，热源的温度越高、冷源的温度越低，则循环的热效率就越高，因此温度高的热源品位比温度低的热源高。在使用能源时，要适当安排不同品位的能源。

（3）能流密度

能流密度是指在一定空间或面积内，从某种能源中所能得到的能量。显然，如果能流密度小，就很难用作主要能源。太阳能和风能的能流密度就很小，各种常规能源的能流密度都比较大，核燃料的能流密度最大。

（4）储能的可能性与功能的连续性

储能的可能性是指能源不用时是否可以储存起来，需要时是否能立即供应。在这方面，化石燃料容易做到，而太阳能、风能则相对困难。功能的连续性，是指能否按需要和所需的速度连续不断地供给能量。

（5）开发费用和利用能源的设备费用

太阳能和风能不需要任何成本就可以得到。各种化石燃料从勘探、开采到加工都需要大量投资。但利用能源的设备费则正好相反，利用太阳能、风能和海洋能的设备费按每千瓦计远高于利用化石燃料的设备费。核电站的核燃料费远低于燃油电站，但其设备费却高得多。

（6）运输费与损耗

太阳能、风能和地热能等很难运输，但化石燃料却容易从产地输送到用户。核电站燃料的运输费极少，而燃煤电站输送煤的费用却很高，这是因为核燃料的能流密度是煤的几百倍。

(7) 污染问题

使用能源一定要考虑对环境的影响。化石燃料对环境的污染大，太阳能、风能等对环境基本没有污染。

# 1.2 节能的概念及必要性

## 1.2.1 节能的定义

简单地说，节能就是节约能源。狭义而言，节能就是节约石油、天然气、电力、煤炭等能源；而更为广义的节能是节约一切需要消耗能量才能获得的物质，如自来水、粮食、布料等。但是节约能源并不是不用能源，而是善用能源、巧用能源，充分提高能源的使用效率，在维持目前的工作状态、生活状态、环境状态前提下，减少能量的使用。1998 年开始实施的《中华人民共和国节约能源法》，2018 年的修正本对节能的定义如下：“节能是指加强用能管理，采取技术上可行、经济上合理以及环境和社会可以承受的措施，从能源生产到消费的各个环节，降低消耗、减少损失和污染物排放、制止浪费，有效、合理地利用能源。”

分析《中华人民共和国节约能源法》对节能的定义，可以发现该法对于节能工作从管理、技术、经济、环境和社会四个层面给出了全面的定义。

首先是从管理的层面指出节能工作必须从管理抓起，加强用能管理，向管理要能源。国家通过制定节能法律、政策和标准体系，实施必要的管理行为和节能措施；用能单位注重提高节能管理水平，运用现代化的管理方法，减少能源利用过程中的各项损失和浪费；杜绝在各行各业中存在的能源管理无制度、能源使用无计量、能源消耗无定额、能源节约奖励制度不落实现象，从管理开始抓好节能工作。

其次是从技术的层面指出节能工作必须技术上可行，也就是说节能工作必须符合现代科学原理和先进工艺制造水平，它是实现节能的前提。任何节能措施，如果在技术上不可行，它就不仅不具有节能效果，甚至还会造成能源的浪费、环境的污染、经济的损失，严重的还可能造成安全事故等。

然后是从经济的层面指出节能工作必须经济上合理。任何一项节能工作都必须经过技术经济论证，只有那些投入和产出比例合理、有明显经济效益的项目才可以进行实施。否则，尽管有些节能项目具有明显的节能效果，但是没有经济效益，也就是节能不节钱，甚至是节能费钱，那就没有实施的必要。

最后是从环境和社会的角度指出任何节能措施都必须符合环境保护的要求、安全实用、操作方便、价格合理、质量可靠并符合人们的生活习惯。如果某项节能措施不符合环保要求，在安全、质量等方面存在问题，或者不符合人们的生活习惯，即使经济上合理，也不能作为法律意义上的节能措施加以推广。夏时制是一项非常有效的节能措施，实行夏时制可以充分利用太阳光照，节约照明用电，现在很多国家特别是西方发达国家都在实行。而我国在实施一段时间后，就停了下来，没有推开。主要原因是我国横跨许多时区，如果全国统一，就会给某些地区人们的生活带来不便；如果全国不统一，那对人们坐飞机、火车等出行来说十分地不便，夏时制所带来的节能效果将被这些无效的工作消弭，综合的社会效果很可能不节能，甚至是浪费能量，这也是我国最终停止实施夏时制的原因之一。

各行各业对节能的定义也有不同的阐述，如化工企业节约能源的定义是：在满足相同需求或达到相同生产条件下使能源消耗减少（即节能），能源消耗的减少量即为节能量。在这个定义中，必须注意到在化学工业节能中必须满足两个前提条件中的一个，否则就不是节能。比如在某工艺中每小时需要1.0MPa的水蒸气1t，如果通过减少水蒸气的流量或减小压力从而使消耗的能量减少，就认为是节能了，这就错了，因为它没有满足相同的需求。

对日常生活而言，我们所说的节能并不是说少用能源或不用能源，而是在目前技术可行的前提下善用能源、巧用能源，充分发挥所用能源的一切价值，减少不必要的浪费，提高能源的使用效率。

总之，节能工作必须从能源生产、加工、转换、输送、储存、供应，一直到终端使用等所有的环节加以重视，对能源的使用做到综合评价、合理布局、按质用能、综合利用、梯级用能，在符合环保要求并具有经济效益的前提下高效利用好能源。

### 1.2.2　节能的必要性

人类目前正在大规模使用的石油、天然气、煤炭等矿石资源是非再生能源，它们在地球地质年代形成，在人类可预期的时间内不能再生。就目前已探明的储量而言，势必有枯竭之日。据《BP世界能源统计年鉴（2019年版）》资料介绍，以目前探明储量计算，全世界石油还可以开采50年，天然气和煤炭的形势也不容乐观。试想，地球上可开采的矿石资源消耗殆尽之时，人类该如何面对？这将是一个关乎全人类生存的严峻问题。可再生能源主要是通过自然界中一些周而复始的自然现象来获取的能源，如水能、风能、潮汐能、太阳能等能源，但获取这些能源有些需要较大的初始投资，有些则存在供给不稳定及能流密度不高的缺点。综上所述，人类如果无节制地滥用能源，不仅有限的不可再生能源将加速消耗，即使是可再生能源也无法满足人类对能源日益增加的需求，将给人类带来毁灭性的灾难。正如美国科学家麦克·科迈克所说："如果不及早采取'开源节流'的有效措施，总有一天，能量的消耗将大于各种来源的能源，而这一天或迟或早都要来到，谁也不能例外。"因此从现在开始，节约能源，善用能源，提高能源利用率及单位能源产生的综合经济效益，是目前在能源消耗过程中必须解决的现实问题。世界各国把节能视为一种独立能源，称为第五大能源，前面的四大常规能源分别为煤炭、石油、天然气和水力。

我国是一个能源比较丰富的国家，能源生产总量居世界第二位，仅次于美国。如果单纯从总量上来说确实如此，如我国的煤炭储量、水力资源等确实位居世界前列，但考虑到我国庞大的人口基数，人均能源储量远远低于世界平均水平。我国整体的能源使用效率相对于发达国家严重偏低，只相当于节能水平最高国家的50%左右，无论是我们的单位国内生产总值还是钢铁、化肥等单位产量所消耗的能量都高于发达国家的平均水平。面对人均能源储量偏低且单位产值能源消耗偏高的现实，节约能源不仅是一件十分迫切的任务，而且是一项大有作为的事业。据有关资料介绍，如果采取有效的节能措施，提高能量的有效利用率10%，则通过节能得到的能源量将达到目前世界上使用的水能、核能之和；如果能源有效利用率提高20%左右，节省的能源量将达到目前世界上已知的天然气储量。目前，我国的能源整体利用率约为33%，节能的潜力非常巨大。如按中等发达国家的能源利用率来计算，我国现在完全可以在能源消费零增长的条件下实现经济增长，逐步达到发达国家的经济发展水平。

然而，现实是十分残酷的，要提高我国整体的能源利用率，达到或接近国际先进水平，仍需要我们付出艰巨的努力。能源危机迫近的信号正在我国时隐时现，华东、华南地区的电荒，全国局部范围内的油荒、气荒，以及不断提高的石油对外依存度，给我们敲响了警钟。国际上因能源问题引发的各种冲突日益增多，能源问题已不是一个国家的经济问题那么简单，它已涉及国家安全的战略问题。更何况我国刚迈入小康社会，在向富裕型社会转变的进程中，人均能源消耗量势必不断增加，如果不节约能源，不采取节能措施，试想一下，我们仍保持目前较低的能源利用率，而人均能源消耗的水平达到发达国家的水平，到那时，我们的能源总需求量将是目前的十倍以上。尽管可以开发新的能源以及通过进口来弥补能源缺口，但这不仅需要消耗大量的外汇，也影响到国家的能源安全。因此，节约能源、提高能源利用率，不仅仅是经济问题，还是涉及国家战略安全的大问题。

节约能源、提高能源利用率，可在相同 GDP 的情况下，降低能源消耗的总量，减少二氧化碳的排放量，对保护地球环境、建立和谐社会也具有积极的社会意义。综上所述，节能是解决能源供需矛盾的重要途径，是从源头治理环境污染的有力措施，也是经济可持续发展的重要保证。

我国目前的能源政策是“开发与节约并举，把节约放在首位”，依法保护和合理使用资源，保护环境，提高资源的利用效率，实现可持续发展。对于各种企业实施节能，不仅可以降低企业的能耗成本，提高企业的经济效益，而且有助于缓解能源供应和建设压力，减少废气污染，保护环境。如对我国新建和已建的非节能建筑实施节能措施，不仅有利于国民经济的发展，保护环境和节约社会资源，更重要的是还可以拉动建筑节能相关产业的发展，提高人们的生活水平。

对公司企业而言，减少能源消耗方面的费用支出可直接改善公司企业现金流，降低整体运营成本，增加公司企业当期利润，提高公司企业的成本优势和市场竞争力，使公司企业获得持续健康发展。公司企业实施节能改进，减少电力消耗，可以间接减少因煤炭火力发电而产生的二氧化碳、二氧化硫和氮氧化物废气排放量，减少空气污染，促进城市环境治理，为环保事业做贡献。

### 1.2.3　节能的相关概念

节能工作中，会涉及各种各样与节能有关的概念或术语，下面收集了几个较常见或重要的概念或术语，以便加深对节能相关知识的理解。

(1) 标准（当量）能源

在有关节能的文献中，经常可以看到用标准（当量）能源来表示能源的消耗量，如标准煤、标准油。利用标准当量作为能源消耗的单位，可以将不同的能源折算成某一种能源，同时又可将该种能源的不同品种折算成理论上的标准能源，这样大大方便了人们的节能统计。标准当量以该物质的燃烧热值为基准，1kg 标准煤＝7000kcal，1kg 标准油＝10000kcal。由于 cal 不是能量的国际单位，需要将其换算成国际单位焦耳（J），一般情况下可以利用

1cal＝4.1868J 进行换算，但需要注意的是其换算系数在具体应用时需要根据实际情况加以选用。如在工程中使用时，一般使用 1cal＝4.1868J；而在热力学中则采用热化学卡（$cal_{th}$），其含义是 1g 水在 1atm（1atm＝101325Pa）自 14.5℃变到 15.5℃所吸收的热量，其换算关系是 $1cal_{th}$＝4.184J。

文献中有时直接用英文缩写表示能源单位，如 Mtce 表示百万吨标准煤（或煤当量），Mtoe 表示百万吨标准油（或油当量），tce 表示吨标准煤，toe 表示吨标准油。

（2）发热量

发热量是指单位质量（固体、液体）或体积（气体）物质完全燃烧，且燃烧产物冷却到燃烧前的温度时发出的热量，也称热值，单位为 kJ/kg 或 $kJ/m^3$。具体应用中，又将发热量分为高位发热量和低位发热量。高位发热量是指燃料完全燃烧，且燃烧产物中的水蒸气全部凝结成水时所放出的热量；低位发热量是燃料完全燃烧，而燃烧产物中的水蒸气仍以气态存在时所放出的热量。显然，低位发热量在数值上等于高位发热量减去水的汽化潜热。对于燃烧设备，如锅炉中燃料燃烧时，燃料中原有的水分及氢燃烧后生成的水均呈蒸汽状态随烟气排出，因此低位发热量接近实际可利用的燃料发热量，所以在热力计算中均以低位发热量作为计算依据。表 1-1 为常见燃料的低位发热量概略值。

**表 1-1　常见燃料的低位发热量概略值**　　单位：$10^3 kJ/kg$

| 固体燃料 | 热值 | 液体燃料 | 热值 | 气体燃料 | 热值 |
|---|---|---|---|---|---|
| 木材 | 13.8 | 原油 | 41.82 | 天然气 | 37.63 |
| 泥煤 | 15.89 | 汽油 | 45.99 | 焦炉煤气 | 18.82 |
| 褐煤 | 18.82 | 液化石油气 | 50.18 | 高炉煤气 | 3.76 |
| 烟煤 | 27.18 | 煤油 | 45.15 | 发生炉煤气 | 5.85 |
| 木炭 | 29.27 | 重油 | 43.91 | 水煤气 | 10.45 |
| 焦炭 | 28.43 | 焦油 | 37.22 | 油气 | 37.65 |
| 焦块 | 26.34 | 甲苯 | 40.56 | 丁烷气 | 126.45 |
| | | 苯 | 40.14 | | |
| | | 酒精 | 26.76 | | |

（3）能源效率

能源系统的总效率由三部分组成：开采效率、中间环节效率和终端利用效率。其中开采效率是指能源储量的采收率，如原油的采收率、煤炭的采收率。一般而言，这一环节的效率是最低的。中间环节效率包括能源加工转换效率和储运效率，如原油加工成汽油、柴油的效率，将原煤加工成焦炭的效率，将煤矿的原煤运至发电厂发电的效率。终端利用效率是指终端用户得到的有用能与过程开始时输入的能量之比，如电力用户通过电力获得的所需能量（热能、机械能）与输入电力之比。通常将中间环节效率和终端利用效率的乘积称为能源效率。如1992年我国能源效率为29%，约比国际先进水平低10%，终端利用效率也低10%以上，目前我国的能源效率约为40%。

（4）能源折算系数

在节能统计工作中，为了方便，需将不同能源及物质的消耗折算成某一标准能源，如标准煤、标准油。表1-2是一些常用能源及物质消耗的折算系数。

要计算某种能源折算成标准煤或标准油的数量，首先要计算这种能源的折算系数。能源折算系数可由下式求得：

$$能源折算系数=能源实际发热量/标准煤热值 \tag{1-1}$$

**表1-2　常用能源及物质消耗的折算系数**

| 名称 | 折标准煤系数 | 名称 | 折标准煤系数 |
|---|---|---|---|
| 原煤 | 0.7143 | 热力 | 0.03412kgce/MJ |
| 洗精煤 | 0.9000 | 电力 | 0.4040kgce/(kW·h) |
| 洗中煤 | 0.2857 | 外购水 | 0.0857kgce/t |
| 煤泥 | 0.2857～0.4286 | 软水 | 0.4857kgce/t |
| 焦炭 | 0.9714 | 除氧水 | 0.9714kgce/t |
| 原油 | 1.4286 | 压缩空气 | 0.0400 |
| 燃料油 | 1.4286 | 鼓风 | 0.0300 |
| 汽油 | 1.4714 | 氧气 | 0.4000 |
| 煤油 | 1.4714 | 氮气 | 0.6714 |
| 柴油 | 1.4571 | 二氧化碳气 | 0.2143 |
| 液化石油气 | 1.7143 | 氢气 | 0.3686 |
| 油田天然气 | 1.3300kgce/$m^3$ | 低压蒸汽 | 128.6kgce/t |
| 气田天然气 | 1.2143kgce/$m^3$ | | |

注：kgce表示1kg标准煤的能量。

然后再根据该折算系数，计算出具有一定实物量的该种能源折算成标准煤或标准油的数量。其计算公式如下：

$$能源标准燃烧数量=能源实物量\times能源折算系数 \tag{1-2}$$

由于各种能源的实物量折算成标准煤或标准油数量的方法相同，下面以标准煤折算方法为例加以说明。

① 燃料能源的当量计算方法，即以燃料能源的应用基低位发热量为计算依据。例如，我国某地产原煤 1kg 的平均低位发热量为 20934kJ(5000kcal)，则：

原煤的折标准煤系数＝20934÷29308＝0.7143(5000÷7000＝0.7143)

如果某企业消耗了 1000t 原煤，折合为标准煤即：

1000×0.7143＝714.3(tce)

② 二次能源及耗能工质的等价计算方法，即以等价热值为计算依据。例如，目前我国电的等价热值为 11840kJ/(kW·h) 或 2828kcal/(kW·h)，则：

电的折标准煤系数＝11840÷29308＝0.404[kgce/(kW·h)]

如果某单位消耗了 1000kW·h 电量，折算成标准煤即为：

1000×0.404＝404(kgce)

又如某厂以压缩空气作为耗能工质，假设 1$m^3$ 压缩空气的等价热值为 1173kJ，则：

压缩空气的折标准煤系数＝1173÷29308＝0.0400(kgce/$m^3$)

如果该厂消耗了 1000$m^3$ 压缩空气，折算成标准煤即为：

1000×0.0400＝40.0(kgce)

需要注意的是，二次能源及耗能工质的等价计算方法主要用于计算能源消耗量，在考察能量转换效率和编制能量平衡表时，所有能源折算为标准煤时都应以当量热值为计算依据。

应当说明的是，在进行企业节能减排时一般应以实测单位质量或单位体积的发热值为准。电的折标准煤系数一般采用 0.404kgce/(kW·h)；在对原煤缺乏相关实测数据时，原煤的折标准煤系数可以采用 0.7143。

(5) 单位 GDP 能耗

单位 GDP 能耗指每单位 GDP 消耗的能量，一般用“吨标准煤/万元”作单位。不同年份进行比较研究时，需将 GDP 进行折算，一般以某一年的不变价进行折算。表 1-3 是 2015～2018 年我国单位 GDP 能耗数据。

**表 1-3 2015～2018 年能源消费弹性系数及产值能耗**

| 年份 | 能源生产总量/万吨标煤 | 能源消费总量/万吨标煤 | 能源消费比上年增长/% | 能源消费弹性系数 | 万元 GDP 能耗/(吨标煤/万元) |
| --- | --- | --- | --- | --- | --- |
| 2015 年 | 361476 | 429905 | 0.96 | 0.14 | 0.63 |
| 2016 年 | 346037 | 435819 | 1.38 | 0.21 | 0.60 |
| 2017 年 | 359000 | 448529 | 2.92 | 0.42 | 0.57 |
| 2018 年 | 359000 | 464000 | 3.45 | 0.5 | 0.55 |

注：本表数据来源于《中国统计年鉴（2019）》。

（6）单位工业增加值能耗

单位工业增加值能耗指一定时期内，一个国家或地区每产生一个单位的工业增加值所消耗的能源，是工业能源消费量与工业增加值之比。需要注意的是工业增加值和工业产值的区别。工业增加值是工业生产过程中增值的部分，是指工业企业在报告期内以货币形式表现的工业生产活动的最终成果，是企业全部生产活动的总成果扣除在生产过程中消耗或转移的物质产品和劳务价值后的余额，是企业生产过程中新增加的价值。计算工业增加值通常采用两种方法：一是生产法，即从工业生产过程中产品和劳务价值形成的角度入手，剔除生产环节中间投入的价值，从而得到新增价值的方法，其计算公式为：工业增加值＝现价工业总产值－工业中间投入＋本期应交增值税；二是分配法，即从工业生产过程中制造的原始收入初次分配的角度，对工业生产活动最终成果进行核算的一种方法，其计算公式为：工业增加值＝工资＋福利费＋折旧费＋劳动待业保险费＋产品销售税金及附加费＋应交增值税＋营业盈余或工业增加值＝劳动者报酬＋固定资产折旧＋生产税净额＋营业盈余。

（7）能源消费弹性系数

能源消费弹性系数是能源消费的年增长率与国内生产总值年增长率之比。世界各国经济发展的实践证明，在经济正常发展的情况下，能源消耗总量、能源消耗增长速度与国内生产总值、国内生产总值增长率成正比例关系。这个数值越大，说明国内生产总值每增加1%，能源消费的增长率越高；这个数值越小，则能源消费的增长率越低。能源消费弹性系数的大小与国民经济结构、能源利用效率、生产产品的质量、原材料消耗、运输以及人民生活需要等因素有关。

世界经济和能源发展的历史显示，处于工业化初期的国家，经济的增长主要依靠能源密集工业的发展，能源效率也较低，因此能源消费弹性系数通常大于1。例如，目前处于发达国家的英国、美国等在工业化初期，能源消费增长率比工业产值增长率高一倍以上；进入工业化后期，由于经济结构转换及技术进步促使能源消费结构日益合理，能源使用效率提高，单位能源增加量对GDP的增加量变大，从而使能源消费弹性系数小于1。尽管各国的实际条件不同，但只要处于类似的经济发展阶段，它们就具有大致相近的能源消费弹性系数。发展中国家的能源消费弹性系数一般大于1，工业化国家的能源消费弹性系数大多小于1；人均收入越高，能源消费弹性系数越低。表1-4是几个发达国家在工业化初期的能源消费弹性系数。我国的能源消费弹性系数见表1-3。

**表 1-4 几个发达国家在工业化初期的能源消费弹性系数**

| 国家 | 产业革命开始年份 | 初步实现工业化年份 | 工业化初期能源消费弹性系数 | 初步实现工业化时人均能耗（以标准煤计）/t | 能源效率/% | |
|---|---|---|---|---|---|---|
| | | | | | 1860 年 | 1950 年 |
| 英国 | 1760 年 | 1860 年 | 1.96(1810～1860 年) | 2.93 | 8 | 24 |
| 美国 | 1810 年 | 1900 年 | 2.76(1850～1900 年) | 4.85 | 8 | 30 |
| 法国 | 1825 年 | 1900 年 | | 1.37 | 12 | 20 |
| 德国 | 1840 年 | 1900 年 | 2.87(1860～1900 年) | 2.65 | 10 | 20 |

（8）需求侧管理（DSM）

需求侧管理是英文 demand side management 的翻译，简称 DSM，是对用电用户用电负荷实施的管理。这一概念最早在 20 世纪 70 年代由美国环境保护基金会提出，并于 20 世纪 90 年代初传入我国。这种管理是国家通过政策措施引导用户高峰时少用电、低谷时多用电，提高供电效率、优化用电方式的办法。这样可以在完成同样用电功能的情况下减少电量消耗和电力需求，从而缓解缺电压力，降低供电成本和用电成本，使供电和用电双方得到实惠，达到节约能源和保护环境的长远目的。目前，美国、日本、加拿大、德国、法国、意大利等国家都有一支庞大的队伍从事需求侧管理工作，将需求侧管理近似当作一种电力能源来管理。

（9）能源效率标识

能源效率标识是表示用能产品能源效率等级等性能指标的一种信息标识，属于产品符合性标志的范畴。我国的能源效率标识张贴是强制性的，采取由生产者或进口商自我声明、备案、使用后监督管理的实施模式。产品上粘贴能源效率标识表明标识使用人声明该产品符合相关的能源效率国家标准要求，接受相关机构和社会的依法监督。我国现行的能效标识为背部有黏性的、顶部标有“中国能效标识（CHINA ENERGY LABEL）”字样的、蓝白背景的彩色标签，一般粘贴在产品的正面面板上。电冰箱能效标识的信息内容包括产品的生产者、型号、能源效率等级、24 小时耗电量、各间室容积、依据的国家标准号。空调能效标识的信息包括产品的生产者、型号、能源效率等级、能效比、输入功率、制冷量、依据的国家标准号。能效标识直观地明示了家电产品的能源效率等级，而能源效率等级是判断家电产品是否节能的最重要指标，产品的能源效率等级越低，其能源效率越高，表示节能效果越好，越省电。能效标识按产品耗能的程度由低到高，依次分成 5 级：等级 1 表示产品达到国际先进水平，最节电，即耗能量低；等级 2 表示比较节电；等级 3 表示产品能源效率为我国市场的平均水平；等级 4 表示产品能源效率低于我国市场的平均水平；等级5是市场准入指标；低于5级的产品不允许上市销售。即使是进口商品，在能效标识上也应先“中国化”后才可在国内市场销售。我国自2005年3月1日起率先从冰箱、空调这两个产品开始实施能源效率标识制度。

（10）节能认证

节能产品认证是指依据国家相关的节能产品认证标准和技术要求，按照国际上通行的产品质量认证规定与程序，经中国节能产品认证机构确认并通过颁布认证证书和节能标志，证明某一产品符合相应标准和节能要求的活动。我国节能产品认证为自愿认证。我国的节能产品认证工作接受国家市场监督管理总局的监督和指导，认证的具体工作由通过国家认证认可监督管理委员会认可的独立机构，依据相关法规、规章的要求组织实施。

（11）温室效应及温室气体

温室效应原是指在密闭的温室中，玻璃、塑料薄膜等可使太阳辐射进入温室，而阻止温室内部的辐射热量散失到室外去，从而使室内温度升高，产生温室效应。但目前一般是指地球大气的温室效应。由于包围地球的大气中，含有二氧化碳、氟利昂、甲烷、臭氧、一氧化二氮等微量温室气体，它们可以让更多的太阳辐射到达地面，而强烈吸收地面放出的红外辐射，因此只有少部分热辐射散失到宇宙空间中去，从而形成大气的温室效应。温室效应可能导致全球变暖，引发全球环境问题。目前，在各种温室气体中，二氧化碳对温室效应的影响约50%，而大气中的二氧化碳有70%是燃烧化石燃料排放的。温室气体共有30余种，《京都议定书》中规定的六种温室气体如下：二氧化碳（$CO_2$）、甲烷（$CH_4$）、一氧化二氮（$N_2O$）、氢氟碳化物（HFCs）、全氟化碳（PFCs）、六氟化硫（$SF_6$）。

# 1.3 过程用能分析基础

## 1.3.1 热力学分析

热力学是研究能量及其转换的科学，用热力学的基本原理来评价和分析过程的能量利用情况，称为过程的热力学分析。热力学分析的基本任务是：对过程中能量的转化、传递、使用和损失情况进行分析，揭示能量消耗的大小、原因及其分布，为制定节能措施、改进操作和工业条件、提高能量利用率指出方向和方法。

热力学分析的方法主要有三种：能量衡算法、熵分析法、烟分析法。

### 1.3.1.1 能量衡算法

能量衡算法是其他热力学分析方法的基础，是建立在热力学第一定律基础上的分析方法。它通过对进入体系的全部能量的平衡计算，确定体系排出的能量及能量的利用率，并由此求出设备的散热损失、理论热负荷、可回收的余热和一些难以直接测得的操作参数等。

系统的能量衡算方程如下：

$$E_{入}+E_{供}=E_{出}+E_{排出}=(E_{产品}+E_{外供})+E_{排出} \tag{1-3}$$

进入系统的能量包括：供给系统的一次能源和二次能源的供给能 $E_{供}$、原料带入系统的输入能 $E_{入}$ 和回收能 $E_{回收}$（图 1-1）。从系统输出的能量包括：由产品带出系统的输出能 $E_{出}$，由离开系统的冷却水、废气、废液等带出的排出能 $E_{排出}$ 以及回收能 $E_{回收}$（图 1-1）。为了计算物料带入或带出的能量，应确定参考状态的温度和压力，然后依实际设计或运行状态与参考状态的焓差计算输入或输出能。能量衡算的计算顺序，一般先从单个设备或各子系统开始，最后逐渐扩大到整个系统；并应给出下述指标，从数量上说明系统中能量的利用情况。

图 1-1

能量收支图

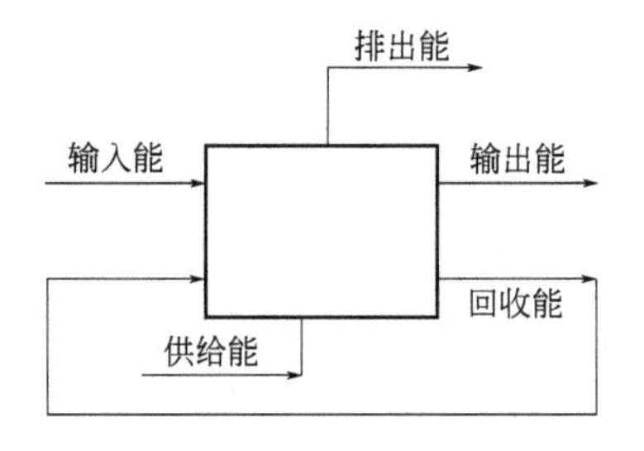


① 各子系统及系统的能量消耗形式。用各种形式的能量占供给能的百分比来表示，一般将能量分为热能及动力两类。

② 单位供给能（也称单位耗能）。以单位原料处理量或单位产品的供给能量多少表示。该指标可用于与基准值进行比较，也可用于相同系统之间的比较。

③ 单位排出能。表示方法与②相似，该指标与单位供给能可共同评价系统的用能情况。

④ 系统供给能量在各子系统中的分布，用百分比表示。

⑤ 系统排出能量在各子系统中的分布，也用百分比表示。④和⑤用来评价系统的用能情况。

⑥ 排出能在不同排出源中的分布。排出源有冷却水、烟气、产品、废水等。根据排出能的分布，可发现哪些排出能有可能减少，以确定节能的方向及措施。

#### 1.3.1.2 熵分析法

熵分析法是建立在热力学第一定律和热力学第二定律相结合基础上的分析方法，它通过计算不可逆过程的熵产量（即熵变），来确定过程的功消耗、㶲损失和热力学效率。熵分析法是重要的热力学分析方法。

依据著名的高乌-斯托多拉（Gouy-Stodola）公式，不可逆过程的损耗功与孤立系统的熵产量成正比，即

$$W_{\mathrm{L}}=T_0\Delta S_{\mathrm{T}} \tag{1-4}$$

稳流过程的理想功只与初终状态、环境温度有关。理想功是物质体系在状态变化时所提供的最大功，其计算式为：

$$W_{\mathrm{id}}=-\Delta H+T_0\Delta S_{\mathrm{T}} \tag{1-5}$$

其中总熵产量的计算式为：

$$\Delta S_{\mathrm{T}}=\sum_j(m_jS_j)_{出}-\sum_i(m_iS_i)_{入}-\sum_k\frac{Q_k}{T_k} \tag{1-6}$$

由于一切实际的宏观过程都是不可逆的，因此实际过程提供的功必定小于理想功。热力学效率（$\eta_{\mathrm{a}}$）是实际过程提供的功和理想功的比值，代表高级能量的利用率。

$$\eta_{\mathrm{a}}=\frac{W_{\mathrm{id}}-W_{\mathrm{L}}}{W_{\mathrm{id}}}(产功过程) \tag{1-7}$$

或

$$\eta_{\mathrm{a}}=\frac{W_{\mathrm{id}}}{W_{\mathrm{id}}-W_{\mathrm{L}}}(耗功过程) \tag{1-8}$$

#### 1.3.1.3 㶲分析法

㶲是物质体系由当前状态变为基准状态时所提供的理想功，又称为有效能，是体系所具有的能量中可转变为有用功的部分。所谓基准状态是指体系与周围环境达到平衡的状态。在没有核、磁、电与表面张力的过程中，稳定流动的流体体系的㶲由动能㶲、位能㶲、物理㶲和化学㶲等四部分组成。对物理㶲和化学㶲而言，㶲与理想功的概念有相同之处和不同之处。相同之处：㶲 $E_{\mathrm{x}}$ 是理想功 $W_{\mathrm{id}}$ 的一个特例，是终态为基准态的理想功 $W_{\mathrm{id}}$。显然，理想功概念大，㶲概念小。它们的不同点在于：

① $W_{\mathrm{id}}$ 是对两个状态之间的变化（过程）而言的，$E_{\mathrm{X}}$ 是对某状态而

言；$W_{id}$ 是两个状态间的变化量，$E_X$ 是一个状态的量；过程讲 $W_{id}$，某个燃料讲 $E_X$。

② 计算 $W_{id}$ 不需要基准态，计算 $E_X$ 需要基准态。

③ 一般理想功 $W_{id}$ 大于、等于、小于零的情况都有，而㶲 $E_X$ 都大于或等于零，不会出现小于零的情况。

以稳流过程为例介绍㶲平衡计算。通常，位能、动能变化较小，可以忽略。对可逆过程，损耗功为零，于是

$$E_{XQ}+\sum E_{Xi入}=W_S+\sum E_{Xj出} \tag{1-9}$$

式中，$\sum E_{Xi入}$ 和 $\sum E_{Xj出}$ 分别为进入和流出系统的物流㶲；$E_{XQ}$ 为进入系统的热流㶲；$W_S$ 为轴功率。

对不可逆过程，损耗功大于零，㶲衡算式为

$$E_{XQ}+\sum E_{Xi入}=W_S+\sum E_{Xj出}+W_L \tag{1-10}$$

记 $\Delta E_{X物料}=\sum E_{Xj出}-\sum E_{Xi入}$ 为物料的㶲变化，则㶲衡算式为

$$\Delta\sum E_{X物料}=E_{XQ}-W_S-W_L \tag{1-11}$$

物料㶲、输入系统的㶲可用操作参数求出，再由衡算式求出㶲损失（损耗功）。热量㶲是热量的功当量，可根据过程特点选用相应公式计算。

㶲分析法和熵分析法一样，也是建立在热力学第一定律和热力学第二定律相结合基础上的分析方法，它是通过㶲平衡来确定过程的㶲损失和㶲效率。

在热力学分析中，能量平衡法、熵分析法和㶲分析法应用都很广，各有优缺点，可根据具体情况来确定选用何种方法。能量平衡法只能反映能量损失，不能反映不可逆损失即㶲损失，也不能真实地反映能源消耗的原因；熵分析法只能求出过程的不可逆损失，不能计算出排出系统的物流㶲和能流㶲以及由此造成的㶲损失；㶲分析法可指出过程中体系㶲损失的大小、原因和其分布情况，可作为制定节能措施的依据，是一种更为完善的分析方法。特别是对于比较复杂的体系，㶲分析法更能体现出其优越性。

### 1.3.2 热经济学分析

由于㶲分析法以没有势差的可逆过程为基准分析实际过程，而实际过程均是在一定势差驱动下的不可逆过程。如果用㶲分析法来优化能量系统，就会得出过程驱动势差趋于零这样极不现实的结论，因为这将使设备尺寸趋于无穷大。因此，采用㶲分析方法只能分析实际能量系统距离理想可逆过程的差距，而无法进行系统的优化。

在进行能量系统优化时，目前的研究主要是引入经济量来衡量。其中具

有代表性的就是20世纪60年代起在㶲分析基础上兴起的热经济学（thermo-economics），也称为㶲经济学（exergoeconomics）。

#### 1.3.2.1 热经济学分析与热力学分析的比较

热经济学是热力学第二定律分析法发展的一个重要分支，它是把热力学第二定律分析法与经济优化技术结合起来的产物，是把技术和经济融合在一起的全新技术。它特别适合于解决大型的、复杂的、产生能量和消耗能量的工程系统的分析、设计和优化。

在热力学分析中，常使用的都是热力学特性量，如熵增、不可逆性、效率、有效利用系数和㶲耗损等；而在经济学分析中，则使用另一套参数，那就是成本、价格、利润、利息率以及其他的经济信息。

热力学分析法具有一个环境，这就是物理环境，取一定的环境为基础，才能计算出一个体系中物质所具有的㶲值；而热经济学分析法具有两个环境，除了物理环境外，还有一个经济环境。经济环境会随着社会经济信息的改变而改变，特别是在浮动物价结构的社会中波动剧烈。

热力学分析法在方案比较中只能给出一个参考方向，而不能给出具体的结论，但热经济学分析法却可以直接给出具体的结论，其结论数据用的是经济量纲。事实上，一个系统是否是最优方案，最后的裁决并不是依据㶲耗大小，而是依据经济效益。

总之，热经济学分析法的任务除了要研究体系与环境之间的相互作用外，还要研究体系内部的参量与环境的经济参量之间的作用。这就是热经济学分析法与热力学分析法之间既有联系又有区别的地方。

#### 1.3.2.2 热经济学分析的过程

热经济学是把系统当成一个整体进行分析，包括对全系统过程的不可逆搜寻，对进入和流出系统的各价值流进行追踪，以及找出这些价值在何处被创造出来，又在何处消失。通过研究系统各个部分之间的相互联系和作用，根据分析的目的和要求，把系统的变量分成决策变量和状态变量。通过改变决策变量观察其他变量随之改变的趋势，在整个系统的全局分析中求取目标函数的最优值。

热经济学分析法一般有七个步骤，对于简单的问题，可采用简化的方法。

① 建立设计的目标函数。目标函数包括对当前费用和收入的考虑，也包括对长远费用和收入的考虑，还包括对通货膨胀率、银行利息率、设备折旧率以及各种商品价值的预测。

② 建立约束方程组。将社会的、法律的、物理的约束力以数学方法表示为一系列等式或不等式。

③ 通过系统流程图来确定系统。在确定约束方程的同时，给出系统流程图，以明确需要进行分析的过程。

④ 确定算法。选择什么当决策量，什么当作状态量。当这些变量确定以后，解出约束方程的所有变量。

⑤ 先算出一个运行状态，以检验所排的程序，经检验合理后再上机计算。

⑥ 求取敏度。敏度是指目标函数对决策变量改变的敏感程度，求出系统在不同方向中可以改进的程度。

⑦ 写出分析和结论，指出改进系统的建议。

## 1.3.3 夹点技术

### 1.3.3.1 夹点技术的产生

能源危机以来，各国政府和企业都开始重视节能工作。节能工作的开展经历了以下几个阶段：

第一阶段，属于“捡浮财”的阶段，主要表现在回收余热，但在此阶段着眼的只是单个的余热流，而不是整个的热回收系统；第二阶段，考虑单个设备的节能，例如将蒸发设备从双效改为三效、采用热泵装置、减少精馏塔的回流比、强化换热器的传热等；第三阶段，考虑过程系统节能，这是因为20世纪80年代以来过程系统工程学的发展使人们认识到，要把一个过程工业的工厂设计得能耗最小、费用最小和环境污染最少，就必须把整个系统集成起来作为一个有机结合的整体来看待，达到整体设计最优化。因此，现在已进入过程系统节能的时代，过程集成成为热点。过程集成方法中目前最实用的是夹点技术。

夹点技术在20世纪80年代由英国的B. Linnhoff教授首先提出。由于夹点技术以整个系统为出发点，因此同以往只着眼于局部，只考虑某几股热流的回收、某个设备或车间的改造的节能技术相比，其节能效果和经济效益要显著得多。采用这种技术对新厂设计而言，比传统方法可节能30%～50%，节省投资10%左右；对老厂改造而言，通常可节能20%～35%，改造投资的回收年限一般只有0.5～3年。

只考虑局部而不考虑整个系统的节能方案是有其弊病的，轻则节能方案没有达到最好，随着节能工作的开展，还需要进一步改造；重则从全系统考虑，该节能方案可能不仅不节能，反而耗能，同时还增加了投资。

#### 1.3.3.2　夹点技术的应用及发展

夹点技术适用于过程系统的设计和节能改造。过程系统就是过程工业中的生产系统。所谓过程工业是指以处理物料流和能量流为目的的行业，如化工、冶金、炼油、造纸、水泥、食品、医药、电力等行业。

过程工业生产系统中，从原料到产品的整个生产过程，始终伴随着能量的供应、转换、利用、回收、生产、排弃等环节。例如，进料需要加热，产品需要冷却，冷、热流体之间的换热构成了热回收换热系统，加热不足的部分就必须消耗加热公用工程提供的燃料或蒸汽，冷却不足的部分就必须消耗冷却公用工程提供的冷却水、冷却空气或冷量；泵和压缩机的运行需要消耗电力或由蒸汽透平直接驱动等。

从系统工程的角度看，过程工业的生产系统可以分为以下三个子系统：工艺过程子系统、热回收换热网络子系统和蒸汽动力公用工程子系统，如图 1-2 所示。

图 1-2
过程系统框图

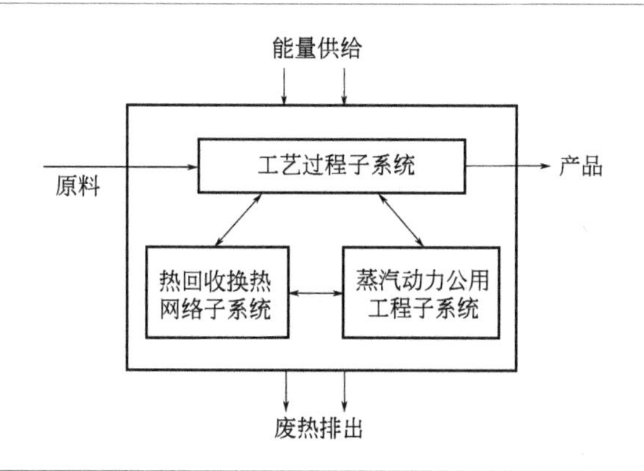


工艺过程子系统是指由反应器、分离器等单元设备组成的由原料到产品的生产流程，是过程工业生产系统的主体；热回收换热网络子系统是指在生产过程中由换热器、加热器、冷却器等组成的系统，其目的在于把冷物流加热到所需温度，把热物流冷却至所需温度，并回收利用热物流的能量；蒸汽动力公用工程子系统是指为生产过程提供各种级别的蒸汽和动力的子系统，包括锅炉、透平、废热锅炉、给水泵、蒸汽管网等设备。

从能量利用的角度看，这三个子系统相互影响、密切相关。例如工艺条件或路线的改变将影响对换热网络和蒸汽动力系统的要求；换热网络回收率的提高将减少加热公用工程量和冷却公用工程量；蒸汽压力级别的确定影响回收工艺热量发生蒸汽的数量。因此，严格地讲，要想获得能量的最优利用，应当进行系统整体优化，即三个子系统的联合优化，而这无疑是十分困难的，需要有一个发展过程。

夹点技术最初源于热回收换热网络的优化集成，在成功地应用于热回收换热网络的基础上，夹点技术的应用范围扩展到蒸汽动力公用工程子系统，而后又进一步发展成为包括热回收换热网络子系统和蒸汽动力公用工程子系统的总能系统。另外，应用夹点技术对工艺过程子系统中分离设备的节能取得了初步的成功，在此基础上，又开始考虑分离设备在过程系统中的集成。

夹点技术既可用于新厂设计，又可用于已有系统的节能改造，但两者无论在目标上还是在方法上都是有区别的。在优化的目标方面，夹点技术最初是以能量为系统的目标，然后发展为以总费用为目标，又进一步考虑过程系统的安全性、可操作性、对不同工况的适应性和对环境的影响等非定量的工程目标。

因此，夹点技术现在不仅可用于热回收换热网络的优化集成，而且可用于合理设置热机和热泵、确定公用工程的等级和用量、去除“瓶颈”、提高生产能力、分离设备的集成、减少生产用水（即节水）、减少废气污染排放等。

#### 1.3.3.3 夹点技术原理

(1) 温-焓图和复合曲线

物流的热特性可以用温-焓图（$T$-$H$ 图）表示。温-焓图以温度 $T$ 为纵轴，以焓 $H$ 为横轴。热物流（需要被冷却的物流）线的走向是从高温向低温，冷物流（需要被加热的物流）线的走向是从低温向高温。物流的热量用横坐标两点之间的距离（即焓差 $\Delta H$）表示，因此物流线左右平移，并不影响其物流的温位和热量。

当一股物流吸入或放出热量 $\mathrm{d}Q$ 时，其温度发生 $\mathrm{d}T$ 的变化，则

$$\mathrm{d}Q=\mathrm{CP}\mathrm{d}T \tag{1-12}$$

式中　CP——热容流率，即质量流率与比定压热容的乘积，kW/K。

如果把一股物流从供给温度 $T_S$ 加热或冷却至目标温度 $T_T$，则所传的总热量为：

$$Q=\int \mathrm{CP}\mathrm{d}T \tag{1-13}$$

若热容流率 CP 为常数，则

$$Q=\mathrm{CP}(T_T-T_S)=\Delta H \tag{1-14}$$

这样就可以用温-焓图上的一条直线表示一股冷流被加热［图 1-3(a)］或

一股热流被冷却［图 1-3(b)］的过程。CP 值越大，$T$-$H$ 图上的线越平缓。

图 1-3

$T$-$H$ 图上的一股物流

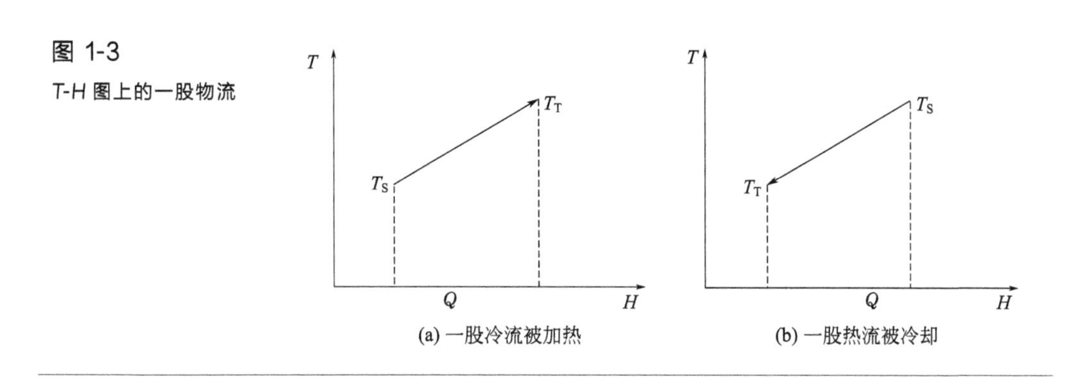


(a) 一股冷流被加热　(b) 一股热流被冷却

在过程工业的生产系统中，通常总是有若干冷物流需要被加热，而又有另外若干热物流需要被冷却。对于多股热流，可将它们合并成一根热复合曲线；对于多股冷流，也可将它们合并成一根冷复合曲线。图 1-4 表示了如何在温-焓图上把三股热流合并成一根热复合曲线。设有三股热流，其热容流率分别为 $A$、$B$、$C$(kW/K)，其温位分别为 $T_2 \rightarrow T_5$、$T_1 \rightarrow T_3$、$T_2 \rightarrow T_4$，如图 1-4(a) 所示。在 $T_1 \sim T_2$ 温度区间，只有一股热流提供热量，热量值为 $(T_1 - T_2)B = \Delta H_1$，所以这段曲线的斜率等于曲线 $B$ 的斜率；在 $T_2 \sim T_3$ 温区内，有三股热流提供热量，总热量值为 $(T_2 - T_3)(A + B + C) = \Delta H_2$，于是这段复合曲线要改变斜率，即两个端点的纵坐标不变，而在横轴上的距离等于原来三股热流在横轴上距离的叠加，即在每一个温区的总热量可表示为

$$\Delta H_i = \sum_j \mathrm{CP}_j (T_i - T_{i+1}) \tag{1-15}$$

式中　$j$——第 $i$ 温区的物流数。

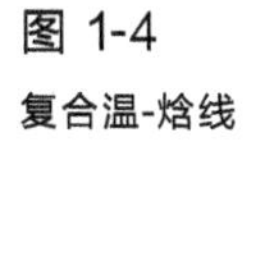

图 1-4

复合温-焓线

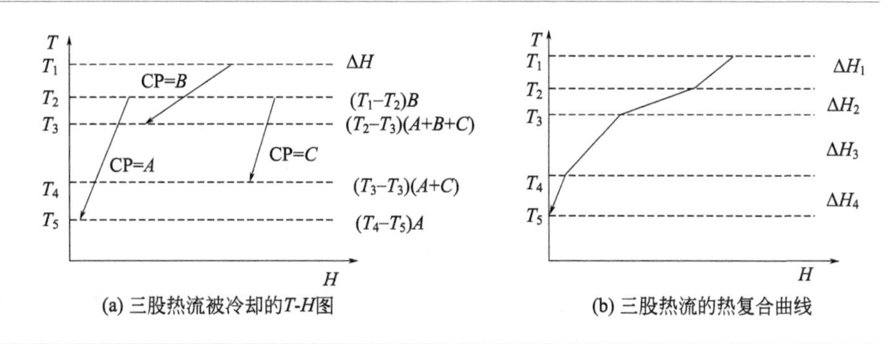


(a) 三股热流被冷却的$T$-$H$图　(b) 三股热流的热复合曲线

照此方法，就可形成每个温区的线段，使原来的三条曲线合成一条复合

曲线，如图 1-4(b) 所示。以同样的方法，也可将多股冷流在温-焓图上合并成一根冷复合曲线。

(2) 夹点的形成

当有多股热流和多股冷流进行换热时，可将所有的热流合并成一根热复合曲线，所有的冷流合并成一根冷复合曲线，然后将两者一起表示在温-焓图上。在温-焓图上，冷、热复合曲线的相对位置有三种不同的情况，如图 1-5 所示。

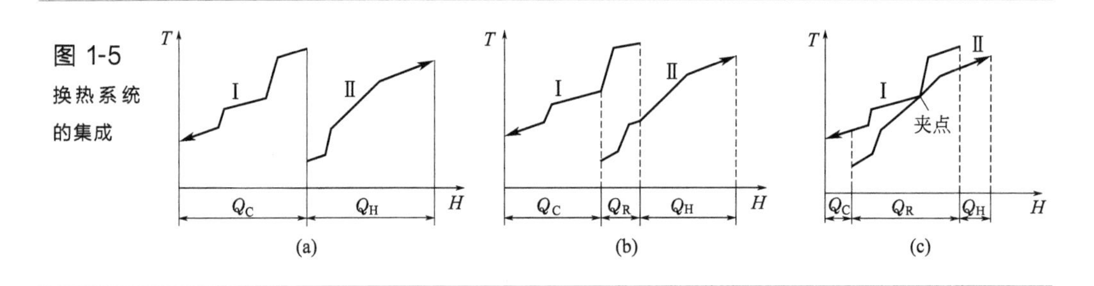

图 1-5 换热系统的集成

① 如图 1-5(a) 所示，此时热复合曲线与冷复合曲线在横轴上的投影完全没有重叠部分，表示过程中的热量全部没有吸收，全部冷流由加热公用工程加热，全部热流由冷却公用工程冷却。此时，加热公用工程所提供的热量 $Q_H$ 和冷却公用工程所提供的冷却量 $Q_C$ 为最大。

② 如图 1-5(b) 所示，将冷复合曲线Ⅱ平行左移，则热复合曲线与冷复合曲线在横轴上的投影有 $Q_R$ 部分重叠，表示热物流所放出的一部分热量 $Q_R$ 可以用来加热冷流，所以加热公用工程所提供的热量 $Q_H$ 和冷却公用工程所提供的冷却量 $Q_C$ 均相应减少，回收利用的余热为 $Q_R$。但此时由于是以最高温度的热流加热最低温度的热流，传热温差很大，可回收利用的余热 $Q_R$ 也有限。

③ 如果继续将冷复合曲线Ⅱ向左推移至图 1-5(c) 所示的位置，使热复合曲线Ⅰ和冷复合曲线Ⅱ在某点恰恰重合，此时，所回收的热量 $Q_R$ 达到最大，加热公用工程所提供的热量 $Q_H$ 和冷却公用工程所提供的冷却量 $Q_C$ 达到极限，重合点的传热温差为零，该点即为夹点。

但是，在夹点温差为零时操作需要无限大的传热面积，是不现实的。不过，可以通过技术经济评价而确定一个系统最小的传热温差——夹点温差。因此，夹点可定义为冷热复合温-焓线上传热温差最小的地方。确定了夹点温差之后的冷热复合曲线如图 1-6 所示。图中冷、热曲线的重叠部分 $ABCEFG$，即阴影部分，为过程内部冷、热流体的换热区，包括多股热流和多股冷流，物流的焓变全部通过换热器来实现；冷复合曲线上端剩余部分 $GH$，已没有合适的热流与之换热，需用公用工程加热器使这部分冷流升高到目标温度，$GH$ 为在该夹点温差下所需的最小加热公用工程量 $Q_{H,min}$；热复合曲线下端剩余部分 $CD$，已没有合适的冷流与之换热，需用公用工程冷却器使这部分热流降低到目标温度，$CD$ 为在该夹点温差下所需的最小冷却公用工程量 $Q_{C,min}$。

图 1-6

冷热复合温-焓线

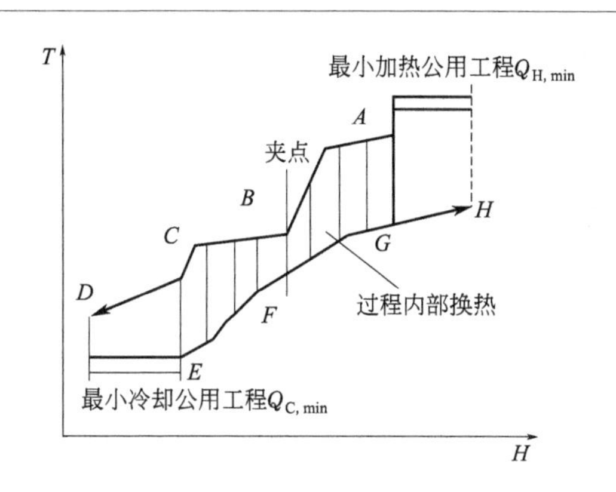


(3) 问题表法

当物流较多时，采用复合温-焓线很烦琐，且不够准确，此时常采用问题表来精确计算。问题表法的步骤如下：

① 以冷、热流体的平均温度为标尺，划分温度区间。冷、热流体的平均温度相对于热流体，下降 1/2 个夹点温差（$\Delta T_{min}/2$）；相对于冷流体，上升 1/2 个夹点温差（$\Delta T_{min}/2$）。这样可保证在每个温区内热流比冷流高 $\Delta T_{min}$，满足了传热的需要。

② 计算每个温区内的热平衡，以确定各温区所需的加热量和冷却量。计算式为

$$\Delta H_i = (\Sigma CP_C - \Sigma CP_H)(T_i - T_{i+1}) \tag{1-16}$$

式中 $\Delta H_i$——第 $i$ 区间所需外加热量，kW；

$\Sigma CP_C$，$\Sigma CP_H$——该温区内冷、热物流热容流率之和，kW/K；

$T_i$，$T_{i+1}$——该温区的进、出口温度，℃。

③ 进行热级联计算。第一步，计算外界无热量输入时各温区之间的热通量。此时，各温区之间可有自上而下的热流流通，但不能有逆向热流流通。第二步，为保证各温区之间的热通量不小于 0，根据第一步级联计算结果，取绝对值最大的为负的热通量绝对值为所需外界加入的最小热量，即最小加

热公用工程用量，由第一个温区输入；然后计算外界输入最小加热公用工程量时各温区之间的热通量；而由最后一个温区流出的热量，就是最小冷却公用工程用量。

④ 温区之间热通量为零处，即为夹点。

(4) 夹点的意义

由上面的分析可知，夹点就是冷热复合温-焓线中传热温差最小的地方，此处热通量为零。

夹点的出现将整个换热网络分成了两部分：夹点之上和夹点之下。夹点之上是热端，只有换热和加热公用工程，没有任何热量流出，可看成一个净热阱；夹点之下是冷端，只有换热和冷却公用工程，没有任何热量流入，可看成一个净热源；在夹点处，热流量为零，如图 1-7(a) 所示。

图 1-7
夹点的意义

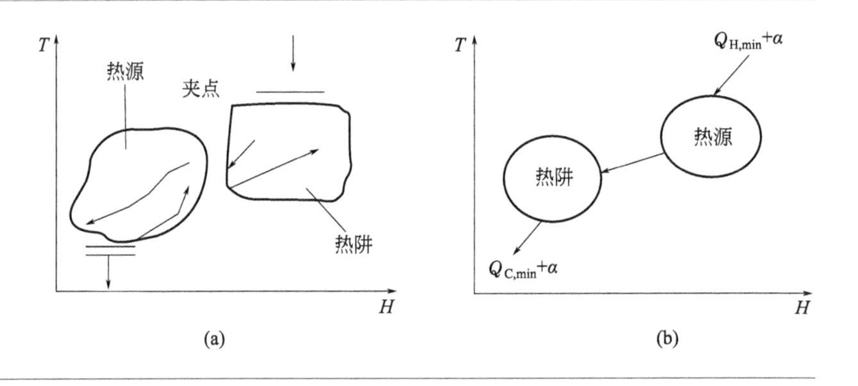


如果在夹点之上热阱子系统中设置冷却器，用冷却公用工程移走部分热量，其量为 $\beta$，根据夹点之上子系统平衡可知，$\beta$ 这部分热量必然要由加热公用工程额外输入，结果加热和冷却公用工程量均增加了 $\beta$。

同理，如果在夹点之下热源子系统中设置加热器，加热和冷却公用工程用量也均相应增加。

如果发生跨越夹点的热量传递 $\alpha$，即夹点之上热物流与夹点之下冷物流进行换热匹配，则根据夹点上下子系统的热平衡可知，夹点之上的加热公用工程量和夹点之下的冷却公用工程量均相应增加 $\alpha$，如图 1-7(b) 所示。

因此，为达到最小加热和冷却公用工程量，夹点方法的设计原则是：①夹点之上不应设置任何公用工程冷却器；②夹点之下不应设置任何公用工程加热器；③不应有跨越夹点的传热。

此外，夹点是制约整个系统能量性能的“瓶颈”，它的存在限制了进一步回收能量的可能。如果有可能通过调整工艺改变夹点处物流的特性，例如使夹点处热物流温度升高或使夹点处冷物流温度降低，就有可能把冷复合曲线进一步左移，从而增加回收的热量。

# 1.4 过程装备概述

按照国际标准化组织（ISO/DIS 9000：2000）的定义，社会经济过程中的全部产品可分为四类，即硬件产品、软件产品、流程性材料产品和服务型产品。其中“流程性材料产品”主要是指以流体（气、液、粉体）形态存在的材料。过程工业因此可以定义为加工生产流程性材料产品的现代制造业。一般，装备制造业是以物件的加工和组装为核心的产业，根据机械电子原理加工零件并装配成产品，但不改变物质的内在结构，仅改变大小和形状，产品计件不计量。而过程工业（过程制造业）则是以物质的化学、物理和生物转化，生成新的物质产品或转化物质的结构形态，产品计量不计件，一般为连续操作（偶或间歇操作），生产环节具有一定的不可分性。

过程装备是过程工业的工作母机，一般涉及多种过程的集成。一系列的过程装备，按一定的流程方式用管道、阀门等连接起来，再配以控制仪表和电子电气设备，即能平稳连续地把以流体为主的各种材料，历经必要的物理、化学、生物过程，制造出新的流程性产品。习惯上，将以运动部件为主的装置称为过程机器，以静止部件为主的装置称为过程设备，两者统称过程装备。

过程装备的设计、制造、运行与维护等需要化学工程、机械工程、信息工程等诸多学科的支撑，不仅涉及化学工程中的三传一反，即动量传递、热量传递、质量传递和反应工程，也涉及机械工程的三力一机，即固体力学、流体力学、工程热力学和机械原理等。随着产业需求和科技发展，新时代的过程装备更是涉及信息技术、精密生产、虚拟制造等先进理念和技术。但作为最早源于化学工业化工过程机械的过程装备，目前仍习惯于按照经典的三传一反理论进行分类，即动量传递过程装备、热量传递过程装备、质量传递过程装备和反应过程装备等。通常，动量传递过程装备包括泵、风机、压缩机、管道、阀门及固体物料的输送、粉碎、造粒设备等；热量传递过程装备主要是各类型换热器、加热器、蒸发器、冷却器、冷凝器等；质量传递过程装备包括蒸发器、干燥机、精馏塔、过滤机、萃取罐、吸附器等；反应过程装备包括机械搅拌反应器、固定床反应器、流化床反应器、超重力旋转填充床反应器等。

过程装备是石油化工、煤化工、食品、制药、能源、冶金、纺织等传统行业必需的关键设备，同时在核工业、海洋技术和资源环境领域、国防工业、宇航工业中也必不可少。事实上，在一个现代化程度很高的大型工厂中，过程装备的投资费用一般占总投资额相当高的比例，且过程装备的优劣直接影响产品质量和收率，进而影响企业的正常运行和收益。如年产 30 万吨乙烯的生产装置以石油及其某些产品为原料，经各种物理、化学变化，生产出状态、结构、性能完全不同的聚乙烯、聚丙烯、乙二醇等产品，其主要过程装备有泵、压缩机、换热器、反应器、精馏塔、储罐等。

过程装备有着巨大的社会需求：过程工艺的发展不断要求新的过程装备，生态环境防护不断呼唤新型装备，节能降耗推动开发高效装备，长周期安全生产需要新的装备技术，流程工业的规模化生产不断需要大型的装备，高新技术的发展促进过程装备的发展。特别是，鉴于过程装备在过程工业中举足轻重的地位、在过程工业产能与用能结构中所占的比例以及过程工业可持续发展的客观要求，开展过程装备节能技术的研究成为一种必然。

# 第2章

# 动量传递过程装备节能技术

2.1 动量传递过程节能的理论基础
2.2 动量传递过程节能技术
2.3 动量传递过程节能的典型装备

# 2.1 动量传递过程节能的理论基础

## 2.1.1 动量传递概论

按照传递机理的不同，可将动量传递分为分子动量传递和涡流动量传递两种。分子动量传递指层流流动中分子不规则热运动引起的分子迁移过程，涡流动量传递为湍流运动中微团脉动引起的涡流传递过程，二者统称为动量的扩散传递。此外，流体发生宏观运动引起的动量迁移过程称为对流动量传递。

### 2.1.1.1 分子动量传递

在做层流运动的流体内部，由于分子不规则热运动的结果，会引起分子在各流层之间的交换。这种由微观分子热运动产生的动量传递称为分子动量传递，其通量可表示为

$$\tau_{yx}=-\mu\frac{\mathrm{d}u_x}{\mathrm{d}y}=-\nu\frac{\mathrm{d}(\rho u_x)}{\mathrm{d}y} \tag{2-1}$$

式中 $\tau_{yx}$——$x$ 方向中的动量在 $y$ 方向传递的通量；

$\nu$——动量扩散系数；

“—”——动量通量的方向与速度梯度的方向相反，即动量朝向速度降低的方向传递。

动量扩散系数的单位为 $m^2/s$，它是分子种类、温度与压力的函数。为了更好地认识动量传递的概念，现以纯气体的层流流动为例，从气体分子运动论的观点来考察分子动量传递的机理以及气体分子运动参数与动量扩散系数的关系。

在做层流运动的气体中，考察速度分别为 $u_{x1}$ 和 $u_{x2}$ 的两相邻气体层中的分子运动情况。设 $u_{x1}>u_{x2}$，两流层之间的距离等于分子运动平均自由程 $\lambda$。若单位体积气体中的分子数为 $n$，由于气体分子在空间三维方向上做无规则运动，可假定各方向运动的分子数目各占 1/3，则单位气体体积中有 $n/3$ 的分子在垂直气体层的方向（$y$ 方向）运动。令其平均速度为 $\bar{v}$，每个分子的质量均为 $m$，则在单位时间单位面积上两气体层交换的分子数目为 $\frac{1}{3}n\bar{v}$，而交换的动量通量为

$$\tau_{yx}=-\frac{1}{3}n\bar{v}m(u_{x1}-u_{x2})=-\frac{\lambda}{3}n\bar{v}m\frac{u_{x2}-u_{x1}}{\lambda} \tag{2-2}$$

由于 $\lambda$ 值很小，上式中的 $\frac{u_{x1}-u_{x2}}{\lambda}$ 可近似用 $\frac{du_x}{dy}$ 代替。而单位体积内的分子数 $n$ 乘以每个分子的质量 $m$ 等于单位气体体积的质量 $nm$，即密度 $\rho$。将以上关系代入式(2-2)，可得

$$\tau_{yx}=-\frac{\rho}{3}\bar{v}\lambda\frac{du_x}{dy}=-\frac{1}{3}\bar{v}\lambda\frac{d(\rho u_x)}{dy} \tag{2-3}$$

将上式与式(2-1) 比较，可得

$$\nu=\frac{1}{3}\bar{v}\lambda \quad 或 \quad \mu=\frac{1}{3}\rho\bar{v}\lambda \tag{2-4}$$

由于分子运动平均速度 $\bar{v}$、分子运动平均自由程 $\lambda$ 仅与分子的种类及状态有关，由上式可知，动量扩散系数 $\nu$（或 $\mu$）仅是分子种类、温度与压力的函数。

对于低密度气体的黏度，可采用下式计算：

$$\mu=2.6693\times10^{-6}\times\frac{\sqrt{MT}}{\Omega_\mu\sigma^2} \tag{2-5}$$

式中　$\mu$——气体黏度，Pa·s；

$T$——热力学温度，K；

$M$——摩尔质量，kg/kmol；

$\sigma$——伦纳德-琼斯（Lennard-Jones）参数，称为平均碰撞直径，Å(1Å$=10^{-10}$m)；

$\Omega_\mu$——碰撞积分，它是无量纲温度参数 $T^*=kT/\varepsilon$ 的函数：

$$\Omega_\mu=\frac{1.16145}{T^{*0.14874}}+\frac{0.52487}{e^{0.77320T^*}}+\frac{2.16178}{e^{2.43787T^*}} \tag{2-6}$$

$k$——玻尔兹曼（Boltzmann）常数，$k=1.38066\times10^{-23}$J/K；

$\varepsilon$——分子间相互作用的特征能。

对于多组分、低密度混合气体的黏度，威尔克（Wilke）推荐使用下式计算：

$$\mu_m=\sum_{i=1}^{N}\frac{x_i\mu_i}{\sum x_j\phi_{ij}} \tag{2-7a}$$

式中，$x_i$、$x_j$ 分别是混合气体中组分 $i$、$j$ 的摩尔分数，且

$$\phi_{ij}=\frac{1}{\sqrt{8}}\left(1+\frac{M_i}{M_j}\right)^{-1/2}\left[1+\left(\frac{\mu_i}{\mu_j}\right)^{1/2}\left(\frac{M_j}{M_i}\right)^{1/4}\right]^2 \tag{2-7b}$$

式(2-5)、式(2-7a)、式(2-7b) 仅适用于非极性分子气体和低密度气体混合物。当它们用于极性分子的气体时，必须加以修正。

有关纯液体黏度的知识远比对气体黏度的了解更具经验性，因为液体分子的运动理论远没有气体理论成熟。估算液体黏度的基团贡献法、经验关联式以及应用状态参数和临界参数的预测方法等可参见有关文献。

液体的黏度随温度升高而减小。压力对液体黏度的影响很小，在工程应用上可忽略不计。

#### 2.1.1.2 涡流动量传递

当流体做湍流流动时，流体中充满涡流的微团，大小不等的微团在各流层之间交换，因此湍流中除分子微观运动引起的动量传递外，更主要的是由宏观的流体微团脉动产生的涡流传递。类似于分子动量传递，1877 年波西尼斯克（Boussinesq）提出了涡流传递通量的表达式：

$$\tau_{yx}^{r}=-\varepsilon\frac{d(\rho u_{x})}{dy} \tag{2-8}$$

式中 $\tau_{yx}^{r}$——$x$ 方向的动量在 $y$ 方向上传递的涡流通量，$N/m^2$；

$\varepsilon$——涡流运动黏度或涡流动量扩散系数，$m^2/s$。

与运动黏度 $\nu$ 完全不同，涡流运动黏度 $\varepsilon$ 随湍流强度、流道位置等因素改变，它不是流体物理性质的函数。

#### 2.1.1.3 流体通过相界面的动量传递

在工程实际中，流体在相界面处或壁面处的动量传递有着特别重要的意义，例如，在流体输送管路阻力的计算、非均相流体混合物分离装置的设计、流体黏度的测量等许多方面都需要流体-壁面处动量传递的基本知识。

设一黏性流体以 $u_0$ 的速度流过固体壁面，则流体通过壁面处的动量通量定义为

$$\tau_{s}=C_{D}\frac{\rho u_{0}^{2}}{2}=\frac{C_{D}}{2}u_{0}(\rho u_{0}-\rho u_{s}) \tag{2-9}$$

式中 $\tau_s$——流体在壁面处传递的动量通量，或称壁面剪切力，Pa；

$C_D$——阻力系数；

$\frac{C_D}{2}u_0$——动量传递系数，m/s；

$\rho u_0$——流体主体的动量浓度，$kg\cdot m/(m^3\cdot s)$；

$\rho u_s$——壁面处的动量浓度，$kg\cdot m/(m^3\cdot s)$；

$u_s$——壁面处的流速，其值为 0。

由式(2-9) 可知，流体在壁面处的动量传递通量可以表示为动量传递系数与推动力（动量浓度差）的乘积。

前文已提到，在层流流动的流体内部，流体质点无宏观混合，各层流体之间的动量传递主要靠分子传递；而当流体做湍流流动时，动量的传递既有分子传递又有涡流传递。但研究发现，由于流体黏性的减速作用，湍流流动的流体在紧靠壁面处的流层中仍处于层流状态，其动量的传递为分子传递。因此，在壁面处流层中发生的动量传递机理为分子传递，可用牛顿黏性定律表示，即

$$\tau_s = -\mu \frac{du_x}{dy}\Big|_{y=0} \tag{2-10}$$

将式(2-9) 与式(2-10) 联立，得

$$C_D \frac{\rho u_0^2}{2} = -\mu \frac{du_x}{dy}\Big|_{y=0} \tag{2-11}$$

由上式可知，阻力系数 $C_D$ 的计算依赖于壁面处的速度梯度 $\frac{du_x}{dy}\Big|_{y=0}$，而后者的计算需要预先已知流场中速度逐点变化的详细信息。

## 2.1.2 流体流动概述

### 2.1.2.1 描述流体运动的方法

（1）拉格朗日观点和欧拉观点

在研究流体的运动规律时，常采用两种观点：拉格朗日观点和欧拉观点。

拉格朗日观点着眼于流场中每一个运动着的流体质点，跟踪观察每一个流体质点的运动轨迹及其速度、压力等随时间的变化，然后综合所有流体质点的运动，得到整个流场的运动规律。

欧拉观点着眼于流场中的空间点，以流场中的固定空间点为考察对象，研究流体质点通过空间固定点时的运动参数随时间的变化规律，然后综合所有空间点的运动参数随时间的变化，得到整个流场的运动规律。

（2）系统与控制体

采用拉格朗日观点考察流体流动时，所用的考察对象称为系统。系统是指包含大量流体质点的集合，系统以外的流体称为环境。系统与环境之间为质量交换，但在系统与环境的界面上可以有力的作用及能量的交换。系统的边界随着环境流体一起运动，因此其体积、位置和形状是随时间变化的。

采用欧拉观点考察流体流动时，所用的考察对象为控制体，它是相对于坐标固定不变的空间体积，包围该空间体积的界面称为控制面。流体可以自由进出控制体，控制面上可以有力的作用和能量的交换。控制体的特点是体积、位置固定，输入和输出控制体的物理量随时间改变。

### 2.1.2.2 稳态与非稳态流动

流体运动时，若任一点上流体的速度和压力等运动参数都不随时间改变，只与空间位置有关，则此流动称为稳态流动。但稳态流动并不是指流体在每一点的流速等运动参数都相同，而是指在任何一点，这些量都不随时间变化。以 $f(x,y,z,\theta)$ 代表这些量，当

$$\frac{\partial f}{\partial t}=0 \tag{2-12}$$

时，则为稳态流动，否则为非稳态流动。以流速为例，稳态流动时，其表达式如下：

$$\boldsymbol{u}=\boldsymbol{u}(x,y,z) \tag{2-13}$$

稳态流动又称为定常流动。在连续生产过程中，流体流动在正常情况下多属稳态的，而在开工或停工阶段则为非稳态流动。

此外，按流体运动时运动参数所依赖的空间维数将其分为一维与多维流动。

一般的流动都是在三维空间内的流动，运动参数是三个坐标的函数。例如在直角坐标系中，如果速度、压力等参数是 $x$、$y$ 和 $z$ 的函数，这种流动称为三维流动。依此类推，运动参数是两个坐标的函数称为二维流动，是一个坐标的函数称为一维流动。显然，自变量越少，问题相对越简单。在工程实际中，总是希望尽可能地将三维流动简化为二维流动乃至一维流动，例如封闭管道内的流体输送过程就是典型的一维流动。

### 2.1.2.3 流量与平均流速

(1) 迹线与流线

流体质点运动的轨迹称为迹线，通过迹线可以看出流体质点是做直线运动还是曲线运动，它的运动路径是如何变化的。流线是这样的曲线，在某一时刻，在曲线上任一点的切线方向与流体在该点的速度方向相同。流线具有如下性质：

① 在非稳态流场中，任何一个空间点的速度都随时间变化，因此流线的形状及位置随时间而变。稳态流场的流线则不随时间改变，此时流线与迹线重合。

② 在任一瞬间，流场中的某一点均只能有一条流线通过。换言之，流线不能相交。这是因为空间每一点在某一瞬间均只有一个流速，所以不能有两条流线同时通过同一点。

设流线上某点 $M(x,y,z)$ 处的速度为 $\boldsymbol{u}$，其在直角坐标上的速度分量分别为 $u_x$、$u_y$ 和 $u_z$，而在该点处曲线的切线为 $\mathrm{d}\boldsymbol{S}$，其在直角坐标上的分量分别为 $\mathrm{d}x$、$\mathrm{d}y$ 和 $\mathrm{d}z$，则由流线的定义知，$\boldsymbol{u}$ 与 $\mathrm{d}\boldsymbol{S}$ 平行，故有

$$\boldsymbol{u}\times \mathrm{d}\boldsymbol{S}=0 \tag{2-14}$$

根据向量运算法则，将上式展开得

$$u_x\mathrm{d}y-u_y\mathrm{d}x=0$$
$$u_y\mathrm{d}z-u_z\mathrm{d}y=0$$
$$u_z\mathrm{d}x-u_x\mathrm{d}z=0$$

即

$$\frac{\mathrm{d}x}{u_x(x,y,z,\theta)}=\frac{\mathrm{d}y}{u_y(x,y,z,\theta)}=\frac{\mathrm{d}z}{u_z(x,y,z,\theta)} \tag{2-15}$$

式(2-15) 即为流线的微分方程，其中 $\theta$ 为方程参数。

(2) 流管与流通截面

① 流管与流束　在流场内任取一封闭曲线 $C$（图 2-1)，通过曲线 $C$ 上的每一点连续地作流线，则这些流线构成一个管状表面，该管状表面称为流管。流管内所有流体的流线簇称为流束。

因为流管与流束都是由流线组成的，故流体不能穿出或穿入流管表面，这样流管就好像固体壁面一样，把流体的运动限制在流管内或流管外。

② 流通截面　在流束中，与流线簇相垂直的横截面称为有效流通截面。当流束中的所有流线都彼此平行时，则有效流通截面为一平面。例如，当流体在圆管中流动时，由于所有的流线都平行于管轴，因此其有效流通截面为管的横截面。若各流线不是平行的，则有效流通截面为曲面，如图 2-2 所示。

图 2-1
流管

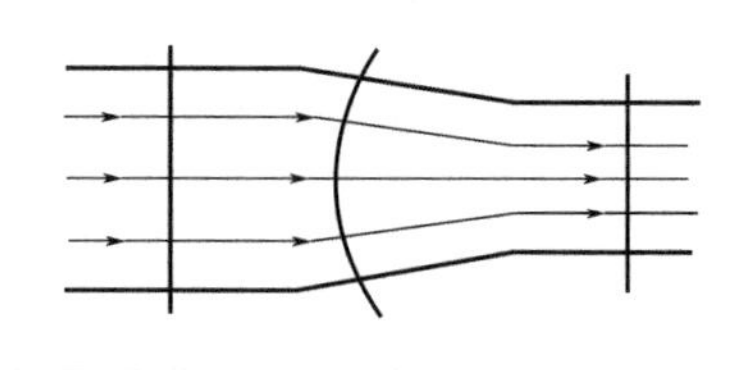

图 2-2
有效流通截面

(3) 流量与平均流速介绍

① 流量　单位时间内通过有效流通截面的流体体积称为体积流量。

如图 2-3 所示，在面积为 $A$ 的流通截面上取一微元面积 $\mathrm{d}A$。由于 $\mathrm{d}A$ 很小，可以认为 $\mathrm{d}A$ 上各点的流速 $u$ 相同，则通过 $\mathrm{d}A$ 的体积流量为

$$dV_s = u\,dA$$

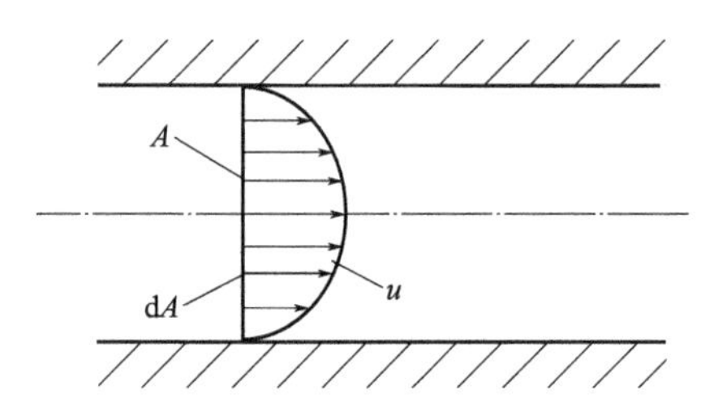


图 2-3
通过有效流通截面的流量

通过整个有效流通截面 $A$ 的体积流量为

$$V_s = \iint_A u\,dA \tag{2-16}$$

式中，$u$ 为流速，m/s；$V_s$ 为体积流量，$m^3/s$。

单位时间内通过流通截面的流体质量称为质量流量，以 $W_s$ 表示，单位为 kg/s。若流体密度为 $\rho$，则

$$W_s = \rho V_s \tag{2-17}$$

② 平均流速与质量平均流速　流场中流体质点的速度是空间位置的函数，称为流体的点速度。例如当流体流经一段管路时，在管截面上各点的速度是不等的。在管壁面处，由于流体的黏性作用，流体分子黏附于壁面，速度为零；从壁面到管中心建立起一个速度分布，在管中心速度最大。为解决工程计算问题，假想有一个平均流速，在流通截面上各点都以此速度运动，其流量与各点以不同的实际速度运动时的流量相同，即

$$V_s = \iint_A u\,dA = u_b A$$

由此可得，平均流速定义为

$$u_b = \frac{V_s}{A} \tag{2-18}$$

将式(2-16) 代入上式，可得

$$u_b = \frac{1}{A}\iint_A u\,dA \tag{2-19}$$

由于气体的体积流量随温度和压力变化，故其平均流速也将随之而变。因此采用质量平均流速更为方便，其定义为

$$G = \frac{W_s}{A} = \frac{V_s \rho}{A} = \rho u_b \tag{2-20}$$

质量平均流速 $G$ 又称质量通量，其单位为 $kg/(m^2 \cdot s)$。$G$ 不随温度和

压力改变。

#### 2.1.2.4 流体流动的形态

流体流动时，因流动条件的不同，呈现出两种截然不同的流动形态：层流和湍流。雷诺通过大量实验发现，无论采用何种流体流经何种管道都存在上述两种流动形态，且影响流体流动形态的因素除流速 $u$ 之外，还有流体的密度 $\rho$、黏度 $\mu$ 和管径 $d$。若将影响流动形态的四个变量组合成 $Re=d\rho u/\mu$ 的形式，则根据其数值的大小，可以判别流动的形态。

$Re$ 称为雷诺数，其量纲为 $[Re]=\left[\dfrac{d\rho u}{\mu}\right]=\dfrac{(\mathrm{m})(\mathrm{m/s})(\mathrm{kg/m^3})}{\mathrm{kg/(m \cdot s)}}=\mathrm{m^0 \cdot kg^0 \cdot s^0}$。

由此可见，雷诺数的量纲为1。由若干物理量按照一定条件组合而成的量纲为1的变量称为量纲为1的数群，量纲为1的数群都有特定的物理意义，如雷诺数表示流体惯性力与黏性力之比。

$Re$ 中的 $u$ 和 $d$ 称为流体流动的特征速度和特征尺寸。不同的流动情况，其特征速度和特征尺寸代表不同的含义。例如流体在管内流动时，其特征速度指流体的主流速度 $u_b$，特征尺寸为管内径 $d$；而当粒子在流体中沉降时，$Re$ 中的特征速度指粒子的沉降速度 $u_0$，特征尺寸为球粒子的平均直径。因此，在应用雷诺数判别流动的形态时，一定要对应相应的流动情况。

实验表明，流体在管内流动时，$Re<2000$ 为层流；$Re>4000$ 为湍流；而 $Re$ 在2000～4000范围内，流动处于一种过渡状态，可能是层流亦可能是湍流。若受外界条件影响，如管道直径或方向的改变、外来的轻微振动都易促使过渡状态下的层流变为湍流。

### 2.1.3 流体流动的基本方程

动量、质量及能量守恒原理是自然界普遍适用的规律，动量传递过程中的流体流动必然遵循这些规律。

#### 2.1.3.1 连续性方程

连续性方程是描述流体流动的基本方程之一，是质量守恒原理在流体运动中的表现。

如图2-4所示，在流场中任意一点 $M(x,y,z)$ 处取一微元控制体 $\mathrm{d}V=\mathrm{d}x\mathrm{d}y\mathrm{d}z$，相应的各边分别与直角坐标系的 $x$、$y$ 和 $z$ 轴平行。设在 $M$ 点流体的速度为 $\boldsymbol{u}$，密度为 $\rho$，则在 $M$ 点，流体的质量通量为 $\rho\boldsymbol{u}$，其在 $x$、$y$ 和

$z$ 方向的分量分别为 $\rho u_x$、$\rho u_y$ 和 $\rho u_z$。其中，$u_x$、$u_y$、$u_z$ 为 $\boldsymbol{u}$ 在 $x$、$y$、$z$ 方向上的速度分量。

图 2-4

连续性方程的推导

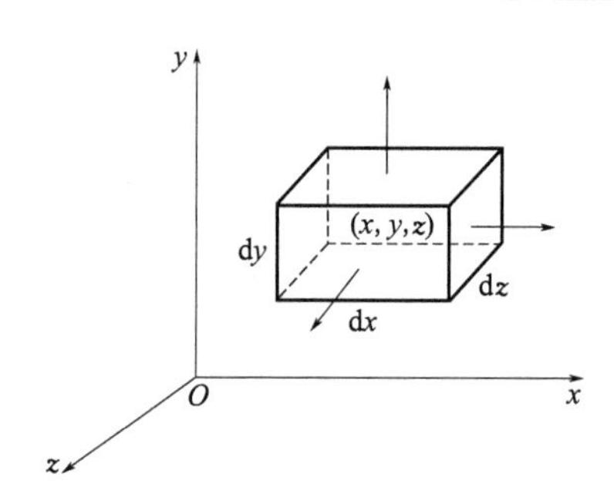


采用欧拉观点，对所选的微元控制体进行质量衡算。在 $x$ 方向，由控制体左侧面流入的质量流量为 $\rho u_x \mathrm{d}y\mathrm{d}z$；而由右侧平面流出的质量流量为 $\left[\rho u_x+\frac{\partial(\rho u_x)}{\partial x}\mathrm{d}x\right]\mathrm{d}y\mathrm{d}z$。于是，$x$ 方向流出与流入控制体的质量流量之差为

$$\left[\rho u_x+\frac{\partial(\rho u_x)}{\partial x}\mathrm{d}x\right]\mathrm{d}y\mathrm{d}z-\rho u_x\mathrm{d}y\mathrm{d}z=\frac{\partial(\rho u_x)}{\partial x}\mathrm{d}x\mathrm{d}y\mathrm{d}z \tag{2-21a}$$

同理，可得 $y$、$z$ 方向流出与流入微元控制体的质量流量之差分别为

$$\left[\rho u_y+\frac{\partial(\rho u_y)}{\partial y}\mathrm{d}y\right]\mathrm{d}x\mathrm{d}z-\rho u_y\mathrm{d}x\mathrm{d}z=\frac{\partial(\rho u_y)}{\partial y}\mathrm{d}x\mathrm{d}y\mathrm{d}z \tag{2-21b}$$

$$\left[\rho u_z+\frac{\partial(\rho u_z)}{\partial z}\mathrm{d}z\right]\mathrm{d}x\mathrm{d}y-\rho u_z\mathrm{d}x\mathrm{d}y=\frac{\partial(\rho u_z)}{\partial z}\mathrm{d}x\mathrm{d}y\mathrm{d}z \tag{2-21c}$$

控制体内累积速率为 $\frac{\partial\rho}{\partial t}\mathrm{d}x\mathrm{d}y\mathrm{d}z$。将以上各式联立，可得

$$\frac{\partial(\rho u_x)}{\partial x}+\frac{\partial(\rho u_y)}{\partial y}+\frac{\partial(\rho u_z)}{\partial z}+\frac{\partial\rho}{\partial t}=0 \tag{2-22}$$

写成向量形式，为

$$\frac{\partial\rho}{\partial\theta}+\nabla(\rho\boldsymbol{u})=0 \tag{2-23}$$

式(2-22) 或式(2-23) 称为流体流动连续性方程，对于稳态或非稳态流动、理想流体或实际流体、不可压缩流体或可压缩流体、牛顿型流体或非牛顿型流体均适用。

将式(2-22) 的各项展开，可得

$$\rho\left(\frac{\partial u_x}{\partial x}+\frac{\partial u_y}{\partial y}+\frac{\partial u_z}{\partial z}\right)+u_x\frac{\partial \rho}{\partial x}+u_y\frac{\partial \rho}{\partial y}+u_z\frac{\partial \rho}{\partial z}=0 \tag{2-24}$$

由于流体密度 $\rho$ 是空间坐标及时间的函数，即 $\rho=\rho(x,y,z,t)$，其全微分为

$$\mathrm{d}\rho=\frac{\partial \rho}{\partial t}\mathrm{d}t+\frac{\partial \rho}{\partial x}\mathrm{d}x+\frac{\partial \rho}{\partial y}\mathrm{d}y+\frac{\partial \rho}{\partial z}\mathrm{d}z \tag{2-25}$$

写成全导数的形式，为

$$\frac{\mathrm{d}\rho}{\mathrm{d}t}=\frac{\partial \rho}{\partial t}+\frac{\partial \rho}{\partial x}\times\frac{\mathrm{d}x}{\mathrm{d}t}+\frac{\partial \rho}{\partial y}\times\frac{\mathrm{d}y}{\mathrm{d}t}+\frac{\partial \rho}{\partial z}\times\frac{\mathrm{d}z}{\mathrm{d}t} \tag{2-26}$$

式中，$\mathrm{d}x/\mathrm{d}t$、$\mathrm{d}y/\mathrm{d}t$ 及 $\mathrm{d}z/\mathrm{d}t$ 表示观测者的运动速度在三个坐标方向的分量。当观测者的速度与流体速度完全相同，即 $\mathrm{d}x/\mathrm{d}t=u_x$、$\mathrm{d}x/\mathrm{d}t=u_y$ 及 $\mathrm{d}x/\mathrm{d}t=u_z$ 时，该全导数称为密度的随体导数，记为

$$\frac{\mathrm{D}\rho}{\mathrm{D}t}=\frac{\partial \rho}{\partial t}+u_x\frac{\partial \rho}{\partial x}+u_y\frac{\partial \rho}{\partial y}+u_z\frac{\partial \rho}{\partial z} \tag{2-27}$$

随体导数的物理意义是流场中的物理量随时间和空间的变化率。

据此可将连续性方程式(2-22) 表示为

$$\rho\ \nabla\boldsymbol{u}+\frac{\mathrm{D}\rho}{\mathrm{D}t}=0 \tag{2-28}$$

$$\rho v\equiv 1 \tag{2-29}$$

式中，$v$ 为流体的比体积。将上式对时间求随体导数，即

$$\frac{1}{v}\times\frac{\mathrm{D}v}{\mathrm{D}t}+\frac{1}{\rho}\times\frac{\mathrm{D}\rho}{\mathrm{D}t}=0 \tag{2-30}$$

将式(2-30) 代入式(2-28) 得

$$\frac{1}{v}\times\frac{\mathrm{D}v}{\mathrm{D}t}=\nabla\boldsymbol{u} \tag{2-31}$$

式(2-31) 左侧项的物理意义为流体微元的相对体积膨胀速率，而右侧则表示流体微元在三个坐标方向的线性形变速率之和。

稳态流动时，$\partial\rho/\partial t=0$，式(2-22) 可简化为

$$\frac{\partial(\rho u_x)}{\partial x}+\frac{\partial(\rho u_y)}{\partial y}+\frac{\partial(\rho u_z)}{\partial z}=0 \tag{2-32}$$

对于不可压缩流体，$\rho=$常数，连续性方程可简化为

$$\frac{\partial u_x}{\partial x}+\frac{\partial u_y}{\partial y}+\frac{\partial u_z}{\partial z}=0 \tag{2-33}$$

写成向量形式为

$$\nabla\boldsymbol{u}=0 \tag{2-34}$$

### 2.1.3.2 运动方程

运动方程是动量守恒定律（牛顿第二定律）在流体流动中的具体表达式。

（1）用应力表示的运动方程

在流场中任选一质量固定的流体微元（即系统），考察该微元系统随四周环境流体一起运动时动量的变化。采用拉格朗日观点时，在系统与环境的界面上只有力的作用，而无流体的流入与流出，亦即在界面处流入或流出微元系统的动量速率为零。

如图 2-5 所示，设在某一时刻 $t$，此微元系统的体积为 $\mathrm{d}V=\mathrm{d}x\mathrm{d}y\mathrm{d}z$，根据牛顿第二定律，则有

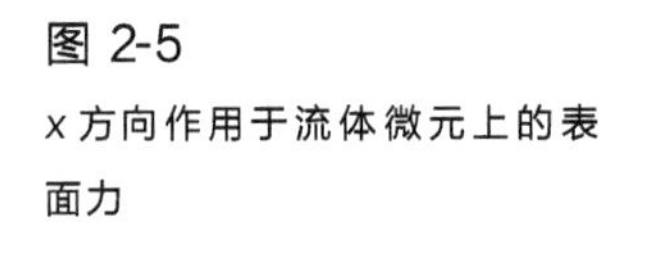
图 2-5
x 方向作用于流体微元上的表面力

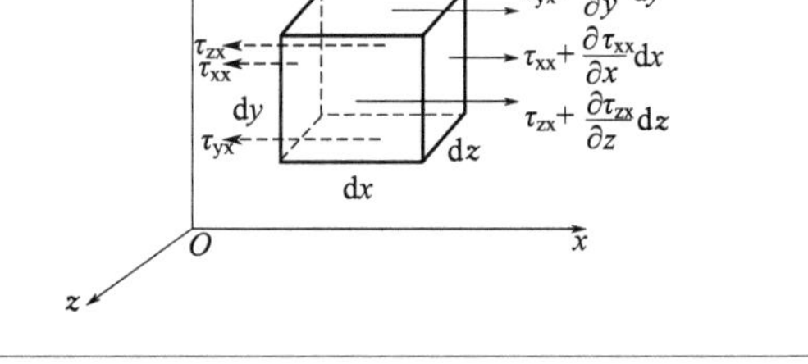


$$\mathrm{d}\boldsymbol{F}=\rho\mathrm{d}x\mathrm{d}y\mathrm{d}z\frac{\mathrm{D}\boldsymbol{u}}{\mathrm{D}t} \tag{2-35}$$

式中，$\rho\mathrm{d}x\mathrm{d}y\mathrm{d}z$ 为微元系统的质量，其值在任意时刻均为常数；$\rho\mathrm{d}x\mathrm{d}y\mathrm{d}z\frac{\mathrm{D}\boldsymbol{u}}{\mathrm{D}t}$为微元系统内动量的变化速率；$\mathrm{d}\boldsymbol{F}$ 为作用在微元系统上的合外力。式(2-35)在直角坐标 $x$、$y$、$z$ 方向的分量分别为

$$\mathrm{d}F_x=\rho\mathrm{d}x\mathrm{d}y\mathrm{d}z\frac{\mathrm{D}u_x}{\mathrm{D}t} \tag{2-36a}$$

$$\mathrm{d}F_y=\rho\mathrm{d}x\mathrm{d}y\mathrm{d}z\frac{\mathrm{D}u_y}{\mathrm{D}t} \tag{2-36b}$$

$$\mathrm{d}F_z=\rho\mathrm{d}x\mathrm{d}y\mathrm{d}z\frac{\mathrm{D}u_z}{\mathrm{D}t} \tag{2-36c}$$

作用在该流体微元系统上的力有两种：其一为体积力，以 $\mathrm{d}\boldsymbol{F}_B$ 表示，其单位质量力在三个坐标方向上的分量分别为 $X$、$Y$ 和 $Z$；其二为环境流体在界面上作用于微元系统的表面力 $\mathrm{d}\boldsymbol{F}_S$，以 $\tau$ 表示单位面积上的表面力，则可将其分解成垂直于表面的法向应力和平行于表面的切向应力。如图 2-5 所示的微元系统中，共有六个表面，每个表面上作用的应力都可以分解为一个垂

直于该表面的法向应力 $\tau_n$ 和一个平行于该表面的切向应力 $\tau_t$，后者又可依坐标轴的方向再分解成两个应力。如图 2-6 所示，作用在微元系统一个单一表面上的表面应力 $\tau$ 可以分解成一个法向应力 $\tau_n = \tau_{xx}$ 和一个切向应力 $\tau_t$，而 $\tau_t$ 又可沿坐标 $y$、$z$ 方向再分解成 $\tau_{xy}$ 和 $\tau_{xz}$。因此每个作用面上的应力都可按坐标方向分解成三个应力分量，其中应力的第一个下标表示作用面的法线方向，第二个下标表示作用力的方向；下标相同者为法向应力，下标不同者为切向应力。

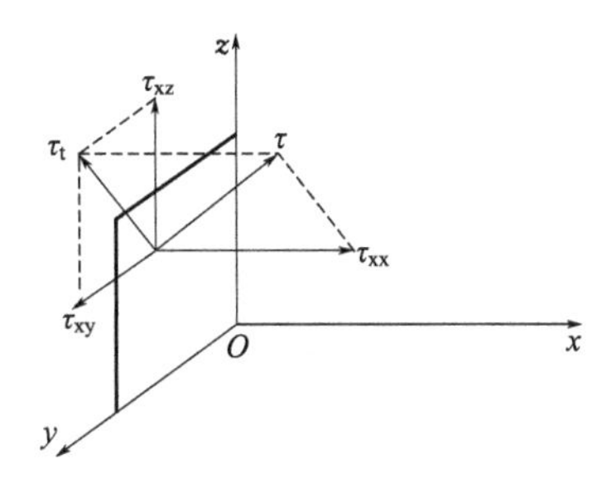


图 2-6
流体微元单一表面上的机械应力

而在该流体微元系统中，$x$ 方向上受到的体积力和表面力如下：

$$dF_x = dF_{Bx} + dF_{Sx} \tag{2-37}$$

由前文讨论可得

$$dF_{Bx} = X\rho \, dx \, dy \, dz \tag{2-38}$$

微元系统在 $x$ 方向上受到的表面应力如图 2-5 所示。以 $x$ 轴方向为力的正方向，则有

$$dF_{Sx} = \left[\left(\tau_{xx} + \frac{\partial \tau_{xx}}{\partial x}dx\right)dy\,dz - \tau_{xx}dy\,dz\right] + \left[\left(\tau_{yx} + \frac{\partial \tau_{yx}}{\partial y}dy\right)dx\,dz - \tau_{yx}dx\,dz\right] + \left[\left(\tau_{zx} + \frac{\partial \tau_{zx}}{\partial z}dz\right)dx\,dy - \tau_{zx}dx\,dy\right] = \left(\frac{\partial \tau_{xx}}{\partial x} + \frac{\partial \tau_{yx}}{\partial y} + \frac{\partial \tau_{zx}}{\partial z}\right)dx\,dy\,dz \tag{2-39}$$

将式(2-37)～式(2-39) 代入式(2-36a)，整理可得

$$\rho \frac{Du_x}{Dt} = \rho X + \frac{\partial \tau_{xx}}{\partial x} + \frac{\partial \tau_{yx}}{\partial y} + \frac{\partial \tau_{zx}}{\partial z} \tag{2-40a}$$

同理，可得 $y$、$z$ 方向的动量衡算方程为

$$\rho \frac{Du_y}{Dt} = \rho Y + \frac{\partial \tau_{xy}}{\partial x} + \frac{\partial \tau_{yy}}{\partial y} + \frac{\partial \tau_{zy}}{\partial z} \tag{2-40b}$$

$$\rho \frac{Du_z}{Dt} = \rho Z + \frac{\partial \tau_{xz}}{\partial x} + \frac{\partial \tau_{yz}}{\partial y} + \frac{\partial \tau_{zz}}{\partial z} \tag{2-40c}$$

式(2-40)中，共有9个表面应力，其中3个法向应力（$\tau_{xx}$、$\tau_{yy}$及$\tau_{zz}$）、6个切向应力（$\tau_{xy}$、$\tau_{yx}$、$\tau_{zx}$、$\tau_{xz}$、$\tau_{yz}$及$\tau_{zy}$）。可以证明

$$\tau_{xy}=\tau_{yx}\tau_{yz}=\tau_{zy}\tau_{xz}=\tau_{zx} \tag{2-41}$$

由此可见，9个表面应力中有6个是独立的。因此，式(2-40)中，共有10个未知量和3个已知量。显然，由上述3个方程解出10个未知量是不可能的。因此，必须设法找出上述这些未知量之间的关系或它们与已知量之间的关系，以减少独立变量的数目。由于6个表面应力是相互独立的，因此在确定变量之间的关系时，应着眼于表面应力与速度之间的内在联系，即应力与形变速率之间的关系。描述这种关系的方程称为本构方程。

(2) 实际流体的运动方程

对于三维流动系统，可以从理论上推导应力与形变速率之间的关系。下面给出了应力与形变速率之间关系的表达式。

① 切向应力　对于牛顿流体的一维流动，其切向应力与速度梯度之间的关系可用牛顿黏性定律来描述。当流体做三维流动时，情况要复杂得多，每一个切向应力都与其作用面上两个方向的速度有关，即

$$\tau_{xy}=\tau_{yx}=\mu\left(\frac{\partial u_x}{\partial y}+\frac{\partial u_y}{\partial x}\right) \tag{2-42a}$$

$$\tau_{yz}=\tau_{zy}=\mu\left(\frac{\partial u_z}{\partial y}+\frac{\partial u_y}{\partial z}\right) \tag{2-42b}$$

$$\tau_{zx}=\tau_{xz}=\mu\left(\frac{\partial u_x}{\partial z}+\frac{\partial u_z}{\partial x}\right) \tag{2-42c}$$

② 法向应力　法向应力与压力及形变速率之间的关系如下：

$$\tau_{xx}=-p+2\mu\frac{\partial u_x}{\partial x}-\frac{2}{3}\mu\nabla\boldsymbol{u} \tag{2-43a}$$

$$\tau_{yy}=-p+2\mu\frac{\partial u_y}{\partial y}-\frac{2}{3}\mu\nabla\boldsymbol{u} \tag{2-43b}$$

$$\tau_{zz}=-p+2\mu\frac{\partial u_z}{\partial z}-\frac{2}{3}\mu\nabla\boldsymbol{u} \tag{2-43c}$$

将以上三式相加可得

$$p=-\frac{1}{3}(\tau_{xx}+\tau_{yy}+\tau_{zz}) \tag{2-44}$$

这表明黏性流体流动时，任一点的压力都是三个法向应力的平均值，其方向与法向应力方向相反。

将式(2-42)及式(2-43)代入式(2-40)，经简化后可得

$$\rho\frac{\mathrm{D}u_x}{\mathrm{D}t}=\rho X-\frac{\partial p}{\partial x}+\mu\left(\frac{\partial^2 u_x}{\partial x^2}+\frac{\partial^2 u_x}{\partial y^2}+\frac{\partial^2 u_x}{\partial z^2}\right)+\frac{\mu}{3}\times\frac{\partial}{\partial x}\left(\frac{\partial u_x}{\partial x}+\frac{\partial u_y}{\partial y}+\frac{\partial u_z}{\partial z}\right) \tag{2-45a}$$

$$\rho\frac{\mathrm{D}u_y}{\mathrm{D}t}=\rho Y-\frac{\partial p}{\partial y}+\mu\left(\frac{\partial^2 u_y}{\partial x^2}+\frac{\partial^2 u_y}{\partial y^2}+\frac{\partial^2 u_y}{\partial z^2}\right)+\frac{\mu}{3}\times\frac{\partial}{\partial y}\left(\frac{\partial u_x}{\partial x}+\frac{\partial u_y}{\partial y}+\frac{\partial u_z}{\partial z}\right) \tag{2-45b}$$

$$\rho\frac{\mathrm{D}u_z}{\mathrm{D}t}=\rho Z-\frac{\partial p}{\partial z}+\mu\left(\frac{\partial^2 u_z}{\partial x^2}+\frac{\partial^2 u_z}{\partial y^2}+\frac{\partial^2 u_z}{\partial z^2}\right)+\frac{\mu}{3}\times\frac{\partial}{\partial z}\left(\frac{\partial u_x}{\partial x}+\frac{\partial u_y}{\partial y}+\frac{\partial u_z}{\partial z}\right) \tag{2-45c}$$

式(2-45)称为流体的运动方程，即奈维-斯托克斯（Naviar-Stokes）方程。式(2-45)中，等式左侧为惯性力，右侧第一项为质量力，第二项为压力，第三、四项为黏性力。

当流体不可压缩时，$\nabla \boldsymbol{u}=0$，运动方程简化为

$$\frac{\mathrm{D}u_x}{\mathrm{D}t}=X-\frac{1}{\rho}\times\frac{\partial p}{\partial x}+\nu\nabla^2 u_x \tag{2-46a}$$

$$\frac{\mathrm{D}u_y}{\mathrm{D}t}=Y-\frac{1}{\rho}\times\frac{\partial p}{\partial y}+\nu\nabla^2 u_y \tag{2-46b}$$

$$\frac{\mathrm{D}u_z}{\mathrm{D}t}=Z-\frac{1}{\rho}\times\frac{\partial p}{\partial z}+\nu\nabla^2 u_z \tag{2-46c}$$

式中，$\nabla^2=\frac{\partial^2}{\partial x^2}+\frac{\partial^2}{\partial y^2}+\frac{\partial^2}{\partial z^2}$为拉普拉斯算子。

对于不可压缩理想流体，$\mu=0$，运动方程简化为如下形式的欧拉方程：

$$u_x\frac{\partial u_x}{\partial x}+u_y\frac{\partial u_x}{\partial y}+u_z\frac{\partial u_x}{\partial z}+\frac{\partial u_x}{\partial t}=X-\frac{1}{\rho}\times\frac{\partial p}{\partial x} \tag{2-47a}$$

$$u_x\frac{\partial u_y}{\partial x}+u_y\frac{\partial u_y}{\partial y}+u_z\frac{\partial u_y}{\partial z}+\frac{\partial u_y}{\partial t}=Y-\frac{1}{\rho}\times\frac{\partial p}{\partial y} \tag{2-47b}$$

$$u_x\frac{\partial u_z}{\partial x}+u_y\frac{\partial u_z}{\partial y}+u_z\frac{\partial u_z}{\partial z}+\frac{\partial u_z}{\partial t}=Z-\frac{1}{\rho}\times\frac{\partial p}{\partial z} \tag{2-47c}$$

运动方程是流体力学中具有普遍意义的方程，它概括了实际流体运动的普遍规律。理论上，将运动方程与连续性方程联立求解，可以获得任一流场的速度和压力分布规律。但由于方程中存在黏性力项 $\mu\nabla^2 u_i$（$i$=x、y、z）以及方程的非线性特点，致使求它的普遍解在数学上非常困难。因此在多数情况下，只能作出某些假设，使问题简化，求出近似解。

#### 2.1.3.3 机械能衡算方程

在静止流体内部存在着两种形式的机械能——位能和压力能。流体在重

力场中自低位向高位对抗重力运动，将获得位能；与之类似，流体自低压向高压对抗压力运动时，也将获得能量，这种能量称为压力能。而在流体运动时，还涉及一种形式的机械能——动能，它是由于流体质点的平移或旋转而具有的能量。因此在运动流体中，存在着这三种机械能的相互转换。

此外，由于流体黏性引起的内摩擦力将消耗部分机械能使之转化为内能而耗散于流体中，因此流体的黏性使得流体在流动过程中产生机械能损失。

(1) 理想流体沿流线稳态流动的伯努利方程

在稳态条件下，将理想流体流动的欧拉方程沿流线积分，可以得到理想流体沿流线稳态流动的伯努利（Bernoulli）方程。

稳态流动时，流线与迹线重合且满足流线方程式(2-15)，即

$$\frac{\mathrm{d}x}{u_x}=\frac{\mathrm{d}y}{u_y}=\frac{\mathrm{d}z}{u_z}$$

将理想流体的欧拉方程式(2-47a)、式(2-47b)及式(2-47c)与式(2-15) 联立，整理可得

$$\frac{\partial u_x}{\partial x}u_x\mathrm{d}x+\frac{\partial u_x}{\partial y}u_x\mathrm{d}y+\frac{\partial u_x}{\partial z}u_z\mathrm{d}z=\frac{1}{2}\mathrm{d}u_x^2=X\mathrm{d}x-\frac{1}{\rho}\times\frac{\partial p}{\partial x}\mathrm{d}x \tag{2-48a}$$

$$\frac{\partial u_y}{\partial x}u_y\mathrm{d}x+\frac{\partial u_y}{\partial y}u_y\mathrm{d}y+\frac{\partial u_y}{\partial z}u_y\mathrm{d}z=\frac{1}{2}\mathrm{d}u_y^2=Y\mathrm{d}y-\frac{1}{\rho}\times\frac{\partial p}{\partial y}\mathrm{d}y \tag{2-48b}$$

$$\frac{\partial u_z}{\partial x}u_z\mathrm{d}x+\frac{\partial u_z}{\partial y}u_z\mathrm{d}y+\frac{\partial u_z}{\partial z}u_z\mathrm{d}z=\frac{1}{2}\mathrm{d}u_z^2=Z\mathrm{d}z-\frac{1}{\rho}\times\frac{\partial p}{\partial z}\mathrm{d}z \tag{2-48c}$$

将以上三式相加，可得

$$\frac{1}{2}\mathrm{d}(u_x^2+u_y^2+u_z^2)=\frac{1}{2}\mathrm{d}u^2=X\mathrm{d}x+Y\mathrm{d}y+Z\mathrm{d}z-\frac{1}{\rho}\mathrm{d}p \tag{2-49}$$

式中，$u=\sqrt{u_x^2+u_y^2+u_z^2}$为流线上任意点处流体速度的数值，$u=u(x,y,z)$。

当理想流体仅在重力场中做稳态流动，并取坐标轴 $x$、$y$ 为水平方向，$z$ 为垂直向下时，则 $X=Y=0$，$Z=-g$，式(2-49) 简化为

$$\frac{1}{2}\mathrm{d}u^2=-g\mathrm{d}z-\frac{1}{\rho}\mathrm{d}p \tag{2-50}$$

当流体不可压缩时，$\rho$=常数，式(2-50) 简化为

$$\mathrm{d}\left(gz+\frac{p}{\rho}+\frac{u^2}{2}\right)=0 \tag{2-51}$$

积分得

$$gz+\frac{p}{\rho}+\frac{u^2}{2}=\text{常数} \tag{2-52}$$

对同一流线上的任意两点 1 和 2，有

$$gz_1+\frac{p_1}{\rho}+\frac{u_1^2}{2}=gz_2+\frac{p_2}{\rho}+\frac{u_2^2}{2} \tag{2-53}$$

式(2-52) 和式(2-53) 即为不可压缩流体沿流线做稳态流动的伯努利方程。式中，$gz$ 为单位质量流体的位能；$\frac{p}{\rho}$为单位质量流体的压力能；$\frac{u^2}{2}$为单位质量流体的动能。三者的单位均为 J/kg。式(2-52)的物理意义为：不可压缩的理想流体沿流线做稳态流动时，其位能、压力能和动能可以相互转换，但总机械能保持不变。

(2) 实际流体沿流线稳态流动的机械能衡算方程

实际流体沿流线流动的机械能衡算方程，可将实际流体的运动方程式(2-46) 沿流线积分导出，其推导过程与理想流体的情况类似。若质量力仅为重力，其结果为

$$\mathrm{d}\left(gz+\frac{p}{\rho}+\frac{u^2}{2}\right)+\nu(\nabla^2 u_x \mathrm{d}x+\nabla^2 u_y \mathrm{d}y+\nabla^2 u_z \mathrm{d}z)=0 \tag{2-54}$$

分析式(2-54)可知，与理想流体不同，实际流体的机械能沿流线是不断变化的，并不守恒。这是由于当流体向前流动时，须不断克服因黏性作用而产生的内摩擦力，因而一部分机械能将转化为热能而耗散于流体中，不能再为流体的流动所用。因此从流动来说，就是能量的消耗。当然，从整体上分析，能量仍是守恒的。由此可以推断，式(2-54)中的第二项 $\nu(\nabla^2 u_x \mathrm{d}x+\nabla^2 u_y \mathrm{d}y+\nabla^2 u_z \mathrm{d}z)$ 表示单位质量流体经微小位移 d$x$、d$y$、d$z$ 时，黏性应力所做的功。流体在做这些功时，所消耗的机械能即为流体的能量损失。

令 $\mathrm{d}h_f'=\nu(\nabla^2 u_x \mathrm{d}x+\nabla^2 u_y \mathrm{d}y+\nabla^2 u_z \mathrm{d}z)$为单位质量流体的黏性力沿流线所做的微功，则

$$\mathrm{d}\left(gz+\frac{p}{\rho}+\frac{u^2}{2}\right)+\mathrm{d}h_f'=0 \tag{2-55}$$

式(2-55)沿流线由点 1 到点 2 积分，得

$$\left(gz_2+\frac{p_2}{\rho}+\frac{u_2^2}{2}\right)-\left(gz_1+\frac{p_1}{\rho}+\frac{u_1^2}{2}\right)+\int_1^2 \mathrm{d}h_f'=0 \tag{2-56}$$

令 $h_f'=\int_1^2 \mathrm{d}h_f'$，则式(2-56) 写成

$$gz_1+\frac{p_1}{\rho}+\frac{u_1^2}{2}=gz_2+\frac{p_2}{\rho}+\frac{u_2^2}{2}+h_f' \tag{2-57}$$

式(2-57)即为实际流体沿流线稳态流动的机械能衡算方程。式中，$h_f'$ 表示单位质量流体从流线上点 1 至点 2 的能量损失，J/kg。

## 2.1.4 流体流动的阻力

实际流体在运动时，由于要克服流体质点间阻碍运动的内摩擦力，必然要消耗一部分机械能。因此，流体的机械能损失$\sum h_f$是分析和计算流体输送问题的重要内容。

### 2.1.4.1 动量传递与流动阻力产生的机理

前文已提到，流体额定运动有两种形态——层流和湍流。因为流动形态的不同，产生流动阻力的原因各不相同，这可用层流和湍流运动的动量传递机理来解释。

① 层流——分子动量传递。前文已经提到，层流运动时，在任意两相邻的流层之间，由于速度不同发生的动量传递称为分子动量传递。其传递的机理为：当运动着的两相邻流层之间存在速度梯度时，流速较快的流层中的分子因随机运动会有一部分进入流速较慢的流层中，与那里的流体分子相互碰撞使其流速加快，从而使慢速流体分子的动量增大；另外，慢速流层中亦有等量随机运动的分子进入快速流层中，使得快速流层中的分子动量减小。

分子动量通量即为作用在单位面积上的内摩擦力，这可从牛顿黏性定律各物理量的单位来分析。对于不可压缩流体，牛顿黏性定律的表达式见式(2-1)。

式(2-1) 表明，分子动量通量的大小与$y$方向上的动量浓度梯度成正比，负号表示动量传递的方向与动量浓度梯度的方向相反，即动量传递的方向是沿动量降低的方向。

由此可以得出，在做层流运动的流体内部，凡是存在速度梯度或动量浓度梯度的区域，都会产生动量的自发传递现象，而动量传递的速率即反映了流体阻力的大小。

② 湍流特性与涡流传递。宏观上，层流是一种规则的流动，流体层的各质点间无宏观混合。从微观上看，分子在流体层之间做随机运动产生内摩擦力。

与层流相比，湍流流体的质点除了向下游流动之外，在其他方向还存在着随机的速度脉动，流体质点之间发生强烈混合，即任意空间点的流速、压力等运动参数均随时间$\theta$变化。雷诺数越大，这种脉动越剧烈。而且，由于质点之间相互碰撞，使得流体层之间的内摩擦力急剧增加。这种由于质点碰撞与混合产生的湍流应力，较之由于流体黏性引起的内摩擦力要大得多。

湍流的另一特点是由于质点的高频脉动与混合，使得在与流动垂直的方向上流体的速度分布较层流均匀。图 2-7(a)、(b) 分别表示流体在圆管内做层流和湍流流动的速度分布。由图 2-7 可见，在大部分区域，湍流速度分布较层流均匀，但在管壁附近，湍流的速度梯度远大于层流。

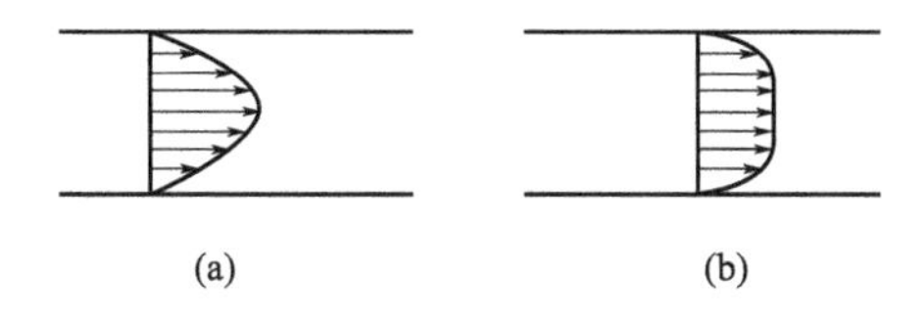


图 2-7
圆管中流体的速度分布

图 2-8 示出了某空间点上 $x$ 方向的速度 $u_x$ 随时间脉动的曲线。由图 2-8 可见，在一段时间内，这种脉动始终在某一平均值上下波动。据此可将任意一点的速度分解成两部分：一个是按时间的平均值，称为时均速度；另一个是因脉动而高于或低于时均速度的部分，称为脉动速度，则

$$u_x=\overline{u}_x+u'_x \tag{2-58a}$$

$$u_y=\overline{u}_y+u'_y \tag{2-58b}$$

$$u_z=\overline{u}_z+u'_z \tag{2-58c}$$

式中，$u_x$、$u_y$、$u_z$ 分别为 $x$、$y$、$z$ 方向的瞬时速度分量；$\overline{u}_x$、$\overline{u}_y$、$\overline{u}_z$ 分别为时均速度分量；$u'_x$、$u'_y$、$u'_z$ 分别为脉动速度分量。

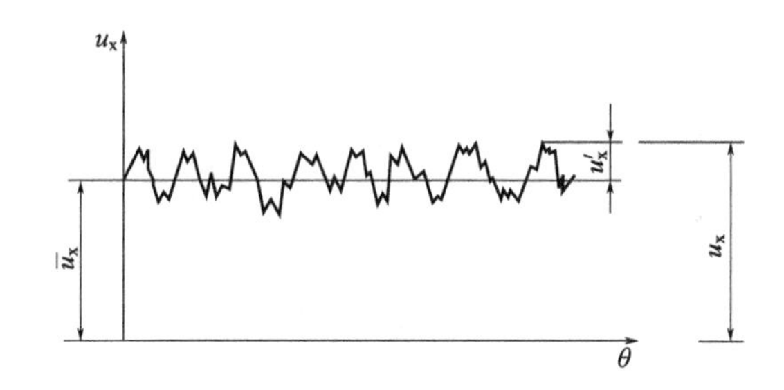


图 2-8
湍流中的速度脉动

除流速外，湍流中的其他运动参数，如温度、压力、密度等也都是脉动的，亦采用同样的方法来表征。

上述时均速度的定义，可以用数学式表达。以 $x$ 方向为例，$\overline{u}_x$ 可以表示为

$$\overline{u}_x=\frac{1}{t_1}\int_0^{t_1}u_x\mathrm{d}t \tag{2-59}$$

式中，$t$ 是使 $\overline{u}_x$ 不随时间而变的一段时间。由于湍流中速度脉动的频率很高，因此一般只需数秒即可满足上述积分需求。

从微观上讲，所有的湍流均为非稳态流动，这是因为流场中各运动参数均随时间而变。通常我们所说的稳态湍流，是指这些参数的时均值均不随时间改变。

在湍流流动的流体内部，不仅有因分子随机运动产生的分子动量传递，还存在着流体质点高频脉动引起的涡流动量传递，而且后者远大于前者。根据式(2-8)，涡流动量也可写成

$$\tau^{r}=\varepsilon\frac{d(\rho\bar{u}_{x})}{dy} \tag{2-60}$$

湍流的总动量通量可表示为

$$\tau^{t}=\tau+\tau^{r}=(\nu+\varepsilon)\frac{d(\rho\bar{u}_{x})}{dy} \tag{2-61}$$

由于湍流脉动微团或流体质点动量传递的尺度远大于流体分子的尺度，因此涡流动量传递的通量要远远大于分子动量传递的通量，这就意味着湍流流动产生的流动阻力要比层流大得多。

### 2.1.4.2 管内流动阻力的分类

单位质量流体在控制体内流动的机械能损失为$\sum h_{f}$，若以 $1m^{3}$ 为基准，则能量损失为 $\Delta p_{f}=\rho\sum h_{f}$，$\Delta p_{f}$ 称为压力降。

流体在管内流动时，按照流动阻力产生的方向不同，可分为直管摩擦阻力和局部阻力。

（1）直管摩擦阻力

流体在等径直管道内运动时，由于壁面的作用，使得流体内部产生动量梯度从而发生分子或涡流动量传递（亦即流体质点间的内摩擦力）以及流体域管壁之间的黏附作用等，沿程阻碍着流体的运动，这种阻力称为直管摩擦阻力。为克服直管摩擦阻力而消耗的机械能称为直管能量损失。单位质量流体的直管能量损失以 $h_{f}$ 表示。

（2）局部阻力

当流体流经弯管、流道突然扩大或缩小、阀门、三通等局部区域时，流速的大小和方向被迫急剧改变，因而发生流体质点的撞击，出现涡旋、流体与壁面分离等现象。此时由于黏性的作用，质点间发生剧烈的摩擦和动量交换，从而消耗流体的机械能，这种在局部障碍处产生的阻力称为局部阻力。流体克服局部阻力而消耗的机械能称为局部能量损失，以 $h_{j}$ 表示。

因此，实际流体在管路中流动的总机械能损失$\sum h_{f}$ 应为直管能量损失与局部能量损失之和，即

$$\sum h_{f}=h_{f}+h_{j} \tag{2-62}$$

或写成

$$\Delta p_{f}=\Delta p_{sf}+\Delta p_{j} \tag{2-63}$$

式中，$\Delta p_{sf}$ 为由于直管摩擦阻力引起的压降；$\Delta p_{j}$ 为由于局部阻力引起

的压降。

### 2.1.4.3　计算直管摩擦阻力的通式

以实际流体在水平直圆管内做稳态流动进行讨论。

如图 2-9 所示，在流体中取一长为 $L$、半径为 $r$ 的流体元作力的分析。在此流体元上作用着两个力：一个是促使流体流动的推动力 $(p_1-p_2)\pi r^2$，它与流动方向相同；另一个是由内摩擦力引起的摩擦阻力 $\tau 2\pi rL$，它与流动方向相反。在稳态下，流体不被加速，故有

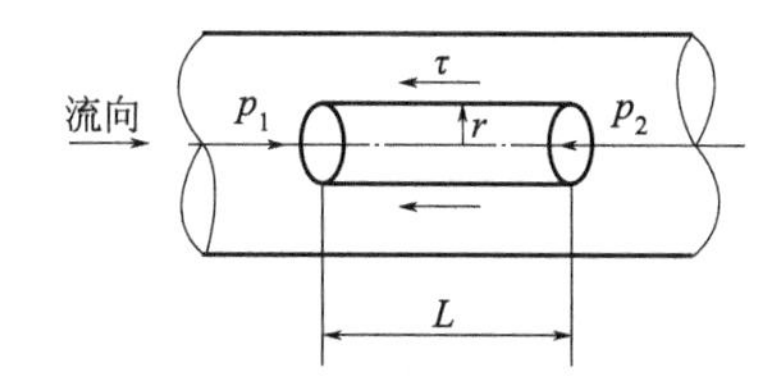


图 2-9
直管摩擦阻力通式的推导

$$(p_1-p_2)\pi r^2=\tau 2\pi rL$$

即
$$\tau=-\frac{\Delta p}{2L}r \tag{2-64}$$

式(2-64) 表明，流体在管内流动时，内摩擦力沿径向线性变化，在壁面处内摩擦力达到最大，而管中心为零。这一规律对层流和湍流均适用。

在壁面处，$r=r_i=d/2$，式(2-64) 变为

$$\tau_s=-\frac{\Delta p}{4L}d=\Delta p_{sf}\frac{d}{4L}$$

即
$$\Delta p_{sf}=4\tau_s\frac{L}{d} \tag{2-65}$$

将式(2-65) 写成下面的形式：

$$\Delta p_{sf}=\left(\frac{8\tau_s}{\rho u_b^2}\right)\left(\frac{L}{d}\right)\frac{\rho u_b^2}{2} \tag{2-66}$$

令
$$\lambda=\frac{8\tau_s}{\rho u_b^2} \tag{2-67}$$

则式(2-66) 变为

$$\Delta p_{sf}=\lambda\frac{L}{d}\times\frac{\rho u_b^2}{2} \tag{2-68}$$

或
$$h_f=\frac{\Delta p_{sf}}{\rho}=\lambda\frac{L}{d}\times\frac{u_b^2}{2} \tag{2-69}$$

式中，$\lambda$ 为直管摩擦阻力系数，它与流动形态、管壁的粗糙度等有关；

$L$ 为管道长度；$d$ 为管径；$u_b$ 为管内平均流速。

式(2-68) 或式(2-69) 是计算直管摩擦阻力的通式，称为达西（Darcy）公式。此式将流动阻力的求解转化为摩擦阻力系数的求解问题。

为了讨论 $\lambda$ 的物理意义，可将式(2-67) 写成如下形式：

$$\tau_s=\frac{\lambda}{8}\rho u_b^2=\frac{\lambda u_b}{8}(\rho u_b-\rho u_s)=K(\rho u_b-\rho u_s) \tag{2-70}$$

式中，$\tau_s$ 为流体与壁面之间动量传递的通量，$N/m^2$ [$1N/m^2=1kg/(m \cdot s^2)$]；$\rho u_b-\rho u_s$ 为管截面的平均动量浓度与壁面动量浓度之差（由于流体的黏性，在壁面处速度 $u_s=0$），即动量传递的推动力，$kg/(m^2 \cdot s)$；$K$ 为流体-壁面间的动量传递系数，m/s。

# 2.2 动量传递过程节能技术

## 2.2.1 泵节能技术

泵作为主要的动量传递过程装备广泛应用于国民经济的各个领域，无论是农业排灌、矿业排水、冶金中的液体输送，还是石化工业中原油、化工流体的输送，都离不开泵。泵既是应用最广的通用过程机械，同时也是工业领域中能耗最多的流体机械。据统计，在全国的电能消耗中，泵的电能消耗约占 21%。因此，在我国目前能源不足的情况下，在各工业领域中，合理使用流体输送机械，采用各种措施降低泵的能耗，杜绝能源的浪费，对国民经济具有十分重要的意义。

目前，在泵的运行中尚存在着不少问题，表现在：

① 系统与设备不匹配，选型不适当，考虑裕量过大，或估算过高，使设备长期处于低效工作，大马拉小车现象较为普遍，造成能源的极大浪费；

② 调节的方法简单，运行的经济性考虑不周，节流损失严重；

③ 设计不够先进，管路系统等布局不够合理，增加了能源消耗；

④ 管理不善，维修不及时，泄漏严重。

以上表明，泵的节能潜力很大，降低能耗、提高单位能源的创造价值，对降低企业的成本、提高企业的经济效益会有明显的效果。

### 2.2.1.1 泵选用中的节能

泵的选用直接关系到泵能否安全、可靠、经济地运行，泵的合理选用可以使泵更加高效地运行。

（1）泵的特性曲线与工作范围

每台泵都有一个最佳的工作范围。在一定转速下，离心泵的扬程、轴功率、效率与流量间的关系可用泵的特性曲线表示。泵的特性曲线上每一个点都对应着一个工况，泵的最高效率点工况是泵运行的最理想设计工况。

泵在最高效率点工作在实际运行中会有困难，但是运行的效率也不能偏低，因此，每一台泵都规定有一定的工作范围。泵的工作范围以效率下降不大于 7%（一般为 5%～8%）为界限。在图 2-10 中，曲线 1 表示叶轮直径未切割的 $H$-$q_V$（扬程-流量）线，曲线 2 表示叶轮在允许切割范围内，经切割后（或改变转速后）的 $H$-$q_V$ 线，$\eta_1$ 与 $\eta_2$ 均为等效率曲线，图形 $ABCD$ 所对应的流量与扬程范围就是泵的工作范围。泵在系统中运行是否经济，取决于泵正常运行工况点是否接近设备工况点或是否在泵的工作范围内，否则泵的运行效率偏低，其运行经济性必然较差。

图 2-10

泵的工作范围

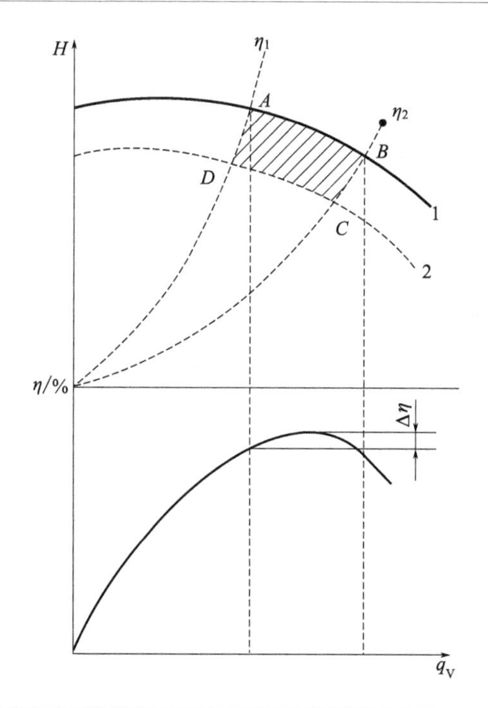


（2）管路性能曲线与工作点

管路性能曲线表示管路系统中流体的流量与所消耗的压头间的关系，将单位质量的流体从吸入容器输送到压出容器所需的能量标在图上，所得的曲线称为管路性能曲线。泵的特性曲线与管路性能曲线的交点就是泵在装置中运行的工作点，如图 2-11 中的 $M$ 点，$M$ 点应落在泵的工作范围 $AB$ 段内。

图 2-11
泵的运行工作点

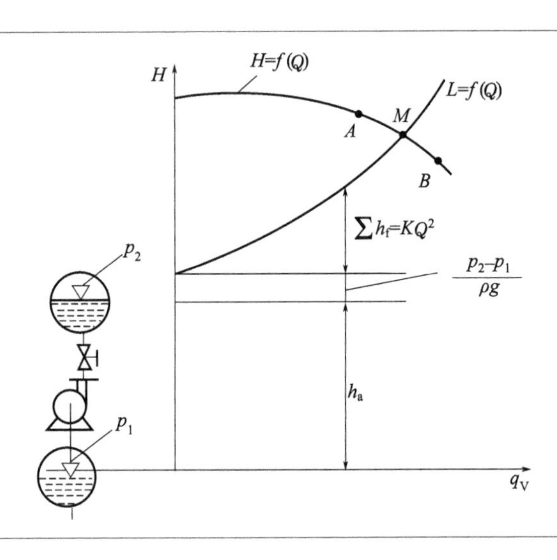


(3) 泵的选择

在泵的选择中，首先要确定泵的类型，然后确定其型号、规格、台数、转速以及配套电动机的功率。各种类型泵的使用范围如图 2-12 所示。其中离心泵的使用范围最广，流量在 5～20000m$^3$/h 之间，扬程在 8～2800m 的范围内。泵的实际选择方法一般有下面两种。

图 2-12
泵的使用范围

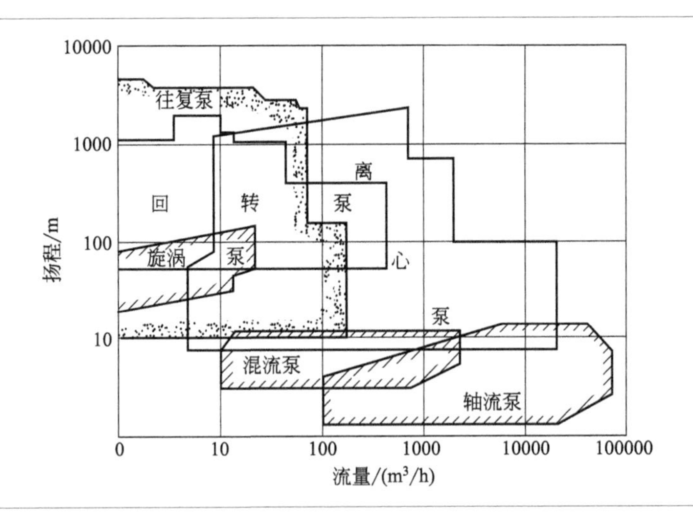


① 利用“泵系列型谱”选择。将所需的流量 $q_V$ 和扬程 $H$ 画到该形式的泵系列型谱图上，看其交点 $M$ 落在哪个切割工作区图形中，即可读出该图形内所标注的离心泵型号。图 2-13 为单级离心泵系列型谱。如果交点 $M$ 不是恰好落在图形的上边线上，则选用该泵后，可应用切割叶轮直径或降低

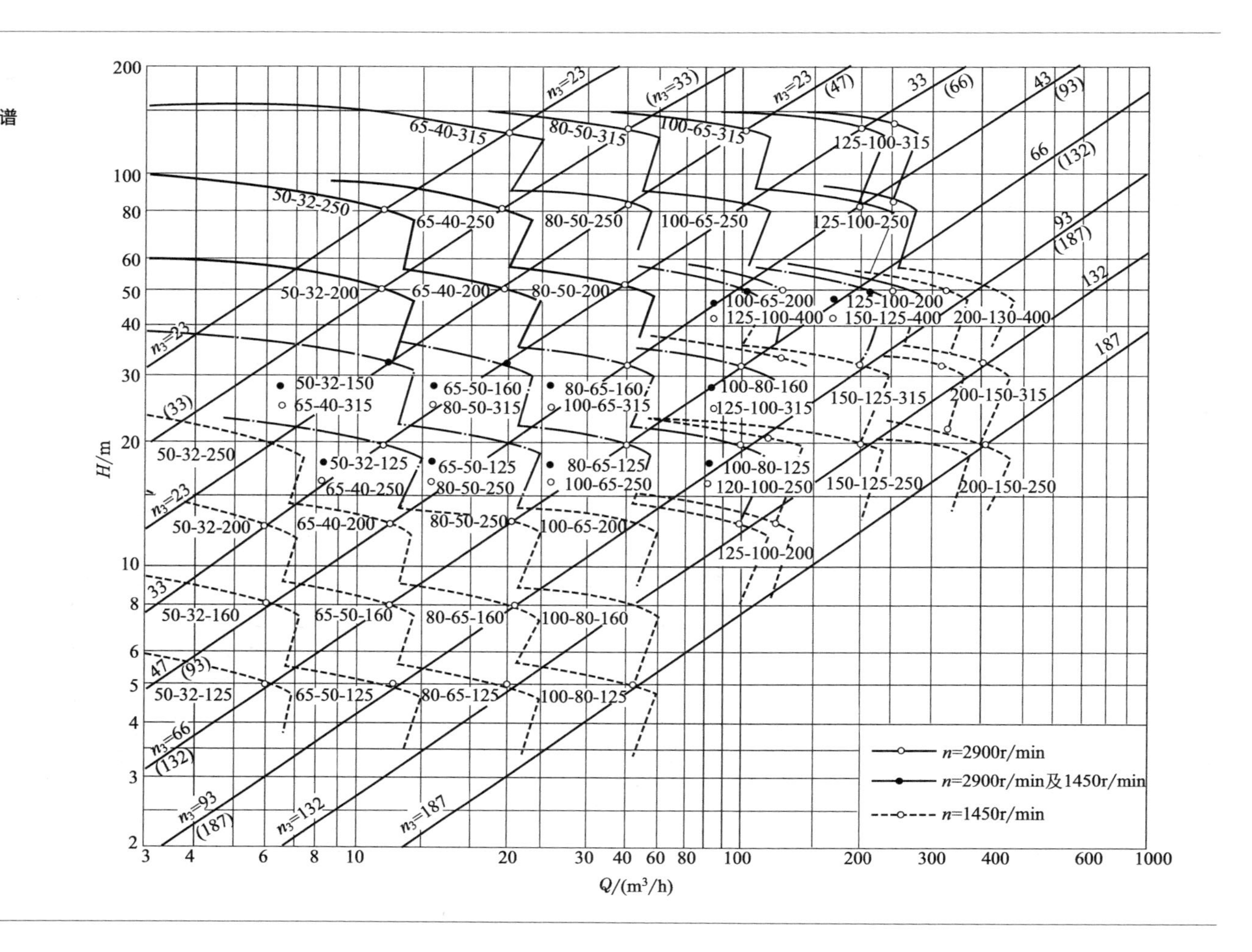

图 2-13
单级离心泵系列型谱

工作转速的方法改变泵的性能曲线，使其通过 $M$ 点。这就应从泵的样本或系列性能表中查出该泵的性能曲线，以便换算。如果交点 $M$ 并不落在任一个工作区的图形中，这说明没有一台泵能满足工作要求。在这种情况下，可适当改变泵的台数或改变泵所需的流量和扬程（如用排出阀调节）等来满足要求。

② 利用“泵系列性能表”选择。根据初步确定的泵的类型，在这种类型的泵系列性能表中查找与所需流量和扬程相一致或接近的一种或几种型号的泵。若有两种或两种以上都能满足基本要求，再对其进行比较，权衡利弊，最后选定一种。如果在这种形式的泵系列中找不到合适的型号，则可换一种系列或暂选一种比较接近要求的型号，通过改变叶轮直径或改变转速等措施，使其满足使用要求。

选择泵时应注意以下问题。

① 避免使用过大型号的泵，克服大马拉小车现象。实际选泵过大是普遍存在的问题，泵在运行一段时间后间隙增大，泄漏增加，管路阻力也随着运行时间而增加，所以在选择泵时留有一定的裕量是必要的。但是也要克服购置设备总是宜大不宜小，认为大些总保险些的错误倾向。裕量过大，使泵长期在比实际需要的流量与压头高得多的情况下工作，如果利用节流阀调节维持泵正常运行，则造成很大的节流能量损失。一般选择泵时裕量控制在8%为宜。

② 精心设计，精确计算。在选泵时，不要单凭经验，只有精心设计、精确计算，才能保证泵在最佳效率区内工作。虽然计算往往是复杂的，但可以避免长年累月的电能浪费，这样做是值得的。

③ 对于大多数多级泵应避免流量低于最高效率点流量的20%。

④ 采用大小泵配置的运行方式。在系统中配置半流量泵或三分之二流量泵，当系统负荷要求发生变化时，启用相适应流量的泵，减少大泵的运行周期，可大大降低能耗，这是降低用电单耗的有效措施。

### 2.2.1.2 泵的节能设计与性能改进

(1) 泵的效率与能量损失

泵的效率是泵的有效功率 $P_e$ 和轴功率 $P$ 的比值。由于泵内的各种损失，泵的有效功率总是小于轴功率，因此泵的效率总是小于1。有效功率小于轴功率的那一部分是在泵内损失掉的，只有尽可能减少泵内的各种能量损失，才能提高效率。

泵的能量损失包括机械损失、容积损失和水力损失，轴功率减去这三项所消耗的功率就是泵的有效功率。

① 机械损失　机械损失包括轴承和轴封装置的机械摩擦损失，叶轮前后盖表面和流体以及盖板表面和壳体间流体之间的圆盘摩擦损失。在机械损失中，轴承和轴封装置的摩擦损失占轴功率的 1%～5%；当叶轮在壳体中高速旋转时，由于离心力作用，叶轮前后盖板两侧的流体形成回流运动，流体与旋转叶轮之间产生摩擦从而产生能量损失，使输入轴功率减少，这部分圆盘摩擦损失占轴功率的 2%～10%，这是主要的机械损失。

圆盘摩擦损失与叶轮回转线速度的三次方及叶轮外径的二次方成正比。由于叶轮回转线速度与转速和叶轮外径的乘积成正比，因此该损失与转速的三次方和叶轮外径的五次方成正比。由此可见，转速越高，叶轮外径越大，圆盘摩擦损失也越大。若用增大叶轮直径的方法来提高压头会使圆盘摩擦损失急剧增加。在产生相同压头时，若采用增加转速、减小叶轮直径的方法将不会导致效率明显下降。

② 容积损失　泵的转动部件与静止部件间存在着间隙，当叶轮转动时，在间隙两侧所造成的压力差促使部分已获得能量的流体从高压侧通过间隙流向低压侧，由此而造成的损失称为容积损失或泄漏损失。对于给定的泵，要提高容积效率、降低泄漏量，可采取以下措施。

a. 减小密封间隙的环形面积。在叶轮入口直径一定的条件下，应尽量减小密封间隙的平均直径。在保证安全运行及制造允许的前提下，应尽量选取较小的间隙宽度。

b. 增加密封环间隙阻力。如将普通圆柱形密封环改制成迷宫形或锯齿形，将增大密封间隙的沿程阻力，提高密封效果，减少容积损失。

③ 水力损失　单位质量流体流经泵所产生的流动能量损失称为水力损失或流动损失。水力损失包括流体流经吸入室、叶轮流道、导叶或外壳的流动摩擦损失，流道断面改变引起的局部损失，以及实际流量偏离设计点造成的相对速度方向与叶轮及导叶入口安装角度不一致而引起的冲击损失。

因此，要设计出具有高水力效率的泵，应注意以下问题：

a. 液体在过流部件各部位的速度大小要确定得合理，而且变化要平缓；

b. 避免在流道内出现死水区；

c. 合理选择各过流部件的入、出口角度，以减少冲击损失；

d. 避免在流道内存在尖角、突然转弯或扩散；

e. 流道表面应尽量光洁，不允许有粘砂、飞边、毛刺等铸造缺陷存在。

（2）泵的节能设计方法

根据比转速可以把泵分为离心泵、混流泵和轴流泵三大类。对于离心泵，可以分低、中、高三种不同比转速。其中 $n_s=23\sim80$ 为低比转速离心泵；$n_s$＝80～150为中比转速离心泵；$n_s$＝150～300为高比转速离心泵。在转速一定的情况下，比转速越小，则流量越小，扬程越高。为了达到比较高的扬程，必须增加叶轮外径 $D_2$。而流量越小，则叶轮流道越窄。所以低比转速泵的叶轮直径比（$D_2/D_0$）较大，而相对宽度（$b_2/D_2$）较小。当 $n_s$＜23时，由于 $b_2$ 过窄，$D_2$ 过大，这样不但增加铸造上的困难，而且还会增加圆盘摩擦损失和降低水力效率。在这种情况下往往设计成多级泵或采用容积式泵。随着 $n_s$ 的增加，比值 $b_2/D_2$ 也增大，而比值 $D_2/D_0$ 却随之减小。当 $n_s$＞300时，$b_2$ 增大、$D_2$ 减小到一定程度，叶道就过短，而且前后盖板的流线长度不一，从而会在叶轮出口处造成回流，使效率降低。在这种情况下，不但需要把叶片进口边向进口方向延伸，而且应使出口边倾斜。这样就从离心泵过渡到混流泵。混流泵的比转速 $n_s$＝300～500。当 $n_s$ 增大，出口直径进一步减小，就从混流泵过渡至轴流泵，这时 $D_2/D_0$＝1，即叶轮进出口直径相等。

对于泵的设计，有速度系数设计法和加大流量设计法等。速度系数设计法是利用相似原理和产品统计系数来确定叶轮各部分尺寸的，它可选择相应的速度系数来使泵设计成高效率的或高汽蚀性能的，这是一种简便有效的设计方法。这种设计方法对于中高比转速泵设计效果较好，但对于低比转速泵设计效果往往不佳。对于低比转速泵现在常常采用加大流量设计法。

加大流量设计法之所以应用在低比转速水泵设计中，是因为人们一般假定设计点为最高效率点，设计比转速即为最佳工况比转速。这个假设对中高比转速离心泵较为适用，但若用于低比转速离心泵，则所设计的泵效率往往很低。为了提高低比转速泵的效率，节约能源，提出了加大流量设计法。近10年来，国内有关单位及众多学者和技术人员对低比转速泵进行了大量的设计、研究和试验工作，已研制出一批优秀的低比转速泵水力模型，如IB型泵模型、IS型泵模型、BP型喷灌泵模型、WB型微型泵模型等，其比转速 $n_s$ 从23到80，基本覆盖了低比转速范围，使低比转速泵的效率提高到一个新的水平。在上述优秀的低比转速泵模型设计中，主要采用了加大流量设计方法。

传统的离心泵设计是建立在一元理论上的，由于此设计法简便，至今仍是水泵设计最为常用的方法。但随着时代的进步和科学技术的发展，三元叶轮设计方法已逐渐用于水泵叶轮的设计。过去低比转速离心泵通常采用圆柱形叶片，为了提高效率，目前也倾向采用扭曲叶片。中高比转速叶轮由于流道较宽，不同流线上的进口流动角是不等的，为了使叶片进口安装角适应不同的流动角，叶片只有设计成扭曲形状才能提高效率。

对于水泵的设计还要综合考虑所有的影响因素，才能设计出理想的水泵。实践证明，叶轮进口直径 $D_0$、叶片进口直径 $D_1$、叶片进口宽度 $b_1$ 对离心泵汽蚀性能影响较大，叶片出口宽度 $b_2$ 对离心泵流量影响较大，叶片出口直径 $D_2$、叶片出口安装角 $\beta_{2a}$ 对水泵扬程影响较大，$\beta_{2a}$ 对泵的性能曲线形状影响较大。同时，对叶轮其他因素（如叶片数 $Z$、包角 $\varphi$、叶片厚度 $S$、冲角 $\Delta\beta$）也需要认真对待。这些参数若选得协调，就能得到满意的结果。

(3) 改进泵性能的结构措施

① 密封装置的改进　填料密封是最常用的一种轴封装置，但填料密封磨损大、泄漏严重，机械损失功率较大，需要经常地维修与保养。机械密封比填料密封性能好、泄漏少、使用寿命长、运行可靠，机械密封的机械损失功率约为填料密封的10%～15%，所以高温、高压、高速泵的轴封应采用机械密封。

② 过流部件保持光洁圆滑　叶片的入、出口应保持圆滑，过流部件要整洁光滑，以减少流动损失。

③ 修削叶片出口部分的背面　修削叶片出口部分的背面，可以增大叶片出口角和相邻叶片间的出口面积，同时因有限叶片数而造成的流动偏离和速度分布不均匀得到了改善。经修削叶片出口背面的泵在相同流量下扬程可提高2%～5%，在相同扬程下泵的流量可增加5%～10%。

④ 导叶轮的改进　叶轮和导叶轮的对中性要好，以减少水力冲击损失。另外适当增加导叶喉部的面积，以减少导叶的扩散度，可以有效地减少过渡区（转弯处）的水力损失，从而提高泵的效率。

⑤ 注意泵体压水室铸造质量与轴孔中心加工精度　压水室是能量转换的过流部件。压水室的作用是：收集从叶轮流出的流体；降低液流速度；消除液体从叶轮流出的旋转运动，以避免由此而造成的水力损失。液体从叶轮流出后的迹线是一条对数螺旋线，因此一般常用螺旋形压水室。螺旋形压水室流体流动比较理想，适应性强，高效区宽，但流道无法加工，尺寸、形状、表面粗糙度全靠铸造来保证，因此铸造质量及泵轴中心孔加工精度都会对泵的效率产生影响，应予以重视。

⑥ 及时维修保养　及时维修是保证泵高效运行的必要条件。由于泵的高速运转、输送流体的腐蚀都会使泄漏量增加，泄漏间隙越大，能量损失也越大，对开式叶轮更为明显，因此及时维修并更换易损零件、减少间隙对节约能源是有帮助的。

⑦ 务必使泵在工作范围内运行　影响泵效率的因素很多，但水力效率的

大小基本反映了泵性能的好坏。泵在设计工况点运行时水力损失最小。如果泵运行时偏离设计值，过流部件的形状与流动状况不相适应，则产生冲击损失。偏离设计流量越大，冲击损失越大，冲击损失大小与流量和设计流量偏离值的平方成正比。要使泵有较高的运行效率，其流量不能偏离泵的工作范围。

### 2.2.1.3 管路系统的节能技术

泵在系统中运行的工况点是由泵的特性曲线和管路系统的性能曲线共同决定的，因此管路系统的阻力将直接影响到要选择的泵及其运行的经济性。正确的管路装置设计可以有效地降低能耗，为此对管路系统提出以下要求。

① 简化管路，减少管道长度。在设计时，流程要合理，并力求简化，管道走向尽量短直，避免不必要的沿程阻力损失。

② 泵出口管道不宜过细，应选用合理经济的管径。过细的出口管径将会产生很大的流动能量损失，一般泵的出口管道流体速度控制在1.5～2.5m/s较好。

③ 提高管道内壁的光洁度。对新安装的焊接管道，应清除管内的焊渣及杂物，以保证流道的通畅。对运行的管道应尽量减少管壁的腐蚀物与积灰，使其保持清洁、光滑。

④ 去除不必要的管道、弯头、阀门。对可设可不设的附件应予以撤除，对不必要的管道、弯头、管件或阀门应当去除，以减少流体的流动阻力损失。

⑤ 合理的进口段设计。为保证泵在运行中的最小汽蚀余量，并减少进口管道的压头损失，离心泵的吸入口管径应尽量避免设置弯头，以避免扰乱液流，降低泵的效率。

⑥ 取消底阀，减少逆止阀。用自吸装置代替底阀，实现离心泵的无底阀运行，可以改善管路系统的性能。取消泵出口额定逆止阀，以减少泵的压头损失。

⑦ 选用形状合理的弯头及连接元件。管道的连接与转弯应力求使流体平缓过渡，避免突然扩大、缩小与急转，各种焊制弯头应严格按标准制作。

⑧ 减小流体的黏度。在泵前预热流体，减小流体的黏度，用于加热流体所消耗的能量常远小于用来克服因黏度大而增加的摩擦损失，这样做有一定的节能效果。

⑨ 防止泥砂、夹杂物进入泵内。在水质较差的情况下，在泵前应设置滤网或沉淀池，减少泥砂，防止杂物进入泵中。

⑩ 避免泵内夹带空气。对于离心泵，只要液体中含有1%～2%的气体，

就会降低扬程与流量 3%～5%，且会引起泵的振动及其他破坏形式。要防止夹带空气，避免因扬程、流量的降低而引起泵的效率下降。

⑪ 杜绝跑、冒、滴、漏。管道系统中严重的跑、冒、滴、漏会造成很大的原料及能源浪费，应加强管理及时维修。

### 2.2.1.4　离心泵运行中的节能调节

事实上，由于受到设计规范、泵系列、型号等的限制，往往所选择的泵流量或扬程过高，在实际运行中需要对泵的工况点进行调节，以满足实际流量与扬程的需要，从而实现高效、节能的运行。

改变运行工况点的途径主要有：

① 改变泵的特性曲线；

② 改变管路性能曲线；

③ 同时改变泵的特性曲线和管路性能曲线。

具体而言，改变泵的特性曲线方法有变速调节和切割叶轮调节两种；改变管路特性曲线的方法有出口节流调节；同时改变泵的特性曲线和管路性能曲线的方法为入口节流调节。不同调节方法及其节能情况如下。

（1）节流调节

① 出口节流调节　在泵的出口管路上设置阀门，调小阀的开度，管路的性能曲线随之改变。如图 2-14 所示，出口阀全开时的管路性能曲线为 $R_1$，工作点为 $M$；当调小出口阀门开度时，阻力曲线向左移动，称为曲线 $R_2$，工作点也由 $M$ 点移至 $A$ 点。出口节流调节方法可靠、简单易行，但经济性差，只宜在小功率泵上使用。

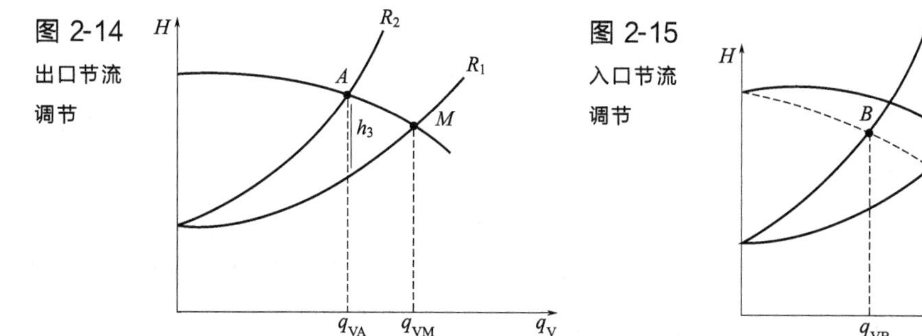

图 2-14 出口节流调节

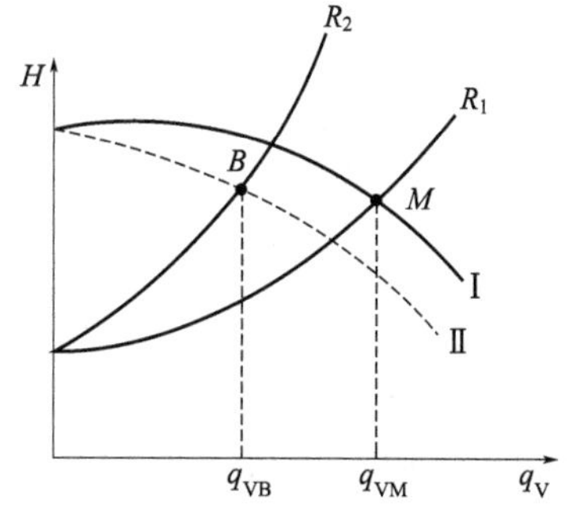

图 2-15 入口节流调节

② 入口节流调节　通过改变安装在进口管路上的阀门开度来改变输送流量的方法称为入口节流调节。因为进入泵前流体的压力已经下降，所以入口节流调节不仅改变了管路性能曲线，同时也改变了泵本身的性能曲线。如

图 2-15 所示，当调小进口阀门开度时，泵的特性曲线将由Ⅰ移到Ⅱ，管路性能曲线由 $R_1$ 移到 $R_2$，工作点也由 $M$ 点移至 $B$ 点。

对于相同的流量变化，入口调节其附加节流阻力损失小于出口节流损失，说明入口节流调节优于出口节流调节。但入口节流调节降低了泵前的流体压力，容易使泵产生汽蚀现象，因此在泵中需谨慎采用。

（2）变速调节

对于同一台泵，由比例定律可知，流量 $q_V$、扬程 $H$、功率 $N$ 与转速 $n$ 存在以下关系：

$$\frac{q_{V1}}{q_{V2}}=\frac{n_1}{n_2},\frac{H_1}{H_2}=\left(\frac{n_1}{n_2}\right)^2,\frac{N_1}{N_2}=\left(\frac{n_1}{n_2}\right)^3 \tag{2-71}$$

因此，当实际所需的流量与压头低于泵的设计值时，可以通过改变泵的转速达到。同时，由于采用变速调节方法时，轴功率随着转速的三次方下降，因此其节能效果显著。

目前，常用的变速调节方法可总结为以下几种：

① 直流电动机驱动；

② 采用双速变极电动机（原电动机绕组接法稍加改动即可达到变换极对数的目的），当低负荷时用低速挡，额定输出时用高速挡；

③ 调换皮带轮；

④ 在异步电动机转子回路中串联可变电阻，以改变电动机的转速；

⑤ 采用调频变速电动机；

⑥ 用固定转速电动机加液力联轴器传动；

⑦ 用汽轮机驱动。

上述各方法中，直流电动机价格昂贵、容量小，需直流电源，适用于试验装置。双速电动机结构简单、收敛快，但变速范围不大，变速后电动机效率受到一定影响，一般用于离心式风机。液力联轴器传动结构复杂、成本较高，但无摩擦元件，可靠性好、维修方便，联轴器本身效率达到 97%～98%，适用于大型烧结鼓风机、高炉鼓风机以及锅炉中的鼓引风机。理想的调节方法是汽轮机驱动或采用可变频机组，可随负荷变化进行调节，对于大型 300MW 以上火力发电机组的给水泵广泛采用汽轮机驱动。

（3）切割叶轮调节

若泵系统无需经常改变其运行工况，只需一次调节就能改变大马拉小车的状态，而当变速调节方法又难以实现时，可采用切割叶轮或换装小叶轮的方法来调节泵的流量，这是一种既简单又经济的节能方法。根据泵的切割定律，有

$$\frac{q'_V}{q_V}=\frac{D'}{D},\frac{H'}{H}=\left(\frac{D'}{D}\right)^2,\frac{N'}{N}=\left(\frac{D'}{D}\right)^3 \tag{2-72}$$

可以看出，通过切割叶轮，泵的轴功率随叶轮直径的三次方下降。泵的切割定律是在泵的效率不变的前提下导出的，因此叶轮切割量有一定的限度。切割量大，偏离设计状态就大，效率就会有所改变。如果切割量过大，甚至会发生由效率下降而增加的能耗超过扬程下降而节约的能耗现象。常用的叶轮允许切割量见表2-1。

**表2-1　泵的叶轮允许切割量**

| 比转速 $n_s$ | 60 | 120 | 200 | 300 | 350 | 350以上 |
|---|---|---|---|---|---|---|
| 最大允许切割量/% | 20 | 15 | 11 | 9 | 7 | 0 |
| 效率下降值 | 每切割10%,效率下降1% | | 每切割4%,效率下降1% | | | |

切割叶轮通常只适用于比转速不超过350的离心泵和混流泵。对轴流泵来说，如果切小叶轮，就需要更换泵壳或在泵壳的内壁加衬里，这样做是不经济的，因此轴流泵不进行切割。对于不同类型的叶轮应采用不同的切割方式，低比转速离心泵叶轮的切割量，在前后盖板和叶片上是相等的；高比转速离心泵，后盖板的切割量大于前盖板；混流泵叶轮只切割前盖板的外缘直径。

一般当 $q_V>0.8q_{V0}$（$q_{V0}$ 为设计额定流量）时，可用切割叶轮方法；当 $q_V<0.8q_{V0}$ 时，应更换较小直径的叶轮。

(4) 多级泵运行工况的节能调节

多级泵在运行中的实际压头往往高于系统装置所需的压头，造成不必要的能量损失，如果根据不同需要，将此多级泵拿下1～2个叶轮，以减少级数，在使用中便可以节约能量。在相同运行工况下，不同的调节方法所消耗的轴功率是截然不同的。采用节流调节，节流能量损失较大，运行经济性差，变速调节法和切割叶轮调节法与节流调节法相比可节约能源约40%～50%，节能效果较好。目前国内泵运行系统仍普遍采用节流调节法，造成能源很大的浪费，变速调节法正在普及和推广，并取得很好的经济效益。

## 2.2.2　风机节能技术

风机作为除泵外又一重要的动量传递过程装备，是工业上最通用的流体机械。风机的用电量占全国总耗电量的10%以上，目前各工业部门中使用的风机在全国约几百万台，因此风机的安全与经济运行具有十分重要的现实意义。目前风机在运行中主要存在以下问题：

① 选择不当，与系统不匹配，风机或风压裕量过大，致使风机长期在低效区运行。高效风机的低效运行造成能量的很大浪费。

② 没有相应的风机调节机械，当负荷变化时不能自动调节。

③ 系统装置设计不合理，管路阻力过高。

④ 操作管理不当，系统积灰，泄漏严重，风机部件磨损严重，这些都影响风机的运行效率。

### 2.2.2.1 风机的特性曲线与节能原理

根据风机的特性曲线图可说明其节流原理。图 2-16 中曲线 1 为风机在恒转速下的风压-流量（$H$-$q_V$）特性曲线，曲线 2 为恒速的功率-流量（$P$-$q_V$）特性曲线，曲线 3 为管网阻力特性曲线（风门开度全开）。

假设风机在设计时工作在 $A$ 点效率最高，输出风量为 100%，此时轴功率 $P_1$ 与面积 $AH_1Oq_{V1}$ 成正比，当流量 $q_{V1}$ 减少到 $q_{V2}$ 时，如采用调节风门方法（相当于增加管网阻力）使管网阻力特性由曲线 3 变到曲线 4，系统由原来的工况点 $A$ 变到新的工况点 $B$ 运行，从图 2-16 中看出，风压反而增加，轴功率 $P_2$ 与面积 $BH_2Oq_{V2}$ 成正比，减少不多。如果采用调速控制方式，风机转速由 $n_1$ 降到 $n_2$，根据风机参数的比例定律，画出在转速 $n_2$ 的风压-流量（$H$-$q_V$）特性曲线 5，可见在满足相同风量 $q_{V2}$ 的情况下，风压 $H_3$ 大幅度降低，功率 $P_3$（相当于面积 $CH_3Oq_{V2}$）随着显著减小，节省的功率损耗 $\Delta P=\Delta Hq_{V2}$ 与面积 $BH_2H_3C$ 成正比，节能的经济效益是十分明显的。

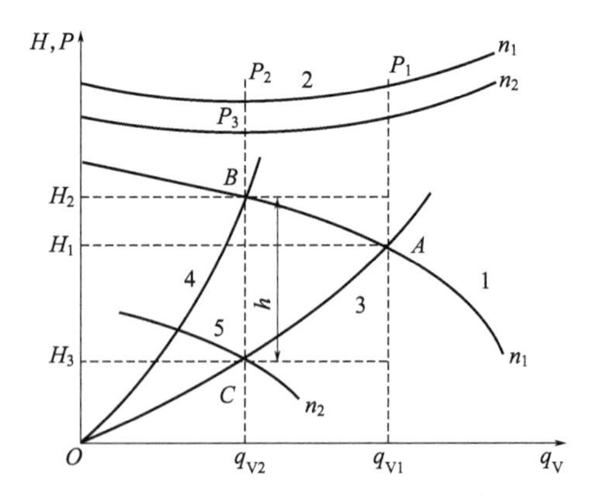


图 2-16
风机的特性曲线图

### 2.2.2.2　风机结构对能耗的影响

根据介质在风机内的流动方向，风机可分为离心式、轴流式和混流式风机。离心式风机的特征是，介质沿轴向进入叶片，在叶轮内沿着径向流动，见图 2-17。轴流式风机的介质沿轴向流动，并沿着轴向流出，见图 2-18。混流式风机介于轴流式与离心式两者之间，介质沿着轴线的斜向流动，见图 2-19。

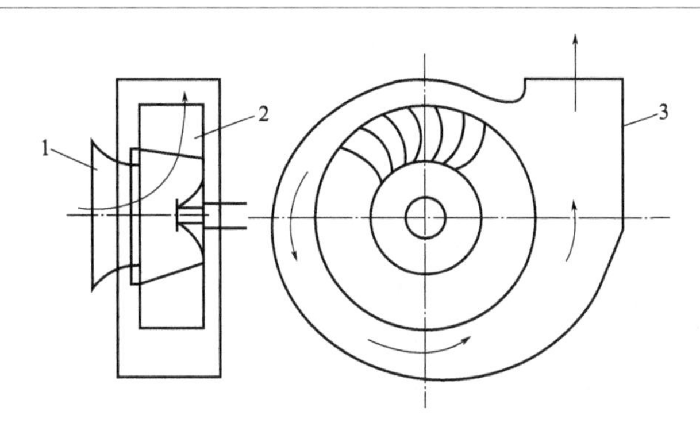


图 2-17
离心式风机示意图
1—集流器；2—叶轮；3—机壳

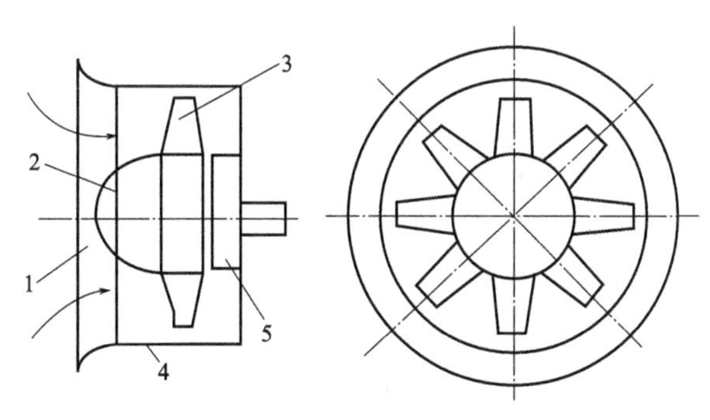


图 2-18
轴流式风机示意图
1—集流器；2—整流罩；3—叶轮；4—机壳；5—后整流罩

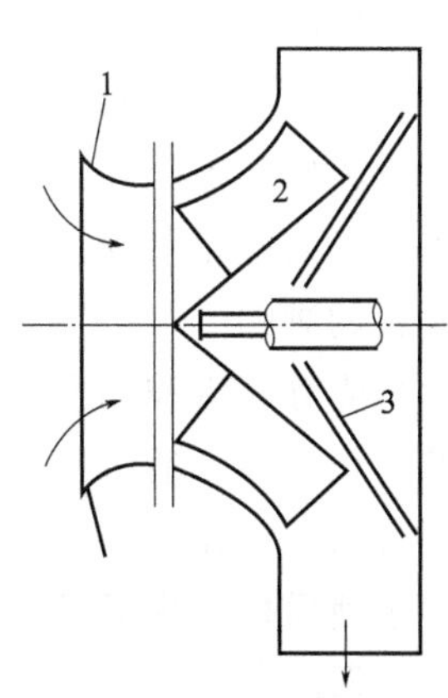


图 2-19
混流式风机示意图
1—集流器；2—叶轮；3—机壳

风机的效率与风机的结构有关，正确的结构、合理的参数是保证风机高效运行的条件。

（1）叶片的出口角

叶片的出口角主要影响风机的全风压和风机效率，出口角越大，全风压就越高。另外，后弯叶轮的流动效率比前弯叶轮要好，所以后弯叶轮风机的耗电要比前弯叶轮风机少，高效风机采用后弯机翼型叶片，叶片出口角以30°～45°为宜。

（2）叶轮宽度的影响

叶轮出口宽度的改变，对风机的风量、风压、效率都有影响，尤其是对风量的影响最大。实践证明，当叶轮宽度的变化在15%以内时，其效率下降不超过5%，所以当风机的容量过大，使风机不能经济运行时，可以用改变风机叶轮和机壳的宽度来解决。

（3）集流器的影响

集流器的作用是保证气流平稳地进入叶轮，从而减少流动损失。高效风机一般采用锥弧形集流器。气流进入集流器后逐渐加速，在喉部形成较高风速，由喉部出来的气流沿双曲线均匀扩散，并与叶轮的前盘很好地配合。喉部选取不当将影响风机效率5%～6%，集流器形式不好，将会影响风机效率8%左右。

（4）进风箱的影响

进风箱对风机的性能参数影响较大，进风箱本身的阻力损失直接影响风机的有效压头。旧式进风箱为矩形截面的直角弯头，常出现涡流区，阻力较大。目前通用的进风箱结构，在进风箱的转弯处加装了一块30°的复板，底部采用后斜板，使进口气流平稳，气流阻力明显下降。另外，在进风箱入口处不应带有弯头，以避免气流在入口处产生附加的气流冲击损失。

（5）进口间隙的影响

集流器与工作叶轮前盘之间存在一定的间隙，由于间隙两侧风压不同，必然有部分气流经间隙流入叶轮进口，为避免泄漏的气流干扰进口处的主气流，集流器应插入叶轮前盘。

（6）机舌的影响

风机的机壳分有舌和无舌两种，机舌又分为深舌和浅舌两种。深舌适用于低比转速风机，浅舌适用于高比转速风机。当叶轮与机舌间隙过大时，将有相当一部分的气流在机壳内循环回流，使风量、风压及效率都下降。当间隙过小时，也使风机效率下降并产生较大的噪声。

（7）扩压器的影响

一般机壳的出口气流偏向叶轮一侧，所以扩压器宜做成向叶轮一侧扩压的单面扩压器。

（8）导流器的正确安装

导流器的安装正确与否对风机正常运行影响很大，导流器离叶轮越近，其影响越大。导流器的作用是使经导流器的气流获得较大的正预旋，减少或避免气流对叶轮的冲击。因为导流器之后是进风箱和集流器，所以若导流器安装错误，气流获得反旋，并以很大的冲角冲击叶轮，将使损耗功率上升。

### 2.2.2.3 风机选择中的节能

风机运行效率低是导致用电率高的主要原因，选用新型节能风机，合理地与系统配套，并使风机经常处于最佳效率工况是保证风机有良好运行经济性的关键。在风机选择中应注意以下几点。

（1）采用新型高效节能风机

20 世纪 70 年代后，随着能源危机的影响，各国对提高风机的效率做了大量研究工作，在短短十几年内使风机效率提高了 10%～20%，并生产出一批新型高效风机用于各大工业企业。近年来我国将 10000 多台锅炉的旧式风机改为高效风机后节电效果显著，风机平均电耗下降 15%～20%，一年就可节约用电 2.5 亿千瓦·时。表 2-2 为几种风机的效率比较表。

**表 2-2　不同风机的效率比较**

| 风机类型 | 效率/% | 风机类型 | 效率/% |
| --- | --- | --- | --- |
| 后向直叶片 | 60～65 | 后向弯曲机翼型叶片 | 78～80 |
| 后向弯叶片 | 60～78.5 | 斜流型 | 78～80 |
| 多叶片 | 58～62 | 轴流式 | 79～81 |

① 后向弯曲机翼型叶片的风机效率较高，可达 80%，其体积小、噪声低，目前已大量应用于锅炉鼓风机、引风机、空调、采暖等领域。

② 斜流型风机运行范围较宽，效率达 80%，在高比转速下可以代替离心式风机。

③ 轴流式风机风量大，负荷变化适应性好，与其他形式风机相比，轴流式风机的效率较高。据报道：轴流式风机当负荷由设计工况降到 50%时，风机的效率由 80%降到 70%，而离心式风机的效率将由 84%降至 25%。火力发电厂中锅炉采用轴流式风机效率高达 90%。对于高比转速下运行的矿井、电站、空调等风机都选用轴流式风机。

④ 对于各种锅炉的送风机、燃油锅炉的引风机以及除尘效率较高的燃煤锅炉引风机一般可采用机翼型叶片风机，效率达 85%～90%。

⑤ 对于除尘效率较低的燃煤锅炉引风机可采用直板型高效风机，此类风机结构简单、检修方便、检修周期长，效率一般在85%左右。

⑥ 对于多种型号的风机，应选择效率最高、制作简单且较小的一种。

(2) 合理的风机裕量

高效风机的风量与风压曲线一般都比较陡，故调节性能差。当工况点不在设计点时，风机的效率将明显下降，因此在选择风机时裕量不能过大，否则高效风机不高效，运行效率低。一般在风机的选择中，按实际运行所需的最大风量与风压留有适当的裕量，取风量裕量为5%，风压裕量为10%，即在风机的最高效率点稍偏右，但不低于最高效率的90%区域。

(3) 风机的并联运行

两台以上风机联合使用的效果比每台风机单独使用时的性能要差，但对容量较大的锅炉等往往将风机并联运行。对于并联运行的风机应使每台风机都在最高效率区内运行。

① 两台性能相同的风机并联。对于经常在额定容量下运行的风机往往选用两台性能相同的风机，风机并联后风压不变，风量为各台风机风量的代数和，每台风机都在最高效率点工作。

风机的并联只能用于管路系统阻力较小的场合，如果管路系统的阻力过大，两台风机并联后不仅不能增加流量，反而有可能妨碍另一台风机的正常工作，此时不宜将风机并联使用。

为了节约用电，在低负荷时可以停用一台风机，此时风机的效率已有所降低，但是单台风机运行的功率毕竟要比两台风机同时运行的总功率小，经济上还是合算的。

② 大小风机并联运行。对于经常在经济负荷下运行、短时在额定负荷或超负荷下运行的锅炉等系统，可选用容量一大一小的两台风机。经常使用的是一台大容量风机，并使这台风机经常处于最佳效率点工作。

(4) 风机的串联运行

风机的串联运行是为了在流量不变的情况下增加系统的压力，适用于阻力较大的管路系统。当管路的阻力较大时，两台风机串联后系统压力明显上升。若管路装置的阻力较小，风机串联使用并无明显效果，串联后风机几乎不起作用，有时甚至会妨碍另一台风机的正常工作，在此情况下风机不应该串联使用。

### 2.2.2.4 提高风机运行经济性的途径

(1) 降低管路系统的阻力

风机的工作点不仅取决于风机的特性曲线，还与管路系统的阻力曲线有关。要提高风机运行的经济性，除必须采用新型风机外，还必须对布局等不合理的管路系统进行改造，只有这样才能收到更好的经济效果。对管路系统进行改造应注意以下问题。

① 减少烟、风道中的局部流动阻力。一般烟、风道中局部阻力约占全部阻力的 80%，只要对弯头、三通、扩散管件的不合理状态做些简单改进，拆除不必要的挡板，就能大幅度地降低系统的阻力。这些改进方法简单、投资极少、收效甚大。

② 定期清理风道中的积灰。烟道、除尘器、预热器内的积灰会使气流通道相应缩小，增加流动阻力。当发现有积灰现象时应予以疏通、清理，避免堵塞风道。

③ 堵塞漏风，以免影响风机的出力。管道上漏风包括风机出口至炉膛风道上往外泄漏的空气，以及炉膛至引风机烟道上往里吸入的空气。这些泄漏将会影响风机的工作，使风机必须有更大的出力才能保证正常工作。

（2）加强管理，改善风机运行性能

主要有以下几种方法：

① 缩小风机各部分之间的间隙，降低风机的泄漏损失；

② 加强对风机的维护管理，定期检修、更换易损零件，以提高风机的效率；

③ 引风机上的叶片在运行中会黏附一层细灰垢，使叶片间流动的气流通道形状及叶片的进、出口角发生变化，这些变化使风机的风压及流量都有所降低，因此应注意清理；

④ 应配用合适的电动机，避免大马拉小车的现象出现。

（3）采用特殊材质的风机

风机的叶片及轮壳等可用玻璃钢、塑料等轻质材料制作，不仅质量轻，且耐腐蚀、效率高，耗电也少。

（4）对并联的烟风系统应减少风机运行台数

对并联的烟风系统可将风机的出口通道打通，风机的进口加装风门，尽量做到单机运行，可以节约电能。

（5）改善风机的调节性能，采用经济的调节方法

风机一般采用节流调节、导流器调节和变速调节三种方法来进行调节。

① 节流调节。节流调节方法最简单，利用安置在风机出口通道上的闸板或转动挡板来调节风机的风量与风压，但节流调节使风机在低效率下工作，而且因克服闸板或转动挡板的节流阻力无益地消耗了一部分功率，所以这种方法通常和其他方法综合使用。

② 导流器调节。通常采用的导流器有轴向和简易两种。导流器与旋转挡

虽有共同之处，都是通过改变导流器叶片的开启度来调节风压与风量的，但导流器安装在风机的进口，它通过改变进入叶片气流的转向，从而改变风机的风压曲线。尽管采用导流器也会使风机的效率下降，但在调节幅度不大的情况下，它的经济性优于节流调节，且导流器结构简单、维护方便，所以在风机上被广泛应用。

③ 变速调节。泵的比例定律同样适用于离心式通风机，风机的能耗与风机转速的三次方成正比，因此采用变速调节具有明显的节能效果。同时，采用变速调节没有附加阻力引起的能耗，因此效率高、经济性好。常用的变速调节方法有：变级调速、变频调速、液力耦合器调速、串级调速、调压调速、电磁调速和转子电阻调速等。在这些变速调节方法中，从节能的角度考虑，应优先选用变频调速。

以上三种调节方法各有特点，具体采用何种调节方法，应根据风机的尺寸、制造、投资、维修及运行等实际情况综合后择优而定。调节方法的功率比较见图 2-20。不同调节方法的区别如下：

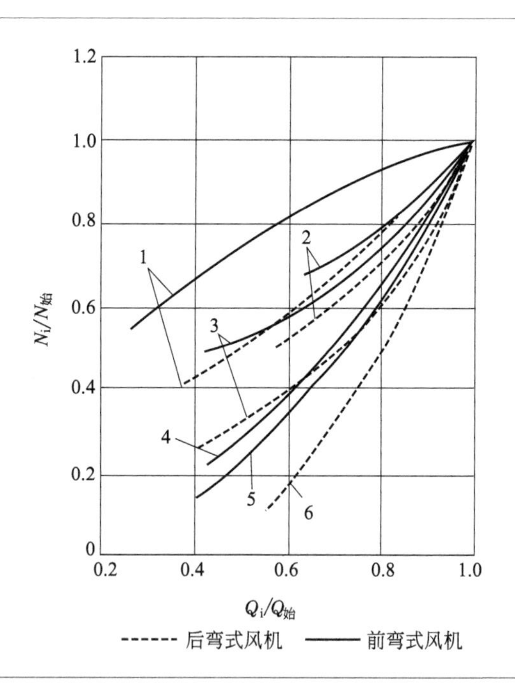


图 2-20

各种调节方法比较

1—节流调节；2—简易导流器调节；3—轴向导流器调节；4—液力联轴器调节；5—转子电路中串联可变电阻调节；6—理想变速调节（无损失）

a. 最经济的调节方法是变速调节方法，其经济性与叶片的形状无关。

b. 经济性最差的是节流调节方法，其次是简易导流器调节，再次是轴向导流器调节，且它们的经济性与风机叶片的形式有关。

c. 前弯式叶片风机在调节经济性方面优于后弯式叶片风机。

d. 调节方法的选择应根据调节的深度而定，在风机负荷变化不大时，采用导流器调节较为合理。对于前弯式叶片风机，当调节深度在 70%以内时，轴向导流器的调节经济性并不次于变速调节方法；当调节幅度较大时，宜采用变速调节方法，特别是后弯式叶片风机。当调节深度较大时，采用变速调节的经济性尤为明显。

## 2.2.3　压缩机节能技术

压缩机是一种用于压缩气体提高气体压力或输送气体的机械，也是过程工业中重要的动量传递装备。按照工作原理的不同，压缩机可分为“容积式”和“动力式”两大类。容积式压缩机依靠在气缸内做往复运动的活塞或旋转运动的转子来改变工作容积，从而使气体体积减小、压力升高，即压力的提高是依靠直接将气体体积压缩来实现的，其工作的理论基础是反映气体基本状态参数 $p$、$V$、$T$ 关系的气体状态方程；动力式压缩机则是依靠高速旋转叶轮的作用，提高气体的压力和速度，然后使气体速度有序降低，使动能转化为压力能，其工作的理论基础是反映流体静压与动能守恒关系的流体力学伯努利方程。

### 2.2.3.1　离心式压缩机的节能

（1）离心式压缩机的工作原理

离心式压缩机的基本工作原理与离心泵有诸多相似之处，但是由于气体具有可压缩性，必然涉及其热力状态变化。图 2-21 为典型压缩机的剖面图。气体由吸气室 1 吸入，通过叶轮 2 对气体做功，使气体的压力、速度、温度都得到提升，然后再进入扩压器 3，将气体的速度能转化为压力能。当通过一级叶轮对气体做功、扩压后不能满足输送要求时，就必须将气体引入下一

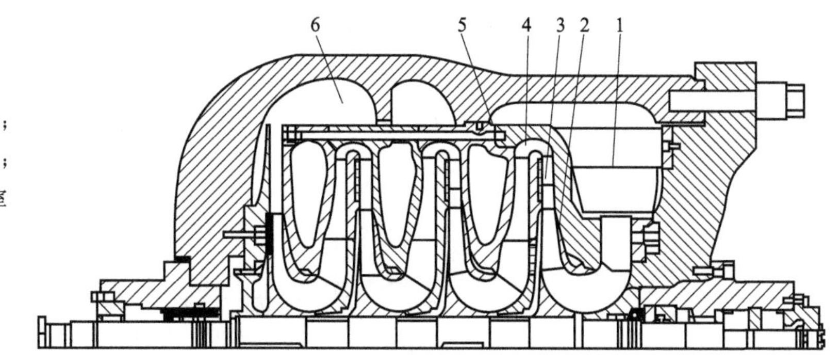


**图 2-21**

**离心式压缩机剖面图**

1—吸气室；2—叶轮；3—扩压器；4—弯道；5—回流器；6—排出室

级叶轮继续进行压缩。因此，在扩压器后设置弯道 4、回流器 5，使气体由离心方向变为向心方向，均匀地进入下一级叶轮进口。至此，气体流过一级叶轮后，再继续进入第二级、第三级叶轮压缩，然后经排出室 6 及排出管被引出。气体在离心式压缩机中是沿着与压缩机轴线垂直的半径方向流动的。

气体在叶轮中提高压力的原因有两个：一是气体在叶轮叶片的作用下，跟着叶轮做高速旋转，而气体由于旋转产生的离心力作用使气体的压力升高；二是叶轮从里到外是逐渐扩大的，气体在叶轮里做扩压运动，流速降低，压力升高。

离心式压缩机的性能曲线是全面反映压缩机性能参数之间变化关系的曲线，它包括转速和进口条件下的压力比与流量、效率与流量的性能曲线。图 2-22 为一台压缩机的性能曲线，性能曲线上的某一点即代表压缩机的某一运行工况。就压力比和流量的性能曲线而言，在一定转速下，流量增大，压缩机的压力比将下降，反之则上升。图 2-23 表示可变转速的压缩机在各个转速下的性能曲线，其中效率特性以等效率曲线表示。在每个转速下，每条压力比与流量关系曲线的左端点为喘振点，各喘振点连成喘振线，压缩机只能在喘振线的右侧性能曲线上正常工作。通常将曲线上的效率最高点称为最佳工况点，一般是该压缩机设计计算的工况点，而在最佳工况点左右两边的各工况点，其效率均有所降低。从节能的观点出发，要求选用压缩机时，尽量使其运行在最佳工况点上或尽量靠近最佳工况点，以减少能量的消耗与浪费。压缩机性能曲线的左侧受到喘振工况的限制，右侧受到堵塞工况的限制，在两个工况之间的区域称为压缩机的稳定工作范围，压缩机变工况的稳定工作范围越宽越好。

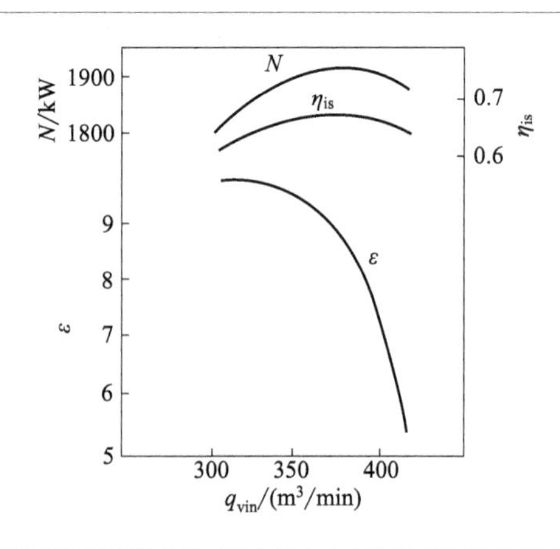


图 2-22
压缩机的性能曲线

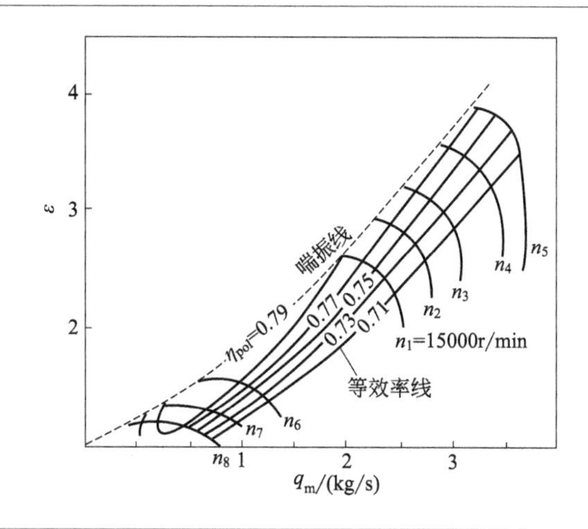


图 2-23
压缩机在不同转速下的性能曲线

（2）离心式压缩机的能量损失

离心式压缩机中的能量损失，主要有流动损失、漏气损失和轮阻损失。

① 流动损失　气流在叶轮内各级的固定元件中流动时的能量损失。产生的原因主要是由于气体黏性，在流动中引起摩擦损失，这些损失又变成热量使气体温度升高，在流动中产生漩涡，加剧摩擦损失和流动能量损耗，因为漩涡的产生就要消耗能量；在减速增压的通道中，近壁边界层容易增厚，形成分离涡旋区和倒流，因为涡旋运动损耗大量有效能量；当流量偏离设计流量时，叶轮进口安装角与设计气流进口角不等，气流对叶片产生冲击而引起冲击损失；旋转叶轮中沿周向流速和压力分布不均导致二次流动损失产生；在叶轮出口由于出口叶片厚度影响而产生尾迹损失。

② 漏气损失　漏气损失是由于叶轮出口压力大于进口压力，级出口压力大于叶轮出口压力，在叶轮两侧与固定部件之间的间隙中会产生漏气，而所漏气体又随主流流动，造成膨胀和压缩的循环，每次循环都有能量损失。该能量损失不可逆地转化为热能，被主流气体吸收。

③ 轮阻损失　轮阻损失是叶轮旋转时，轮盘、轮盖的外侧和轮缘与其周围的气体摩擦，从而产生的能量损耗。同时，由于旋转的叶轮产生离心力，靠轮的一边气体向上流，靠壳的一边气体向下流，形成涡流，产生损失。

（3）离心式压缩机运行中的节能调节

压缩机与管网联合工作时，应尽量运行在最高效率工况点附近。在实际运行中，为满足用户对输送气流的流量或压力增减需要，就需要对压缩机的运行工况点进行调节，以实现节能、高效的运行。

① 出口节流调节　调节压缩机出口管道中的节流阀开度是最简单的调节

方法。该方法不改变压缩机的特性曲线，仅随阀门开度的不同而改变管路阻力特性曲线，从而改变压缩机的工况点。减小阀门开度，可减小流量，反之亦然。阀门关小使整个管路阻力增大，其压力损失主要消耗在阀门引起的附加局部损失上，因而整个管路系统的效率有所下降，且压缩机的性能曲线越陡，效率下降越多。该方法简单易行，操作方便。

② 进口节流调节　调节压缩机进口管道的阀门开度是一种简便且可节省功率的调节方法。改变进气管道中的阀门开度，可以改变压缩机性能曲线的位置，从而改变输送气流的流量或压力。压缩机的性能曲线越陡，节省的功率越多。进气节流的另一优点是使压缩机的性能曲线向小流量方向移动，因此能在更小流量下稳定地工作，而不致发生喘振。缺点是节流阻力带来一定的压力损失并使排气压力降低。为使压缩机进口流场均匀，要求阀门与压缩机进口之间设有足够长的平直管道。进气节流调节是一种广泛使用的调节方法。

③ 可转动进口导叶调节（进气预旋调节）　在叶轮之前设置进口导叶并用专门机构使各个叶片绕自身的轴转动，从而改变导向叶片的角度，可使叶轮进口气流产生预旋。若要使气流预旋与叶轮旋转方向一致，则为正预旋，反之则为负预旋。图 2-24 为转动进口导叶对级性能影响的实验结果，$\psi$ 表示能量头系数，$\varphi$ 表示流量系数。当负预旋角 $\theta$ 增大时，性能曲线向右上方移动，但其效率曲线变化不大。采用负预旋时，要注意马赫数 $Ma_{w1}$ 不致过大而使效率下降，以及小流量时不致进入喘振。总体上，该调节方法比进出口

图 2-24

采用进口气流旋绕对级性能的影响

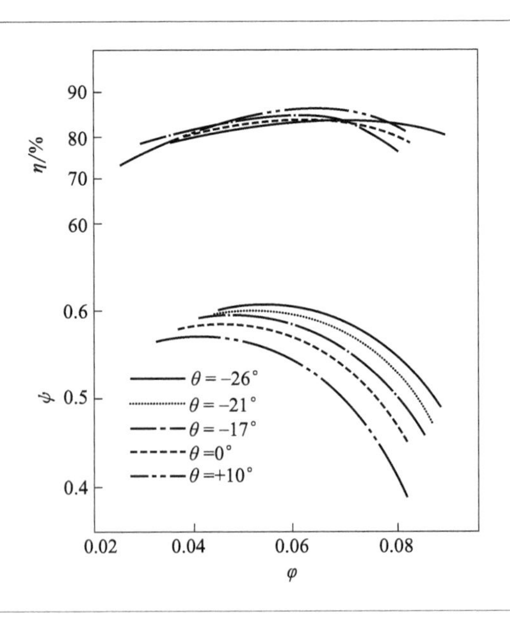

调节的经济性好，但可转动导叶的结构比较复杂，故在离心式压缩机中用得不多，而在轴流式压缩机中采用得较多。

④ 可转动扩压器叶片调节　具有叶片扩压器的离心式压缩机，其性能曲线较陡，且当流量减小时，往往首先在叶片扩压器出现严重分离导致喘振。但如果能改变扩压器叶片的进口角 $\alpha_{3A}$ 以适应来流角 $\alpha_3$，则可避免上述缺点，从而增大稳定工况的范围。图 2-25 表明减小叶片角 $\alpha_{3A}$ 使性能曲线向小流量区大幅度平移，使喘振流量大为减小，同时压力和效率变化很小。这种调节方式能很好地满足流量调节的要求，但改变出口压力的作用很小。这种方法结构相当复杂，因而较少采用。

图 2-25
调节扩压器叶片角度对级性能的影响

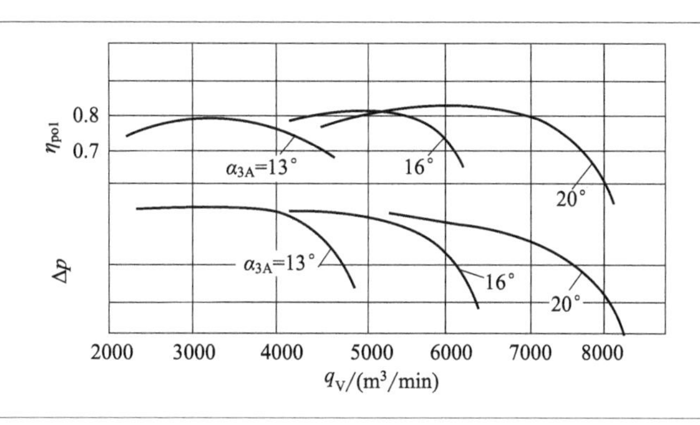


⑤ 变转速调节　采用调节转速的方法可以改变压缩机性能曲线的位置，转速减小，性能曲线向左下方移动，如图 2-26 所示。图 2-26(a) 表示用户要求压力 $p_r$ 不变而流量增大到 $q_{ms'}$ 或减小为 $q_{ms''}$，调节转速 $n_{s'}$ 或 $n_{s''}$，使性能曲线移动即可满足要求。图 2-26(b) 为用户要求流量不变而压力升高到 $p_{r'}$ 或降低为 $p_{r''}$，调节转速到 $n_{s'}$ 或 $n_{s''}$ 的情况。转速调节，其压力和流量的变

图 2-26
变转速调节

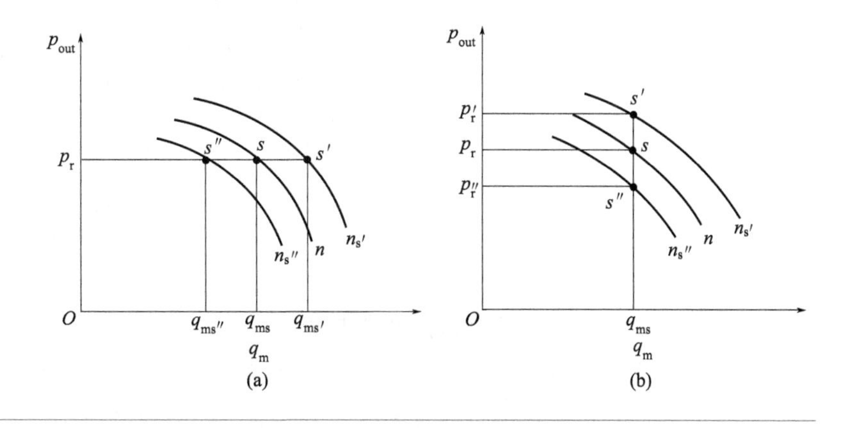

化都较大，从而可显著扩大稳定工况区，且不引起其他附加损失，亦不附加其他结构，因而它是一种经济简便的方法。

图 2-27 为进口节流、进气预旋和变转速调节的经济性对比。其中以进口节流为基准，曲线 1 表示进气预旋比进口节流节省的功率，曲线 2 表示变转速调节比进口节流节省的功率，显然变转速调节的经济性最佳。如有可能，亦可同时采用两种调节方法，以取长补短，效果更佳。图 2-28 为变转速调节与改变扩压器叶片角度联合调节的性能曲线变化情况。图中分别在两种转速下，改变叶片扩压器开度进行调节，开度越小，表示叶片角 $\alpha_{3A}$ 越小。可以看出，同时采用两种调节方法有十分广阔的稳定工况区域，喘振界限线可以向左大幅度地移动。

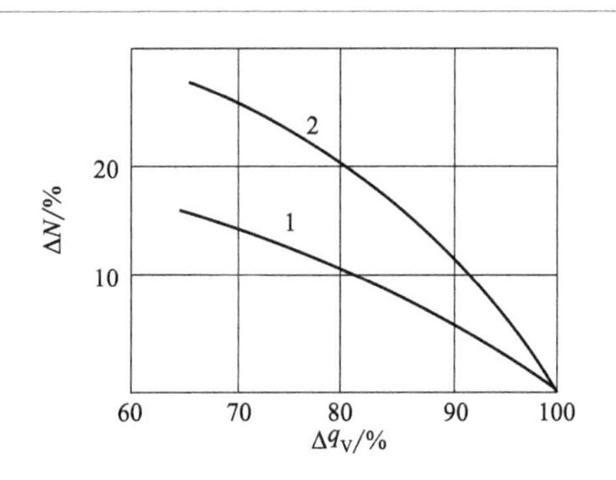


图 2-27
三种调节方法的经济性比较

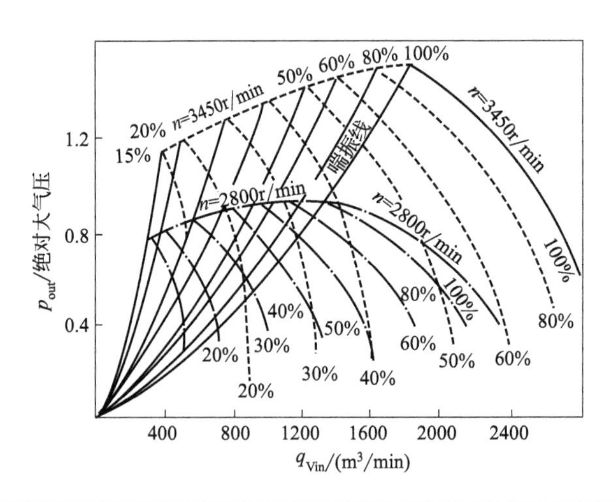


图 2-28
改变转速与改变扩压器叶片角度的性能曲线

(4) 离心式压缩机的节能改造

离心式压缩机在石油、化工、冶金等部门中应用十分广泛，在企业中，对离心式压缩机进行改造是增产节能的主要措施之一。

① 采用三元流动设计叶轮　为了提高叶轮的级效率，对现有叶轮可通过三元流动设计将其改造为三元流动叶轮，以改善叶轮性能。资料表明，采用三元流动设计的新叶轮可比原叶轮的效率提高3%～10%，就单级改造而言其节能效果非常明显。

② 降低叶轮轮阻损失　降低轮盘表面粗糙度是降低轮阻损失的主要途径，其方法是在精铸或精车的基础上进行打磨抛光。轮盘和轮盖是表面积较大的平面，适合于采用砂带研抛的方法来获得低的表面粗糙度，而对叶轮流道则宜采用液体抛光。相关研究资料表明，对叶轮进行打磨抛光的节能效果显著，可降低能耗5%左右。

③ 保证叶片扩压器和叶轮的相互匹配　在工况改变时，高速运转的压缩机叶轮出口处流动失速将波及叶片扩压器进口，使得损失增加，级效率下降。所以，必须实现叶片扩压器和叶轮的相互匹配，才能保证离心式压缩机在较高的级效率下工作。

④ 提高压缩机流量　提高压缩机流量的方法很多，如重新进行整体设计或者进行局部改造。如果原机组效率较低或采用局部改造的方法有困难，建议重新设计一套满足节能要求的离心式压缩机，也可采用局部改造提高压缩机流量的方法。主要包括：提高吸入压力，降低吸气温度，增加质量流量；提高压缩机转速，增加流量；增加叶轮扩压器主要元件的通流部分宽度，改变叶轮叶片和扩压器叶片的几何安装角；采用可转动的入口导叶，调节叶轮和扩压器的入口安装角等措施。据统计，压缩机进行局部改造后，可增加流量15%，实现机组节能5%以上。

### 2.2.3.2　活塞式压缩机的节能

（1）活塞式压缩机的工作原理

活塞式压缩机是利用活塞在气缸内的往复运动来压缩气体以提高气体压力并输送具有一定压力气体的机械。气缸中具有一个可往复运动的活塞，气缸上有进、排气阀门。当活塞做往复运动时，气缸容积便周期地变化，它与吸气阀、排气阀的启闭相配合，实现膨胀、吸气、压缩和排气四个过程的工作循环。所以，改进压缩机工作的主要方向就在于使压缩过程趋近于定温过程。气体压缩以定温压缩最为有利，一方面可以减少消耗的功，另一方面还能降低压缩后气体的温度，使运行安全。因此，应设法使压缩机内的气体冷却。为了进一步改进压缩过程，以节省压缩耗功和限制压缩终温，同时为避免因增压比太高而影响容积效率，除采用水套冷却外，还常采用多级压缩和级间冷却的方法。

在实际使用过程中，有各种因素制约活塞式压缩机的正常工作使之偏离设计工况，其中中间冷却器不能按额定设计参数工作是实际工作过程中常见的主要影响因素之一。若中间冷却器的实际工况偏离设计工况将导致压缩机耗功增加，即中间冷却器出口温度 $T_2$ 将右移，导致在图 2-29 中的 2′-3 线将右移，这将使图中的阴影面积减小，由此可明显看出压缩机的耗功将增加。

图 2-29

活塞式压缩机的特性曲线

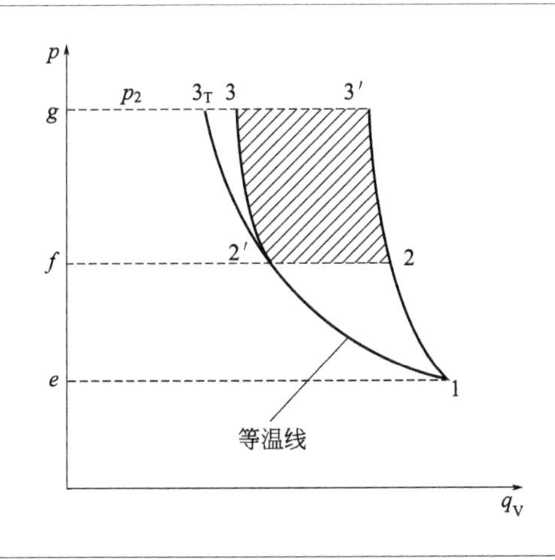


(2) 活塞式压缩机的节能方法

压缩机在正常工作状态下的容积流量基本上是保持不变的，但用户对气体的耗用量却随着工艺流程和耗气设备工况而变化，从而引起管网内的压力波动。要将管网中的压力波动控制在一定范围，就需要对压缩机的容积流量进行调节。

另外，由于原料组成不同以及工艺过程的波动，造成压缩机的入口压力、温度、介质组分变化而使压缩机操作不稳定或能源浪费。在目前世界能源日趋紧张的形势下，节能增效成为提高竞争能力和增加社会效益的重要途径。因此，对活塞式压缩机的排气量和排气压力进行控制，使得压缩机稳定高效运转是十分必要的。流量调节的方法主要有：作用于驱动机或驱动机构、作用于气体管路、作用于气阀和连通补助余隙等调节方法。

① 余隙容积调节法　改变压缩机气缸中的有效余隙容积，可以改变压缩腔室中吸入的气体量，在气体从进气阀进入压缩腔室之前，残留在余隙中的气体膨胀至进口压力，当余隙容积足够大时，压缩机压缩腔的最小排气量可降至零。余隙容积调节法的缺点是：初始投资大，而且当气缸布置在曲轴侧时，存在着空间分布的困难。

② 卸荷调节法　在气缸的进气阀上安装卸荷器，对压缩机进行流量调

节。对单列双作用气缸，可实现 0%、50%、100%的流量调节；对双列单作用气缸，可实现 0%、25%、50%、75%、100%的流量调节。另外，由于气流在气阀处的摩擦会产生热量，并会在气缸中形成热量积累，因此气缸中的温度升高。该方法一般只能作为开停时的操作，不宜作为长期的操作调节。

③ 部分打开吸气阀调节法　在进气阀上安装一个带执行机构的卸荷器，在压缩行程的一部分时间，卸荷器使进气阀处于打开状态。进气阀延迟关闭，使得一部分压缩腔中的气体倒流到进气管路中，仅当进气阀关闭后，气缸中剩余的气体才被压缩并经排气阀排出，使压缩机仅仅压缩需要压缩的气体，功率消耗随排气量的减小而减低，达到节能效果。通过一套基于活塞行程，或者说曲拐角度的控制系统，来确定吸气阀的关闭时间，不受压缩气体力的影响，可以实现在 0%～100%范围内的气量无级调节。

④ 旁路调节法　在所有调节方法中，旁路调节法能耗最高，其基本原理是将过量的压缩气体通过中冷器和控制阀，从压缩机的排气侧导入吸气侧，而用于压缩这部分过量气体的能量完全被浪费掉了。但旁路调节法采用调节阀控制，可实现无级自动调节，调节范围大并可靠，尤其适合于石化装置对流量进行精确自动调节的要求。

⑤ 转速调节法　一种是连续转速调节内燃机和汽轮机驱动的压缩机，因为原动机的转速是可以连续调节的，所以可以比较方便地实现连续的排气量调节要求。这种调节方式的优点除气量连续调节外，还有调节工况比功率消耗小、压缩机各级压力比保持不变、压缩机上不需设专门的调节机构等。其缺点是受原动机本身性能的限制。另一种是间断停转调节，当采用交流电动机等不变转速原动机驱动时，可采用压缩机暂时停止运动的方法来调节气量。变频调节技术正在向转速连续调节方向发展。这种调节方法的优点是压缩机停止工作后不再消耗动力，压缩机本身也无需设置专门的额定调节机构。这种调节方法一般只适用于微型压缩机，或者极少进行调节的场合。

### 2.2.3.3　压缩机节能措施

对于离心式压缩机和活塞式压缩机，由于工作原理不同，因此节能方式存在差异，但从有效能分析的观点看压缩过程的有效能损失主要是非等温压缩的不可逆性造成的。由于压缩动力消耗很大，而动力又全部是有效能，因此压缩过程的节能应受到重视。显然，压缩过程的节能，根本在于压缩机本身结构特性的改变，否则有效能损失不会有太大的减少。因此，应注重节能型压缩机的研究开发。这里主要介绍压缩过程节能技术，对现有过程而言，其途径只有一条，即努力减小压缩过程的不可逆性，其一般方法如下。

① 增加压缩机级数　气体的理想压缩过程是等温压缩，此时有效能损失

为零。压缩机级数越多，便越接近等温压缩，耗功越小，但在实际的压缩过程中，压缩机级数越多，级间的阻力损失越大，因此应权衡两者，确定比较经济节能的压缩机级数。

② 提高吸入压力　提高吸入压力能降低压缩比，减小过程的不可逆性。

③ 降低出口压力　这也是降低压缩比、减小过程不可逆性的另一措施。但是压缩机出口压力受后加工工序的要求，因此只能严格控制，不使出口压力超过需要的压力。

④ 降低压缩机入口气体的温度　一般来说，若提高压缩机入口气体的温度，则会加重级间冷却的负荷，因此要求尽量降低压缩机入口气体的温度。

⑤ 减小级间的阻力损失　压缩机的压降主要是级间冷却器造成的，级间阻力损失越大，则功耗就越大。常用的减小阻力损失的方法是把级间间接水冷改成直接水冷或采用低阻力降换热器。

⑥ 减小系统的压降　应尽量取消压缩机前后可有可无的阀件和弯头，降低阻力损失，以减少功耗。

## 2.2.4 阀门节能技术

阀门作为流体输送过程中重要的控制部件，用于改变流通面积和介质流向，具有截断、调节、导流、防止逆流、稳压、分流或溢流泄压等功能，广泛应用于石油、化工、电力、冶金、海洋、造纸、核工业、航天、长输管线等行业领域，在国民经济发展中具有重要作用。本质上，流体流经阀门时其动量存在着或多或少的损耗，因此针对阀门的节能技术主要考虑在满足阀门基本功能要求的情况下，减少阀门中流体动量传递中不必要的能量损耗和阀门本身驱动过程中的能量损耗。

### 2.2.4.1 阀门选用与节能

正确选用阀门，对保证装置安全生产、提高阀门使用寿命、满足装置长周期运行是至关重要的。许多阀门事故的主要原因是阀门选用不当，如在严寒地区使用铸铁阀门，当有含水介质积于阀体中时，阀内很容易结冰从而冻裂阀门。在一些泵体出口阀门中，由于某些原因，所需流程较低而配用泵功率较大的场合，常常采用关小闸阀来调节流量的办法来实现。操作时，由于闸阀板被打开，产生振动，加速了闸板与阀座密封表面的磨损，很容易造成阀门的泄漏。另外，阀门质量的好坏对生产使用也有很大影响。

(1) 阀门选用原则

① 可靠性　设备或工艺管道要求连续、平稳、长周期运行。因此，要求

采用的阀门应有较高的可靠性、较大的安全系数，不能因为阀门故障造成重大生产安全及人身伤亡事故；满足装置长周期运行的要求，长周期连续生产就是效益；另外，减少或避免由于阀门引起的“跑”“冒”“滴”“漏”等现象。

② 满足工艺生产要求　阀门应满足操作介质、压力温度、用途等的需要，这也是阀门选用最基本的要求。例如需要阀门起超压保护作用、排放多余介质时，应选用安全阀、溢流阀；需要防止操作过程中介质回流时，应采用止回阀；需要自动排除蒸汽管道和设备中不断产生的冷凝水、空气及其他不可冷凝性气体，同时又要阻止蒸汽逸出时，应选用疏水阀。另外，阀内介质为腐蚀介质时，阀体材料应选用耐腐蚀材料等。

③ 操作、安装要求　阀门安装好后，应能使操作人员正确识别阀门方向、开度标志、指示信号等，便于及时果断地处理各种应急故障。同时，所选阀门类型结构应尽量简单，安装、检（维）修方便。

④ 经济性　注意节约投资，降低装置成本。因此，国内生产能满足使用要求的，应选用国产阀门；几种不同阀门类型都能满足使用要求的，应选用价格低廉、结构简单的阀门；普遍材质能满足使用要求的，不应选用较高等级的材质，如 Cr-Mo 钢、不锈钢、巴氏合金等。

（2）阀门选用步骤

① 明确阀门在装置或设备管道中的用途。确定阀门的工作状况，例如适用介质、工作压力、工作温度等。

② 确定阀门与管道的连接方式。由操作工况条件确定阀门端面与管道的连接采用何种方式，如法兰、螺纹或焊接等。

③ 确定阀门的公称参数。阀门的公称压力、公称直径确定应与安装的工艺管道相匹配。阀门一般安装在工艺管道上，因此其操作工况应与工艺管道的设计相一致。管道的压力等级确定后，阀门的公称压力就可以确定了；管道采用的标准体系及管道压力等级确定后，所采用阀门的公称压力、公称直径、阀门标准就可确定下来了。对于自动阀门，根据不同需要先确定允许流阻、排放能力、背压等，再确定管道的公称通径和阀座孔的直径。

④ 根据阀门的用途确定阀门的种类。如启闭用阀门、调节用阀门、安全用阀门、液压用阀门等。

⑤ 确定阀门的形式。根据用途及操作工况要求，确定阀门类型，如闸阀、截止阀、球阀、蝶阀、安全阀、疏水阀、旋塞阀等。

⑥ 确定阀门的结构类型。根据工作环境、操作要求以及选用原则等，确

定某一类阀门的具体结构类型。

⑦ 确定阀门材质。根据管线输送的介质、工作压力、工作温度等确定所选用阀门的材料，如铸铁、可锻铸铁、球墨铸铁、碳素钢、铸钢、合金钢、不锈钢等材料。

⑧ 利用阀门现有的资料，如阀门产品目录、阀门产品样本等选择合适的阀门产品。

⑨ 确定所选阀门的几何参数。如结构长度、法兰连接形式及尺寸、启闭时阀门的高度、连接的螺栓孔尺寸及数量、整个阀门的外形尺寸及重量等。

（3）阀门选用需注意的事项

① 阀门的使用要求

a. 普通闸阀、球阀、截止阀按其结构特征是严禁作调节用的，但在工艺设计中，普遍将其用于调节。由于调节使用，阀门密封件长期处于节流状态，油品中杂质冲刷密封件，损伤密封面，造成关闭不严或因操作人员为了使已经损伤的密封面达到密封要求而造成阀门的过关、过开现象。

b. 阀门安装位置不合理，当使用介质含有杂质时，没有在其前端安装过滤器或过滤网，使杂质进入阀门内部，造成密封面损伤，或者杂质沉积于阀底部，引起阀门关闭不严而产生泄漏。

② 从工艺要求角度考虑

a. 对腐蚀性介质而言，如果温度和压力不高，应该尽量采用非金属阀门；如果温度和压力较高，可用衬里阀门，以节约贵重金属的用量。在选择非金属阀门时，仍应考虑经济合理性。对于黏度较大的介质，要求有较小的流阻，应采用直流式截止阀、闸阀、球阀、旋塞阀等流阻小的阀门，流阻小的阀门，能源消耗少；当介质为氧气或氨等特殊性介质时，应选用相应的氧气专用阀或氨用阀等。

b. 双流向的管线不宜选用有方向性的阀门，应选用无方向性的阀门。例如炼油厂重质油管线停止运行后，要用蒸汽反向吹扫管线，以防重油凝固堵塞管线，这里就不宜采用截止阀，因为介质反向流入，容易冲蚀截止阀密封面，还影响阀门的效能，而应选用闸阀。

c. 对某些有析晶或含有沉淀物的介质，不宜选用截止阀和闸阀，因为它们的密封面容易被析晶或沉淀物磨损。因此，选用球阀或旋塞阀较合适，也可选平板闸阀，但最好采用夹套阀。

d. 在闸阀的选型上，明杆单闸板比暗杆双闸板更适合腐蚀性介质；单闸板适用于黏度大的介质；楔式双闸板对高温和密封面变形的适应性比楔式单闸板要好，不会出现因温度变化产生卡阻的现象。

e. 一般水、蒸汽管道上的阀门，可采用铸铁阀门，但在室外蒸汽管道若停汽时可能会造成凝结水结冰现象，从而冻坏阀门。所以在寒冷地区，阀门材料采用铸钢、低温钢或阀门加以有效的保温措施为宜。

f. 对危险性很大的剧毒介质或其他有害介质，应采用波纹管结构的阀门，防止介质从填料中泄漏。

g. 闸阀、截止阀和球阀是阀门中使用量最大的阀门，选用时应综合考虑。闸阀流通能力强，输送介质的能耗少，但安装空间较大；截止阀结构简单，维修方便，但流阻较大；球阀具有低流阻、快速启闭的特点，但使用温度范围受限制。在石油产品等黏度较大的介质中，考虑到闸阀流通能力强，大多选用闸阀；而在水和蒸汽类管路上，压力降不大，应选用截止阀；球阀则在使用工况允许的条件下二者皆可。

③ 从操作方便角度考虑

a. 对于大直径阀门且要求远距离、高空、高温、高压的场合，应选用电动和气动阀门；对易燃易爆场合，要采用防爆装置，为了安全可靠，应用液动和气动装置。

b. 对需要快开、快关的阀门，应根据需要选用蝶阀、球阀、旋塞阀或快开闸阀等阀门，不宜选用一般的闸阀、截止阀。在操作空间受限的场合，不宜采用明杆闸阀，选用暗杆闸阀为宜，但最好选用蝶阀。

④ 从调节流量的准确性考虑　当需要准确调节流量时，应选用调节阀；当需要确保小流量调节的准确性时，应采用针形阀或节流阀。当需要降低阀后压力时，应采用减压阀；要保持阀后压力的稳定性时，应采用稳压阀。

⑤ 从耐温耐压能力考虑　高温高压介质常采用铸件的铬钼钢及铬钼钒钢，对于超高温高压介质应考虑选用其相应锻件。锻件的综合性能优于铸件，耐温耐压能力也优于铸件。

⑥ 从可洁净性考虑　在食品和生物工程生产运输中，工艺管线系统对阀门的要求需要考虑介质的洁净性，一般的闸阀和截止阀都无法保证。从可洁净性考虑，没有任何一种阀门可以和隔膜阀相比。

a. 隔膜阀　广泛应用于食品和生物工程领域，而且也适用于一些难以输送和危险的介质。隔膜阀具有以下优点：仅有阀体和隔膜与物流接触，其他部分全部隔离，可用蒸汽对阀门进行彻底灭菌；具有自身排净能力；可在线维修。

b. 底阀　在对灭菌要求严格的情况下，储罐底部的放料阀几乎没有什么选择的余地。底阀在设备制造时直接焊在储罐的底部封头上，与通常采用的在罐底部做一管口，再在管口上连接阀门的做法有很大区别。该阀关闭时，其阀芯与储罐的内底相平，故它有效地消除了罐内的死角，使罐内的所有液体在发酵过程中都能充分混合；再加上特有的蒸汽密封系统，大大降低了产品染菌的可能性。

### 2.2.4.2 降低流阻系数

工业生产中的动力消耗主要包括两方面：设备功率消耗和克服阀门、管件的阻力消耗。特别是热力管道上的阀门阻力损失，耗能很大。在现代自动化生产过程中，工业管网上有着成千上万台控制工艺参数的各类阀门。因此，准确测定并且减少阀门的流体阻力系数是实现阀门节能的重要手段。目前降低阀门流阻的途径有以下几种：

（1）流道优化减阻

目前各工业生产网使用的闸阀和截止阀年代都比较久远，应该进一步加强研究力度，促进产品更新换代。特别是对于闸阀来说，提高缩口比是重点。缩口比越小，阻力系数越大，耗能也越多。其关系可用下式确定：

$$\xi = c\tan\alpha\left(\frac{F}{f}-1\right)^2 \tag{2-73}$$

式中 $\xi$——阻力系数；

$c$——6～8；

$\alpha$——锥体扩散半角；

$f$——缩口处面积；

$F$——管路流通面积。

阀门压力损失 $\Delta p$ 与阻力系数 $\xi$ 的关系为

$$\Delta p = \xi\frac{v^2}{2g}r \tag{2-74}$$

式中 $g$——重力加速度；

$r$——介质密度；

$v$——介质流速。

随着计算流体力学的发展，采用数值方法可以有效捕捉到阀门内部的流动特征。结合数值计算方法对阀门结构进行优化设计，优化流道降低流阻，也是阀门降低流阻系数的重要方法。

（2）提高制造工艺水平

阀门流道质量的好坏对阻力损失也有较大的影响。在保证阀体外表质量的同时，流道内壁应光滑，使流道内壁粗糙度降到最低程度，消除内腔清砂不净的现象。在阀体设计上，尽量减小因流向变化而出现尖、折角工艺尺寸，采用适量的圆角过渡。一般来说当管道壁的光洁度提高到 V3，其流量阻值是未进行光滑加工时的 50%。可见管壁光滑工艺也十分重要。

（3）尽量推广使用流阻值较小的阀门

一般的工业管网中闸阀和截止阀占到阀门总数的 80%～90%。其中又以截止阀的阻力系数最大，相较而言阻力值较小的球阀和蝶阀使用得较少。因此，有必要大力推广球阀和蝶阀等阻力值较小阀门的使用，并进一步进行这两种阀门的新产品研发。

（4）选用合适的阀门

各工业生产部门需使用的阀门种类各不相同，因此根据工业参数选择使用便利、流阻值小、适合自身生产需要的阀门是十分重要的。通常按照阀门用途可以将阀门分为两类：一类是截断阀门，如闸阀、截止阀、旋塞和球阀等。这种阀门有其固有特性，那就是当阀门达到一定的开度时，其阻力系数值也会随开度变化，但总体来说影响不大；而当只是少量开启时则恰恰相反，即便阀门开度变化很小，其阻力系数产生的压力损失也会成倍增加，且由于截断阀门无法自动调节开度大小，因此不能用来进行流量的调节。另一类是具有调节功能的阀门，如调节阀、减压阀和节流阀等，采用蝶阀来调节流量最为有效。

### 2.2.4.3　驱动装置的节能

根据驱动的原理不同，阀门驱动装置主要分为以下几类，如图 2-30 所示。

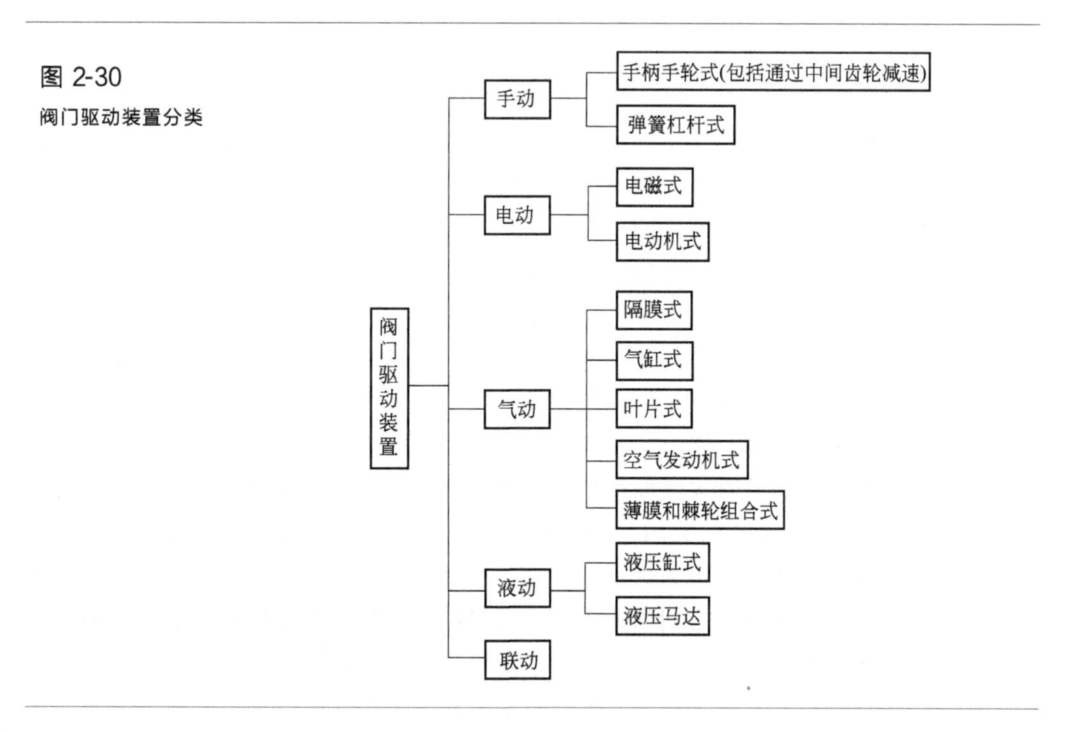


图 2-30
阀门驱动装置分类

阀门的电动、气动和液动装置各有各其优缺点，应结合具体使用环境进行选择。

电动装置适用性较强，不受环境温度的影响；输出转矩范围广；控制方便，可以自由地采用直流、交流、短波、脉冲等各种信号，所以适合放大、记忆、逻辑判断和计算等工作；可实现超小型化；具有机械自锁性；安装方便；维护检修也很方便。但同时，相比其他装置，结构较为复杂；机械效率低，一般只有 25%～60%；输出转速也达不到太高或是太低；还容易受到电源电压、频率变化的影响。

液动装置结构简单、紧凑，体积小；输出力大；容易获得低速或高速，可以无级变速；能实现远距离自动控制；因为液压油的黏性而提高了效率，还有自润滑性能和防锈性能。但同时，液压油温度会引起黏度的变化；液压元件和管道易渗漏；装配管道、维修并不方便；也不适合对信号进行各种运算。

气动装置结构简单；气源易获得；能得到较高的开关速度；可安装调速器，使开关速度按需要进行调整；气体压缩性大，关闭时有弹性。和液动装置相比，气动装置的结构较大，不适合大口径高压力的阀门；同时，气体的可压缩性导致使用时不容易实现匀速。

与其他阀门驱动装置相比，电动装置具有动力源广泛、操作迅速、使用方便等优点，并且容易满足各种控制要求。因此，在阀门驱动装置中，电动装置占据主导地位。

#### 2.2.4.4 阀门密封与节能

阀门密封不严所引起的泄漏问题也是流体输送动量传递过程中的重要物料浪费和能量损耗。选择合理的密封结构和方法，杜绝阀门使用过程中的跑冒滴漏，也是阀门节能的重要手段。

影响阀门密封性能的因素有以下几点：①密封面质量，这对阀门的密封性能起着决定性影响；②密封面比压一定要合适，过小的密封面比压会产生泄漏，但过大的密封面比压又会毁坏阀门；③温度，温度变化影响零件的尺寸、密封副的松弛度、气体的黏度（温度与气体黏度成正向变化）；④黏度，对流体的渗透产生影响，黏度与流体的渗透能力成反向变化；⑤表面的亲水性，它是指去除金属表面产生的薄膜（这层薄膜会使亲水性遭到破坏，流体阻塞不通）；⑥阀门关闭件的刚性，这种刚性是相对的，其实它还是具有一定的弹性作用。正因为这种弹性力，使得在一定压力时，它的外形会有所不同，也使得密封面之间的力改变。阀门制造时最好用较低刚性的密封面，使其变形弹性更大些。

阀门从产生到现在，其密封技术也经历了很大的发展。到目前为止，阀门密封技术主要体现在两大方面，即静密封和动密封。所谓静密封，通常是指两个静止面之间的密封。所谓动密封，主要是指阀杆的密封，即不让阀内的介质随阀杆运动而发生泄漏。

静密封是指在两个静止的截面之间形成密封，其密封方法主要是使用垫圈。垫圈的种类很多，经常使用的垫圈包括平垫圈、O 形圈、包垫圈、异形垫圈、波形垫圈和缠绕垫圈等几大类，每种类型下面又可以根据使用材料的不同而进一步进行划分。垫圈的制作材料主要包括三大类，即金属材料、非金属材料和复合材料。一般来说，金属材料的强度高，耐温性能强，常用的金属材料有铜、铝、钢等。非金属材料的种类很多，包括塑料制品、橡胶制品、石棉制品、麻制品等，这些非金属材料使用广泛，应根据具体的需要来选用。复合材料的种类也很多，包括层合板、复合板等，也是根据具体需要选用，一般在波形垫圈和缠绕垫圈等上面使用得比较多。

动密封是指不让阀内的介质流随阀杆运动而泄漏的密封，这是一个相对运动过程中的密封问题，其密封方法主要是采用填料函。填料函的基本形式有两种，即压盖式和压紧螺母式。压盖式是目前使用得最多的形式，一般从压盖的形式而言，可以分为组合式和整体式两种，每种形式虽有区别，但是基本上都包含有压紧用的螺栓。压紧螺母式一般用于较小的阀门，由于这种形式的尺寸较小，因此压紧力是受到限制的。在填料函内，因为填料是直接与阀杆接触的，所以要求填料的密封性好、摩擦系数小，能够适应介质的压力和温度并且耐腐蚀。目前比较常用的填料包括橡胶 O 形圈、聚四氟乙烯编织盘根、石棉盘根和塑料成型填料等，每种填料都有其适应的条件和范围，应根据具体的需要来选取。

根据阀门的应用工况特点，选择合适的密封结构，有效减少阀门内部的泄漏，对实现阀门的节能具有重要意义。

#### 2.2.4.5　空化、噪声与振动控制

空化、噪声和振动问题是阀门特别是调节阀运行过程中的三类典型问题，也是阀内流体能量损耗的重要原因。采用一定方法对阀门内的空化、噪声和振动进行控制，减少空化、噪声和振动的发生，也是阀门节能的重要技术手段。

（1）空化与空化抑制方法

在液态介质存在的高流速或高压降场合中，空化是一种重要现象，它是指液体内局部压力降低时，液体内部或液固交界面上蒸汽或气体空穴（空泡）的形成、发展和溃灭过程。空化现象在阀门中很常见，并且可能引起振动、噪声和汽蚀。无量纲空化数或空化指数是判断空化倾向的参数，其计算式如下：

$$\sigma=\frac{p-p_v}{0.5\rho v^2} \tag{2-75}$$

$$\sigma_v=\frac{p_u-p_v}{p_u-p_d} \tag{2-76}$$

式中，$\sigma$ 为空化数；$p_v$ 为饱和蒸汽压；$\rho$ 为流体密度；$p$ 为参考位置的压力；$v$ 为参考位置的速度；$\sigma_v$ 为空化指数；$p_u$ 为阀门的上游压力；$p_d$ 为阀门的下游压力。

常用的空化控制方法有以下几种：

① 控制流体速度　控制流体速度的主要目的是使阀门内流体的压力均保持在入口温度饱和蒸汽压之上。通过多级降压可增加流道的阻力，降低流体的速度。降低流体速度的方法有两种：阀门每一级压降都有相同的流通面积，使得每一级都有相同的压降；阀门每一级都有不同的流通面积，在第一级时压降特别大，但使最小压力尽可能高，从而更好地避免空化。第二种方法会使每一级都有不同的压降。

两种原理的表达式如下：

$$\Delta p=\Delta p_1+\Delta p_2+\Delta p_3+\cdots+\Delta p_{n+1} \tag{2-77}$$

$$\Delta p=\Delta p_1+\frac{\Delta p_2}{2}+\frac{\Delta p_3}{2^2}+\cdots+\frac{\Delta p_{n+1}}{2^n} \tag{2-78}$$

一般情况下建议选择每级不同压降的方法。但是由于第一级速度非常大，冲蚀问题比较严重，因此需要同时兼顾两种方法。

② 改变阀门内部流道结构　将整个流通的通道分成多个小的流道会有两种作用：一是产生一个压力阶梯，与多级降压阀类似；二是通过减小空化的气泡大小来减少外部振动强度及机械冲蚀，同时小气泡改变了噪声场的分布，使得噪声频率更高，起到减少噪声的作用。如迷宫阀就是通过流道分割来减少汽蚀（迷宫阀门也运用了多级降压的原理）的，多孔套筒阀就是利用流道分割来减少噪声的。

③ 阀内件材质选择及处理　因空化产生的汽蚀或冲蚀作用于固体边界，会使固体边界屈服强度降低，产生裂纹、空洞等现象。为了避免这些问题的产生，可以选用或喷涂高硬度的材质。对于冲蚀时主要的阀内件材质选用如表 2-3 所示。

**表 2-3　阀内件材质选用**

| 阀门部件 | 材料 | 使用温度/℃ |
| --- | --- | --- |
| 阀芯 | 440B、A182-$F_{11}$、304、316 堆焊司太立合金 | −29～595 |

续表

| 阀门部件 | 材料 | 使用温度/℃ |
| --- | --- | --- |
| 阀杆 | 304、316、630 | −254～600 |
| 阀座 | 440B、A182-$F_{11}$、304、316 堆焊司太立合金 | −29～595 |
| 套筒 | 304、316、440B、630 | −254～600 |

当采用喷涂的方法时，主要喷涂钴基或者镍基的碳化钨碳化铬合金，并且喷涂厚度一般在 0.3～0.4mm 左右。但需要强调的是，在存在氯元素的情况下要慎用镍基喷涂材料。对于喷涂来说，喷涂基材及喷涂工艺的选择至关重要。基材的硬度不能与喷涂材料相差太多，否则可能因热膨胀等因素造成涂层剥落。

对于阀座，主要处理形式为堆焊，堆焊的主要材质为司太立合金，其硬度可以达到 45HRC。堆焊形式主要分为阀座镀层、表面镀层、外壳镀层。

④ 阀门的作用形式　阀门由流开形式改变为流闭形式，可以有效抑制空化。其原因主要是大头向前的阻力更小，产生的涡流区更小，因此流闭阀门有着更小的压力恢复系数。与流开阀相比，流闭阀更不容易产生汽蚀。除此之外，流闭阀门的密封面位于节流孔上游，当流体经过流闭阀门节流孔后压力恢复，随之产生的汽蚀主要作用于密封面下部，所以流闭阀门比流开阀门更容易抵抗汽蚀。但需要注意的是，流闭阀的稳定性与流开阀相比较差。其原理如图 2-31 所示。

图 2-31

阀门两种作用形式

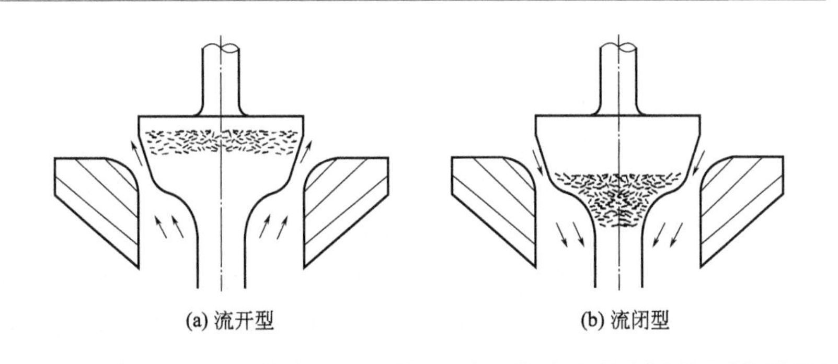


⑤ 下游增加背压　当有一个很高的压差比 $X_F$ 时，一种或几种抗空化措施都不能很好地解决空化汽蚀问题。如果在阀后增加一个金属限流挡板或孔板，可以增加阀后背压，这样会使阀门有一个更好的操作范围。其示意图如图 2-32 所示。

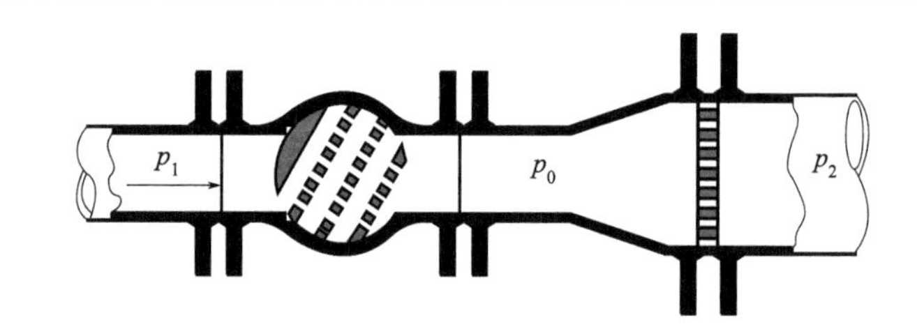


图 2-32
设置金属限流挡板（或孔板）示意图

图 2-32 中的金属限流挡板，是一个有着特定流道面积的多孔定制挡板，该挡板的压差与流量的平方成比例关系。但需要注意的是，金属限流挡板是依据阀门最大流量时的工况定制的，因此在小流量时该金属限流板基本不起作用。阀前压力 $p_1$ 与阀后压力 $p_2$ 随着流量 $q_V$ 变化的关系如图 2-33 所示。

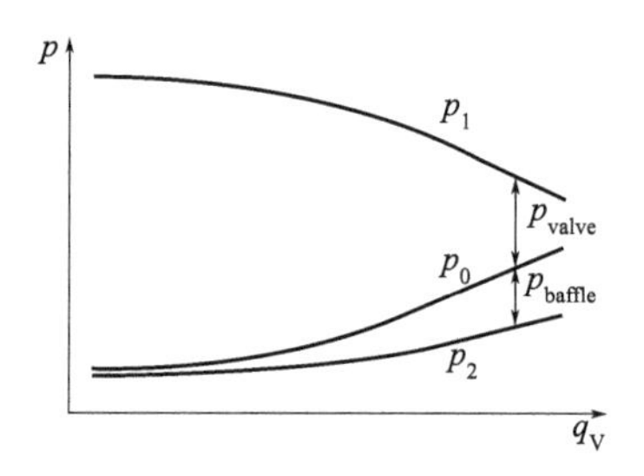


图 2-33
阀前压力 $p_1$ 与阀后压力 $p_2$ 随着流量 $q_V$ 变化的关系图

对于孔板来说其原理与金属限流挡板基本相同，其开孔是一个单一的圆孔而不是多个小孔。与金属限流挡板相比，孔板能够提供恒定的阻力，并能够安装在阀门上下游的任何位置。孔板不仅可以用于防汽蚀，还可以使阀门具有直线安装特性。对于其开孔面积的计算不再叙述。

（2）噪声与噪声抑制方法

对以蒸汽为主要介质的减压阀来说，流体流经节流元件（如阀芯和孔板）时，压力迅速降低，速度迅速升高，甚至达到超声速流动，导致减压阀内气体湍流程度剧烈并产生较大噪声，对操作人员的健康以及设备的正常运行造成严重影响。据医学调查及研究表明：长期暴露在强噪声环境中，人体的免疫能力会慢慢降低，容易诱发各种生理疾病；同时，噪声使人情绪不安，分散设备操作人员精力，长期在强噪声环境中工作会产生不同程度的心理疾病；另外，噪声的掩蔽效应使得操作人员不易察觉危险信号，容易造成事故发生。减压阀噪声产生的原因主要包括三个方面：减压阀内运动零部件在流体激励作用下产生的机械振动噪声；液体在减压阀内部复杂结构中发生流动分离、紊流及涡流所产生的液体动力学噪声；气体在减压阀内部达到临界流速出现激波、膨胀波而产生的气体动力学噪声。

降低减压阀噪声的方法有两种：来源降噪和传播降噪。两种降噪方法均可有效降低减压阀内的噪声。

① 来源降噪　通过识别噪声源来采取相应的降噪措施。通过增加孔板或多孔网罩可以实现来源降噪。不同的消声器广泛应用于排放系统，比如扩张室消声器、微穿孔板消声器、孔板等。由于结构简单，降噪效果较好，单孔板和多孔板被用于管路中和阀出口处的噪声控制。

② 传播降噪　传播降噪是在分析减压阀内流体流动的基础上进行相应降噪技术研究。国内外学者对传播降噪技术的研究主要集中在阀门结构设计和类消声器设计两个方面。阀门结构改进设计是传播降噪最为普遍的方法。低噪声节流元件设计的原理是将控制阀压降过程归结为在装置的局部流阻上损耗能量，因此低噪声节流元件设计主要基于三种方法：结构法、黏滞法和射流法。结构法是工作流体受阀门流通结构的改变而损耗能量；黏滞法就是使工作流体与节流阀件通流部分的壁产生黏性摩擦而损耗能量；射流法是扩展或者紧缩情况下，流动速度骤变引起的阻力损失。

图 2-34 为改进的低噪声控制阀。其改进机理是消除腔体内大尺度漩涡并均匀流场，控制出流速度并抑制空化产生。新型低噪声控制阀的优化设计方案中包括双层渐变开孔阀套、入流整流装置、阀芯吸振装置、出流导流装置等。

图 2-34
改进低噪声控制阀

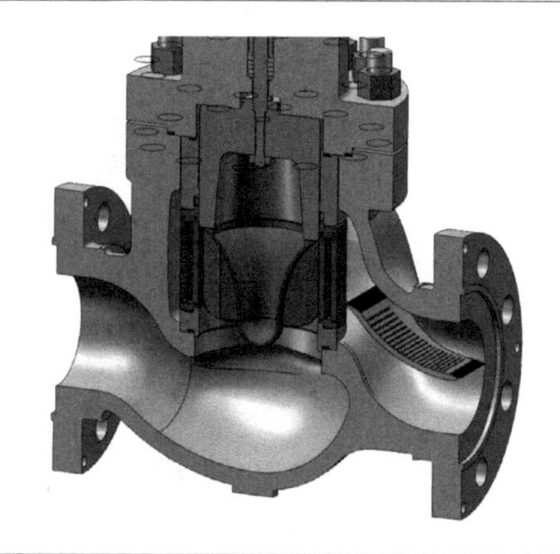

（3）振动与振动抑制方法

以调节阀为代表，其在不同的应用场合中，工作条件与结构形式有很大的差别，其振动产生的机理也有所不同，主要可分为外激振动与流激振动两大类。外激振动是指调节阀所在系统或系统中其他部件处于振动状态时，振动通过管线等连接件传递至调节阀，从而引发调节阀的振动。应用于国防装备和工程机械领域的调节阀在工作时最容易受到外激振动的影响。外激振动虽然也会对调节阀的工作性能产生显著的影响，但其产生的根源并不在调节阀中，因此在调节阀振动研究领域中关注较少。流激振动是指由阀内流体流动引发的调节阀振动，是调节阀振动研究中的焦点问题。本节将调节阀流激振动分为涡激振动、声腔共振、空化振动、不稳定流动导致的振动和流体弹性不稳定导致的振动五个小类。

调节阀振动的产生可分为两个环节，一是振源输出不平衡的扰动，二是调节阀固体结构在振源的激励下形成振动响应。与此相对，调节阀振动的抑制措施也可分为两类，即根源减振与传播减振。

① 根源减振　对调节阀结构振动现象进行机理分析，确定振动产生的根源，并针对性地采取相应措施抑制振源，从而达到减振的目的。如前所述，调节阀振动可分为外激振动与流激振动两大类，其中外激振动产生的根源并不在调节阀中。因此，根源减振只适用于调节阀流激振动。根源减振通过对调节阀流道结构进行优化设计减少扰动的产生，实际上提升了调节阀的工作稳定性。最典型的阀芯结构就是采用分层式迷宫芯包使流体压力逐步下降，从而避免空化的发生，如图 2-35 所示。然而，根源减振需要对调节阀振动的产生机理有较为深入的认识，因此要求较高的开发投入与专业的研究人员。同时，一种根源减振措施往往只能针对一种特定工况下特定结构形式的调节阀，不具有广泛推广的可能性。

图 2-35
采用迷宫芯包抑制空化振动

② 传播减振　直接针对调节阀固体结构振动现象，采取相应的措施限制结构的振动，从而达到减振的目的。常见的调节阀传播减振措施有阻尼减振与刚度提升两种。传播减振实际上不能提升调节阀的工作稳定性，而是通过辅助手段抑制振动的传播。辅助手段的实施通常会降低调节阀的性能与品位，如增大调节阀的功耗、降低调节阀的紧凑性等。但同时，由于传播减振不针对具体的振动产生机理，因此对开发成本与研究人员的要求较低，并具备一定的普适性。

# 2.3　动量传递过程节能的典型装备

## 2.3.1　轴流泵

### 2.3.1.1　典型结构

轴流泵是一种低扬程、大流量的叶片式泵。图 2-36 为轴流泵的一般结构，其过流部分由吸入管 1、叶轮 2、导叶 3、弯管 4 和排出管 5 组成。当轴流泵工作时，液体沿吸入管进入叶轮并获得能量，然后通过导叶和弯管排出。轴流泵是利用叶片使扰流液体产生升力而输出液体的。

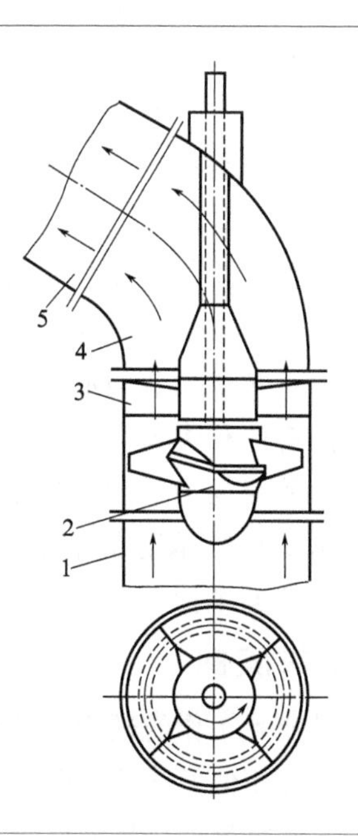


图 2-36
轴流泵的一般结构
1—吸入管；2—叶轮；3—导叶；4—弯管；5—排出管

（1）吸入管

吸入管作为中小型立式轴流泵的吸水室，用铸铁制造。它的作用是把水以最小的损失均匀地引向叶轮。吸入管的进口部分呈圆弧形，进口直径约为叶轮直径的1.5倍。在大型轴流泵中，吸水室通常做成流道形式。

（2）叶轮

叶轮是轴流泵的主要工作部件，它通常由叶片、轮毂、导水锥等组成，一般用优质铸铁制成，大型泵多用锥钢制成。轴流泵的叶片一般为2～6片，在轮毂上呈扭曲形状。根据叶片调节的可能性分为固定式、半调节式和全调节式三种。固定式的叶片和轮毂铸成一体，叶片的安装角度是不能调节的。半调节式的叶片用螺母拴紧在轮毂上，在叶片的根部刻有几个相应安装角度的位置线，如+4°、+2°、0°、−2°、−4°等。叶片的不同安装角度，其性能曲线有所不同，使用时可根据需要调节叶片安装角度。调节时，先拆下吸入管，再将叶轮卸下，将螺母松开转动叶片，使叶片的基准线对准轮毂上的某一要求角度，然后再将螺母拧紧，安装好叶轮即可。半调节式叶片，一般需要在停机并拆卸叶轮之后，才能进行调节，适用于中小型轴流泵。全调节式的叶片是通过一套油压调节机构来改变叶片的安装角的，它可以在不停机或只停机而不拆卸叶轮的情况下，改变叶片的安装角度。这种调节方式结构复杂，一般应用于大型轴流泵。

（3）导叶

导叶位于叶轮上方的导叶管中，是固定在导叶管上不动的。它的主要作用是把从叶轮中流出的水流的旋转运动转变为轴向运动。一般轴流泵中有6～12片导叶。在圆锥形导叶管中能使水流速度降低，这样一方面可以把一部分水流的动能转变为压力能，另一方面可以减少水头损失。

（4）轴和轴承

泵轴采用优质碳素钢制成。它的上端接联轴器并与传动轴相连，下端与叶轮相连。中小型轴流泵泵轴是实心的。对于大型轴流泵，为了布置叶片调节机构，泵轴做成空心的，轴孔内安置操作油管或操作杆。轴流泵的轴承按其功能有两种类型，一种是导轴承，另一种是推力轴承。导轴承用来承受转动部件的径向力，起径向定位作用。推力轴承的主要作用是在立式轴流泵中用来承受水流作用在叶片上的方向向下的轴向推力、水泵转动部件重量以及维持转子的轴向位置，并将这些推力传到机组的基础上去。

#### 2.3.1.2 工作原理

轴流泵工作的理论基础是空气动力学中机翼的升力理论。轴流泵的叶片和机翼具有相似形状的截面，一般称这类形状的叶片为翼型，如图2-37所示。在风洞中对翼型进行扰流试验表明：当流体绕过翼型时，在翼型的首端$A$点处分离成为两股流体，它们分别经过翼型的上表面（即轴流泵叶片工作面）和下表面（即轴流泵叶片背面），然后同时在翼型的尾端 $B$ 点汇合。由于沿翼型下表面的路程要比沿翼型上表面的路程长一些，因此，流体沿翼型下表面的流速要比沿翼型上表面的流速大，相应地，翼型下表面的压力将小于上表面，流体对翼型将有一个由上向下的作用力 $F$。同样，翼型对于流体也将产生一个反作用力 $F'$，其大小与 $F$ 相等，方向由下向上，作用在流体上。具有翼型断面的叶片，在液体中作高速旋转时，液体相对于叶片就产生了急速的扰流，叶片对液体将施加力 $F'$，在此力作用下，液体就被压升到一定的高度。

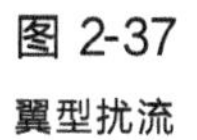

图 2-37
翼型扰流

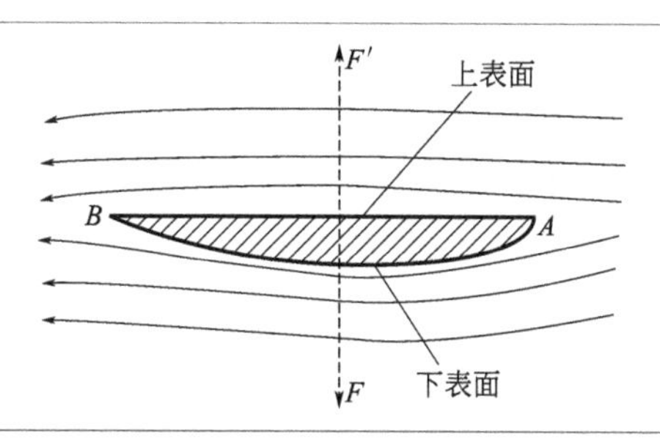


## 2.3.1.3　工作特性

轴流泵具有以下工作特性：

① 轴流泵扬程随流量的减小而增大，$H$-$q_V$ 曲线陡降，在小流量区出现马鞍形的凹下部分，并有转折点，如图 2-38 所示。其主要原因是，流量较小时，在叶片和进出口产生回流，水流多次重复获得能量，类似多级加压，所以扬程急剧增大。同时，回流使流动阻力损失增大，从而导致轴功率增大。一般空转扬程 $H_0$ 约为设计工况点的 1.5～2.0 倍。

图 2-38
轴流泵的特性曲线

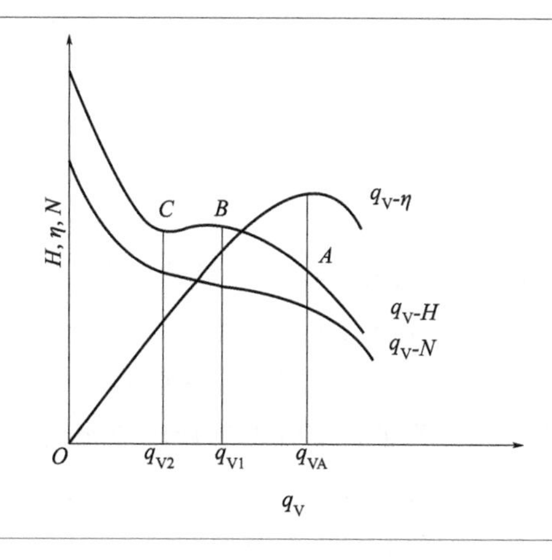

② 功率 $P$-$q_V$ 曲线也是陡降曲线，当流量 $q_V=0$ 时（出水管闸阀关闭时），其轴功率 $P_0=(1.2\sim1.4)P_d$，$P_d$ 为设计工况时的轴功率。因此轴流泵启动时，应当在闸阀全开的情况下启动电动机，一般称为“开闸启动”。

③ 效率 $\eta$-$q_V$ 曲线呈驼峰形，即高效工作区范围很小，流量在偏离设计工况点不远处，效率就急剧下降。根据轴流泵的这一特点，采用闸阀调节流量是很不利的。一般只采取改变叶片离角 $\beta$ 的方法来改变其性能曲线，故称为变角调节。大型全调节式轴流泵，为了减小启动功率，通常在启动前先关小叶片的 $\beta$ 角，待启动后再逐渐增大 $\beta$ 角，这样就充分发挥了全调节式轴流泵的特点。图 2-39 为同一台轴流泵在一定转速下不同叶片离角时的性能曲线、等效率曲线以及等功率曲线，称为轴流泵的综合特性曲线。利用该图可以很方便地根据所需的工作参数来找到合适的叶片离角或选择泵。调节叶片的角度可使轴流泵的高效区比较宽广，能在变工况下保持经济运行。

图 2-39
轴流泵的综合特性曲线

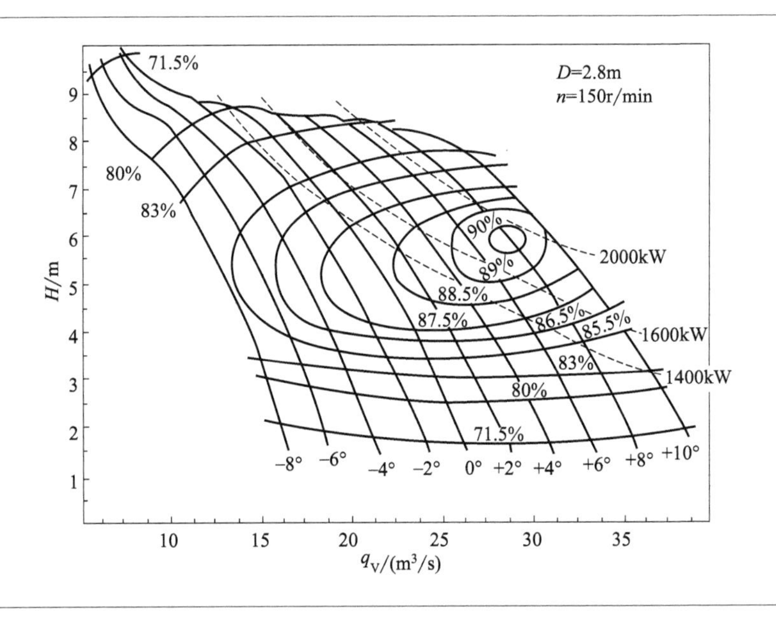


④ 轴流泵的吸液性能，一般是用有效汽蚀余量 $\Delta h_a$ 来表示。轴流泵的汽蚀余量一般都要求较大，因此，其最大运行的吸上真空高度都较小。有时叶轮常常需要浸没在液面下一定深度处，安装高度为负值。为了保证在运行中轴流泵不产生汽蚀，需合理选择轴流泵的进水条件（如吸液口浸没深度、吸液流道的形状等）、运行实际工况点与该泵设计工况点的偏离程度以及叶片形状的制造质量和泵的安装质量等。

### 2.3.1.4　特点及应用场合

轴流泵的工作特点是流量大、单级扬程低、效率高。一般流量为0.3～65$m^3/s$，扬程通常为2～20m，比转速大约为500～1600。轴流泵可用于水利、化工、热电站输送循环水、城市给排水、船坞升降水位，还可作为船舶喷水推进器等。随着各种大型化工厂的发展，轴流泵已在某些化工厂中得到较多的应用，如烧碱、纯碱生产用的蒸发循环轴流泵、冷析轴流泵等。近年来我国自行设计制造的大型轴流泵，其叶轮直径已达3～4m。为了提高泵的扬程，轴流泵可以做成多级。多级轴流泵可以用作油田钻井泥浆泵，大大减轻泵重，显著改善工作性能。此外，轴流涡轮无杆抽油机就是利用了多级轴流泵的工作原理开发的采油设备。

与离心泵相比，轴流泵的优点是外形尺寸小、占地面积小、结构较简单、重量轻、制造成本低及可调叶片式轴流泵扩大了高效工作区等；缺点是吸入高度小（<2m），由于低汽蚀性能，一般轴流泵的工作叶轮装在被输送液体的低液面以下，以便在叶轮进口处形成一定的灌注压力。

## 2.3.2　动叶可调轴流风机

### 2.3.2.1　典型结构

轴流式风机的典型结构如图2-40所示，其过流部分由集流器1、叶轮2、导叶3和扩散器4组成。很多轴流式风机的叶轮与电动机是直连的，导叶也用作电动机的支承座架，此时叶轮可悬臂安装在电动机轴上；除了电动机直连外，轴流式风机常见的驱动结构形式如图2-41所示。由于强度和噪声原因，叶轮外缘圆周速度一般不大于130m/s，速度过大时产生的噪声比离心式风机更严重。叶轮的叶片有扭曲形和非扭曲形两种，从气动性能来说扭曲形是合理的，当然制造上不如非扭曲形方便。

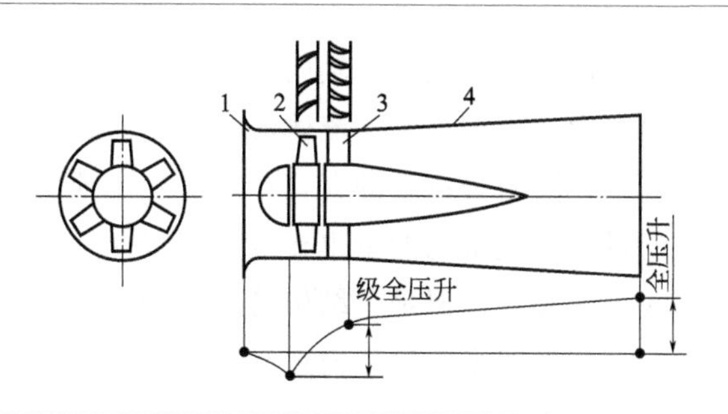


图2-40
轴流式风机
1—集流器；2—叶轮；3—导叶；4—扩散器

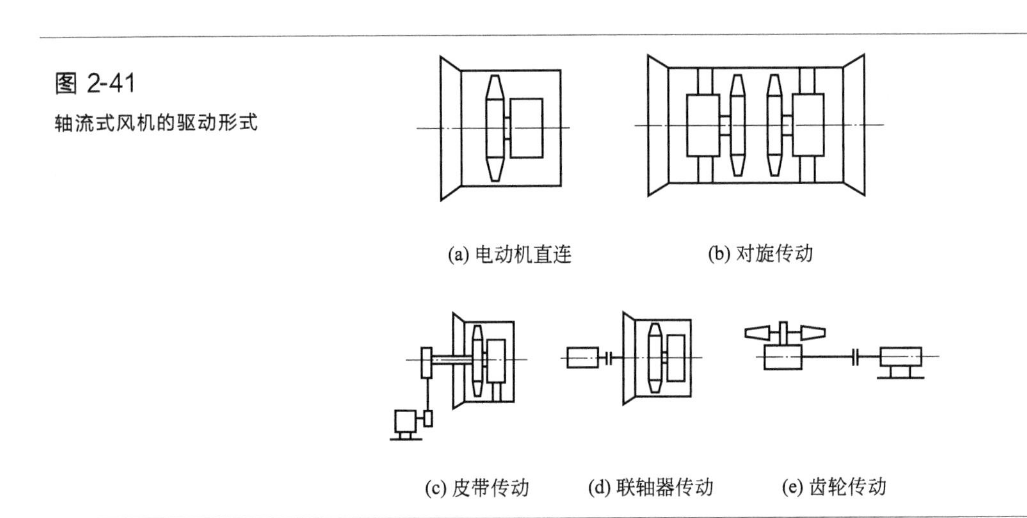
图 2-41 轴流式风机的驱动形式

(a) 电动机直连 (b) 对旋传动 (c) 皮带传动 (d) 联轴器传动 (e) 齿轮传动

现代大型轴流式风机的叶轮叶片和导叶叶片安装角可以做成可调节的，以便扩大风机的高效运行范围，这使得它在经济性方面比离心式风机有更好的适应性。因此，在一些传统的离心式风机使用领域里，轴流式风机也有扩大应用的趋势。

根据使用条件和要求的不同，轴流式风机有多种结构形式，如图 2-42 所示。

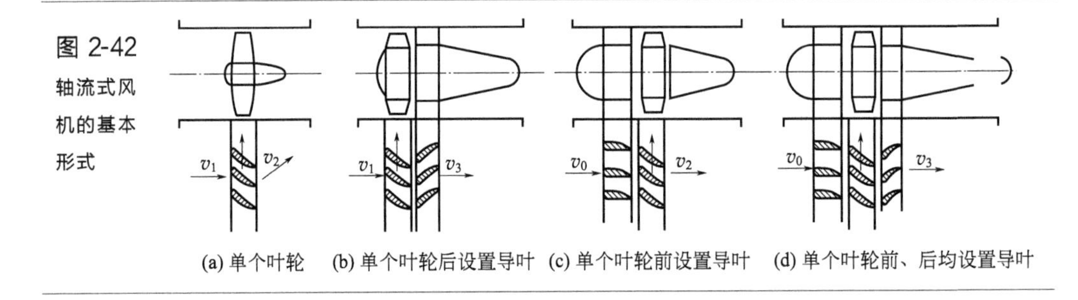

图 2-42 轴流式风机的基本形式

(a) 单个叶轮 (b) 单个叶轮后设置导叶 (c) 单个叶轮前设置导叶 (d) 单个叶轮前、后均设置导叶

(1) 单个叶轮

轴流式风机机壳中只有一个叶轮，这是轴流式风机最简单的结构形式。一般情况下，流体沿轴向进入叶轮，而以绝对速度 $v_2$ 流出叶轮。由叶轮出口速度三角形可见，流体流出叶轮后存在圆周分速度使流体产生绕轴的旋转运动，圆周分速度的存在伴随有能量损失，若减小出口圆周分速度，则流体通过叶轮获得的能量也要减少。因此，这种形式的风机效率不高，一般 $\eta$ 为 70%～80%。但是，结构简单、制造方便，适用于小型低压式轴流风机。

(2) 单个叶轮后设置导叶

鉴于单个叶轮形式的缺点，在叶轮后放置导叶。流体从叶轮流出时有圆周分速度，但流经导叶后改变了流动方向，将流体旋转运动的动能转换为压力能，最后流体沿轴向流出。这种形式的效率优于单轮的形式，一般 $\eta$ 为 80%～88%，最高效率可达到 90%，在轴流式风机中得到普遍应用。目前，火力发电厂的轴流送引风机大都采用这种形式。

（3）单个叶轮前设置导叶

在叶轮前设置导叶，使流体在进入叶轮之前首先产生与叶轮旋转方向相反的负预旋。负预旋速度在设计工况下，被叶轮校直，使流体沿轴向流出，即流体在叶轮出口的圆周分速度为 0。由于叶轮进口相对速度较大，因此流动效率较低。然而，采用这种形式布置还有以下的优点：前置导叶使流体在进入叶轮之前先产生负预旋使流体加速，挺高了压力系数，因而流体通过叶轮时可以获得较高的能量。因此，在流体获得同样的能量下，则叶轮尺寸可减小，风机的体积也相应减小。若导叶做成可转动的，则可进行工况调节。同时，当流量变化时流体对叶片的冲角变动较小，运行较稳定。这种形式的轴流风机结构尺寸较小、占地面积较小，其效率可达 78%～82%。在火力发电厂中子午加速轴流风机常采用这种形式。

（4）单个叶轮前、后均设置导叶

这种形式是单个叶轮后置导叶和前置导叶两种形式的综合，前置导叶若做成可转动的，则可进行工况调节，后置导叶又可以对从叶轮流出流体的圆周速度校直，其效率为 82%～85%。这种形式如果前置导叶可调，则轴流式风机在变工况下工作会有更好的效果。

（5）多级轴流风机的形式

普通轴流式风机只有一级叶轮，受到叶轮尺寸、转速等因素的限制，它的全压不可能很高。为此，需要用多级轴流风机来实现较高的压力。多级轴流式风机中，目前二级轴流式风机应用比较广泛。图 2-43 为二级轴流式风机示意图。二级轴流式风机也可以在首级叶轮前安置导叶。

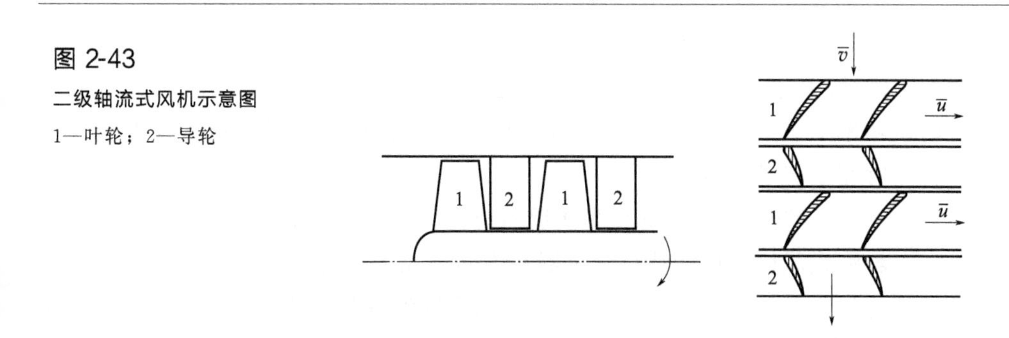


图 2-43
二级轴流式风机示意图
1—叶轮；2—导轮

### 2.3.2.2 工作原理

轴流式风机的工作原理与轴流泵的工作原理一样，如图 2-40 所示。具有翼型断面的叶片，在空气中作高速旋转时，气流相对于叶片产生了急速的扰流，叶片对空气将施以力，在此力的作用下，气体将被压升。气体通过叶轮后能量增加，并且具有一定的圆周方向的分速度。导叶将消除这一旋转分量，使气体轴向流向风机，同时将一部分动能转换成压力能，以提高风机的工作效率。

叶轮与导叶一起组成轴流风机的一个“级”，一般使用的单级装置，流量大、体积小、升压低，这是轴流风机的特点。其压力系数一般小于 0.3，而流量系数则又可在 0.3～0.6 之间，单级的比转速可在 18～90 之间。

### 2.3.2.3 工作特性

轴流式风机的性能曲线可表示为一定转速条件下，风压 $p$、功率 $P$ 及效率 $\eta$ 与流量 $q_V$ 之间的关系。轴流式风机的性能曲线如图 2-44 所示。从图中可以看出轴流式风机的工作性能具有以下特点：

图 2-44
轴流式风机的性能曲线

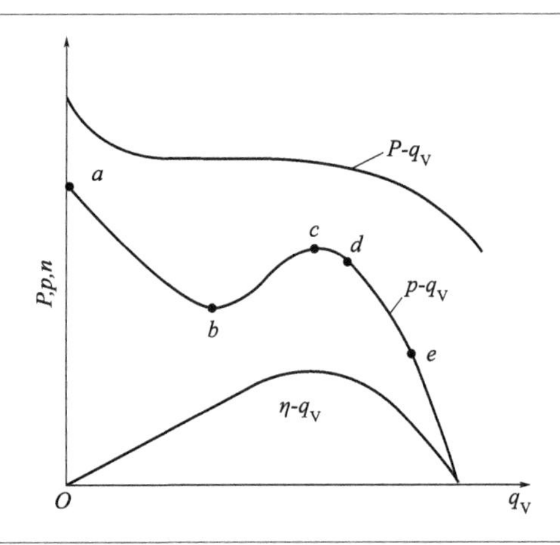


① 压力特性曲线 $p$-$q_V$ 的右侧相当陡峭，而左侧呈马鞍形。$c$ 点的左侧是风机处于小流量情况下的运行性能，称为不稳定工况区。

② 从 $P$-$q_V$ 曲线可以看出小流量时的功率特性变化平稳。当流量减小时，功率 $P$ 反而增大，当流量 $q_V=0$ 时，功率 $P$ 达到最大值，故轴流式风机不宜在零流量下启动。

③ 最高效率点的位置相当接近不稳定工况区的起始点 $c$。

轴流式风机的性能特点与机器在不同工况下叶轮内部的气流流动状况有着密切的联系。图 2-45 是轴流式风机在不同流量时，叶轮内部气流流动状况的示意图。图（d）相当于性能曲线中最高效率点，即设计工况，此工况下气流沿叶片高度均匀分布。图（e）表示超负荷运行的工况，此时叶顶附近形成一小股回流，使压力下降。图（b）、图（c）表示低于设计流量的运行情况。图（c）表示流量比较小时，$p$-$q_V$ 特性曲线到达峰顶位置，在动叶背面会产生气流分离，形成漩涡，挤向轮毂，并逐个传递给后续相邻的叶片，形成旋转脱流，这种脱流现象是局部的，对流经风机总流量的影响不大，但旋转脱流容易使叶片疲劳断裂造成破坏。随着流量的继续减小，$p$-$q_V$ 特性曲线到达最低位置，轮毂处的涡流不断扩大，同时又在叶顶处形成新的涡流，如图（b）所示。这些涡流阻塞了气流的通道，表现为气流压力有所升高。图（a）为流量为零的情况，进出口均被涡流充满，涡流的不断形成和扩展，使压力上升。图 2-46 为轴流式风机的不稳定工况区。如果风机在这个区段运行，就会出现流量和压力脉动等不正常现象。有时，这种脉动现象相当剧烈，流量 $q_V$ 和压力 $p$ 大幅度波动，噪声增大，甚至风机和管道也会发生激烈的振动，这种现象称为“喘振”。

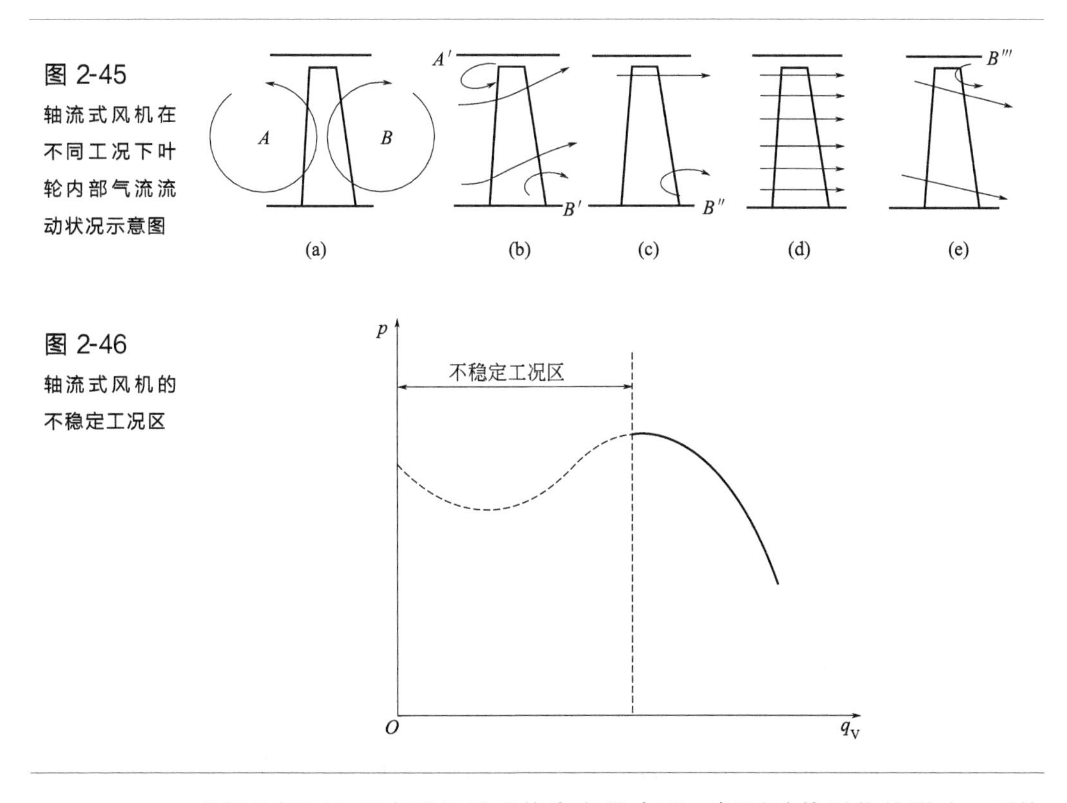


图 2-45 轴流式风机在不同工况下叶轮内部气流流动状况示意图

图 2-46 轴流式风机的不稳定工况区

喘振的振幅和频率受风道系统容积的支配，但不受其形状的影响。系统容积越大，喘振的振幅越大，振动也越强烈，但频率越低。因此，可以通过缩小系统的容积来减轻喘振的激烈程度。此外，风机的转速越高，如引起喘振，喘振的程度越激烈。

### 2.3.2.4 节能调节与动叶可调式轴流风机

轴流式风机是一种大流量、低压头的风机，它的压力系数比离心式风机要低一些，比转速比离心式风机要高一些。从性能曲线上看，轴流式风机还有一个大范围的不稳定工况区，在轴流式风机的性能调节时应尽量远离这个区域。轴流式风机的调节方法有节流调节、转速调节、静叶调节和动叶调节 4 种。

（1）节流调节

就是用调整挡板开度的方法来改变管路系统的阻力特性曲线，从而达到调节的目的。但这种调节方法，必须要求选择的风机参数比较合适，即系统所需的最小风量大于不稳定区边界的流量；然后增大挡板的开度，可降低管路阻力系数，增加流量。这种方法调节的范围很小，只能作为一种辅助的调节手段，如图 2-47 所示。

（2）转速调节

当转速降低时，叶轮圆周速度降低，若轴向速度位置不变，则相对速度降低、冲角减少，于是压力下降。图 2-48 是用转速调节的轴流式风机的性能曲线，可以看出当转速降低时，$p$-$q_V$ 曲线平行下移。但是因为缺乏比较理想的调速方法，轴流式风机很少采用转速调节方法。

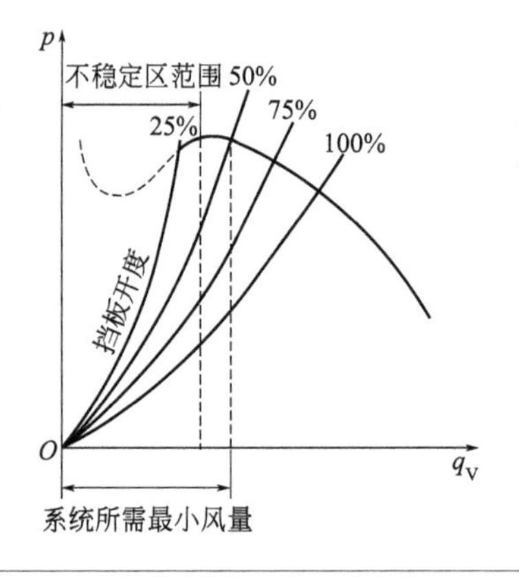


图 2-47 节流调节的性能曲线

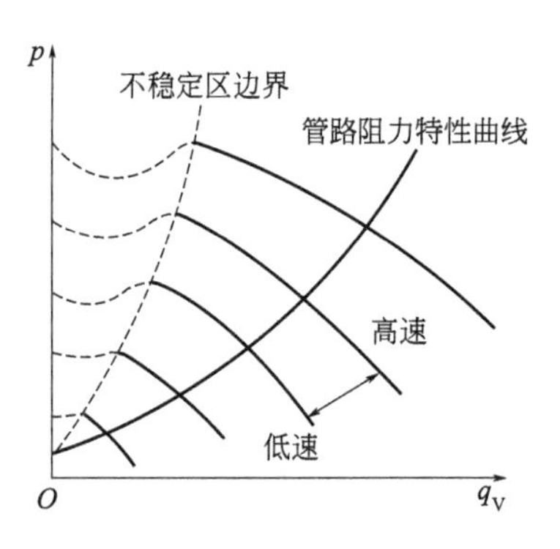


图 2-48 转速调节的性能曲线

（3）静叶调节

轴流式风机的导叶可分为前导叶与后导叶两种。后导叶装置在叶轮的后面，固定不动，目的是为了提高风机的静压；前导叶装在叶轮的前面，一般做成可以转动的，用作调节手段。前导叶调节也称静叶调节。如图 2-49 所示，当导叶角度关小时，使进入的气流产生预旋，使压力降低，风压曲线近似平行下移，其与管路阻力特性曲线的交点也随之下降，故起到调节作用。

静叶调节结构简单，并可显著地改善风机性能曲线陡峭、工况窄、易喘振等不良状况，从而提高了变化下的效率。目前在大型高炉的轴流式风机及天然气液化装置的轴流式压缩机中静叶调节已被应用。

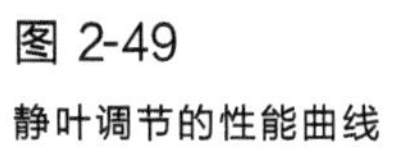

图 2-49
静叶调节的性能曲线

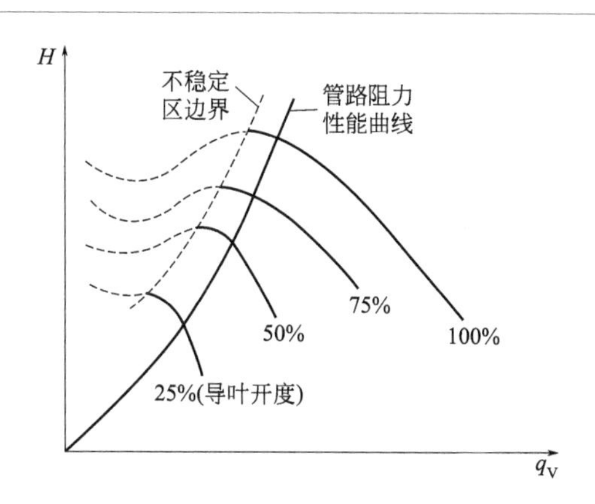


（4）动叶调节

一定的负荷都对应有一最佳的叶片安装角，使扰流叶片的损失最小。若能根据不同的工况，不断改变动叶的安装角，启动时，安装角可以小些，随着流量的增大，安装角也逐渐增大，相应的风压与功率也增大，这样可以避免节流损失，使动叶片、静叶片的气流流动达到最佳的配合，所以这种调节方法经济性最好。目前矿井、热电站、隧道等的引风已应用这种形式的单级或多级轴流式风机。图 2-50 为动叶可调轴流风机的性能曲线。这种风机的优点体现在：

图 2-50
动叶可调轴流风机的性能曲线

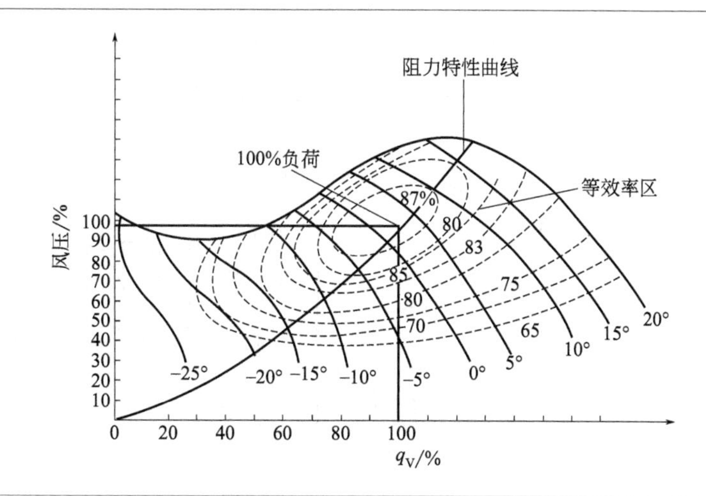

① 等效曲线几乎与阻力曲线平行，当负荷变化时风机仍能保持在高效区工作；

② 在高效区附近有相当大的调节范围；

③ 风压曲线很陡，因此当系统阻力变化时，风量的变化很小；

④ 每一个叶片角度都对应一条性能曲线，风量与叶片角度几乎呈线性关系。

由上述可见，动叶可调式轴流风机是一种效率高、调节性能好、运行经济性高的节能风机。

## 2.3.3 多级轴流压缩机

### 2.3.3.1 基本结构

多级轴流压缩机是由各个单级组成的，所以就多级轴流压缩机的任何一级而言，其基元级和级的气动设计原理与单级的完全相同，这是多级轴流压缩机和单级轴流压缩机的共同点。但是，多个单级按照一定次序组成多级压缩机后，由于各个级在流程中的位置不同，它们的几何尺寸特征和进口参数是各不相同的，因而形成了多级轴流压缩机中各个级的特殊性。由于这个特殊性，各级的参数都有所不同。

多级轴流压缩机的级由旋转的叶轮和静叶导流器组成，如图 2-51 所示。在第一级叶轮前设置有进口导流叶片，在最后一级静叶导流器之后设置有一组固定叶片，称为排气整流叶片。与离心式压缩机一样，旋转叶轮将外界的机械功传给流体，流体的压力能和速度能增加；而静叶导流器将叶轮流出的动能转化为压力能，并将流体引导至下级叶轮入口。由于流体在级中沿着平行轴线的方向流动，因此称为轴流压缩机。

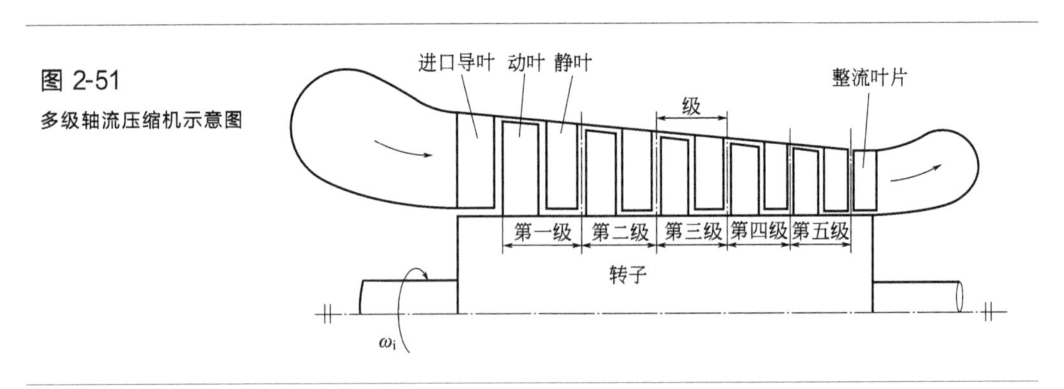


图 2-51
多级轴流压缩机示意图

### 2.3.3.2　工作原理

多级轴流压缩机由多级组成，每一级都包含一排转子叶片和随后的一排静子叶片。工质首先由转子叶片加速，然后在静子叶片通道减速，将转子中的动能转变为静压能。该过程在多级叶片中反复进行，直到总压比达到要求为止。

在压缩机中，气流总是处于逆压力梯度状态，压比越高，压缩机设计越困难。在转子和静子叶片通道内，气流流动由一系列的扩散过程组成。虽然在转子叶片通道中，气流的绝对速度有所增加，但是气体相对于转子的流速却减小了，也就是说，转子通道内也为扩散流动。叶片通道截面的变化要适应气流的扩散过程。每一级中气流扩散程度均是有限的，意味着压缩机每一级的压比有限。压缩机进口设置有进口导流叶片，引导气流进入第一级压缩机。许多工业发动机的压缩机进口导流叶片角度都是可调的，随着转速的变化而调节，从而改变进入压缩机第一级的气流角度，以改善非设计状态性能。

高压比压缩机从前往后叶片尺寸变化明显，这是因为设计者总是希望气流以近似恒定的轴向速度通过压气机；然而，随着气流向后流动，气体密度增加，需要减小流通面积，导致叶片尺寸减小。当发动机转速低于设计转速时，后面级气流的密度将远离设计值，气流轴向速度变得不恰当，从而导致气流失速和压缩机喘振。解决该问题有几种方法，但都会导致结构更加复杂。罗・罗公司和普・惠公司的方案是采用多转子结构，而 GE 公司优先采取的是可调静子叶片结构。还有一种方案是使用放气阀门。在一些先进发动机上，有时需要综合采用以上所有方案，在设计工作的初期就需要充分考虑压缩机在非设计工况的性能。

早期的轴流压缩机，都是亚声速型，必须采用翼型截面造型才能获得高效率。大流量、高压比压缩机的设计需求导致马赫数增加，尤其是第一级转子叶片的尖部，最终采用了跨声速压缩机（即叶片某一高度以上的气流速度超过声速）来解决这个问题。研究认为，对跨声速叶片最有效的方法是采用圆弧截面叶型，常用的是双圆弧叶型。随着马赫数进一步增大，抛物线叶型叶片效率更高。目前，高性能压缩机已不再采用翼型截面。

### 2.3.3.3　工作特性

轴流压缩机与离心压缩机相比，在工作特性上具有以下特点。

（1）轴流压缩机适用于更大的流量

如果将轴流式的叶轮外径（即动叶顶部的直径）与离心式的叶轮外径取为相等，则离心叶轮进口的通流面积为 $F=\frac{\pi}{4}(D_0^2-d^2)$，见图 2-52(a)；轴流叶轮进口的通流面积为 $F=\frac{\pi}{4}(D_t^2-D_h^2)$，见图 2-52(b)。显然轴流叶轮的通流面积大于离心叶轮的通流面积。另外轴流叶轮进口的流速也比离心式的大，固定式轴流第一级进口的 $c_z=90\sim120\text{m/s}$，运输式轴流（喷气式飞机发动机主要由轴流压缩机、燃烧室和燃气涡轮三部分组成）第一级进口的 $c_z=140\sim200\text{m/s}$，而离心式第一级进口的 $c_z=60\sim90\text{m/s}$。因此容积流量 $q_V=Fc_z$，轴流式的流量比离心式大得多。

图 2-52

叶轮进口通流面积对比

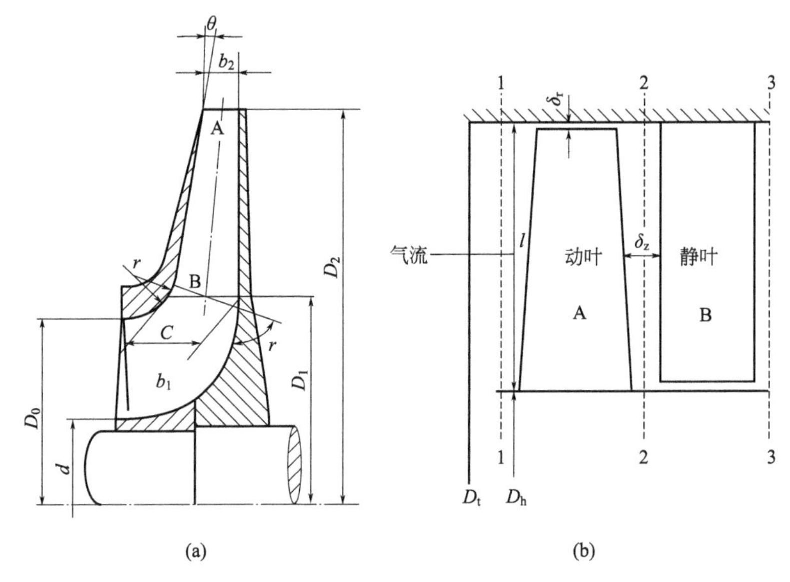


(2) 轴流式的级压力比低

在轴流级中气流方向基本平行于轴线，径向分速度约为 0。由于动叶前后的 $u_1\approx u_2$，由欧拉方程可知，理论能量头仅为

$$H_{th}=\frac{c_2^2-c_1^2}{2}+\frac{w_1^2-w_2^2}{2} \tag{2-79}$$

式中 $c_1$，$c_2$——动叶前、后的气流绝对速度；

$w_1$，$w_2$——动叶前、后的气流相对速度。

故级中获得的能量比离心式少，因而有效压缩功效、级压力比低。轴流压缩机一个转子上的级数有限，故它不适用于高压力比的场合。为了提高级压力比，现今军用已有超声速轴流压缩机，不久可望引用到民用工业中来。

(3) 轴流压缩机的效率高

气流流经轴流级动静叶栅的流线弯曲小，路程短，如图 2-53 所示；而流经离心级不仅路程长，且流线弯曲厉害。气流进入离心叶轮后马上由轴向转为径向，由弯道进口流经出口气流要转 180°的弯，显然轴流级的流动损失小于离心级。又由于轴流级的动、静叶片是经过理论分析和大量吹风实验获得的流线型机翼叶片，其叶片按一定的流型规律沿径向扭曲，如图 2-54 所示，因此它比离心式的等厚度板形叶片流动损失小，故多级轴流压缩机在最佳工况点的效率 $\eta$ 约达 90%，其效率很高，节能显著。

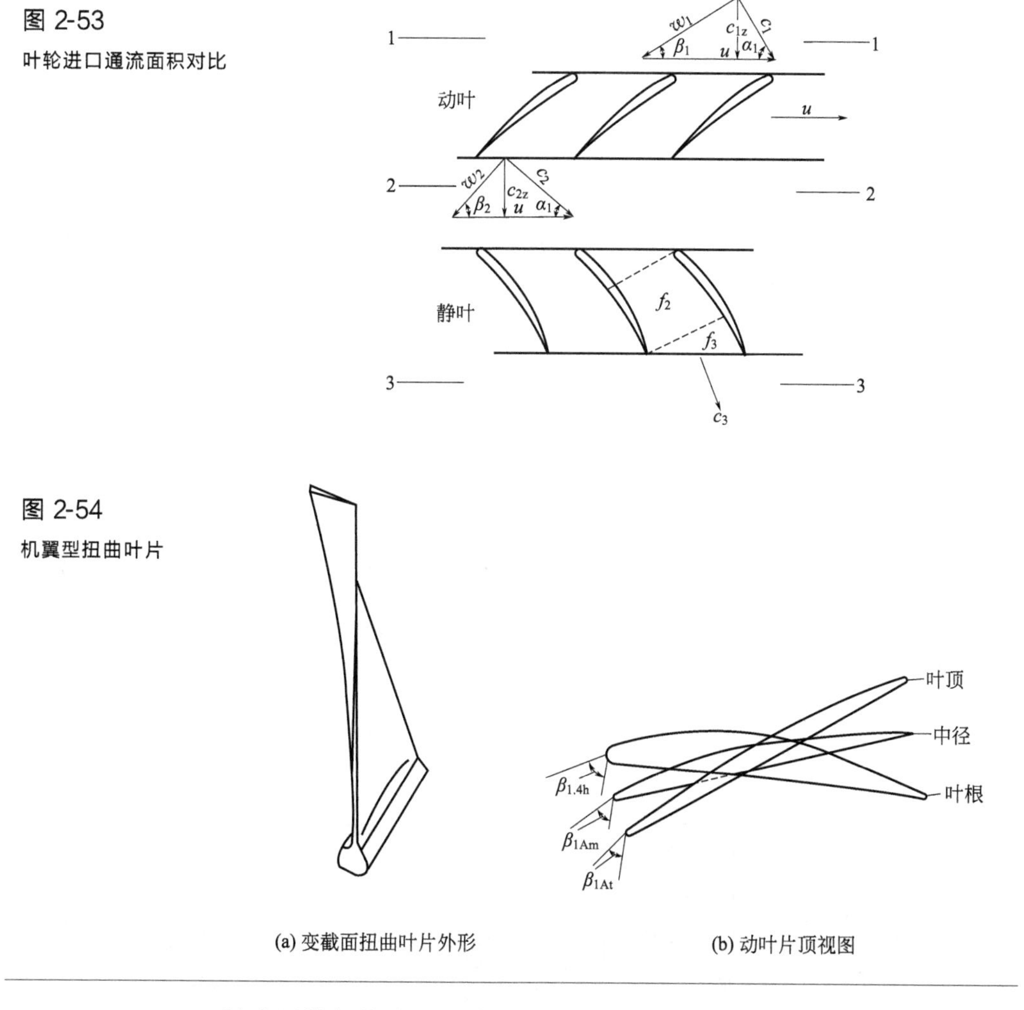


图 2-53
叶轮进口通流面积对比

图 2-54
机翼型扭曲叶片

（4）轴流压缩机的变工况特性较差

由于相当薄的翼型动、静两排叶片都对来流方向十分敏感，且两排叶片靠得很近，因此随着流量的增减，内部正负冲角的增大，使级压力比变化剧烈。其压比 $\varepsilon$-$q_V$ 曲线很陡，效率 $\eta$-$q_V$ 曲线左右都下降得很厉害，故轴流式的变工况适应性较差。但若各级静叶全部可调，让各个静叶片的角度都随流量的改变而改变，使来流的冲角接近于 0°，则能具有很好的变工况适应性，且效率均能很高。

因此，轴流压缩机适用于流量大、压力比不太高的场合，其效率很高，节能显著。近期也在中国民用工业如发电、冶金、炼油、化工等领域被选用。

## 2.3.4 主给水调节阀

### 2.3.4.1 应用工况

主给水调节阀是压水堆型核电站水位控制系统的重要组成部分，用于调节流入蒸汽发生器的给水流量，从而将蒸汽发生器中的水位保持在合适高度。压水堆型核电站（以下简称核电站）工作原理如图 2-55 所示。核能发生装置（即反应堆）安装于一回路，电能发生装置（即汽轮机与发电机）安装于二回路，两个回路内的工质物理隔离，仅通过蒸汽发生器实现能量交换。一回路中自反应堆而来的载热工质不断将热量输入蒸汽发生器，二回路中由主给水调节阀控制的介质水在蒸汽发生器中吸收热量而蒸发，并最终推动汽轮机与发电机实现发电。

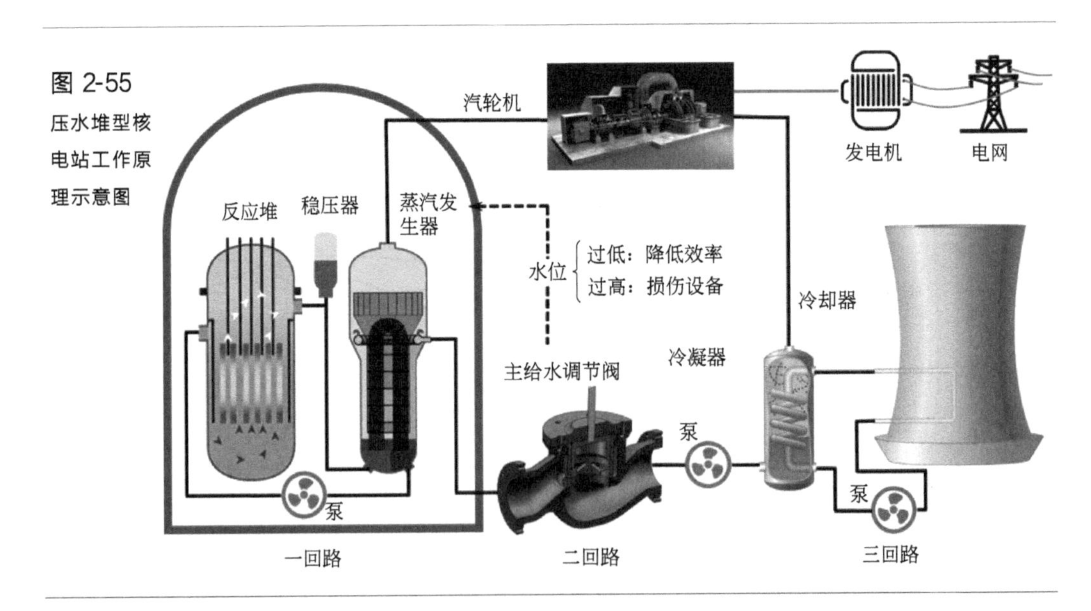


图 2-55 压水堆型核电站工作原理示意图

蒸汽发生器中的水位高度在很大程度上决定了核电站的安全性与经济性。从安全性的角度来看，合适的蒸汽发生器水位既可以保证反应堆有足够的冷量，又可以避免汽轮机叶片因载荷过大而损坏；从经济性的角度看，合适的蒸汽发生器水位确保了足够的蒸汽产量，从而保证核电站发电量达到目标需求。因此依靠水位控制系统将蒸汽发生器水位维持在合适值，是核电站正常运转的重要前提之一。虽然很多因素都会影响蒸汽发生器中的水位（如一回路载热工质流量/温度、二回路主给水流量、二回路蒸汽流量等），但是水位控制系统主要通过调节二回路主给水流量来控制水位。因此，水位控制系统也被称为给水控制系统。

主给水调节阀作为蒸汽调节器水位控制系统（或给水控制系统）中实现流量调节功能的核心部件，其流量特性对蒸汽发生器水位高度的控制效果有着直接影响。因此，对主给水调节阀流量特性的研究是核电站安全性与经济性设计的重要内容。

### 2.3.4.2　工作原理及结构

阀门的整体结构服务于适用工况，国内Ⅲ代核电用主给水调节阀包括ACP1000 机组用主给水调节阀与 CAP1400 机组用主给水调节阀，其主要参数大致接近，主要特点是口径大、使用压力高、关闭压差大、控制精度要求高。目前国内核电站所用主给水调节阀大致类同，均为套筒式结构，如图 2-56 所示，主要由阀体、阀盖、阀杆、阀芯和套筒五个部件组成。套筒上开设多个节流窗口，流入阀门的流体在节流窗口分散成多股，流出节流窗口后在阀腔中汇聚再流出阀门。在流量调节过程中，阀芯在套筒的约束下沿竖直方向上下运动，从而改变节流窗口的流道面积。

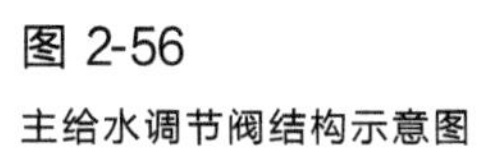
图 2-56
主给水调节阀结构示意图

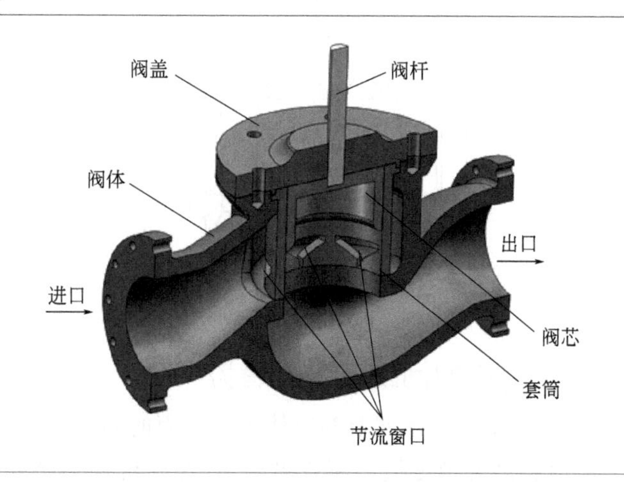


国内核电站所用主给水调节阀均为套筒式结构，其减压结构（或称调节结构）通常为节流窗口型套筒与平衡式阀芯。套筒上开设的节流窗口形状决

定了主给水调节阀的流量特性，而同时主给水调节阀设计工况点多、流量调节范围大、控制精度要求高。因此，节流窗口形状的优化设计及试验是主给水调节阀研制过程中的关键点之一。

### 2.3.4.3 材料与密封

材料处理是主给水调节阀国产化研制中的重要内容，其工艺质量直接影响了主给水调节阀的品位。为了保证高温条件下的耐磨性与密封性，通常在阀座和套筒密封面上等离子喷焊司太立合金。

主给水调节阀的密封点主要有五个，即：①阀杆与阀盖之间的密封；②阀芯与套筒内壁之间的密封；③阀芯与阀座之间的密封；④阀体与阀盖之间的密封；⑤阀座与阀体之间的密封。其中，前两项由于是动密封，密封难度更大，出现泄漏的可能性也更高，因此是研究的重点。

主给水调节阀阀芯与套筒内壁间通常利用活塞环形式部件实现密封。该种密封环主要有两道金属材料的密封活塞环［图 2-57(a)］和带柔性材料的平衡密封环［图 2-57(b)］两种形式。总体而言，采用柔性材料的密封环密封效果要优于采用两道金属材料密封的活塞环。但同时，柔性材料易因腐蚀、热作用、老化等因素的影响而性能大幅下降，寿命较短。主给水调节阀阀杆与阀盖间的密封通常采用填料密封。

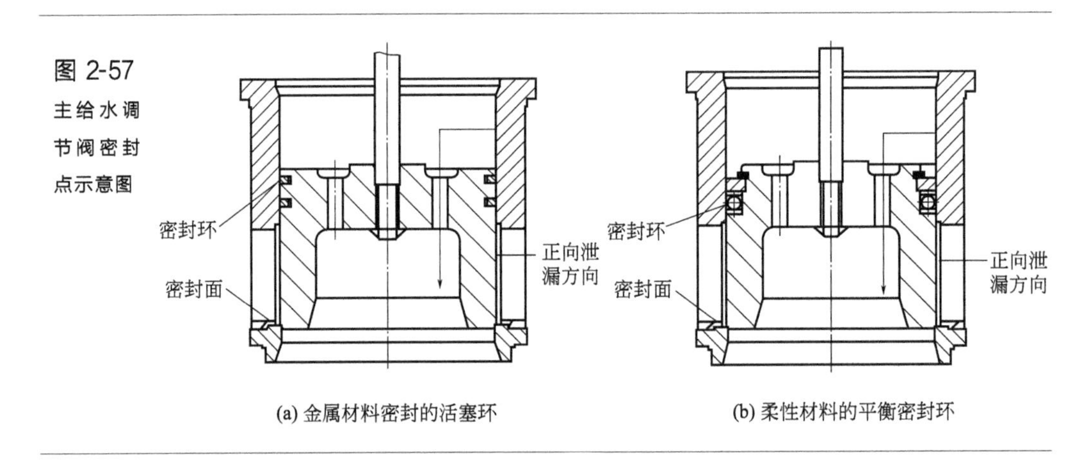


图 2-57 主给水调节阀密封点示意图

(a) 金属材料密封的活塞环　(b) 柔性材料的平衡密封环

### 2.3.4.4 存在的问题及发展趋势

① 主给水调节阀整体构造方面的问题在于由于流量调节范围大，低功率时控制灵敏度低，而若采用主/旁两台调节阀并联的方案，则要求较大的安装空间，降低了其经济性。同时，主/旁两台调节阀切换时匹配难度大，降低了其安全性。因此，主给水调节阀整体构造上的发展趋势是通过结构创

新，实现全功率与控制精度。

② 主给水调节阀减压结构（或称调节结构）的问题在于当前的研究集中于探讨结构参数与流量特性的关系，而忽视了对空化、振动与噪声等流致现象的影响。未来，应在满足主给水调节阀流量特性需求的前提下，通过采用节流孔型套筒或在减压结构上增加导流部件等方案，抑制阀内空化的发生，降低整阀，尤其是套筒-阀芯组件的振动与噪声水平。

③ 主给水调节阀材料处理方面的问题在于相关工艺往往直接采用通用成熟技术，而没有考虑与特有结构（如套筒）的适应性，未来应开展专用加工工艺参数配比研究。同时，当前主给水调节阀由于整机进口，其采用的材料亦往往是国外垄断的，国内核电站使用、维护时由于技术资料不全而无法制定针对性方案，因此未来应着重开展材料国产化替换。

④ 主给水调节阀密封形式设计中的主要问题之一在于活塞式密封环长寿命与高密封性难以平衡，在一定的检修周期前提下限制了密封等级。未来，应通过配方优化研制出长寿命与高密封性兼具的密封材料，或通过设计创新提出可使密封材料免受腐蚀、热作用、老化等因素影响的密封结构。同时，由流体冲击阀芯导致阀杆振动而使阀杆填料损伤也是主给水调节阀密封的主要问题之一，未来应结合减压结构（或调节结构）优化抑制流激振动的发生，从而保护阀杆填料。

⑤ 主给水调节阀结构可靠性研究中的主要问题在于不同开度下的阀内流场存在显著差异，并会对阀门结构分析结果产生影响，这种影响对以主给水调节阀为代表的高参数阀门尤为明显。而当前对主给水调节阀展开抗振分析时，大多仅针对最大开度情况，向阀内表面施加均匀压力替代流场作用，忽略了因流场变化而导致的变形不协调、应力集中情况。因此，未来有必要开展基于流场与地震载荷的主给水调节阀在役应力与湿模态演化研究。

## 2.3.5 先导式截止阀

### 2.3.5.1 典型结构

基于先导控制的新型截止阀是一种以工质自身的压力为动力，利用活塞式阀芯上下的压差来推动阀芯的运动，从而实现阀门启闭的新型阀门。其实质是借助小阀（先导阀）的启闭来完成大阀（主阀门）的启闭，从而实现驱动装置简化、节能降耗的效果。其结构如图 2-58 所示。

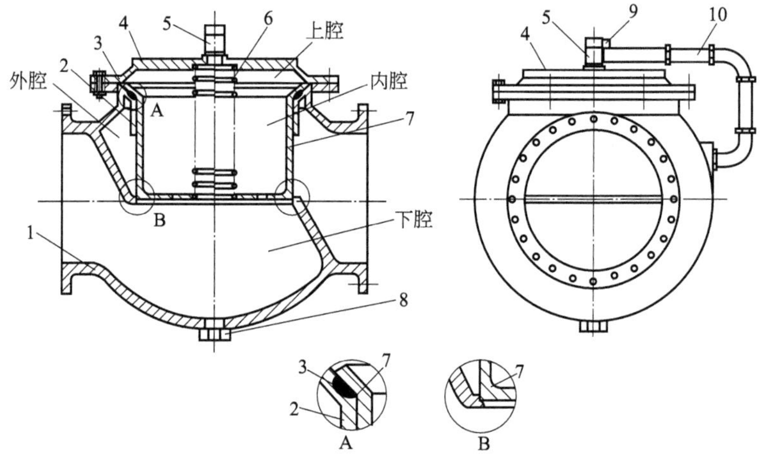

图 2-58
先导式截止阀工作原理说明图
1—阀体；2—导向套；3—密封圈；4—阀盖；5—手动先导球阀；6—弹簧；7—阀瓣；8—排水孔；9—球阀手柄；10—先导管

该种截止阀由阀体、阀芯、阀盖、导向套、密封圈、弹簧和先导管等零部件组成。阀芯呈直圆筒形，阀芯底部有阀芯底孔，阀芯底孔的孔径小于先导管的内径，阀芯上部有压环；阀芯外周有导向套，导向套的上内壁有密封圈；阀芯与阀盖的中心部位固定有弹簧；主阀体的上室与外室有先导管连通，先导管上安装有先导球阀；阀体下部有底板，底板开有排污孔，该孔安装有密封螺母。

与现今通用的机械式手轮操作的截止阀相比较，先导式截止阀无手轮、阀杆和内升降螺母，将导向块与导向槽改为导向套，将盘形阀芯改为类钵体形阀芯，并在底部开阀芯孔，将阀盖原阀杆孔改作为导流孔。因增加压环、密封圈和将阀芯改为类钵体，使上流体腔分隔为上腔、外腔、内腔，在上腔与外腔的外部加设有先导管与不锈钢手动球阀，在盖板与阀芯底的中心部加设弹簧，阀芯上部加设压紧密封圈的压环，在外室的壁上开有放水孔。

以上仅是先导式截止阀的一种结构形式，根据需要还可以设计成其他各种各样的形式，如先导式消防截止阀［图 2-59(a)］、矩形筒体先导式截止阀［图 2-59(b)］。

### 2.3.5.2 工作原理

由伯努利方程可知，当流体流动断面发生变化时，如断面收缩和扩张等，流体会产生流动阻力，相应的流体压力会下降。本先导式截止阀就是一种压差阀门，以工质自身的压力为动力，利用压差推动阀芯来完成阀芯的启闭，从而实现通过较小阀门的启闭来完成相对较大阀门的启闭（图 2-60）。

图 2-59
先导式截止阀实物图

(a) 先导式消防截止阀

(b) 矩形筒体先导式截止阀

图 2-60
先导式截止阀工作原理说明图

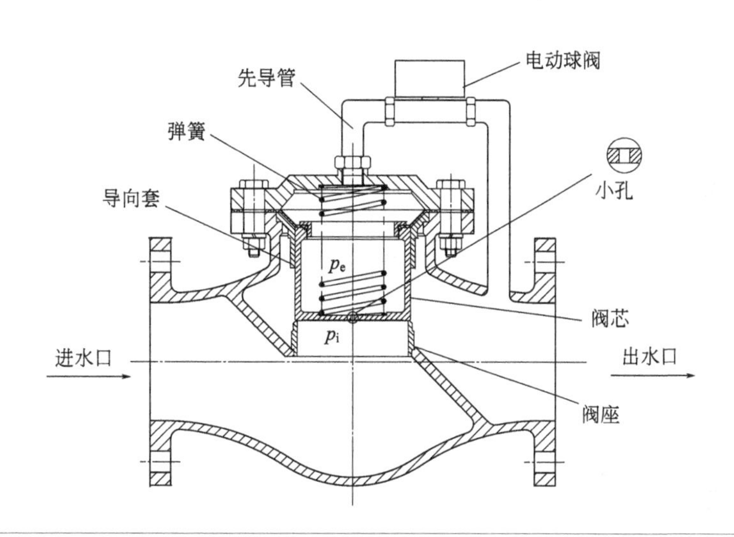


具体工作原理及过程如下：假定先导阀初始状态为关闭，此时先导管不通，而阀芯底部与进口管相通，阀芯下部压力 $p_i$ 和上腔压力 $p_e$ 一致。在阀芯自重以及弹簧力的作用下，阀芯处在关闭状态。

当打开先导阀时，阀芯上腔的流体经先导管排出，此时上腔内液体压力 $p_e$ 下降，最初阀芯的受力平衡被打破。阀芯在下部压力 $p_i$ 和上腔压力 $p_e$ 的共同作用下开启，而阀芯一旦开启，就会有流体直接流向出口。由伯努利方程可知，阀芯下部压力 $p_i$ 会因流体流速的不同而呈现变化，并且开启后阀芯还会受到随位移而变化的弹簧力作用。当阀芯所受的力达到新的平衡时，阀芯便会在新的位置静止，从而使阀门处于开启状态。

当关闭先导阀门时，先导管再次不通，而流体继续经阀芯小孔流入上腔，原有平衡被打破。此时上腔内液体压力 $p_e$ 上升，且与阀芯下部压力 $p_i$ 相等。在阀芯重力及弹簧力的作用下，阀芯与阀座闭合，达到新的受力平衡，阀门关闭。

如此循环往复，即可实现阀门的多次关闭和开启。

### 2.3.5.3 工作优点

（1）体积小、安装方便

与传统的截止阀相比，该阀门省去了上部庞大的驱动装置，仅使用一个先导阀控制就能达到相同的效果，而结构长度、连接尺寸及连接方式均与国家标准相符合。所以此阀门较传统阀门具有更小的体积，能够更便捷地安装。

（2）操作省力、响应快

由于该阀门采用了先导技术，因此只要控制先导阀，即可控制截止阀的启闭。相对于传统截止阀，其启闭的响应很快。另外，由于阀杆和阀盖的螺纹配合结构被改进，即便在阀门稍有腐蚀的情况下，该阀门开启也较传统的截止阀开启省力。

（3）维护方便

该阀门改进了传统阀门的螺纹配合，解决了螺纹润滑剂需要更换的问题；由于外室壁上开有放水孔，可排除管道内的积水，防止冻坏阀门与管道，减少了阀门检查更换的成本。

# 第3章

# 热量传递过程装备节能技术

3.1 热量传递过程节能的理论基础
3.2 热量传递过程节能技术
3.3 热量传递过程节能的典型装备

# 3.1 热量传递过程节能的理论基础

## 3.1.1 传热基础知识

### 3.1.1.1 热传导

固体或静止流体内部依靠微观粒子的热运动而产生的热量传递过程，称为热传导，是自然界最常见的传热现象。当冷热流体相接触时，热量会从高温物体传至低温物体，这个过程遵循傅里叶定律，也是热传导的基本定理，一般表述为：在导热过程中，单位时间内通过给定截面积的导热量正比于垂直该截面方向上的温度变化率和截面面积，热量的传递方向与温度梯度的方向（即温度增加的方向）相反。

$$\vec{q}=-k\frac{\partial t}{\partial n}\vec{n}=-k\ \nabla\vec{t} \tag{3-1}$$

式中 $\vec{q}$——热流密度向量；

$k$——热导率（或导热系数）；

$\partial t/\partial n$——垂直于截面方向上的温度变化率；

$\vec{n}$——垂直于截面方向的单位矢量；

$\nabla\vec{t}$——温度梯度；

“—”——负号，表示热量传递的方向与温度梯度相反，即热量由高温传向低温。

在直角坐标系中，傅里叶定律可写成

$$\vec{q}=-k\left(\frac{\partial t}{\partial x}e_{x}+\frac{\partial t}{\partial y}e_{y}+\frac{\partial t}{\partial z}e_{z}\right) \tag{3-2}$$

柱坐标系中的表达式为

$$\vec{q}=-k\left(\frac{\partial t}{\partial r}e_{r}+\frac{\partial t}{r\partial\theta}e_{\theta}+\frac{\partial t}{\partial z}e_{z}\right) \tag{3-3}$$

球坐标系中可以写成

$$\vec{q}=-k\left(\frac{\partial t}{\partial r}e_{r}+\frac{\partial t}{r\sin\theta\partial\varphi}e_{\varphi}+\frac{\partial t}{r\partial\theta}e_{\theta}\right) \tag{3-4}$$

式(3-2)～式(3-4) 适用于各向同性的物体，$e$ 为所对应方向（下标所示）的单位向量。如果材料是各向异性的，以直角坐标系为例，傅里叶定律的表达式变为

$$\vec{q}=-\left(k_{x}\frac{\partial t}{\partial x}e_{x}+k_{y}\frac{\partial t}{\partial y}e_{y}+k_{z}\frac{\partial t}{\partial z}e_{z}\right) \tag{3-5}$$

式中　$x$，$y$，$z$——材料的主轴方向。

对于一维问题，直角坐标系中傅里叶定律可以不必再写成向量的形式：

$$q=-k\frac{\partial t}{\partial x} \tag{3-6}$$

除了热辐射外，其他换热方式都是建立在傅里叶定律基础之上的，介质内部需要存在连续的温度场等物理场，即满足连续介质假定。

傅里叶定律还可以改写成如下形式：

$$k=-\frac{\vec{q}}{\nabla\vec{t}}=-\frac{|\vec{q}|}{|\nabla\vec{t}|} \tag{3-7}$$

在数值上，热导率等于单位温度梯度作用下物体内所产生的热流密度向量的模。尽管从表达形式上看，热导率是傅里叶定律中的比例系数，但实际上热导率是物性参数，材料不同，热导率也不同。材料的热导率同时也是温度的函数，在温差不大的情况下，多数材料的热导率可以认为是常数。

对于理想气体，热导率可以根据分子运动理论进行严格推导；气体的热导率是温度的增函数，这是由于气体导热是通过气体分子的碰撞来传递热量的，温度升高将导致气体分子之间碰撞加剧，从而增强导热。

通常情况下，对液体来说，其热导率是温度的减函数，这是因为液体导热是通过分子热运动以及晶格振动进行的，其热导率随温度升高而降低，但相对变化率没有气体那么大，如常见的氨水、氟利昂、润滑油等。需要特别说明的是，水的热导率随温度的升高而增加。固体材料的导热依靠电子运动和晶格振动，热导率的差距很大，有些材料（如多孔介质、蜂窝结构材料）的热导率很小，是热的不良导体，通常将其称为绝热材料或保温材料，常见的有膨胀珍珠岩、粉煤灰泡沫砖等；而有些材料的热导率很大，如铜、铝等金属材料等，这些是热的良导体。

#### 3.1.1.2　导热问题的数学描述

依据能量守恒定律和傅里叶导热定律，可以建立物体内温度场应当满足的变化关系式，称为导热微分方程；对于具体问题，还必须规定相应的时间与边界的条件，称为定解条件，这两者共同构成一个导热问题完整的数学描述。

通用导热微分方程为

$$\rho c_{p}\frac{\partial t}{\partial\tau}=\nabla(k\ \nabla t)+\dot{\Phi} \tag{3-8}$$

式中　$\dot{\Phi}$——物体内部单位体积的发热功率，$W/m^3$。

上式适用于变物性物体（即热导率是温度的函数），在不同的坐标系中，导热微分方程可以表达成不同形式。

直角坐标系：

$$\rho c_p \frac{\partial t}{\partial \tau}=\frac{\partial}{\partial x}\left(k\ \frac{\partial t}{\partial x}\right)+\frac{\partial}{\partial y}\left(k\ \frac{\partial t}{\partial y}\right)+\frac{\partial}{\partial z}\left(k\ \frac{\partial t}{\partial z}\right)+\dot{\Phi} \tag{3-9}$$

柱坐标系：

$$\rho c_p \frac{\partial t}{\partial \tau}=\frac{1}{r}\times\frac{\partial}{\partial r}\left(kr\ \frac{\partial t}{\partial r}\right)+\frac{1}{r^2}\times\frac{\partial}{\partial \theta}\left(k\ \frac{\partial t}{\partial \theta}\right)+\frac{\partial}{\partial z}\left(k\ \frac{\partial t}{\partial z}\right)+\dot{\Phi} \tag{3-10}$$

球坐标系：

$$\rho c_p \frac{\partial t}{\partial \tau}=\frac{1}{r^2}\times\frac{\partial}{\partial r}\left(kr^2\ \frac{\partial t}{\partial r}\right)+\frac{1}{r^2\sin^2\theta}\times\frac{\partial}{\partial \varphi}\left(k\ \frac{\partial t}{\partial \varphi}\right)+\frac{1}{r^2\sin\theta}\times\frac{\partial}{\partial \theta}\left(k\sin\theta\ \frac{\partial t}{\partial \theta}\right)+\dot{\Phi} \tag{3-11}$$

对于常物性问题，热导率视为常数，可以将式(3-8）改写成

$$\frac{\partial t}{\partial \tau}=a\nabla^2 t+\frac{\dot{\Phi}}{\rho c_p} \tag{3-12}$$

式中，$a=\frac{k}{\rho c_p}$为热扩散率，$m^2/s$。

对于稳态、常物性且具有内热源的导热问题，可以写成式(3-13）所示的形式，称为泊松方程。

$$k\nabla^2 t+\dot{\Phi}=0 \tag{3-13}$$

没有内热源时，导热微分方程写成最简单的形式，称为拉普拉斯方程。当给定的边界条件均为温度时，物体内的温度分布情况仅与物体的几何形状有关，与材料的热导率无关。

$$\nabla^2 t=0 \tag{3-14}$$

为了获得唯一解，除导热微分方程外，还需要给出初始条件和边界条件。初始条件比较简单，对于非稳态导热问题，可以表示为

$$t=t(x,y,z,0) \tag{3-15}$$

即给定初始时刻的温度分布。

至于边界条件，可以分为三类：第一类给定边界的函数值，即给定温度；第二类给定边界的梯度值，即给定温度梯度或热流密度值；第三类称为混合边界，即给定边界上物体与周围流体间的表面传热系数及周围流体的温度，也叫对流边界。

三种边界条件的表述方式分别如下：

给定温度 $$t_{\mathrm{w}}=f_1(\tau) \tag{3-16}$$

给定热流 $$q=-k\frac{\partial t}{\partial n}=f_2(\tau) \tag{3-17}$$

对流边界 $$-k\frac{\partial t}{\partial n}=h(t_{\mathrm{w}}-t_{\mathrm{f}}) \tag{3-18}$$

需要说明的是，式中 $n$ 表示外法线方向，为了确定其正负号，给定热流时需要给定热流的正方向；$h$ 为对流边界的表面传热系数，在介绍对流传热时会介绍其定义。如果需要考虑边界处的辐射换热，则可采用两种方法来表述边界条件。当辐射换热的温差不大时，可将辐射换热等效为对流传热，如式(3-19) 所示；而辐射的换热温差较大时，边界条件则需要用四次方的斯蒂芬-玻尔兹曼定律给出，如式(3-20) 所示。

$$-k\frac{\partial t}{\partial n}=(h_{\mathrm{c}}+h_{\mathrm{r}})(t_{\mathrm{w}}-t_{\mathrm{f}}) \tag{3-19}$$

$$-k\frac{\partial t}{\partial n}=\varepsilon\sigma(T_{\mathrm{w}}^4+T_{\infty}^4) \tag{3-20}$$

式中，下标∞表示环境，下标 c 表示对流传热，下标 r 表示辐射换热，下标 w 表示边界；$T$ 表示绝对温度。

对于第二类边界条件（即给定热流），应该注意，求解任何导热问题，都至少有一点需要给出温度值，包括非稳态问题的初始温度、温度边界、对流边界中流体的温度等。对于稳态导热问题，若全部边界均为热流边界条件，则不能获得唯一解，要么无解（进出热流不相等，温度场不可能稳定），要么有无穷多个解（只要进出热流相等，温度可处于任何值），对于数值求解更要特别小心。

对于第三类边界条件，若表面传热系数很大（或者说趋于无穷大），则固体的壁温等于流体温度，对流边界条件转化为给定温度边界条件。

除了上述三类边界条件外，处理导热问题时还经常遇到所谓的界面边界条件。也就是说，当研究对象是由多层材料构成的复合材料时，在不计界面热阻的情况下，任意界面均应满足温度与热流密度连续的界面边界条件，即

$$t_1=t_2;k_1\frac{\mathrm{d}t_1}{\mathrm{d}x}=k_2\frac{\mathrm{d}t_2}{\mathrm{d}x} \tag{3-21}$$

#### 3.1.1.3　热对流

热对流是指由于流体的宏观运动而引起流体各部分之间发生相对位移，冷、热流体相互掺混导致的热量传递过程。工程上特别感兴趣的是流体流过

一个物体表面时流体与物体表面间的热量传递过程。由于热对流与热传导是并存的，因此，可以认为对流传热是流体运动时的导热过程。速度为零时，对流传热的能量方程退化为导热方程。如果把对流项比拟为热源，能量方程就等同于带有内热源的导热微分方程。

由于对流传热涉及动量输运（流动）和热量输运（传热）这两个不可逆过程，因此，要比热传导问题复杂得多，常采用分类研究的方法。就引起流动的原因而论，对流传热可分为由温差（或密度差）驱动的自然对流和由外力引起的强制对流；根据流体的流动状态，可以分为层流传热和湍流传热；根据流体是否发生相变，可以将对流传热划分为单相对流传热和相变传热。

对应于描述导热问题传热速率大小的傅里叶定律，描述对流传热量大小或热量传递速率的是牛顿冷却定律，其表达式为

$$\Phi = hF\Delta t \tag{3-22a}$$

$$q = \Phi / F = h\Delta t \tag{3-22b}$$

式中　$h$——表面传热系数（换热系数、放热系数、膜系数），$W/(m^2 \cdot K)$。

与热导率不同，表面传热系数不是物性参数，而是一个过程量，不仅与流体的热导率、密度、比热容、黏性系数等物性参数有关，而且与物体的几何尺寸、形状、流体流动速度以及流动状态等因素有关。

牛顿冷却定律实际上是表面传热系数的定义式，仅说明单位表面积的对流传热速率与传热温差成正比，并没有气体的实际物理意义。因此，表面传热系数除了与之前介绍的许多影响因素有关外，还与其定义式(牛顿冷却定律）中所确定的传热温差有关。对流传热的研究任务是把许多复杂问题归结于求解不同情况下的表面传热系数。

$$h = -\frac{k}{\Delta t} \times \frac{\partial t}{\partial y}\bigg|_{y=0} \tag{3-23}$$

在对流传热的解析解和数值解中，得到的直接结果是流体内部的温度场分布情况。对于黏性流体来说，壁面处的流体速度为零，所以热量是通过壁面附近一薄层流体的导热传入或传出的，即按照牛顿冷却定律计算的换热量等于壁面处流体的导热量。

上式将流体的温度场与表面传热系数联系起来，对于研究的对流传热问题，不管是已知壁面温度求壁面热流，还是已知壁面热流求壁面温度，都需要用其进行计算。只要温度场是已知的，就可以方便地计算表面传热系数，并进一步求出所需要的壁面热流。

层流对流传热问题的控制方程组包括连续性方程、动量方程和能量方程，分别基于质量守恒定律、动量守恒定律和能量守恒定律。

连续方程
$$\frac{\partial \rho}{\partial \tau}+\nabla(\rho V)=0 \tag{3-24}$$

动量方程
$$\rho \frac{DV}{D\tau}=F-\nabla p+\nabla(\mu \nabla V) \tag{3-25}$$

能量方程
$$\rho c_{\mathrm{p}} \frac{Dt}{D\tau}=\nabla(k \nabla t)+\dot{\Phi}+\Phi \tag{3-26}$$

式中　$\rho$——密度；

$F$——流体受力；

$p$——压力；

$\mu$——动力黏度；

$k$——流体介质的热导率；

$c_{\mathrm{p}}$——比定压热容；

$\dot{\Phi}$——内热源，即单位体积内的发热量；

$\Phi$——黏性耗散函数。

对于常见的二维不可压且没有内热源的常物性对流传热问题，若不计黏性耗散，则其在直角坐标系中的控制方程组为

$$\frac{\partial u}{\partial x}+\frac{\partial v}{\partial y}=0 \tag{3-27}$$

$$\rho\left(\frac{\partial u}{\partial \tau}+u \frac{\partial u}{\partial x}+v \frac{\partial u}{\partial y}\right)=F_{\mathrm{x}}-\frac{\partial P}{\partial x}+\mu\left(\frac{\partial^{2} u}{\partial x^{2}}+\frac{\partial^{2} u}{\partial y^{2}}\right) \tag{3-28}$$

$$\rho\left(\frac{\partial v}{\partial \tau}+u \frac{\partial v}{\partial x}+v \frac{\partial v}{\partial y}\right)=F_{\mathrm{y}}-\frac{\partial P}{\partial y}+\mu\left(\frac{\partial^{2} v}{\partial x^{2}}+\frac{\partial^{2} v}{\partial y^{2}}\right) \tag{3-29}$$

$$\frac{\partial t}{\partial \tau}+u \frac{\partial t}{\partial x}+v \frac{\partial t}{\partial y}=a\left(\frac{\partial^{2} t}{\partial x^{2}}+\frac{\partial^{2} t}{\partial y^{2}}\right) \tag{3-30}$$

如果需要考虑流体的黏性耗散，则式(3-30) 所示的能量方程中应加上黏性耗散产生的热源项 $\Phi/\rho c_{\mathrm{p}}$。对于二维问题，黏性耗散函数的表达式为

$$\Phi=2\mu\left[\left(\frac{\partial u}{\partial x}\right)^{2}+\left(\frac{\partial v}{\partial y}\right)^{2}\right]+\left(\frac{\partial v}{\partial x}+\frac{\partial u}{\partial y}\right)^{2}-\frac{2}{3}\left(\frac{\partial u}{\partial x}+\frac{\partial v}{\partial y}\right)^{2} \tag{3-31}$$

从式(3-26) 或式(3-31) 所示的能量方程中可以看出，如果将对流项比拟为内热源，则能量方程等同于具有内热源的非稳态导热微分方程；只是由于存在速度分布，各处由流动引起的内热源不是均匀的。

当雷诺数足够大时（管内流动 $Re>10^{4}$，平板边界层流动 $Re>5\times10^{5}$），流动将从层流转化为湍流。相比于层流流动，湍流流动中流体微团在垂直于主流方向发生剧烈且不规则的掺混，也就是说，湍流流动无稳态可言。但是，如果脉动始终在某一平衡位置进行，则流动称为稳定湍流，即其时均值

（在一段时间内的平均值）是稳定的。这种情况下，任意一个物理量都可以写成时均值加上脉动值的形式，即

$$u_i=\overline{u}+u';v_i=\overline{v}+v';t_i=\overline{t}+t' \tag{3-32}$$

$$\overline{u}=\frac{1}{\Delta\tau}\int_{\tau}^{\tau+\Delta\tau}u_i\,\mathrm{d}\tau \tag{3-33}$$

$$\overline{v}=\frac{1}{\Delta\tau}\int_{\tau}^{\tau+\Delta\tau}v_i\,\mathrm{d}\tau \tag{3-34}$$

$$\overline{t}=\frac{1}{\Delta\tau}\int_{\tau}^{\tau+\Delta\tau}t_i\,\mathrm{d}\tau \tag{3-35}$$

式中　$\overline{u}$，$\overline{v}$，$\overline{t}$——速度分量 $u$、$v$ 和温度 $t$ 的时均值。

显然，对于稳定湍流流动，任何物理量脉动的时均值均为零。

当流体中的一个微团从高速区运动到低速区时，将产生动量变化，同时产生附加应力。同样的，不同温度区的层间脉动也将产生附加的热量传递。

$$\tau=\tau_1+\tau_{\mathrm{t}}=\rho v\frac{\partial u}{\partial y}+\rho\varepsilon_{\mathrm{m}}\frac{\partial u}{\partial y}=\rho(v+\varepsilon_{\mathrm{m}})\frac{\partial u}{\partial y} \tag{3-36}$$

$$q=q_1+q_{\mathrm{t}}=-\rho c_{\mathrm{p}}a\frac{\partial t}{\partial y}-\rho c_{\mathrm{p}}\varepsilon_{\mathrm{t}}\frac{\partial t}{\partial y}=-\rho(a+\varepsilon_{\mathrm{t}})\frac{\partial t}{\partial y} \tag{3-37}$$

式中　$\varepsilon_{\mathrm{m}}$——湍流动量扩散系数；

$\varepsilon_{\mathrm{t}}$——湍流能量扩散系数，即热扩散率。

鉴于目前热量传递过程中的节能技术中尚未涉及辐射换热，所以只针对热传导和热对流相关的基础知识进行介绍，方便理解后续内容。

## 3.1.2　强化对流传热的物理机制

### 3.1.2.1　对流传热的物理机制

从流场和温度场相互配合的角度明确对流传热的物理机制，是认识现有各种对流传热和传热强化现象物理本质的基础，能够指导发展传热强化技术，有利于节能和工程应用。

目前，对于对流传热，流体的宏观运动能够携带热量已经形成共识，所以对流传热的热量传递速率高于纯导热时的传递速率。下面从另一个角度来阐明对流传热的物理机制。

为简化问题，以二维平板层流边界层问题为例。均匀来流横吹等温平板的层流边界层换热问题的能量守恒方程如下：

$$\rho c_{\mathrm{p}}\left(u\frac{\partial T}{\partial x}+v\frac{\partial T}{\partial y}\right)=\frac{\partial}{\partial y}\left(k\frac{\partial T}{\partial y}\right) \tag{3-38}$$

而具有内热源的无限大平板间静止流体的一维稳态导热问题的能量守恒方程为

$$-\dot{\Phi}(x,y)=\frac{\partial}{\partial y}\left(k\frac{\partial T}{\partial y}\right) \tag{3-39}$$

式中　$k$——流体介质的热导率；

$\rho$——密度；

$c_{\mathrm{p}}$——比定压热容；

$\dot{\Phi}$——内热源强度，即在单位时间、单位体积内产生的热量。

需要注意的是，式(3-39)中将均匀内热源写成空间坐标 $x$、$y$ 的函数，并将沿 $y$ 方向的导热项写成偏微分形式，仅仅是为了方便与平板边界层问题进行比较。

对比式(3-38)和式(3-39)这两个能量守恒方程，可以将前者的对流项看作热源项，这样就可以将对流传热看成是具有内热源的导热问题，只不过式(3-38)中的热源项（或对流项）是流体运动速度的函数。

将式(3-38)（即层流边界层的能量方程）的两边在温度边界层内积分后可得

$$\int_0^{\delta_{\mathrm{t},x}}\rho c_{\mathrm{p}}\left(u\frac{\partial T}{\partial x}+v\frac{\partial T}{\partial y}\right)\mathrm{d}y=-k\frac{\partial T}{\partial y}\bigg|_w=q_w(x) \tag{3-40}$$

式中　$\delta_{\mathrm{t},x}$——$x$ 处的热边界层厚度。

上式左边是 $x$ 处边界层内对流热源项的总和，右边则是 $x$ 处的壁面热流，也是想要强化（或控制）的对象。对流源项的总和越大，则对流传热的强度越高，这也是源强化的概念。当流体温度高于固壁温度时，流体流动相当于热源，热源的存在使换热强化；当流体温度低于固壁温度时，流体流动相当于热汇，存在热汇将减弱换热的强度。

上述分析和结论是基于二维层流边界层问题进行的，实际上同样适用于更一般的情况，对流传热的能量方程可写为

$$\rho c_{\mathrm{p}}\left(u\frac{\partial T}{\partial x}+v\frac{\partial T}{\partial y}+w\frac{\partial T}{\partial z}\right)=\frac{\partial}{\partial x}\left(k\frac{\partial T}{\partial x}\right)+\frac{\partial}{\partial y}\left(k\frac{\partial T}{\partial y}\right)+\frac{\partial}{\partial z}\left(k\frac{\partial T}{\partial z}\right)+\dot{\Phi} \tag{3-41}$$

式中　$\dot{\Phi}$——真实的热源项，可以是黏性耗散热、化学反应热或电磁加热等。

如果只保留等式右边垂直于换热表面的导热项，然后在热边界层范围内对等式两边进行积分，可以得到

$$\int_0^{\delta_{\mathrm{t},x}}\left\{\rho c_{\mathrm{p}}\left(u\frac{\partial T}{\partial x}+v\frac{\partial T}{\partial y}+w\frac{\partial T}{\partial z}\right)-\left[\frac{\partial}{\partial x}\left(k\frac{\partial T}{\partial x}\right)+\frac{\partial}{\partial y}\left(k\frac{\partial T}{\partial y}\right)\right]-\dot{\Phi}\right\}\mathrm{d}y$$

$$=-k\frac{\partial T}{\partial z}\bigg|_w=q_w(x) \tag{3-42}$$

式中，左边第一项是对流源项（流动引起的当量热源），第二项是导热源项（流体中平行壁面方向导热引起的当量热源），第三项是真实源项；右边仍然是需要关注的壁面热流。利用源强化的概念，可以解释很多问题，例如具有放热化学反应的流体加热冷壁时，可以强化对流传热。

从以上的分析可以看到，对流传热从本质上来说是具有内热源的导热过程，流体的运动起着当量热源的作用。流动引起的当量热源项可以为正，也可以为负，所以流体流动可以强化换热，也可以减弱换热（当流体对固壁加热时，热源使换热强化，热汇则使换热减弱；当流体冷却固壁时，热汇使换热强化，热源则使换热减弱）。因此，对流传热的强度一定高于纯导热的认识是一种误解，严格说来，对流传热并不是热量传递的基本模式，它只不过是流体运动情况下的导热问题。没有流动，纯导热模式仍可以存在；而如果没有导热，对流传热的模式就无法存在。对比导热微分方程和对流传热的能量方程可以发现，当流体静止时，对流传热的能量方程转化为导热微分方程；当对流项恒等于零（或者说速度与温度梯度的点积恒等于零）时，对流传热的能量方程也转化为导热微分方程。

#### 3.1.2.2 强化传热机理分析

本节主要根据传热的基本公式(3-43) 来分析影响传热的各种因素。

$$Q=KS\Delta T_{m} \tag{3-43}$$

上式又可以表示为

$$\frac{Q}{S}=\frac{\Delta T_{m}}{1/K}=\frac{\Delta T_{m}}{R} \tag{3-44}$$

式中 $Q$——热负荷，W；

$K$——总传热系数，$W/(m^2 \cdot K)$；

$S$——换热面积，$m^2$；

$T_m$——冷热流体的有效平均温度，K；

$R$——传热总热阻，$m^2 \cdot K/W$。

从传热的基本公式可知，单位传热面积的传热速率与传热推动力成正比，与热阻成反比。提高换热器的传热能力可以通过提高热推动力或者降低传热热阻来实现。因此，要想增加换热器的传热量，主要有以下三种手段：增加换热面积；增大平均传热温差；提高总传热系数。增加单位体积内的换热面积以实现强化传热是目前研究最多、最有效的强化传热方式，如采用肋片管、螺旋管、横纹管、缩放管、翅片管、板肋式传热面、多孔介质结构等，不仅增加了单位体积内的传热面积，还改善了流体的流动状态。通过改变换热器结构来增加换热面积或提高传热系数是强化传热的核心，在不同的流动状态下，要根据实际需求综合考虑各种因素，选用合适的换热器结构，来达到强化传热的目的。

增大平均传热温差的方法有两种，一种是在工艺条件允许的情况下，提高热流体的进口温度或降低冷流体的进口温度，以增大冷、热流体的进出口温差；另一种则是通过改变换热面的布置方式来改变温差，以实现强化传热的目的。当换热器中冷、热流体均无相变时，应尽可能在结构上采用逆流或接近于逆流的流动排布方式以增大平均传热温差，也可以增加换热器的壳程数来增加平均温差。不过，不能一味追求传热温差的增加，需要兼顾整个系统能量的合理利用，在增加传热温差时应综合考虑技术可行性和经济合理性。

在实际的工程中，换热面积和平均传热温差往往受到限制，不可随意改变，在给定的换热面积和平均传热温差的条件下，只能通过提高总传热系数来强化传热。总传热系数 $K$ 的表达式为

$$\frac{1}{K}=\frac{1}{h_{\mathrm{o}}}+R_{\mathrm{o}}+R_{\mathrm{w}}+R_{\mathrm{i}}\frac{A_{\mathrm{o}}}{A_{\mathrm{i}}}+\frac{1}{h_{\mathrm{i}}}\times\frac{A_{\mathrm{o}}}{A_{\mathrm{i}}} \tag{3-45}$$

式中 $h_{\mathrm{i}}$，$h_{\mathrm{o}}$——管内、管外流体的膜传热系数，$\mathrm{W/(m^2 \cdot K)}$；

$R_{\mathrm{i}}$，$R_{\mathrm{o}}$——管内、管外侧流体的污垢热阻，$\mathrm{m^2 \cdot K/W}$；

$R_{\mathrm{w}}$——换热管壁面的污垢热阻，$\mathrm{m^2 \cdot K/W}$；

$A_{\mathrm{i}}$，$A_{\mathrm{o}}$——管内、管外的传热面积，$\mathrm{m^2}$。

由式(3-45)可知，提高总传热系数必须减小热阻。热阻由壁面内外两侧流体的热阻和壁面热阻三部分组成，减小影响最大的热阻，强化效果最高。通常情况下，对流热阻是阻碍传热的主要因素，金属换热器的壁面热阻是次要因素，污垢热阻为可变因素。随着时间的增加，污垢热阻会从非主要因素转化为阻碍传热的主要因素，需要根据实际应用来分析最大热阻，从而采取相应措施，减小热阻来强化传热。减小热阻的方法很多，例如提高流体速度、改变换热器结构、改变换热器壁面材料等。

#### 3.1.2.3 强化传热基本理论

描述、指导强化传热的理论众多，主要包括边界层理论、核心流强化传热理论、热质理论与场协同理论等。

边界层理论是传统管内强化传热技术的理论基础，Prandtl 建立的边界层理论认为当流体流过与之相接触的壁面时，在与壁面相接触的地方形成一个较薄的边界层，这个边界层又分为三层：层流底层、过渡层和紊流层。在层流底层中，近壁处流体几乎不动，在壁面处流体流速为零，热量的传递依靠导热进行，这就使得层流底层中的传热效率比湍流核心区的传热效率低得多。热边界

层是热量传递的阻力集中区域，流体的流速和温度沿壁面方向急剧变化；而在紊流层，由于流体剧烈混合并充满了漩涡，其温度梯度极小；在过渡层，热传导和对流换热均起作用。由此可见，边界层是对流换热热阻的控制层，这为强化传热提供了解决思路。传统的对流强化传热技术均是基于对此的研究，包括大多数无源强化传热技术。改变换热器的结构和形状可以改变换热面、破坏流体的边界层、压缩热边界层、促进二次流的形成和增加流体的湍流程度，从而实现强化传热；其带来的缺点也很明显，就是流动阻力增加较多。

刘伟提出的核心流强化理论，针对的是对流换热温度场边界层以外的核心流区。流体在受限的空间流动时，随着流动的充分发展，边界层在中心轴线汇合，温度梯度存在于充分发展的管内对流换热的整个流场中。通过实验验证，发现核心流强化最直接的方法是使管内核心流区的流体温度尽可能均匀化，以便在管壁附近形成具有较大温度梯度的等效热边界层，从而实现显著的强化效果（如金属多孔介质的应用)。核心流强化传热理论有四个基本原则，即：尽量增强核心流区流体的温度均匀性；尽量增强核心流区流体的扰动；尽量减少核心流区的强化元面积；尽量减少核心流区边界附近的流体扰动。核心流强化传热是一种基于流体的强化传热方法，与边界层理论最大的不同是强化传热面与流体直接不发生对流换热，不仅强调强化传热，而且强调减小流动阻力的增量，减少能量耗散。

根据爱因斯坦的能量与质量统一思想，过增元院士提出了热质的概念，认为热量具有当量质量，在运动时具有惯性效应，将热质定义为材料内部分子无规则运动能量的当量质量，可以采用牛顿力学和分析力学等分析方法研究热量的传递规律，热量的动力学方程即普适导热定律。该理论不仅可以在瞬态加热条件或纳米尺度系统中正确预测热量的输运现象，还可以在常规条件下回归为傅里叶导热定律。

$$E_{h}=m_{h}c^{2}=mCT \tag{3-46}$$

式中 $E_{h}$——热能的量；

$m$——物体质量；

$C$——比热容；

$m_{h}$——热能的当量质量，称为热质。

由于热能来自于分子或晶格的热运动，因此热质 $m_{h}$ 是不含介质静质量的相对性质量。

类似流体力学，可以写出热质的控制方程

$$\frac{\partial \rho_{h}}{\partial t}+\nabla(\rho_{h}u_{h})=0 \tag{3-47}$$

$$\frac{\partial(\rho_{h}u_{h})}{\partial t}+\rho_{h}(u_{h}\nabla)u_{h}+\nabla p_{h}-f_{h}=0 \tag{3-48}$$

其中热质的密度为

$$\rho_{\mathrm{h}}=\frac{\rho C_{\mathrm{V}} T}{c^{2}} \tag{3-49}$$

热质的迁移速度为

$$u_{\mathrm{h}}=\frac{q}{\rho C_{\mathrm{V}} T} \tag{3-50}$$

热质压力为

$$p_{\mathrm{h}}=\gamma \rho_{\mathrm{h}} C T=\frac{\gamma \rho (C T)^{2}}{c^{2}} \tag{3-51}$$

将控制方程中各力学变量代换为通常使用的传热学物理量，可以得到一维情况下普适的导热定律：

$$\tau_{\mathrm{TM}} \frac{\partial q}{\partial t}+2 l \frac{\partial q}{\partial x}-b \kappa \frac{\partial T}{\partial x}+\kappa \frac{\partial T}{\partial x}+q=0 \tag{3-52}$$

其中

$$\tau_{\mathrm{TM}}=\frac{\lambda}{2 \gamma \rho C^{2} T}$$

$$l=\frac{q \lambda}{2 \gamma C (\rho C T)^{2}}$$

$$b=\frac{q^{2}}{2 \gamma \rho^{2} C^{3} T^{3}}=M a_{\mathrm{h}}^{2}$$

式中　$\tau_{\mathrm{TM}}$——延迟时间；

$l$——具有长度量纲的惯性系数；

$Ma_{\mathrm{h}}$——热马赫数，是声子气迁移速度 $u_{\mathrm{h}}$ 与声子气声速 $u_{\mathrm{hs}}$ 的比。

当热流较小，热质的惯性力很小，即体现惯性效应的前三项可以略去时，普适导热定律式(3-52) 可以退化为傅里叶导热定律。

近年来，场协同理论在我国得到了大力发展，这是过增元院士等人从二维层流边界层能量出发，重新审视热量输运的物理机制后提出的一种理论，将在下文中给出具体阐述。

## 3.1.3　场协同强化原理

下面来介绍一下场协同强化原理，仍然是从二维热边界问题出发来进行，先把式(3-40) 中等式左边积分符号内的对流项改写为矢量形式：

$$\int_{0}^{\delta_{t,x}} \rho c_{\mathrm{p}} (\vec{U}\, \nabla T) \mathrm{d} y=-k \left.\frac{\partial T}{\partial y}\right|_{w}=q_{w}(x) \tag{3-53}$$

式中　$\vec{U}$——流体的速度矢量。

然后引入无量纲变量：

$$\overline{U}=\frac{\vec{U}}{U_{\infty}},\overline{\nabla T}=\frac{\nabla T}{\frac{T_{\infty}-T_{w}}{\delta_{t}}},\overline{y}=\frac{y}{\delta_{t}},T_{\infty}>T_{w} \tag{3-54}$$

把式(3-54) 代入式(3-53) 中，整理后得到无量纲关系式

$$Re_{x}Pr\int_{0}^{1}(\overline{U}\ \overline{\nabla T})\mathrm{d}\overline{y}=Nu_{x} \tag{3-55}$$

式中，$Re_x$、$Nu_x$ 的定义与通常边界层流动分析中相同；被积因子可写成

$$\overline{U}\ \overline{\nabla T}=|\overline{U}|\ |\overline{\nabla T}|\cos\beta \tag{3-56}$$

式中，$\beta$ 为速度矢量和温度梯度矢量（即热流矢量）的夹角。

从式(3-55) 和式(3-56) 中可以看出，想实现换热强化主要有三种思路：①提高雷诺数，例如增加流速、缩小通道直径等，这样可以使换热增强；②提高普朗特数，改变流动介质的物理性质，例如增大流体的比热容或黏性，这将导致普朗特数的增大；③增大无量纲积分值 $\int_{0}^{1}(\overline{U}\ \overline{\nabla T})\mathrm{d}\overline{y}$ ，物理意义就是在 $x$ 处热边界层厚度截面内无量纲热源强度的总和，可以想象，热源强度越大，换热强度越高，其数值大小一般与流动、物性因素等有关，可以视为 $Re$、$Pr$ 的函数，即

$$I=\int_{0}^{1}(\overline{U}\ \overline{\nabla T})\mathrm{d}\overline{y}=f(Re_{x},Pr) \tag{3-57}$$

考虑到其复杂性，一般很难写出积分 $I$ 的分析表达式。但是，提高被积函数 $\overline{U}\ \overline{\nabla T}$ 的数值，就能增加 $I$ 值从而强化换热，而被积函数如式(3-56) 所示为两个矢量的点积，不仅与速度、热流的绝对值有关，还取决于它们之间夹角的大小。也就是说，在速度、温度梯度一定（或 $Re$、$Pr$ 不变）的条件下，减小两者间的夹角（$\beta<90°$），就能提高积分 $I$ 的数值，从而实现换热强化。从上述定性分析中可以看到，当 $\beta<90°$时，通过减小速度矢量与热流矢量的夹角来强化换热是一种新的途径。

对流传热的强度与当量热源的强度有关，不仅取决于流体与固壁的温差、流动速度、流体的热物性和输运性质，而且还取决于流体速度矢量与热流矢量的夹角，两者场协同角越小，协同程度越高，换热强度越大。由场协同原理可知，改善速度与热流场的协同程度使其达到最佳，可以实现最好的对流强化传热效果。通过减小速度与热流矢量的夹角、增加速度与热流场的均匀性可以改善协同程度，场协同原理为发展强化传热技术提供了新的思路。诸多学者对场协同理论及其应用进行了研究，并取得了一定

成就，如陶文铨院士等将其应用于制冷机的研究，优化了脉管制冷机的相关参数。

对于换热器的结构而言，除了通过改变结构增加换热量外，还需要减小流动阻力，提高综合传热能力。刘伟在场协同理论的基础上，通过分析非等温单相对流换热层流流场中物理量之间的关系，发现流体的流动阻力和强化传热综合性能同样对应着某些参数场的协同，并提出了场物理量协同理论，进一步补充了场协同理论。该理论定义了不同的协同角，可以作为评判对流换热程度的依据。

$$\beta = \arccos \frac{U \ \nabla T}{|U| \ |\nabla T|} \tag{3-58}$$

$$\theta = \arccos \frac{U \ \nabla p}{|U| \ |\nabla p|} \tag{3-59}$$

$$\gamma = \arccos \frac{\nabla T \ \nabla u}{|\nabla T| \ |\nabla u|} \tag{3-60}$$

式中　$U$——速度矢量，m/s；

　　$T$——温度，℃；

$\beta$，$\theta$，$\gamma$——协同角，(°)。

速度矢量 $U$ 与温度梯度矢量 $\nabla T$ 之间的夹角 $\beta$ 越小，表面传热系数 $k$ 越大；速度 $U$ 与压力梯度 $\nabla p$ 之间的夹角 $\theta$ 越小，流体压降 $\Delta p$ 越小；温度梯度 $\nabla T$ 与速度梯度 $\nabla u$ 之间的夹角 $\gamma$ 越大，强化传热的综合性能系数越高。

场物理量协同理论通过一个全新的角度来认识和理解强化传热机理，为强化传热技术的发展做出了新的贡献。

### 3.1.4　强化传热的评价方法

换热器设备节能的关键是提高换热器的综合性能。随着强化传热技术在工程上的广泛应用，需要对其进行评价来判断先进性，以帮助人们更好地应用传热技术和指导研究。最早采用单一参数评价，如特定流速下的传热系数和压力降、摩擦系数、效能、换热强化比 $Nu/Nu_0$ 等，但是强化传热在减小温差传热不可逆损失的同时也增加了流动阻力，阻力系数会随传热系数的增加而显著增加。将传热与流体流动综合考虑，提出 $(Nu/Nu_0)/(f/f_0)$ 准则数，其值越大代表能效越高，对于不同的换热器，其准则数又存在一定差异。

基于热力学第一定律的评价方法和指标，有比压力降 $J$、能量系数、面积质量因子等，物理意义清晰，但不同换热面积及不同工况下的评价结果差异大。Webb 等定义了通用性能评价指标（performance evaluation criterion，PEC），如式(3-61) 所示。

$$\mathrm{PEC}=\frac{hA/h_0A}{(f/f_0)^{1/3}(A/A_0)^{2/3}}=\frac{Nu/Nu_0}{(f/f_0)^{1/3}(Re/Re_0)(Pr/Pr_0)^{1/3}} \tag{3-61}$$

$$\mathrm{PEC}=\frac{Nu/Nu_0}{(f/f_0)^{1/3}} \tag{3-62}$$

式中，努塞尔数 $Nu$、普朗特数 $Pr$、雷诺数 $Re$ 均为无量纲特征数；流体阻力系数 $f$ 也是无量纲数；下标 0 代表光管，即对比基准。

在以上理论的基础上，陶文铨院士等人根据强化表面与准表面的对比即 $Nu/Nu_0$ 与 $f/f_0$ 的关系，总结出以节能为目的的传热阻力综合性能评价图，将其划分为强化传热和不节能区、等泵功强化换热区、相同压降强化换热区和相同摩擦阻力系数强化换热的最优区域。

基于热力学第二定律，主要有熵和炯评价方法，这两种方法在换热器流动传热过程分析、优化整体结构等方面可以成功应用。基于熵或炯的方法可以反映换热器在具体热工参数条件下的能效特性，但是不能确定出该换热器在所有这种类型的换热器整体中所处的能效水平。白博峰教授等通过理论分析换热器水-水无相变流动与传热综合特性，针对板式换热器进行了能效评价指标（energy efficiency index，EEI）的推导及有效性分析，提出了换热器的能效指标，如式(3-63) 所示。

$$\mathrm{EEI}=\frac{K}{\nabla p^n} \tag{3-63}$$

式中　$K$——总传热系数，$\mathrm{W/(m^2 \cdot K)}$；

　　$\nabla p$——压力梯度。

EEI 反映了换热器整体固有能效属性，代表换热器消耗单位折合流动压降获得的传热系数。当温差和流体流量相同时，对于相同的换热面积和相同流体流动长度的换热器而言，能效指标越大，消耗单位折合泵功获得的流量越大。通过选取合理的 $n$，EEI 具有良好的稳定性。

强化传热性能的综合评价指标还可以用协同角来反映对流换热的多场协同关系，协同角越优，强化传热效果越好。目前关于强化传热性能的评价方法较多，实际使用时应根据具体需求选取合适的评价方法。

# 3.2 热量传递过程节能技术

针对传热过程的特点，可以从不同的角度对强化传热技术进行分类。

从传热过程来分，可将其分为导热过程强化、辐射传热过程强化和对流换热强化。导热过程强化是指在高热流场合，设法降低接触热阻；辐射传热过程强化可以通过改变影响辐射的材料、表面粗糙度等因素来实现；对流换热强化可以通过改变流动状态、换热器结构等方式实现。对流换热强化应用领域最为广泛，受到人们的重视，是各应用领域的研究重点。

若从流体传热过程是否发生相变来分类，可以分为无相变过程的传热强化和相变过程的传热强化。前者是指流体在换热过程中不发生蒸发、凝结等相态变化，一般指单相流体传热强化过程，大多数强化传热技术都是基于此发展起来的；后者是指流体在与壁面的换热过程中，本身发生了相态变化的过程，相应传热技术包括冷凝和沸腾传热强化过程。冷凝强化传热方法包括粗糙表面法（如花瓣形翅片管和锯齿形翅片管），以及特殊表面处理法（如化学覆盖层、电镀法、聚合物涂层）等；关于沸腾强化传热的研究一般包括管内强制对流沸腾强化传热和池沸腾强化传热，管内强制对流沸腾强化方法包括换热面表面粗糙法、表面特殊处理、流体旋转法、扩展表面等，池沸腾强化传热方法包括强化表面法、添加剂法、外加矢量场法等。相变过程传热强化广泛存在于材料科学、冶金工程、化学工业和热力工程等领域。

从提高传热系数的各种强化技术来分，可分为有源强化技术、无源强化技术和复合强化技术，本节将从这个角度进行详细介绍。有源强化技术和无源强化技术分别又称为有功技术和无功技术。前者包括电磁场作用、静电场法、振动法、机械法、射流冲击、喷射或吸出等需要外部功率输入的强化传热技术，具有一定的局限性，目前未得到广泛应用；后者是指不需要外功输入的强化传热技术，主要是通过改变换热器的形状、结构来实现强化传热，因不需要消耗外功，应用广泛，是目前工业强化传热的手段，主要包括扩展表面、异形表面、粗糙表面、管内插入物、仿生优化、添加剂等。复合强化传热技术是指将两种或两种以上的强化传热方法同时应用于换热器，以期获得更大强化传热效果的技术。复合强化传热对换热器改造要求高，多用于复杂的设计领域，虽暂时未普遍应用，但也是研究的重点。复合强化传热技术的研究范围很广，如螺旋槽纹管内插入扭带或旋流装置、波纹管内插入螺旋线、粗糙管中插入扭带等。

## 3.2.1 有源强化技术

### 3.2.1.1 振动法

振动法主要包括两种方法，一种是换热面的振动，另一种是流体振动或者脉动，其机理都是通过振动加强流体扰动，从而实现强化传热。对于自然对流，Park 和 Kim 在实验中发现传热系数随着逐渐升高的频率或振幅提高，当振动强度达到临界值实现共振时，强化效果最好。对于强制对流，研究表明传热系数可以提高 20%～400%，但强制对流时换热面的振动可能会造成局部地区的压力降低至液体的饱和压力而有产生汽蚀的危险。目前超声波振动除垢方法已在换热器使用过程中得到应用。流体的诱导振动破坏性大，目前在换热器设计过程中应尽可能防止其发生。随着技术的发展，可控制流体诱导振动为换热管去污，来提高传热效率。

（1）换热面振动

换热面振动对容器中静止流体换热的影响早在 1923 年就有学者进行了研究。此后又进行了一系列的研究工作，研究对象一般为浸没于静止流体中水平加热圆柱体。在实验中，使水平圆柱体在流体中做垂直或水平方向的振动，研究换热面振动对换热的影响。结果证明，在静止流体中水平加热圆柱体发生振动的情况下，当振动强度达到临界值时，可以强化自然对流传热系数。该振动强度可用振动的振幅 $A$ 和振动频率 $f$ 的乘积 $Af$ 来表示，或者采用换热面平均速度 $4Af$ 表示的振动雷诺数 $Re_{\nu}$ 来表示，$Re_{\nu}=4afd/\nu$（式中，$d$ 为圆柱体；$\nu$ 为流体运动黏度）。

实验表明，在振动雷诺数 $Re_{\nu}$ 达到临界振动强度前，圆柱体振动时的传热系数与不发生振动时的传热系数相同；当振动超过临界振动强度后，传热系数随 $Re_{\nu}$ 的增大而增大。在小振幅和高频率时，振动一般可使传热系数增加 10 倍或 10 倍以上。实验还证明圆柱体垂直振动比水平振动效果好。这是因为圆柱体做垂直振动时能对流体的自然对流流动起干扰作用，使流体湍流强度增大，从而也增强了传热效果。

换热面发生振动时对强制对流换热也有强化作用。研究表明，换热面在强制流动的流体中发生振动时，按照振动强度和振动系统的不同，传热系数可比无振动时增大 20%～400%。值得注意的是，强制对流时换热面的振动有时会造成局部地区的压力降低到液体的饱和压力，从而有产生汽蚀的危险。利用换热面振动强化换热的方法也在微通道强制对流换热的强化方面得到了应用，这种微通道冷却系统主要用于芯片等微电子器件、大功率电子设备元件，甚至是紧凑型燃料电池的高热通量散热。如图 3-1 所示的压电式振荡激励器，可以采用嵌入、附着等方法与微通道换热面相结合。

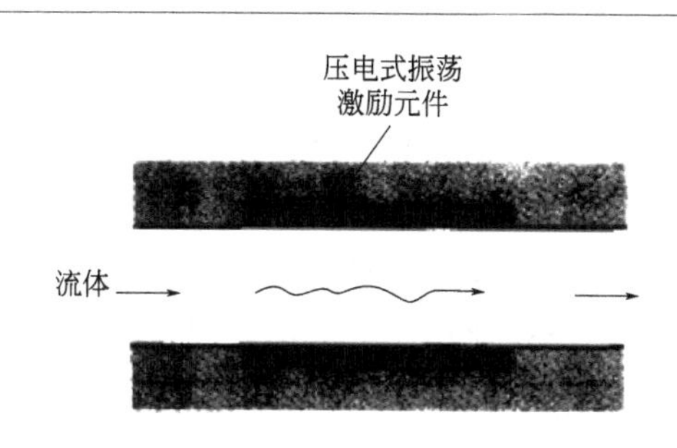


图 3-1
采用压电振荡方法强化微通道中强制对流换热的原理示意图

（2）流体振动

尽管利用换热面振动来强化传热有明显效果，但是换热面的振动通常需采用机械振动的方法来实现，在工程实际应用上有许多困难，如换热面质量较大，难以实现其振动，而且采用该方法来强化传热的投入远远大于其收益，此外振动还容易损坏设备。因此，可采用流体振动的方法来强化单相流体的传热。流体振动对强化单相流体自然对流换热和强制对流换热都是一种有效的强化技术。引发流体振动的方法主要包括声振场作用（次声波，$f<20\text{Hz}$；声波，$f=20\sim20000\text{Hz}$；超声波，$f>20000\text{Hz}$）和流体诱导振动（如管束振动、泵发生的脉动等）。

关于流体振动对自然对流换热的强化作用，大多数学者研究了声振场对水平圆柱体热源或平板热源和周围流体的换热影响，发现声振场对气体和液体的自然对流换热均有显著的强化作用。根据具体条件的不同，一般当声强 $L$ 超过 140dB 时，可使传热系数提高 1～3 倍。液体中的声波可以采用超声波频率，但当频率在 $10^6$ Hz 左右时会发生汽蚀现象，将对传热产生复杂的影响。根据现有资料，少量汽蚀有利于扰动液体，因而能促进传热，但过多汽蚀会形成汽膜并产生气泡运动，从而削弱声波的作用，反而使传热减弱。实验研究表明，液体中自然对流传热系数随着声强 $L$ 的增加而增大。但当声强超过一上限值后，传热系数将随声强 $L$ 的继续增大而减小。这可能是由于汽蚀形成过多蒸汽，从而削弱了声振场对传热强化的作用。总的说来，自然对流在无声振时的传热系数很低，因此，即使声振场的作用使得传热系数增加几倍，其传热系数仍然不高。此外，采用声振动也有不少困难，实际应用中如有可能首先应采用强制对流来代替自然对流，或采用机械搅拌，以达到有效地增进传热的目的。

对于强制对流，由于传热系数已经很高，采用声振动时其效果并不十分显著。与无声振场时相比，强制对流流体中有声振场时的平均传热系数最多约提高1～2倍。

Duan等研究了流体超声波振动对管壳式换热器传热的影响，让流体工质（30号机油）在进入管壳式换热器管程前先流经一只超声波振动发生器，在该装置中有2只压电式超声波振荡器，每只振荡器的输出功率和振动频率均为50W和26kHz，工质流经该超声振动装置时即引发流体振动，在进入换热器后与壳侧工质进行换热。实验结果表明，由超声波振荡器引起的流体振动对传热强化产生了积极的作用。在相同 $Re$ 下，振荡器施加的振动功率越大，强化传热效果越好。在振荡器功率为50W时，传热一般可强化20%；而功率为100W时，传热系数 $k$ 最多可以增大100%。

除了声振动外，气体的低频脉动（如管束振动、泵发生的脉动等）也能起到类似强化传热的作用。弹性管束是利用流体诱导振动现象强化传热的一种特殊传热元件，其结构形式不同于传统换热器中的传热元件。如图3-2所示的传热元件由4根圆管采用管盘形式组成，有两个自由端（$A$ 和 $B$）及两个固定端（$C$ 和 $D$），并在换热器中水平放置。在该弹性管束工作时，热流体由端点 $C$ 进入盘管并释放出热量，然后由端点 $D$ 流出。端点 $A$ 为一自由端，用于改变盘管的固有振动频率，同时也起到膨胀端的作用。通过对弹性盘管的曲率半径、管径、管壁厚及 $A$ 端附加质量等参数的合理组合，可得到一种最有利的固有频率和固有振型。

图3-2

弹性管束结构示意图

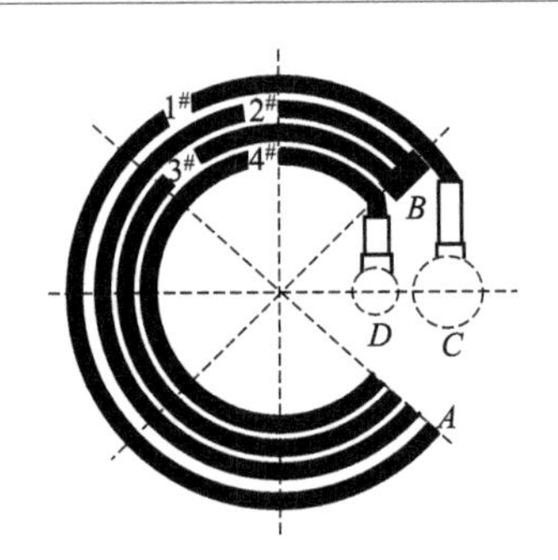


该弹性管束可与脉动流发生器配合使用，将进入换热器的水流分成两股，其中一股通过一正置三角块后，在下游方向就会产生不同强度的脉动流，该脉动流直接作用在弹性盘管的附加质量端，从而诱发弹性盘管发生周期性的振动。这种流体诱导换热面振动的强化传热新方法几乎不耗外功，却能极大地提高传热系数，根据这种原理设计的弹性盘管汽水加热器在流速很低的情况下可使传热系数达到4000～5000W/($m^2$·K)，是普通

管壳式换热器的 2 倍，现在这种换热器已在供热工程中得到了广泛的应用。

### 3.2.1.2　机械搅拌法

物料在容器中的混合与传热常见于化工、食品和制药工程的生产过程中，传热过程的好坏是评估生产是否正常进行的一个重要因素。要保持最佳反应温度，就必须在生产过程中及时有效地冷却或加热物料，维持良好的传热。混合容器中单相流动的换热主要是自然对流换热，容器中传热系数低，温度分布很不均匀，一般采用机械搅拌法进行传热强化。机械搅拌器包括容器、驱动电动机、驱动轴及叶轮，如图 3-3 所示。

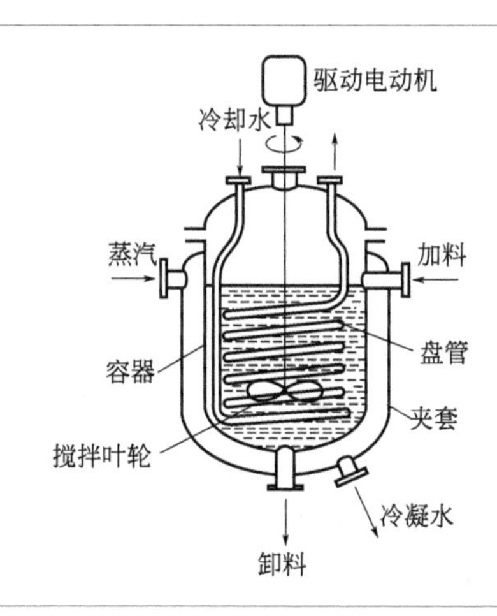


图 3-3
机械搅拌容器结构示意图

若容器中的工质为低、中黏度的流体（黏度 $\mu<10\mathrm{Pa\cdot s}$），一般采用高速小尺寸搅拌叶轮，如图 3-4 所示的螺旋桨、板式涡轮或四叶斜桨，此时容器内的搅拌过程将在高雷诺数的湍流状态下进行。在高雷诺数机械搅拌容器中，搅拌过程使得液体的湍流强度很大，因而无论是采用夹套式换热设备还是浸没在容器液体中的盘管式换热管，搅拌容器的传热系数均很高。

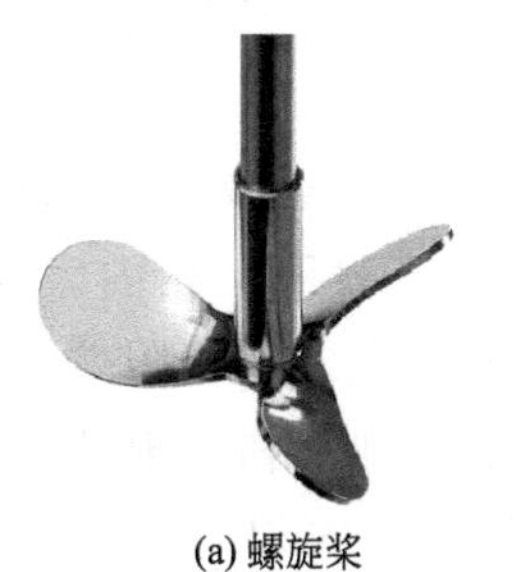
(a) 螺旋桨

(b) 板式涡轮

(c) 四叶斜桨

图 3-4
高 Re 下运行的搅拌叶轮

若混合容器中的工质为高黏度液体，应用小尺寸搅拌叶轮一般效果不大，应采用低速锚式和螺旋片式搅拌器。这两种搅拌器的直径比容器直径略小，在搅拌器和容器内壁之间存在一小间隙。与锚式搅拌器相比，螺旋片式搅拌器具有可使容器内顶部和底部液体加强混合的优点，但其制造费用高。在采用这两种搅拌器时，容器内壁上均无需布置折流板。此外，在采用螺旋片式搅拌器时常难以应用盘管式换热管，故一般应用夹套式换热设备。

除了依靠机械设备搅动流体外，还可以使传热面转动或表面刮动。表面刮动广泛应用于化工生产中的黏性流体。Garcia 等设计了一种在管壳式换热器内部自动清洗的创新方案，刮擦元件完全安装在反复连杆上清洗管壁，不仅可以防垢，而且改善换热。当刮板以流体的平均速度运动时，传热效率增加 140%，压降提高 150%。

### 3.2.1.3 抽压法

抽压法主要用于冷却在高温条件下工作的金属壁面，如燃气轮机燃烧室火焰筒以及涡轮燃气导向叶片和涡轮叶片的气膜冷却。应用抽吸或压出的方法使冷却工质直接由高温多孔受热壁面上的孔隙排出，可使冷却工质与受热壁面之间的传热系数大为提高。这种冷却方式不仅由于冷却工质与受热壁面的良好接触能带走大量热量，而且冷却工质在壁面上形成的薄膜可将金属壁面和高温工质隔开，从而对金属壁面起到保护作用。因此，抽压法在燃气轮机燃烧室火焰筒以及涡轮叶片的冷却中得到了广泛的应用。

Aggarwal 曾对抽吸湍流空气使之流过受热多孔壁面时的传热工况进行了实验研究。研究结果表明，在 $Re=10^4\sim10^5$ 范围内，应用抽压法强化传热时的 $Nu$ 与一般强制对流换热的 $Nu_0$ 的比值 $Nu/Nu_0$ 按照抽吸空气量的不同可达 4～8。

Cho 和 Goldstein 针对燃烧室壁面和涡轮叶片气膜冷却的应用，研究了通过多孔壁面流动的传热和传质问题。主要实验参数为：孔长与直径之比为 0.68～1.5，孔节距与直径之比为 1.5～3.0，两块平行多孔板的间距为 0～3 倍孔径，$Re=60\sim1.37\times10^4$。冷却孔附近及其内部的局部传质/传热系数是采用萘升华方法测定的。实验结果表明，孔内表面的传质/传热系数因气流的流动分离和重新附着而显著改变。重新附着点附近的传热系数约为充分发展圆管流动的 4.5 倍。由于一排孔临近射流之间强烈的再循环流动，背风面的传质/传热系数具有迎风面的相同量级。据分析可能是由于尾流中强烈的气流再循环，使得背风面上的传热系数不受上游流动条件的影响。

由于燃气轮机燃烧室中的温度很高，因此在燃烧室火焰筒内燃气温度高达 1500～2000℃的情况下，普遍采用的冷却方法是气膜冷却法（图 3-5），即在燃烧室火焰筒内壁与其内部的高温燃气之间组织起一层由较冷空气形成的气膜来保护火焰筒的内壁。要形成气膜，就要从火焰筒壁面上的孔隙中向火焰筒内喷入一定量的冷空气。冷却空气通过排开在火焰筒壁面上的冷却射流孔逐渐进入火焰筒的内壁部位，并沿着内壁的表面流动，在内壁附近形成一层温度较低的冷却空气膜，为高温的火焰筒壁提供良好的冷却，保证燃烧室具有足够的使用寿命。

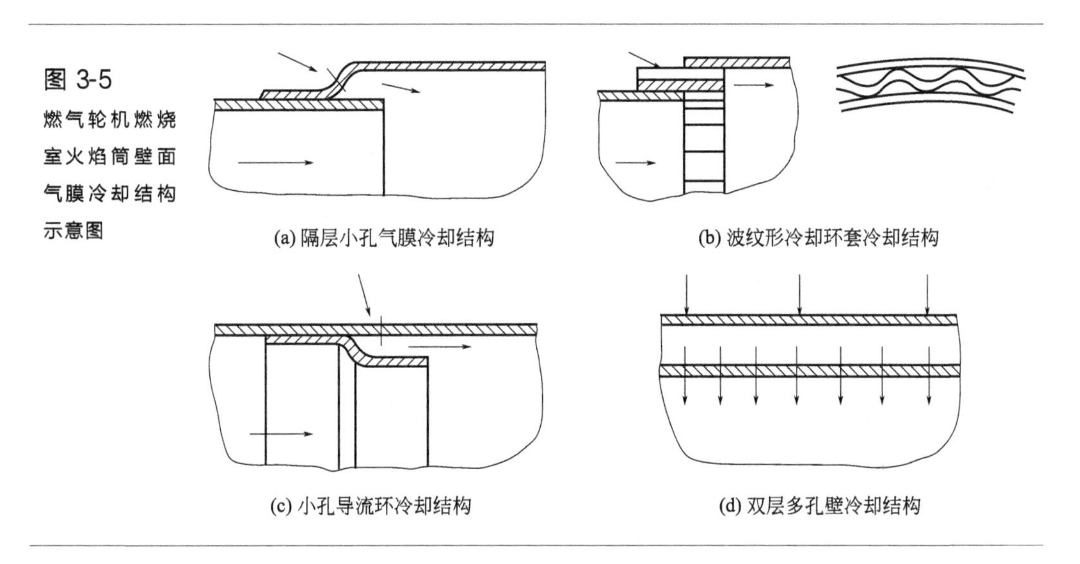

**图 3-5**
燃气轮机燃烧室火焰筒壁面气膜冷却结构示意图

(a) 隔层小孔气膜冷却结构　(b) 波纹形冷却环套冷却结构

(c) 小孔导流环冷却结构　(d) 双层多孔壁冷却结构

涡轮叶片的气膜冷却方式是指采用空心气冷叶片，在叶片的表面上形成一层冷却空气的薄膜，使叶片表面与高温燃气隔开，同时又冷却叶片。与燃烧室相比，涡轮是转动的，因此涡轮的气冷也就比燃烧室的空气冷却复杂。由于气膜冷却比对流冷却和冲击冷却的效果好很多，涡轮叶片主要采用气膜冷却，或采用气膜冷却和对流冷却等综合的冷却方式。

如图 3-6 所示为 MS6001B 型燃气轮机中第 1 级静叶的综合结构，在静叶的内部装有一个导管，导管上开有多排冲击冷却空气的流出孔。当冷却空气流入导管并由这些流出孔流出时，可在静叶的内表面形成多处冲击冷却。在静叶的出气边部位除了有一排气膜冷却小孔外，叶片内部还有一排对流冷却小孔，可以增强对出气边的冷却。在燃气导向叶片和涡轮叶片上使用更科学的冷却方法要比开发更先进的耐高温合金更实用，这是因为空心冷却投资少、见效更快。

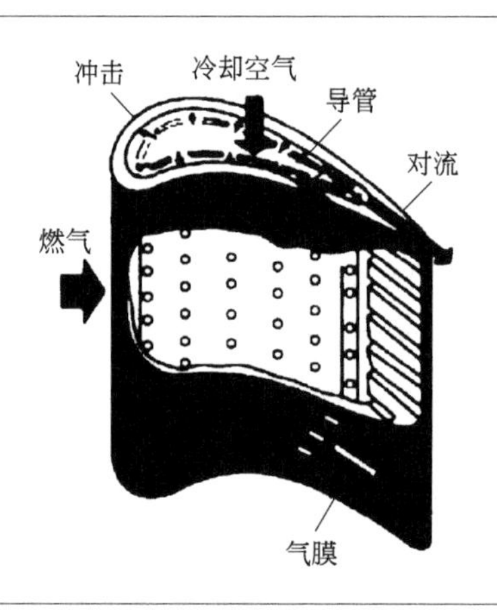


图 3-6
MS6001B 型燃气轮机中第 1 级静叶的冷却结构

#### 3.2.1.4 射流冲击

射流冲击传热是强迫对流传热方式中传热效率最高、最有效的方式之一。射流冲击的原理是气体或液体在压差作用下通过一个圆形或狭缝形喷嘴直接（或成一定倾角）喷射到被冷却或加热的表面上，从而使直接受到冲击的区域产生很强的传热效果。其特点是流体直接冲击需要冷却或加热的表面，流程很短，而且在驻点附近形成很薄的边界层，因而具有极高的传热效率；同时节省大量的空间，适用于局部传热，在一些工业技术和生产领域得到广泛的应用，如纺织品与纸张等的干燥、玻璃的回火、钢材的冷却及加热、航空发动机的冷却、计算机高负荷微电子元件的冷却等。随着高新科学技术的发展，射流冲击技术会得到更广泛的应用。

### 3.2.2 无源强化技术

#### 3.2.2.1 人工粗糙表面法

(1) 滚花凸缘管

流体流经粗糙面会出现局部回流区和局部分离区，增加扰动、减薄边界层，从而增强换热。整体粗糙度可以通过传统的机械加工、成型、铸造、碾轧、电化学腐蚀或焊接等过程产生，各种插入物也可以引起表面的凸起，增加管壁的粗糙度。人工粗糙表面法和扩展表面法经常结合在一起使用，共同实现强化传热。在实际的工程应用中，要选择适当的粗糙度才能达到理想的强化效果，粗糙度过小，低速流体贴近粗糙管壁面平滑流动，无漩涡产生，不能很好地改善传热；粗糙度过大，易形成接近死滞的漩涡，造成热阻过大，对层流换热产生不利影响。人工粗糙表面法通常用于强化单相流体强制湍流换热过程。利用滚花机加工工艺，可在管子外壁面上产生高度为 $h$ 的三维凸缘形人工粗糙表面，形成滚花凸缘管，如图 3-7 所示。国外学者曾采用空气或变压器油作为介质，对横向冲刷滚花凸缘管的换热和阻力特性进行了一系列研究。

图 3-7
滚花凸缘管示意图

Garcia 等通过实验，对比波纹管、旋流管和插入金属线圈的管道在层流区、过渡区、湍流区的实验结果，发现：当 $Re<200$ 时，粗糙管强化效果不明显；当 $200<Re<2000$ 时，粗糙结构的形状对强化效果的影响较大，管内插入金属线圈的表面粗糙法，强化效果最好并且流体状态可预测；当 $Re>2000$ 时，波纹管和旋流管强化效果较好。

总的说来，对于低 $Pr$ 的流体工质（如空气），滚花粗糙表面的传热强化效应只有在 $Re_d$ 较高的强湍流状态下（$Re_d \geqslant 10^4$）才能得以体现；对于较高 $Pr$ 的流体工质（如变压器油），则在较低 $Re_d$ 下（甚至层流时）传热即可得到强化。管子外壁面上三维凸缘 $h$ 的高低对传热强化效果有着显著的影响，在相同 $Re_d$ 下，$h/d$ 越大，则对流体的扰动越大，传热强化效果越好。

(2) 金属丝网

采用在管子外壁上敷设金属丝网的方法增大管子外壁粗糙度，也可增强管子的传热效果。金属丝网价格低廉、材料易得，因此这种强化传热方法在应用上具有一定优势。粗糙壁面上的边界层为湍流边界层，其在圆柱体上的分离点要比光滑壁面上层流边界层的分离点沿流动方向后移，所以粗糙壁面的阻力系数较小。此外，粗糙凸出物的节距（丝网框格尺寸）与凸出物高度

（金属丝直径）的比值对强化传热影响较大。流体流经粗糙凸出物后应随即能贴着光管表面流动，这样才能充分利用粗糙凸出物后湍流强度较大以及边界层起始段较薄的优点以增强传热。因此，粗糙凸出物的节距和高度的大小应配合恰当。采用管子外壁敷设金属丝网的方法可以显著强化流体横向冲刷管束的传热，但该种强化传热方法仅适合在工质为洁净气体的情况下应用。

### 3.2.2.2 扩展表面法

扩展表面法主要是通过增加换热面积、提高传热系数来增加换热量，适用于气相介质的传热强化。若换热器两侧工质的传热系数不等但都很低（如两侧工质均为气体时），可在换热器两侧均采用肋片，并在传热系数较低的工质一侧多加一些肋片，这也可使换热器尺寸大为减小。翅片是扩展表面最有效的方法，其种类繁多，主要包括平直翅片、波纹翅片、锯齿形翅片、斜针翅片、新型钉翅片、花瓣形翅片、多孔翅片、百叶窗翅片、钉头翅片等。与光管相比，消耗相同的金属，翅片管具有更大的表面积，不仅提高设备的紧凑性、传热效率，还能够提高换热器的强度和承压能力，广泛应用在化工、石油化工等工艺装置中。翅片管的制备工艺要求严格，其质量的优劣直接影响换热器的工作性能，所以选择基管及翅片的结构和材料时应该综合考虑，选择最优方案。

（1）波纹内翅片管

波纹内翅片管通过在管内壁采用高肋的方式来扩展传热表面，强化管内传热效率，达到提高换热器性能的目的。由于在换热管内装有波纹形内展翅片，使表面传热系数较低的一侧换热面积增大（管内翅化比高达7.4），因此增加了总的传热系数，提高了传热效率，解决了因两种流体传热系数不同而产生的热交换不平衡这一基本问题。

图 3-8
波纹内翅片管示意图

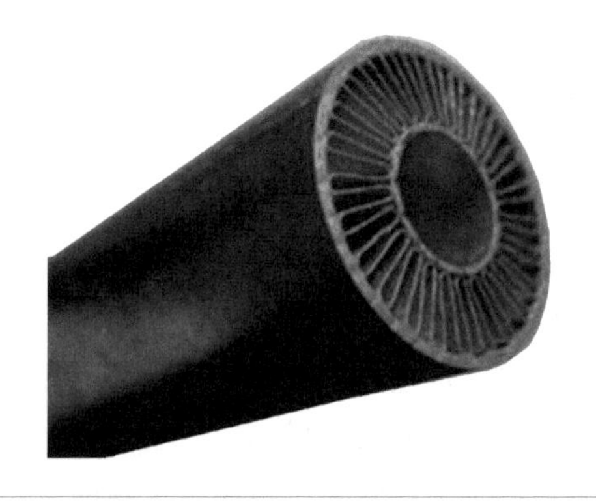

宇波和王秋旺等以空气为工质，采用相同质量流量、相同泵功率、相同压降这三种比较原则，对三组不同结构波纹内翅片管的换热和阻力特性进行了实验研究；第一组不加芯管，第二组加芯管但对其不加堵塞，第三组加芯管并且对其加以阻塞。结果表明，无论在哪种比较原则下，加芯管和对其加以堵塞均可增强换热，而且在加芯管且对其加以堵塞的情况下换热强化的效果最好。这是因为加装芯管或对其加以堵塞时，流体有更多机会与翅片和管壁接触，且流速相对增大，从而增强了换热。

波纹内翅片管除了换热效率高、节能效果显著外，还具有以下主要优点：

① 能够承受高温、高压，适应性广。内翅片管换热器的管材还可以是碳钢或不锈钢。对于碳钢内翅片管换热器而言，它可以在壁温600℃下长期工作，可作为电厂空气预热器、炼钢厂加热炉的空气或煤气预热器以及炼油厂加热炉的空气预热器等广泛应用。

② 管壁温度低，使用寿命长。实践表明，当烟气温度达到800℃时，内翅片管换热器的平均壁温为420℃，而相同工况下管状换热器的管壁平均温度为570℃。由于内翅片管换热器管壁温度降低，防止了腐蚀，换热器的使用寿命得到再延长。

③ 换热器体积小、占地面积小。内翅片管换热器通过在换热管内加翅片增加换热面积，在增强换热的同时减小光管换热面积，使得整台设备体积大大减小。一般相对于常规换热器体积小50%～75%，占地面积一般为常规换热器的25%～50%。

因此，在存在大量热交换且两侧间介质的对流传热系数相差很大的情况下，如炼油、动力、化工、制药、制冷等许多行业，波纹内翅片管得到了广泛的应用。

(2) 肋片管

当换热器两侧流体的传热系数相差较大时，在传热系数较小的一侧应用肋片管，可扩大换热面表面积，并促进流体的扰动而减小传热热阻，有效地增大传热系数，从而增加传热量；或者在传热量不变时减小换热器的体积，达到高效紧凑的目的。气体侧的传热系数一般是液体侧的1/50～1/10左右。此时，在传热系数较低的气体侧加装肋片，可降低气体侧的热阻，平衡管子内外两侧传热系数的差别，以得到较高的传热系数。管外采用扩展表面构成肋片管束，是迄今为止所有管式换热面强化传热方法中应用最为广泛的一种。

肋片是板肋式换热器的基本元件。板肋式换热器的传热过程主要是通过肋片的热传导和肋片与流体之间的对流换热来完成的，而且换热器中通常至少有一侧的流动工质为气体。在板肋式换热器中肋片的作用是：增大传热面积，并利用肋片比隔板大得多的比表面积提高换热器的紧凑性；由于肋片的特殊结构，特别是采用各种异形扩展换热面后，流体在流道中形成强烈扰动，使边界层不断破坏、更新，从而有效地降低热阻，提高传热效率；由于肋片在隔板之间起着加强肋的作用，使板束形成牢固的整体，提高了换热器的强度和承压能力。几种常见的肋片结构如图 3-9 所示。其中矩形肋片和三角形肋片均为普通扩展换热面，叉排短肋片、百叶窗形肋片、波纹形肋片、穿孔形肋片、钉头肋片等均属异形扩展换热面，这些换热面的肋片密度一般为 300～800 片/m。在换热器设计中，可根据不同的工质和换热工况选用不同结构形式的肋片。

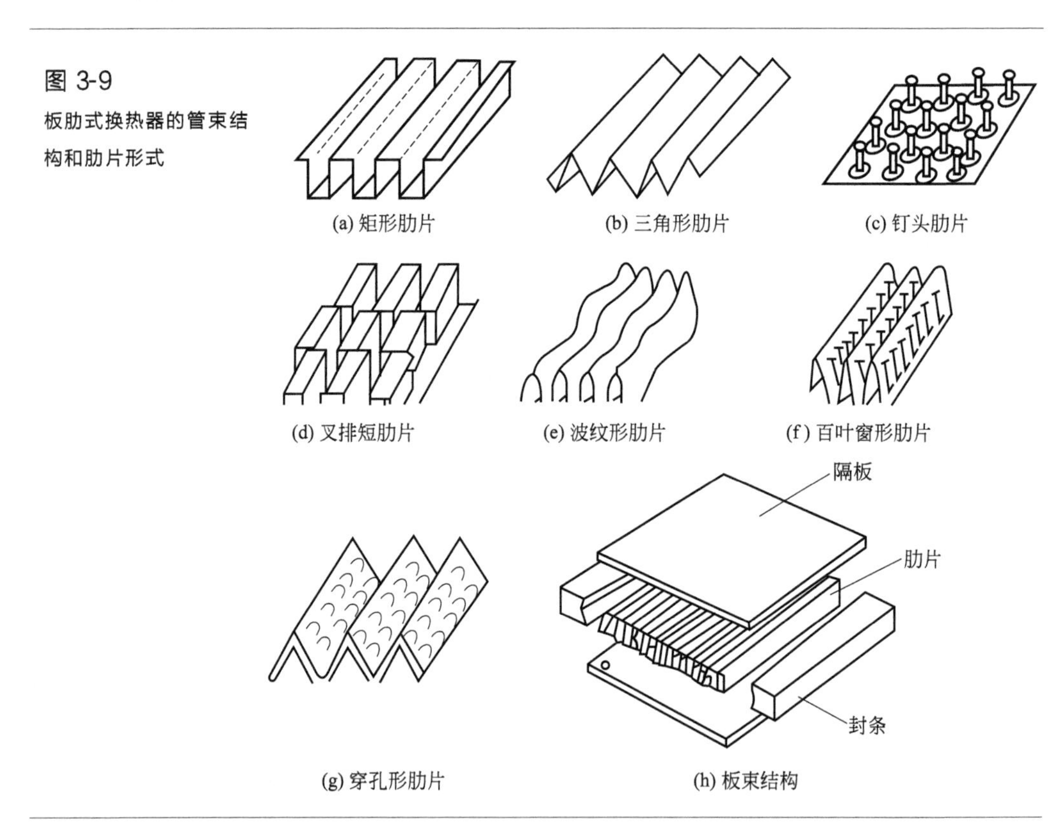


图 3-9 板肋式换热器的管束结构和肋片形式

由于流动通道的当量直径小、气体密度低，因而板肋式换热器通常在低 $Re$ 下运行，一般 $500<Re_{\mathrm{Dh}}<1500$（$Re_{\mathrm{Dh}}$ 以当量直径 $D_{\mathrm{h}}$ 为定性长度），亦即在层流状态下运行。因此，为了有效地强化气体侧的换热，所采用的强化传热方法必须适用于低 $Re$ 流动工况。由此可见，采用人工粗糙表面法来强

化传热在这种情况下一般效果不大，因而通常采用下列两种方法来强化传热：采用特殊形状的流动通道，如采用波纹形肋片在板肋式换热器中形成波纹通道，利用通道中二次流或边界层分离引起的混合效应来强化传热；采用能使边界层反复形成、发展和破坏的通道结构来强化传热，如叉排短肋片、百叶窗形肋片、穿孔形肋片、钉头肋片等异形扩展换热面就是利用各自的结构特点来有效地破坏热边界层，促进流体的扰动，达到强化传热的目的。

① 叉排短肋片　叉排短肋片又称错置带状肋片或锯齿形肋片，其结构形式如图 3-10 所示。这种肋片可视为矩形肋片切成许多短小的片段并相互错开一定间隔排列而形成的间断式肋片。相邻的片段沿横向偏移错置的间隔约为肋片间距的 50%，叉排短肋片的主要结构参数为肋片间距 $s$、肋片高度 $h$、肋片厚度 $t$ 以及流动方向上的肋片长度 $L$。

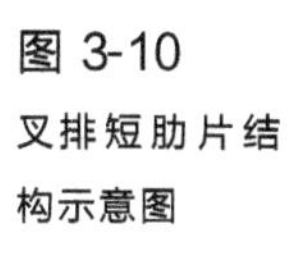
图 3-10 叉排短肋片结构示意图

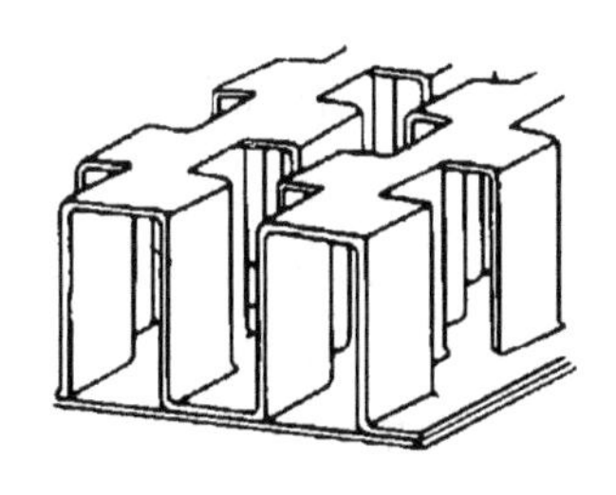
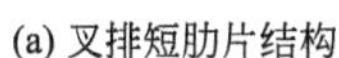
(a) 叉排短肋片结构

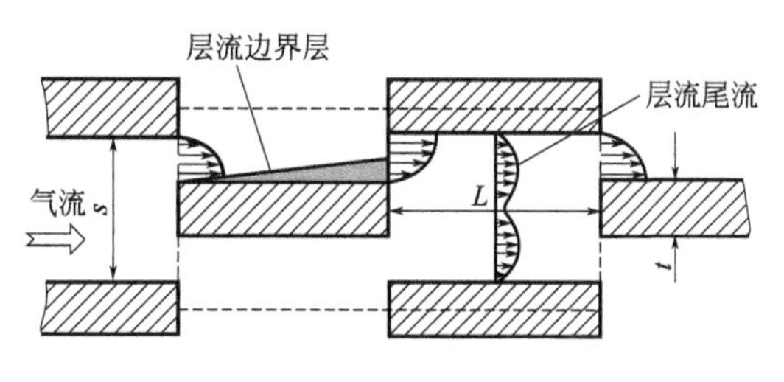

(b) 肋片上的边界层及尾流区

当流体流入通道后，便开始在前置的短肋片上形成层流边界层，但该边界层随机在叉排的后置肋片处遭到破坏，并在后置肋片之间的尾流区中耗散；随后又在下一短肋片上形成新的边界层，该边界层随即又遭到破坏并耗散。因此，采用短肋片时传热强化的获得就是依靠沿短肋片长度方向上边界层周期性地形成、发展、破坏和耗散。这种周期性的流动特性使整个换热面充分利用了边界层起始段较薄、热阻较小的特点。由此可见，叉排短肋片可十分有效地破坏热阻边界层，促进流体的扰动，属于高效能肋片，普遍应用于板肋式换热器中（尤其是气体侧），但流体通过叉排短肋片时其流动阻力相应增大。

Kays 于 1972 年提出了一个预测叉排短肋片的 $j$ 因子和阻力系数 $f$ 与 $Re$ 函数关系的简单近似模型，该模型假设：短肋片上形成并发展的是层流边界层，而且短肋片上发展的边界层在位于后置短肋片之间的尾流区中完全耗散。利用自由来流外掠平板时的层流方程式，Kays 通过分析得出：

$$j=0.664Re_{\mathrm{L}}^{-0.5} \tag{3-64}$$

$$f=\frac{C_{\mathrm{D}}t}{2L}+1.328Re_{\mathrm{L}}^{-0.5} \tag{3-65}$$

上式中的第一项用于计算平板的型面阻力，该型面阻力与肋片厚度 $t$ 成正比，对于传热系数的影响可以忽略。Kays 建议 $C_D$ 取值 0.88。尽管 Kays 提出的仅仅是一个近似的计算模型，但该模型可用于预测短肋片长度和厚度对传热与阻力的影响。很多学者也通过实验或模拟的方法，提出了更复杂的模型来预测叉排短肋片的 $j$ 因子和阻力系数 $f$ 与 $Re_{Dh}$ 的关系。

叉排短肋片相邻的两端沿横向偏移错置的间隔通常为肋片间距的 50%，这种情况下，短肋片尾流区的长度等于短肋片在流动方向上的长度 $L$。然而，该种布置形式可能并非最佳情况。在分析叉排短肋片的强化传热机理时，通常假定短肋片上形成的速度边界层和热边界层在其尾流区中完全耗散。然而，当尾流区长度等于短肋片在流动方向上的长度 $L$ 时，这种边界层完全耗散的假设缺乏合理依据。Kurosaki 等针对叉排短肋片相邻的两段沿横向偏移错置的间隔为肋片间距 30%的布置结构进行了实验研究，通过在流动方向上一共有 5 排短肋片的实验段，分别测定了标准布置结构时（短肋片错置的间隔为肋片间距的 50%）和第 2、4 两排短肋片为 50%错置而第 3 排为 30%错置时每排短肋片的平均 $Nu$。实验结果表明：在标准布置结构时，第 1 排短肋片的平均 $Nu$ 等于第 2 排，第 3 排短肋片的平均 $Nu$ 等于第 4 排，而第 5 排短肋片的平均 $Nu$ 小于第 3、4 排。在第 2、4 两排短肋片为 50%错置而第 3 排为 30%错置的情况下，第 1、5 排短肋片之间尾流区的长度为 3 倍短肋片长度，此时第 5 排短肋片的平均 $Nu$ 要比标准布置结构时第 5 排短肋片大 10%～20%。

② 百叶窗形肋片　百叶窗形肋片是指按一定间距切割金属平板肋片，并将被切割的条状部分翻转一个角度（通常与空气流动方向成 20°～60°），从而在平板肋片上形成按一定规律排列的条带列，如图 3-11 所示。按照金属平板肋片上切割出来的条带形状及其排列方式不同，可形成不同形式的百叶窗形肋片。

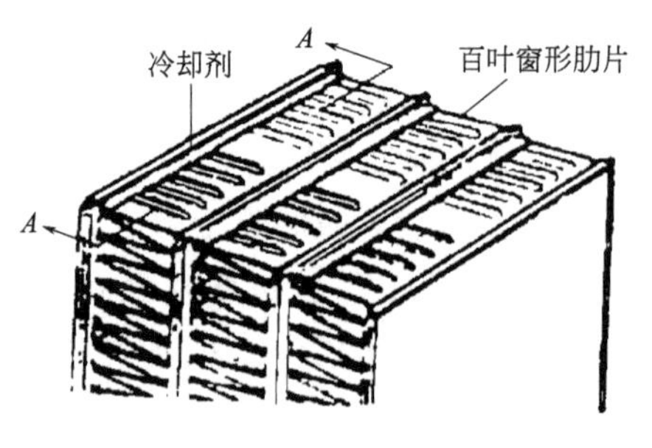


(a) 换热器板束示意图

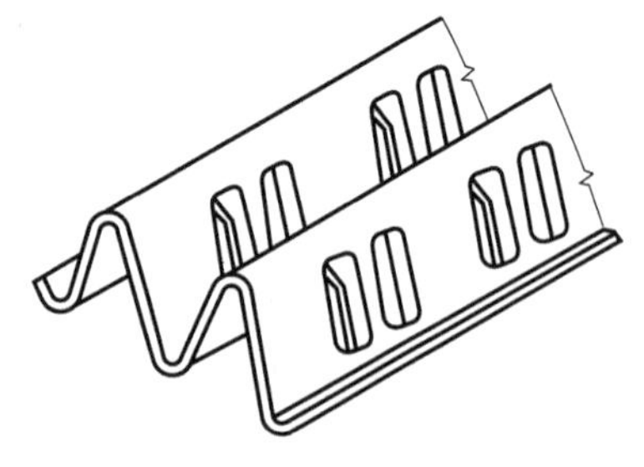

(b) 百叶窗形肋片结构示意图

图 3-11 单排百叶窗形板肋式换热器板束

研究表明，百叶窗形肋片上凸出的条带能起到破坏边界层的作用，这种异形扩展换热面的传热和阻力工况与叉排短肋片扩展换热面相近。此外，百叶窗形肋片不仅拥有良好的热力性能，还具有紧凑性强、重量轻等优点。因此，百叶窗形肋片现已广泛应用于车辆的冷却设备、空调换热器（蒸发器和冷凝器等）以及飞机的油冷却器，甚至可用于航天器中的某些冷却设备。

③ 穿孔形肋片　穿孔形肋片又称多孔板形肋片，是先在薄金属片上开出许多小孔，然后再冲压成型的肋片。穿孔形肋片有圆形开孔和矩形开孔之分，以开孔的大小、形状及其横向和纵向节距为主要的开孔参数。肋片开孔后，通过冲压形成三角形或矩形通道（图3-12）。穿孔形肋片也属于能使边界层反复形成、发展和破坏的通道结构。如果肋片上的开孔率足够高，密布的小孔将引起边界层的破坏，在其尾流区中边界层的耗散必将使传热得到显著强化。肋片上密布的小孔使流动和热边界层不断破裂、耗散和更新，从而提高传热性能，同时也有利于流体的混合和均布。与此同时，开孔将使肋片传热面积减小，肋片强度降低。穿孔形肋片主要应用于导流片以及流体中夹杂颗粒物或相变换热的场合，如用于两相深冷低温空气分离换热器中。

图3-12
穿孔形肋片（圆孔矩形流道）示意图

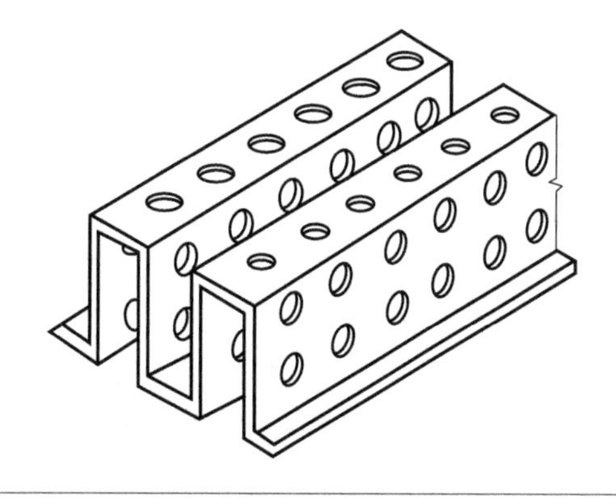

④ 波纹形肋片　波纹形肋片是采用冲压或滚轧工艺将薄金属片加工成一定的波形形成的，影响波纹形肋片换热和阻力特性的几何尺寸主要有肋片波形的节距、波纹流道的间距和肋片波纹角。由波纹形肋片形成的弯曲流道使流体产生蛇形流动状态，流体在流道中不断改变流动方向，促进了流体的扰动，并在流道弯曲部分发生速度边界层和热边界层的分离或破坏。研究表明，波纹形肋片流道中的强化传热是因Goertler涡流引起的，这种涡流是流体流过凹陷的波纹表面时产生的。这些反向旋转的涡流呈波状流动的流型，在凸起的波纹表面下游引起局部流体分离。波纹形肋片的波纹越密，波幅越大，则其强化传热能力越强。在低湍流区（$Re=600\sim8000$），波纹形扩展换

热面与平直壁面通道相比传热系数约可增大 3 倍。光滑波纹形肋片的阻力系数随 $Re$ 的增大而减小。

Ali 和 Ramadhyani 应用流动可视化技术对波纹形肋片换热面进行了深入的实验研究，包括该换热面在其通常运行范围内（$150 \leqslant Re_{Dh} \leqslant 4000$）的局部传热系数和阻力系数。当工质为水（$Pr=7$）且 $Re_{Dh}=2000$ 时，波纹形肋片通道与平直壁面通道 $Nu$ 之比对于窄、宽通道分别为 2.3 和 3.8。

（3）翅片管

翅片管（图 3-13）主要是通过其特殊结构增加流体的扰动、破坏层流边界层、增加湍流程度，促进对流换热的，对层流和湍流都有显著的强化作用；同时增大换热面积、增加换热量，从两个方面达到强化传热的效果。与此同时，流体的扰动会阻止污垢的积累，达到阻垢的效果。但扩展表面法在提高换热面积的同时会使压降升高，也可能会带来噪声和振动。

图 3-13
翅片管示意图

### 3.2.2.3 异形表面法

在管内插入扰动元件的强化传热方法，由于传热管结构不够牢靠，且制造和安装工作量大，一般宜用于增强现有换热设备的传热能力。对于新设计制造的换热设备，可以采用异形管来使流体旋转和扰动。异形表面法是用轧制、冲压、打扁或抱闸成型等方式将换热面制造成各种凹凸形、波纹形、扁平状等，使流道截面的形状和大小均发生变化。异形表面法不仅使换热面有所增加，还使流体在流道中的流动状态不断改变，增加扰动，减少热边界层厚度，从而使传热得到强化。主要应用的异形管包括螺旋槽管、旋流管、波纹管、缩放管、横纹槽管、螺旋扭曲管、内肋管等。下面对几种异形管进行简单介绍。

（1）螺旋槽管

螺旋槽管是一种管壁上具有外凸和内凹的螺旋形槽道的高效异形强化传热管，可以通过滚轧冷加工形成，有单头和多头之分，可对有相变和无相变传热过程进行管程、壳程双边强化，强化效果显著，自 1966 年诞生以来，就受到人们的关注。其主要工作原理是管内靠近壁面流体顺槽旋流，减薄边界层厚度，轴向流动液体通过螺旋槽纹凸起时，引起边界层扰动和分层，加快热传递，提高传热系数，增加传热量来强化传热。螺旋槽管的制造工艺简单，抗垢能力强，应用领域广泛。其主要结构参数包括螺距 $p$、螺纹高度（或称槽深）$e$ 以及螺旋角（螺纹槽与管子轴线的夹角）$\alpha$，其槽深与管子内径 $d_i$ 相比小得多，所以螺旋槽管制造所需的金属耗量也比内插扭带管少得多。关于螺旋槽管的具体研究将在 3.3.3 节给出更详细的说明。

（2）旋流管（异形凹槽螺旋槽管）

旋流管是一种机械滚压轧制成型、管壁上具有外凹内凸的螺旋形槽的高效传热异形管，传热机理与螺旋槽管相似，又称为异形螺旋槽管。其槽纹是半流线的勺形或 W 形，结构简单、加工方便、强化效果显著。与相同直径的光管相比，可节约传热面积 20%～30%，节约材料 20%以上，其传热系数比光管提高 3.5 倍，压降增大 1.1～4 倍。Li 等采用无量纲性能评价标准对该类型管强化传热的性能进行了评价，与等效光管相比，传热量增加 200%。

（3）波纹管

波纹管是表面有波纹凸起的强化换热管。其强化机理是由于波纹管波峰与波谷的设计，使流体流速和压力总是处于规律性的扰动状态，破坏边界层；波纹管的喷射（弧形段进口）和节流（出口）效应以及强烈的管内扰动现象，使强化传热系数明显提高，管壁不易结垢。波纹管是一种新型、高效的异形管。波纹管的优点为传热系数较高、防垢能力较强、适用范围广、设备维修量小等。通常其传热效率是光管的 1.5～3 倍。Kareem 等收集了 1977～2015 年所有波纹管的论文资料进行总结，并对研究成果按波纹管结构、使用范围（层流区、湍流区）、局限性、强化程度等进行了分类整理，作为波纹管的数据库供研究波纹管的学者使用。

（4）缩放管

缩放管是由依次交替的收缩段和扩张段组成的波纹通道。在扩张段中由于流体质点速度变化产生的漩涡在收缩段得到有效的利用，冲刷流体边界层，使其减薄，可强化管内外单相流体的传热，并且抗垢能力较光管好。对缩放管的传热与流动性能研究表明，在同等压降下，雷诺数为 $10^5$ 时，传热量比光管增加 85%；在同等压降下，缩放管的传热量比光管大 70%以上。该管广泛用于空气预热器、油冷却器、冷凝器等换热器。

（5）横纹槽管

横纹槽管是滚压而成的双面强化管。影响横纹槽管的主要结构参数是肋间距和肋形，肋高的影响不大。试验表明，其管内传热系数是光管的 2～3 倍，在纵向冲刷条件下，管外传热系数可达光管的 1.6 倍；垂直冷凝膜传热系数最高比光管大 5 倍，水平时比光管大 1～2.4 倍。

(6) 螺旋扭曲管

螺旋扭曲管是把圆形光管压成椭圆形，再经旋转扭曲而成，又称螺旋扁管。流体在管内处于螺旋流动状态，破坏了管壁附近的层流边界层，提高了传热效率。管与管在椭圆长轴处相接触，相互支撑而取消了折流板，节约了材料和成本；同时，减小了管束间的振动和磨损，保证了设备的抗振性，延长了使用寿命。与光管相比，螺旋扭曲管热流密度提高 50%，容积减小 30%。

### 3.2.2.4 流体旋转法（插入物）

插入物强化传热利用插入物使流体产生径向流动，加强流体的混合，提高对流传热系数，尤其是对强化气体、低雷诺数流体或高黏度流体的传热更为有效。插入物种类很多，如扭带、静态混合器、螺旋线圈、螺旋片（带）、百叶窗片等。

(1) 扭带

扭带是一种最简单的旋流装置，由薄金属片扭转而成，插入并固定在圆管内，形成了图 3-14 所示的扭带结构，使管内流体旋转并引起二次流，促进径向混合，实现强化传热。虽然其阻力增大较多，但因其工艺简单、拆装方便、成本较低、清洗污垢容易等被广泛应用。扭带主要分为连续扭带、间隔扭带和异形扭带，其扭转程度采用全节距 $H$（即扭带每扭转 360°的轴向长度）与圆管内径 $d_i$ 之比表示，称为扭率 $Y$（$Y=H/d_i$）；也有人采用半节距 $H/2$（即扭带每扭转 180°的轴向长度）与圆管内径 $d_i$ 之比表示扭率（$y$）。Bergles 的空气实验表明，在相同功率消耗条件下，扭率 $Y$ 最佳的数值为 5 左右。

图 3-14

扭带结构示意图

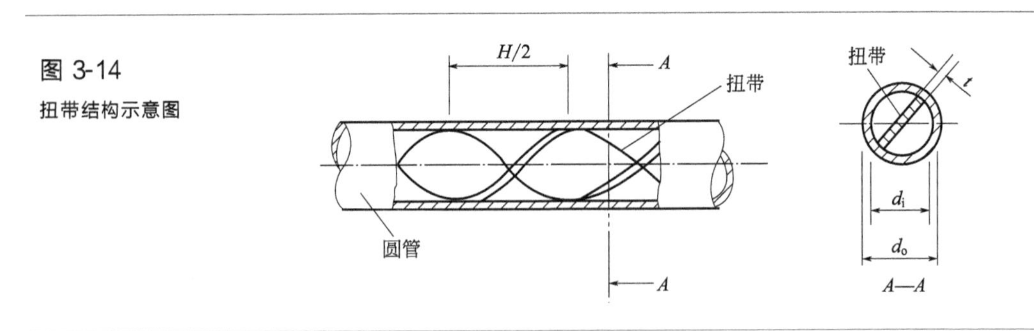


除了扭率 $Y$ 之外，还可以采用扭带的螺旋角来表示其扭转程度，即

$$\tan\alpha=\frac{\pi d_i}{H}=\frac{\pi}{Y} \tag{3-66}$$

为了便于将扭带插入管内，在扭带的宽度和圆管内径之间通常留有一个小间隙，使得管壁和扭带之间产生较大的接触热阻。当流体通过插有扭带的管子时，扭带的厚度将使管内平均流速增大，流体被迫在管内做螺旋运动。其传热和流动阻力状况与流体边界层及主流的流动结构密切相关。

插有扭带的管内单相流体对流换热得以强化的原因有：

① 扭带的插入使得圆管的水力直径 $d_h$ 减小，从而导致传热系数增大。

② 扭带的存在使得流体产生一个切向速度分量，其流动速度增大（尤其是靠近圆管壁面处）。由于壁面处剪切应力的增大和由二次流导致的流体混合增强，换热得以强化。

③ 如果扭带与管子壁面紧密接触，它们之间的接触热阻较小，则可增大有效的换热表面面积。

Thorsen 和 Landis 的研究结果表明，由于旋转流体切向速度分量产生的离心力会产生显著的离心对流作用，导致管子中心区域的流体与接近管子壁面处的流体之间产生混合，因此传热得到强化。然而，这种离心对流效应仅发生在管内流动的流体被加热的情况。此时，位于管子中心区域密度较大的冷流体在离心力的作用下将趋于向外流动，而与接近管子壁面处密度较低的热流体相混合。在管内流体被冷却的情况下，旋转流体产生的离心力却只能起到维持流体热分层的作用，甚至会产生相反的离心对流效应而降低对流传热系数。

Eiamsa-Ard 等对短管内插入不同长度扭带的传热特性进行了实验，结果表明：当 $4000<Re<20000$ 时，与插入全长扭带（带长比 LR＝1）相比，插入 LR＝0.29、0.43、0.57 扭带的 $Nu$ 分别低 14%、9.5%、6.7%，摩擦阻力系数 $f$ 分别低 21%、15.3%、10.5%，强化效率 $\eta$ 分别为插入全长扭带的 0.95、0.98、1.0，插入全长扭带的强化效果最好，并随着 $Re$ 的提高强化效果降低。Rahimi 等对几种异形扭带进行了研究，实验结果表明：锯齿形扭带增加了管壁附近的湍流强度，其强化传热性能优于其他异形扭带，与其他异形扭带相比其 $Nu$ 和传热性能可分别提高 31%、22%。Eiamsa-Ard 等在管内插入 2 根连续扭带，分别按同向流和异向流布置进行实验，充分证明了插入双扭带的可行性，异向流布置的扭带强化传热性能优于同向流布置，可提高 12.5%～44.5%；与单扭带布置相比，传热性能提高了 17.8%～50%。

迄今为止，国际上在插有扭带的管内单相流体层流和湍流对流换热强化方面已做了大量的研究工作。研究方法包括实验和数值模拟，流体流动区域包括层流区、过渡区和湍流区，工质范围为 $0.7\leqslant Pr\leqslant 100$，扭率范围为 $2.5\leqslant Y<\infty$。诸多文献对连续扭带进行了研究，并在前人的基础上对阻力计

算关联式进行了补充和修正。为了弥补连续扭带阻力增大较多的缺点，人们提出了间隔扭带和异形扭带的应用，并通过实验证明选择合适的扭带间距，可以使间隔扭带的性能优于连续扭带。

对于内径 $d_i$ 为 75mm、管长 $L$ 为 4m（$L/d_i=53.3$）的不锈钢圆管，插入带厚 3mm 的螺旋形钢扭带，扭带的扭率 $Y$（全节距 $H$ 与内径 $d_i$ 之比，$Y=H/d_i$）为 5，通过实验方法进行研究，流体的速度场采用微型测速仪测定，切应力由壁面附近测得的速度梯度按计算公式 $\tau=\eta(\partial u/\partial y)$ 确定。

为了保证实验的可靠性，实验开始前和结束后均对光管（无扭带时）的轴向流动进行了测量，并同已知的光管轴向流动时的速度分布曲线 $W/W^*=f(yW^*/\nu)$ 进行了校核对比。式中，$W$ 为流体速度；$y$ 为测点离开管子壁面的距离；$W^*$ 为切应力速度；$\nu$ 为流体的运动黏度。测量结果如图 3-15 所示，可以看到，旋转流体的实验结果与已知光管中的曲线很接近。在光管速度分布曲线上，层流底层处 $W/W^*=yW^*/\nu$，在湍流核心区中 $W/W^*=5.5+2.5yW^*/\nu$，在过渡区 $W/W^*=5\ln(yW^*/\nu)-3$。可以认为，旋转流体在近壁处的全速度分布曲线与流体在光管中做轴向流动时的相应速度分布曲线一致。

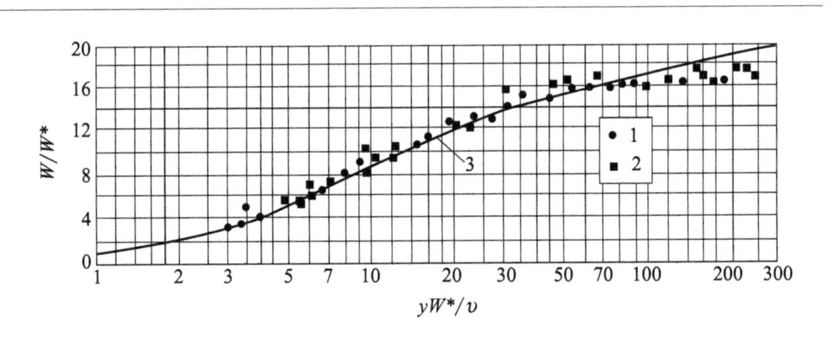


**图 3-15**
**管内旋转流体的速度分布**
1—$Re=26500$；2—$Re=92000$；3—光管速度分布曲线

旋转流体的湍流强度实验是在一插有扭带的光管中进行的，该圆管内径 $d_i$ 为 35.5mm，管长与管子内径之比 $L/d_i=40$，扭带的扭率 $Y$ 为 5。实验中采用热线风速仪测得了旋转流体的湍流强度和频率特性，同时也测量了无扭带插入时光管中流体流动的湍流强度。通过对比发现，在管子轴线附近区域，离心力较小，旋转流动的湍流强度比轴向流动的湍流强度高。当 $y$ 值减小，亦即逐渐靠近管子壁面区域时，旋转流体的湍流强度近乎不变，而轴向流动的湍流强度则逐渐提高。当 $y/R_i=0.5$ 时，旋转流体和轴向流动的湍流强度近乎相等。若 $y$ 值进一步减小，则旋转流体的湍流强度将开始低于轴向流动的湍流强度。这是因为在旋转流体中，越靠近管子壁面离心力越大，而离心力起着抑制旋转流体湍流强度的作用。然而，在接近壁面处，旋转流体的湍流强度却呈现出明显增大而且高于轴向流动的趋势。

实验表明，流体做轴向流动和旋转流动时的频率特性相近，$Re$ 较大时（$Re=10^5$）约为 100Hz，$Re$ 不大时约为 10～20Hz。上述工作主要是在流核区进行的，未对层流底层和过渡区进行测量，通过结果（图 3-16、图 3-17）可以认为：

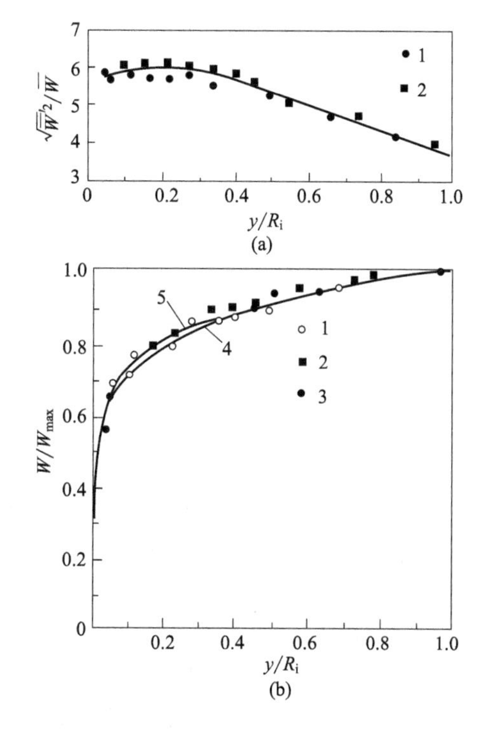


**图 3-16**

**光管内的湍流强度分布和速度分布**

1—$Re=19700$；2—$Re=130200$；3—$Re=12200$；4—$W/W_{max}=(y/R_i)^{1/7}$；5—$W/W_{max}=(y/R_i)^{\sqrt{\xi}}$

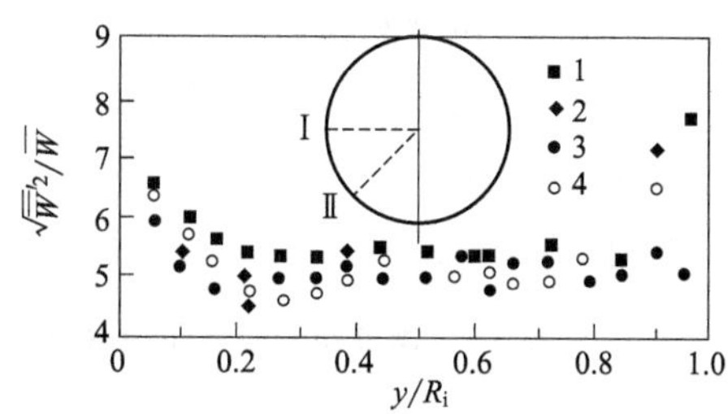


**图 3-17**

**旋转流体中的湍流强度分布**

1—在图示方向Ⅰ测量，$Re=144000$；
2—在图示方向Ⅰ测量，$Re=27000$；
3—在图示方向Ⅱ测量，$Re=27400$；
4—在图示方向Ⅱ测量，$Re=14220$

① 旋转流动和轴向直线流动的湍流强度总体水平相近，但旋转流体的湍流强度在沿管子横截面的大部分区域中没有大的高低变化而近乎相等；

② 在管子轴线附近区域中，旋转流动的湍流强度比轴向直线流动的湍流

强度约高30%～40%；

③ 在流核区（$0.1<y/R_i<0.5$）中，旋转流动的湍流强度比轴向直线流动的湍流强度约低15%；

④ 在近壁区，旋转流动的湍流强度略高于轴向直线流动的湍流强度。

将一系列按照相同旋向扭转180°的短扭带元件在内径为$d_i$的圆管内平均间隔排列，相邻元件之间采用直径为$d_r$、长度为$Z$的金属细杆点焊连接，便形成了图3-18所示的间隔扭带结构。间隔扭带在结构上与连续扭带（$Z=0$）有较大差异，是从降低扭带结构泵功率消耗的角度开发的较为新颖的管子内插强化元件。

图 3-18

间隔扭带结构

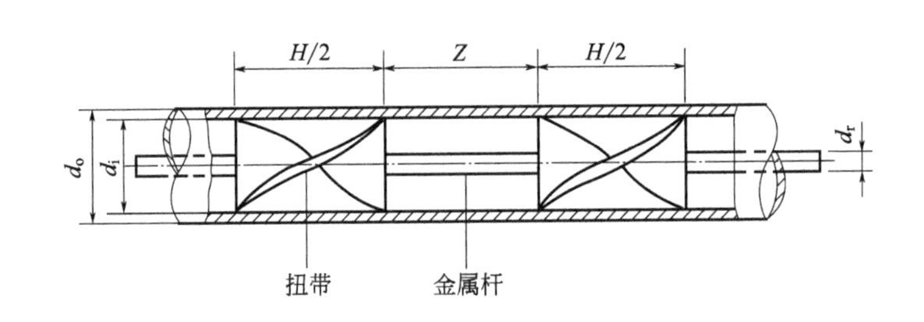


Saha和Gaitonde等以水为工质，在恒热流密度条件下对内插间隔扭带的管内层流传热和流动特性进行了较为全面的实验研究，采用扭带的扭率分别为3.18、5、7.5、10和∞，相对应的螺旋角分别为26.3°、17.4°、11.8°、8.92°和0°，相邻扭带元件之间的距离为$z=Z/d_i$。将$Nu_d$定义为整个实验段（长度为1.8m、内径为11mm）上的平均值，结果表明，相邻扭带间隔距离$z$越小，则$Nu_d$越大，即$Nu_d$随着$z$的增大而减小。表3-1显示了间隔扭带相对于连续扭带的传热强化效果$Nu_{st}/Nu_{ct}$，其中$Nu_{st}$和$Nu_{ct}$分别为采用间隔扭带和连续扭带的$Nu$。可见，在实验选用的扭率$y$和扭带元件间距$z$范围内，采用间隔扭带时的强化传热效果普遍优于连续扭带；在$y$和$z$均较小时（$y<7.5$，$z<7.5$），$Nu_{st}$明显大于$Nu_{ct}$；在$679\leqslant Re_{d,c}\leqslant 1918$时，比值$Nu_{st}/Nu_{ct}$为常数（$Re_{d,c}$为采用连续扭带时的雷诺数）。

**表3-1　间隔扭带相对于连续扭带的传热强化效果$Nu_{st}/Nu_{ct}$**

| $z$ | $y=3.18$ | $y=5.0$ | $y=7.5$ | $y=10$ |
| --- | --- | --- | --- | --- |
| 2.5 | 1.44 | 1.47 | 1.28 | 1.08 |
| 5.0 | 1.34 | 1.31 | 1.13 | 1.05 |
| 7.5 | 1.17 | 1.16 | 1.12 | 1.04 |
| 10 | 1.09 | 1.11 | 1.09 | 1.00 |

将扭率为 $y$ 的扭带剪成长度为 $H/2$（即扭转180°的轴向长度）的一系列短扭带元件，然后使每一元件相互错开90°并保持同一旋转方向做点焊连接，便形成了错开扭带。它类似于Kenics静态混合器，只是组成错开扭带的所有短元件均为同一旋向。流体流经每一只这种按同一旋向扭转180°并错开90°布置的短元件时均被分成两股，每个流道均有两股流体相互掺混，流体流经 $n$ 个短元件将被分流 $2^n$ 次。错开扭带在管内流体中引起的旋转、流体的不断分割和掺混使得中心流体与管壁流体产生较强的径向混合，破坏边界层的发展，从而强化传热过程。表3-2给出了连续扭带、错开扭带和静态混合器在低流速下的传热强化效果和阻力特性。其中 $h$ 和 $h_0$ 分别为强化管和光滑管的对流传热系数，$\Delta p$ 和 $\Delta p_0$ 分别为强化管和光滑管的阻力损失。

**表3-2　连续扭带、错开扭带和静态混合器在低流速时的传热和阻力特性**

| 强化管型 | $Re$=500～10000 | |
|---|---|---|
| | $h/h_0$ | $\Delta p/\Delta p_0$ |
| 连续扭带 | 4.56 | 4～7 |
| 错开扭带 | 4.75 | 7～16 |
| 静态混合器 | 5.75 | 40 |

分析数据可以发现，在 $Re$=500～10000的范围内，在相同的流量下，静态混合器可获得较强的传热效果。因此，在系统压降有裕量的情况下，为强化传热，可优先采用静态混合器。在要求消耗功率一定的情况下，则可选用连续扭带或错开扭带。

（2）静态混合器

静态混合器由一系列左右扭转180°的片状短元件组成，这些短元件的扭率 $y$=1.5，按照一个左旋接一个右旋的排列顺序相互错开90°，每一元件的前缘与前一元件的后缘接触并点焊连接，各元件相互焊接成一体后插入管内。静态混合器是一种传质设备，特别适用于混合层流状态下黏度很大的流体（液-液混合）。管道内没有运动部件，只有静止元件，流体在流过片状短元件时分离成两股或多股流体，接着在下游很小距离处又混合，然后再次分离和混合，这种“分割-位置移动-重新汇合”的过程周期性地不断进行下去，流体流经 $n$ 个片状短元件将被分流 $2^n$ 次。

静态混合器除了产生混合效应外，还可起到在管壁上更新液膜并增加该处速度梯度的作用，因此可以显著强化层流换热过程，换热强度可强化至原先的几倍。20世纪70年代以后，开始被用于强化管内传热，尤其是层流区传热过程。目前应用较为广泛的静态混合器有Kenics（图3-19）和Koch-

Surer两种，流体经过反复不断的分割和正反方向的旋转面均匀地径向混合，有效地增强了主流和近壁区域流体的径向混合。因此，管子截面上速度和温度分布可接近于柱状流，在整个横截面上可获得接近于均匀值的速度分布，流体在管子径向的温度差也显著减小，从而显著地强化了传热过程。但是，由于静态混合器中流体的不断分离和混合以及旋流的反复改向造成了比扭带大得多的动量损失，因此这种流动方式也不可避免地增大了阻力损失。

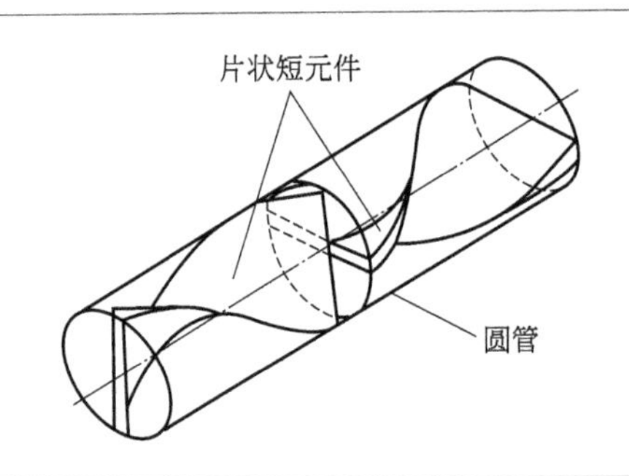


图 3-19
静态混合器结构示意图

研究表明，在相同 $Re$ 下，静态混合器的 $Nu$ 在加热时约大30%，这可能是由于壁面处流体的黏度在加热和冷却时不同以及离心力对传热的影响不同所致。但是，静态混合器在加热和冷却两种情况下的摩擦阻力系数 $f$ 与等温情况下相差不大（不超过5%），比光管在这3种情况下的差别小得多，其主要原因在于静态混合器对管内流体有良好的径向混合作用。

（3）螺旋线圈

螺旋线圈是由直径为 $h$（3mm以下）的钢丝或铜丝按一定节距 $H$ 绕成的，将其插入并固定在管内（内径为 $d_i$），即可构成螺旋线圈强化传热管。螺旋线圈制造简单、金属耗量小、拆装方便，适用于设备的改造。在内插螺旋线圈管子的近壁区域，流体一方面由于螺旋线圈的作用发生旋转，另一方面还周期性地受到线圈螺旋金属丝的扰动，因而可以使传热强化。由于绕制线圈的金属丝较细，流体旋转强度较弱，因此这种强化管的流动阻力相对较小。在管内流体流速较大的情况下，为了防止强化管阻力过大，可采用这种螺旋线圈强化管。

Wongcharee等将螺旋线圈与管壁保持间距为 $S$，螺旋线圈厚度不变，对其传热和压降进行了研究，实验结果表明：与光管相比，插入螺旋线圈，强化传热效果明显提高；强化传热同时受螺距和管径比 $p/D$ 以及间距 $S$ 的影响，在 $p/D=1$、$S=1\text{mm}$、$Re=4220$ 时，整体传热效果最高，提高了50%。有学者曾对11种不同几何参数的螺旋线圈插入管内时的流动阻力和传热性能进行了实验研究，实验工质为空气，实验管的内径 $d_i=13.84\text{mm}$。在内插螺旋线圈的管子中，金属丝直径 $h$ 相当于管壁上人工粗糙凸起物的高度。螺旋线圈以线圈节距 $H$ 与管子内径 $d_i$ 的比值 $H/d_i$ 以及管壁粗糙度 $2h/d_i$ 为主要技术参数，其 $Nu$ 与光管 $Nu_0$ 的比值可按下式进行近似计算：

$$\frac{Nu}{Nu_0}=1.85+2.5\frac{2h}{d_i}-\frac{0.85+2.5(2h/d_i)H}{2.8+12.6(2h/d_i)d_i} \tag{3-67}$$

上式适用情况为：$0.0667<2h/d_i<0.435$，$0.75<H/d_i<4.4$，$6\times10^3<Re<4\times10^4$。式中的 $Nu_0$ 按照 Dittus-Boelter 公式进行计算。

比较内插扭带和螺旋线圈管子的实验结果可见，所有内插螺旋线圈管子的阻力损失均高于内插扭带管，较长的螺旋线圈（$L=600\text{mm}$ 和 $1200\text{mm}$）$Nu/Nu_0$ 高于光管的相应数值，内插螺旋线圈管子的 $Nu/Nu_0<\zeta/\zeta_0$。

实际应用中，螺旋线圈可在层燃炉、煤粉炉的管式空气预热器上使用，能够使排烟温度降低 10～17℃，减小了排烟热损失；提高热风温度 12～25℃，改善了炉内燃烧；降低了锅炉的煤耗率，提高了管内抗积灰的性能。

（4）螺旋片（带）

在换热器管子中采用插入扭带的方法来强化传热过程时，往往需要耗用大量的金属板材。在管子内径 $d_i=28\text{mm}$、管壁厚度为 2mm 的换热器中，若采用插入扭带来强化传热，则金属消耗量及重量将增加 15%，工质含有污物时还易造成管子堵塞；而使用螺旋片来强化传热，可以改进上述缺点。螺旋片由宽度一定的薄金属片（通常为经过退火的紫铜片，厚度 $t=1\text{mm}$）在预先车制出一定深度和一定节距 $H$ 的螺旋槽芯轴上绕成，螺旋片与管子内壁之间具有微小的间隙（0.4mm），如图 3-20 所示。

图 3-20
内插螺旋片的管子结构示意图

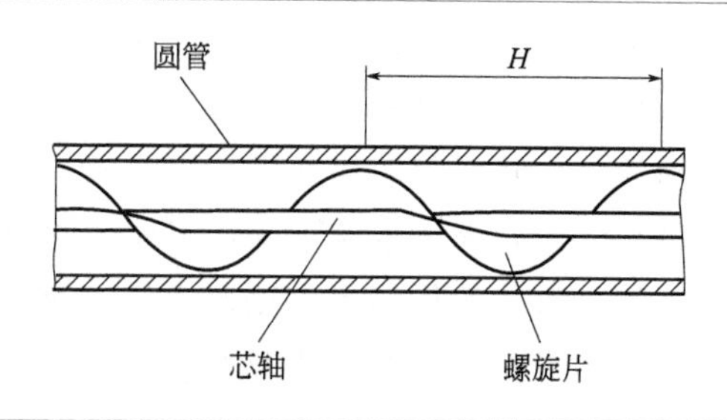


螺旋片的宽度 $h$ 与管子内径 $d_i$ 相比小得多，所以内插螺旋片的传热强化管制造所需的金属耗量比内插扭带管少得多。螺旋片插入物的强化传热同时应用了使流体在管内产生旋转和使流体周期性地在螺旋凸出物区域受到扰动的原理，因此能够保持较高的传热强度。插入螺旋片可以明显提高传热速率，带杆的螺旋片最高传热速率比无杆螺旋片高 10%，但增加了压降。Eiamsa-Ard 等针对这种状况对三种螺旋片的结构进行了研究。研究结果表明：当 $Re<4000$ 时，与光管相比，三种结构的 $Nu$ 增加基本一致，提高 50% 左右。与光管结构相比，无杆规则间隔螺旋片的 $Nu$ 增加最多并且压降较低，在空带比（管道长度与螺旋带长度之比）$s$ 为 0.5、1.0、1.5、2.0 时分别提高 145%、140%、133%、129%，压降降低 45%、52%、58%、62%。

对内插扭带管内湍流强度分布进行的测定结果表明，管内近壁区的湍流强度较弱。因此，要达到有效地强化传热的目的，主要应使该区域内的流体产生旋转和扰动，以增加其湍流强度，而无需使管内全部流体发生旋转。扭带的作用是使管内全部流体发生旋转，因此造成阻力损失无谓地增大。

流体在插有螺旋片的管子中流动时，流体的旋转主要发生在强化传热所需要扰动的近壁区域，因此，与内插扭带的管子相比，内插螺旋片的管子在高雷诺数时能在低阻力损失情况下保持与内插扭带管子相近的传热效果。Klaoak 以空气作为工质的研究结果表明，在 $Re<1600$ 时，内插螺旋片管子的传热性能与内插扭带管子相近，而且前者阻力较小；当 $Re>1600$ 时，内插螺旋片管子的 $Nu$ 和 $f$ 值均高于内插扭带管子的相应数值；在 $Re<2000$ 和 $Re>7000$ 的区域内，内插螺旋片管子的综合性能均优于内插扭带管子。计算表明，在湍流区，当内插螺旋片管子的阻力损失与光管相同时，其换热量比光管约增加 40%。内插螺旋片具有制造简便、金属耗量小以及能适用于管中工质含有污物的情况等优点，在国外曾将内插螺旋片的强化换热管应用在燃用高硫分重油锅炉的空气预热器中，使用 1 年后检修时发现，内插螺旋片的管子实际上很干净。此外，应用在燃煤锅炉中使用效果也不错。

### 3.2.2.5 添加剂法

为了满足强化传热的需要，在流体工质中加入某些固体颗粒、液体、气泡或聚合物固体颗粒等添加物，这种方法称为添加剂法。毫米、微米级的颗粒对液体传热强化效果并不是很明显，流动阻力增加较多，传热系数仅增加 40%～50%，大大限制了其在工业上的应用。随着纳米技术的发展，相比于水，纳米流体的传热效率提高 60%，强化效果明显，纳米技术得到了人们的重视。纳米流体中的纳米颗粒在流体中的无规则运动，破坏流体层流底层，增加扰动，增加湍流度，从而强化传热。针对纳米流体的制备方法、稳定性、传热特性、强化传热机理、纳米流体体系及其应用等已有广泛的研究。

Kofanov 针对在圆管内流动的液体中添加固体颗粒以强化传热的问题进行了深入的研究，他综合分析了 5 位学者在 $4\times10^{3}\leqslant Re_{\mathrm{d}}\leqslant2\times10^{5}$ 范围内的 18 组实验数据，并依此建立了相应的传热关联式：

$$Nu_d = 0.026 Re_d^{0.8} Pr^{0.4} F_p \tag{3-68}$$

式中，工质物性的组合参数 $F_p$ 按下式计算：

$$F_p = \left(\frac{x_v}{1-x_v}\right)^{0.15}\left(\frac{\rho}{\rho_p}\right)^{0.15}\left(\frac{c_p}{c_{p,p}}\right)^{0.15}\left(\frac{d_i}{d_p}\right)^{0.02} \tag{3-69}$$

式中　$x_v$——纳米颗粒的质量浓度；

$\rho$，$\rho_p$——混合物中液体和颗粒物的密度，$kg/m^3$；

$c_p$，$c_{p,p}$——混合物中液体和颗粒物的比热容，kJ/(kg·K)；

$d_i$，$d_p$——管子内径和颗粒物粒径，m。

在静止的液体中加入气泡时，所发生的现象类似于换热面上的核态沸腾工况。此时，由于气泡的作用使得换热面上的液体产生扰动，从而使传热得到强化。Tamiri 和 Nishikawa 在其实验中将空气注入以垂直平板加热的水（或乙二醇）中，空气的注入位置在垂直加热平板的底部；实验结果表明，注入空气后的传热效果可增强至 400%。

在工程实际中，向气体中喷入液体或固体颗粒是颇有应用前景的强化换热方法。在气体中加入液体通常是指向气流中喷入小液滴，换热面被液滴湿润，在换热面上形成的液膜发生蒸发，并对流动边界层产生扰动。如果换热面能被加入的液体完全湿润，则可大大增强传热。Thomas 和 Sunderland 对在空气中喷入液滴时的传热进行了研究。实验中，细微水滴喷向一楔形平面，并在平面上形成连续液膜。在喷水量为 5%时，传热增强 20 倍。在换热面不被喷入的水滴湿润时，也可取得一定的传热强化效果。在这种情况下，由气流上游喷入的液滴将气流冷却至其湿球温度，然后液滴在气流流经换热面时与其发生换热，当液滴温度低于气流温度时，可获得较好的传热强化效果。

在气流中加入少量固体颗粒可以强化换热面气体侧的传热。固体颗粒在加入气流后随其一起流过换热表面，在开式系统中固体颗粒可在换热器出口处自气流中分离出来以便再次使用，在闭式系统中固体颗粒与气流一起循环使用。在气流中加入固体颗粒之所以能够强化传热，主要是因为气流中存在固体颗粒时可以减薄热阻最大的气侧边界层厚度。在换热管内气流中加入悬浮固体颗粒，是采用这种强化传热措施的主要方式。固体颗粒的粒径一般为 20～600μm，气固混合物质量流量 $G$ 与气体质量流量 $G_0$ 的比值一般在 1～15 之间。

在气流中加入的各种固体颗粒，对石墨粉的研究最多，因为这种材料适宜在反应堆中使用。Babcock & Wilcox 公司曾对在气体中加入石墨颗粒后的传热工况进行了大量的研究工作。研究结果表明，在气流中添加石墨颗粒后，传热系数可提高 9 倍，而且在系统中很少发生颗粒的沉积、堵塞和腐蚀问题。流化床中气流和固体颗粒混合流动时的强化传热也是一个十分重要的问题，此时涉及水平或垂直管束与处于流化状态的气固混合物之间的传热。目前，流化床技术的迅速发展也与气固混合物流动的传热强化有着密切的关系。

## 3.2.3 复合强化技术

同时应用两种或两种以上强化传热技术来强化传热的方法称为复合强化传热方法。在工程实际中，有时采用某一种强化传热技术后仍不能满足工艺过程对换热强度的需要，此时可考虑将两种或两种以上强化传热技术组合起来，以进一步提高传热系数。一般而言，只要采用的强化传热技术在强化传热机理上不矛盾，则采用复合强化传热方法均能在原有基础上进一步增大传热系数。

### 3.2.3.1 内插扭带的粗糙管复合强化传热

Bergles 以水为工质研究了光滑管、粗糙管、内插扭带的光滑管以及内插扭带的粗糙管等管内的流动阻力和传热系数。研究结果如图 3-21 所示，其纵坐标表示在消耗相同功率前提下，采用强化传热技术后管子的传热系数与光滑管传热系数之比 $h/h_0$，横坐标表示按光滑管计算的 $Re_0$。在粗糙管、内插扭带的粗糙管和内插扭带的光滑管这 3 种强化管情况下的传热系数均高于光滑管的传热系数。但是，上述每一种强化管传热系数增高的程度均与 $Re_0$ 有着密切的关系，粗糙管和内插扭带的粗糙管的 $h/h_0$ 随着 $Re_0$ 的增大而增

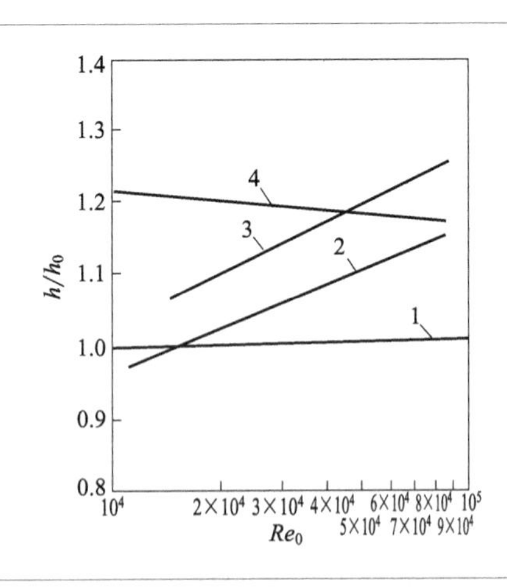


图 3-21
功率消耗相同时采用强化传热技术的管子与光滑管的传热系数比值
1—光滑管；2—粗糙管；3—内插扭带的粗糙管；4—内插扭带的光滑管

大，而内插扭带的光滑管的 $h/h_0$ 随着 $Re_0$ 的增大却呈减小的趋势。在 $Re_0$ 较小时，选用光滑管中内插扭带的强化传热方法显然比较适宜；在 $Re_0$ 较大时，粗糙管中内插扭带的方法胜于光滑管中内插扭带的方法。例如，当 $Re_0=9\times10^4$ 时，与光滑管相比，光滑管中内插扭带的方法可使传热系数提高约 16%，而粗糙管中内插扭带的方法可使传热系数提高约 25%。

#### 3.2.3.2　流体超声波振动与波纹管的复合强化传热

Duan 等针对图 3-22 所示的波纹管与流体超声波振动的复合强化传热进行了实验研究，流体工质同样在进入管壳式换热器前先流经超声波振动发生器，只不过选择波纹管代替光滑管做成 U 形传热管的形式置于管壳式换热器中。实验数据表明，由超声波振荡器引起的流体振动对波纹管传热强化所起的作用明显大于光管的情况。对于波纹管，当振荡器功率为 50W 时，换热器的传热系数 $k$ 约增大 50%；而功率为 100W 时，$k$ 最多可增大 2 倍。将波纹管与流体超声波振动相结合，可在显著提高传热系数的同时将换热管阻力损失维持在较低的水平，是一种具有良好应用前景的复合强化传热方法。

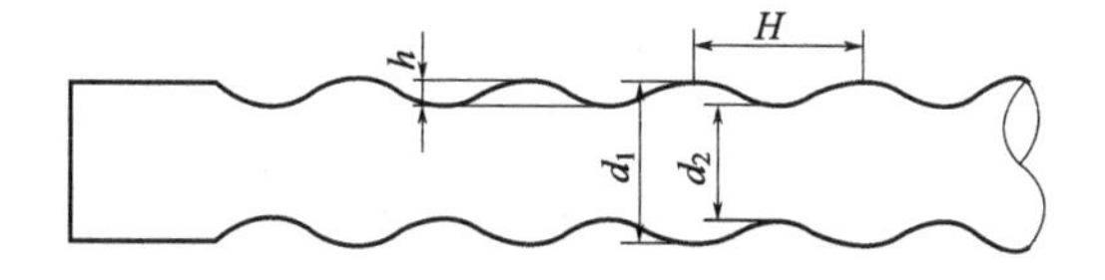


图 3-22
复合强化传热实验用波纹管结构

#### 3.2.3.3　带有翼型漩涡发生器的板肋片复合强化传热

对于换热管内、外两侧工质分别为液体和气体的换热器，通常可以采用板肋片，以增大换热面和强化管外气体侧的传热。在这种肋片管式换热器中，可采用翼型漩涡发生器，从而形成一种复合强化传热方法，以进一步强化管外气体侧的换热过程。漩涡发生器的主要形式如图 3-23 所示，由左至右为三角形翼片、矩形翼片、三角形小翼片对和矩形小翼片对。这些小翼片是采用冲压的方法，使肋片上部分金属形成向上翻起的三角形或矩形小条。气

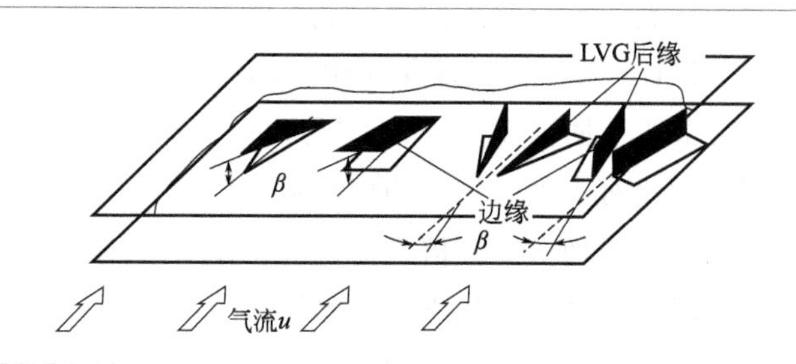


图 3-23
翼型漩涡发生器

流流经这些小翼片时，将形成沿流动方向上的漩涡对，这些漩涡沿流动方向逐渐耗散，并将通过下一排小翼片再次生成。由漩涡发生器产生的这些纵向漩涡显著增强了流体的扰动，破坏流动和热边界层，加强了流体对换热面的冲刷，进一步强化了管外换热。

研究表明，翼型漩涡发生器主要有利于层流换热的强化。由于换热的强化与换热面被纵向漩涡冲刷的面积份额密切相关，翼型漩涡发生器与肋片的面积比越大，则传热强化程度越高。Fiebig 和 Chen 等的实验数据和数值模拟结果表明，攻角 $\beta=30°$的三角形小翼片对和矩形小翼片对的传热与阻力性能均优于三角形翼片和矩形翼片。

Fiebig 等和汪军等针对燃气轮机燃烧室火焰管空气冷却问题提出了对原冷却系统的改进方案，即在燃烧室外壳内壁面上加装翼型漩涡发生器，在冷却空气中产生强烈的漩涡运动，强化冷却通道中主流与边界层之间的动量和能量交换；另外在燃烧室火焰管外壁面加装粗糙肋作为增加近壁处湍流度的壁面扰流元件，以降低边界层热阻，从而较大幅度地提高火焰管外壁面的传热系数。根据此方案，学者们对原燃气轮机燃烧室冷却系统进行了改造，对改进后的冷却系统进行了试验研究，并利用试验数据对该冷却过程进行了传热分析，以对燃烧室火焰管空气冷却系统采用翼型漩涡发生器和粗糙肋的综合强化传热效应做出准确的评价，并为今后冷却系统的设计提供依据。研究结果表明，布置 $\beta=45°$的矩形翼片对以及肋高 $e\approx0.02d_h$ 的粗糙肋后，环形冷却流道内的传热系数 $h$ 平均提高 2.6 倍；采用强化换热措施前后的传热系数比值即换热强化比 $f_{qh}=h/h_0$ 平均可达 3.5，而且雷诺数的变化没有引起 $f_{qh}$ 的显著变化。采取上述传热强化措施后，火焰管外壁面平均温度在典型运行工况下均低于其材料的允许值（800℃），达到了正常冷却工况的要求。

### 3.2.3.4 固体颗粒添加剂与粗糙表面的复合强化传热

流化床中气流挟带固体颗粒流过扩展换热面或粗糙表面时的传热对于受热面的设计和布置是一个十分重要的问题，涉及水平或垂直管束以及扩展换热面与处于流化状态的气固混合物之间的传热。

Petrie 等在卧式流化床中应用肋片管换热面研究了气侧的传热，分析了肋片节距（肋高 9.5mm）对传热的影响。在肋片密度为 199 片/m 时，他们测得的相对于光管的气侧传热强化比 $E_{h_0}=\eta_f hA/(h_0A_0)$ 为 1.7，此时换热面积相应增加了 6.8 倍。由于流化床中传热系数很大，换热面肋片效率 $\eta_f$ 较低，因此降低了传热强化的水平。

Krause 和 Peters 研究了布置在流化床中的分割扇形肋片钢管管束的传

热，所研究的换热管结构参数为：管子外径 $d_0$=19.2mm，肋片密度为 300 片/m，肋片厚度为 0.76mm。他们对 3 种肋片高度的分割扇形肋片管（$h$ 为 4.76mm、8.33mm 和 11.11mm）进行了实验研究，实验采用的颗粒粒径 $d_p$ 为 0.21μm 和 0.43μm。结果表明，当颗粒粒径 $d_p$ 及肋高 $h$ 均为最大时（$d_p$=0.43μm，$h$=11.11mm），可得到最大的传热强化比 $hA/(h_0A_0)=5.82$。而在颗粒粒径较小时，则并非肋高 $h$ 越大传热性能越好。当 $d_p$= 0.21μm 时，肋高 $h$=8.33mm 的分割扇形肋片管的传热强化比 $hA/(h_0A_0)$ 最高。

Chen 和 Withers 将 19mm 直径的整体连续低肋管垂直置于一直径为 140mm 的管子中，并采用粒径 $d_p$ 为 0.13mm、0.25mm 和 0.6mm 的玻璃微球进行了传热性能实验。表 3-3 列出了粒径 $d_p$=0.25mm 时整体连续低肋管相对于光管的实验结果。可以看到，当采用肋片密度为 354 片/m 且肋高 $h$=1.57mm 的管子时，可得到最大的 $\eta_f h/h_0$。此外，实验结果表明，传热强化比 $E_{h0}$ 并非随着颗粒粒径 $d_p$ 的增大而增大，当 $3<H/d_p<4$ 时传热强化比达到最大值（此处 $H$ 为肋片间距）。

**表 3-3　垂直整体连续低肋管在流化床中的传热性能**（玻璃微球，$d_p$=0.25mm）

| $E_{h0}$ | 肋片密度/(片/m) | 肋高 $h$/mm | $A/A_0$ | $\eta_f h/h_0$ |
|---|---|---|---|---|
| 0.60 | 197 | 3.18 | 2.22 | 0.70 |
| 1.50 | 354 | 1.57 | 1.88 | 1.00 |
| 2.30 | 433 | 3.18 | 3.87 | 0.90 |
| 1.80 | 748 | 3.06 | 3.06 | 0.80 |

Grenwal 和 Saxena 研究了卧式流化床中粗糙管（密排 V 形螺纹管或滚花凸元管）的传热性能，这些粗糙管外壁面上的粗糙度 $h\leqslant 1.07$mm，通过实验发现最佳情况下粗糙管的传热系数要比光管高 40%。

# 3.3　热量传递过程节能的典型装备

## 3.3.1　微通道换热器

### 3.3.1.1　微通道换热器的基本介绍

随着强化传热理论的发展和机械加工技术的提高，出现了许多新型高效的强化传热表面结构，进而开发了以板式换热器、板翅式换热器、螺旋板式换热器及热管换热器为代表的小型化换热装置。目前，小型化换热装备技术虽然已很成熟，但对于微电子、航空航天、医疗、化学生物工程、材料科学等领域，在高温超导体的冷却、薄膜沉积中的热控制、强激光镜的冷却等方面，尤其在对于超大规模集成电路的热障问题以及其他一些对换热设备的尺寸和质量有特殊要求的场合，却受到了很大的限制。因而，这些需求又进一步推动了换热装置向着更加高效、更加小型化的方向发展——微型换热装置。

微型化学机械系统的功能是传热、传质和化学反应，由于系统在高温度、压力和腐蚀介质的情况下工作，条件更显苛刻，系统结构的好坏直接影响着系统内物理过程和化学反应的效果，因此微型化学机械系统的制造技术和质量显得非常重要。随着加工制造技术的发展，目前已实现了一些复杂的机械表面。但从当前国际微型机械产品的生产来看，三维复杂微成型在技术上仍未得到很好的解决，人们正在积极开发新型的、更有效的微加工、微成型技术。微型化学机械系统的关键技术是系统的组装，由于不同的使用温度对材料的要求不同，因此组装工艺也有很大差别。目前微型化学机械系统一般采用多层槽道板重叠布置，采用扩散焊进行封焊。

所谓微型换热装置是一种借助特殊微加工技术以固体基质制造的可用于热传递的三维结构单元，通常含有当量直径小于 500μm 的微通道，如图 3-24 所示。微型换热装置包括由多层槽道板构成的微通道换热器、微通道蒸发器、微通道加热器等。

图 3-24
微通道的基本结构

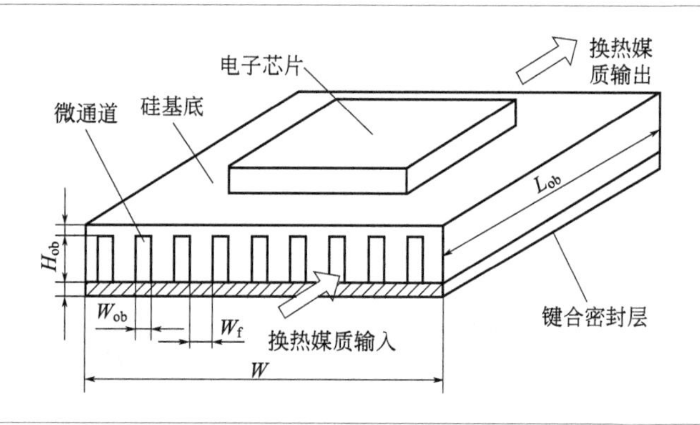


微通道蒸发器以其微型换热装置的显著特点，成为机动车辆、航空以及低温制冷技术领域中的热门研究内容之一。与常规的蒸发器性能相比，微通道蒸发器具有优良的特性指标，如高传热系数［10～30kW/(cm$^2$·K)］、大热流量（100W/cm$^2$）、高传热效率（＞80％）和低的热响应时间（几秒）等。以 1999 年美国 PNNL 设计的微通道燃料蒸发器为例，将尺寸为 9cm×

10cm×3.8cm、质量为 1.8kg 的微通道燃料蒸发器应用到燃料电池的燃料处理系统中，可蒸发汽油量 260mL/min，可为 50kW 燃料电池的燃料处理系统提供燃料。PNNL 微通道燃料蒸发器与常规燃料蒸发器的性能对比见表 3-4。

**表 3-4　PNNL 微通道燃料蒸发器与常规燃料蒸发器的性能对比**

| 性能 | 微通道燃料蒸发器 | 常规燃料蒸发器 | 微通道燃料蒸发器的优越性 |
|---|---|---|---|
| 体积/L | 0.36 | ＞10 | 体积不到 1/10 |
| 质量/kg | 1.8 | ＞227.5 | 质量很轻，可携带使用 |
| 响应时间 | 几分 | 几分 | 可适应各种负载要求 |
| 单位体积热流量/($W/cm^3$) | 11.5 | 0.1～1.0 | 热流密度大 10 倍以上 |
| 加工方法 | 低费用，层压扩散焊 | 模压，机加工，焊接 | 低费用，加工性能稳定 |

然而，到目前为止，对于微通道沸腾换热传热机理等的认识还相当有限，基本上不能应用常规大流道的换热机理和计算公式，许多相关的研究尚处于起步阶段，还没有通用的经验关联式来计算微通道内的热传递，需要进一步地进行研究。

微通道加热器是一个微尺度的燃烧系统，由 100～200μm 厚的蚀刻板层压装配而成，其热源来自于系统内的天然气燃烧，而不需电池、外部蒸汽发生器等驱动。微通道加热器的质量不到 0.2kg，仅为常规燃烧器的 1/10，其体积是常规燃烧器的 1/10 左右，可用于便携式加热/冷却装置、户内取暖装置、串列式热水器及燃料电池系统，$1cm^2$ 燃烧面积可产生 30W 的热量。对于单个微通道加热器模块，只需消耗少量燃料，就可连续进行 8h 加热或为串列式热水器提供热量。并行的 20 个微通道加热器模块大约可产生 20kW 的热量，可为一间大房子供暖，同时可减少 45％的热量损耗。相关资料表明，微通道加热器在微化学系统的过程加热、煤气热水系统等方面也具有广泛的应用前景，有待进一步的研究。微通道加热器与常规加热器的性能比较见表 3-5。

**表 3-5　微通道加热器与常规加热器的性能比较**

<table>
<tr><th>性能</th><th>微通道加热器</th><th>常规加热器</th><th>微通道加热器的优越性</th></tr>
<tr><td>能量输入/kW</td><td>1.2～35.2</td><td>23.4～44.0</td><td rowspan="5">高效、模块化、可扩展性、质量轻、体积小</td></tr>
<tr><td>能量效率/％</td><td>80～85</td><td>80～85</td></tr>
<tr><td>单位体积能量输出/($kW/m^3$)</td><td>$2.5\times10^4$</td><td>$0.88\sim4.55\times10^2$</td></tr>
<tr><td>单位质量能量输出/(kW/kg)</td><td>5</td><td>0.26～1.67</td></tr>
<tr><td>单位成本能量输出/(kW/美元)</td><td>0.025～0.05</td><td>0.019～0.05</td></tr>
</table>

在微通道换热器领域，目前大都采用 Mehendale 理论，将水力直径小于 1mm 的换热器定义为微通道换热器。在狭窄的通道中，流动边界层厚度大大减小，因而流体热传导阻力减小，传热速率增加，其无相变传热膜系数可达 10～15kW/($m^2$·K)，有相变传热膜系数可达 30～35kW/($m^2$·K)；同时，微通道使流体与通道单位体积接触表面积远大于常规通道，从而使得整个换热器的体积可比常规换热器体积小一个数量级以上，单位体积内的换热量可比常规换热器大五个数量级以上。用微通道换热器预热系统进行预热时，其加热速率是普通换热器的 40 倍，且不会加热过头，可控性较好。随过程控制、过程稳定性和产品质量的提高，可使用微型换热器的并行操作提高生产速率。

近年来，对流体在微小流道内流动和传热特性的研究报道开始增多。由于微小流道管的水力直径较小，各种各样的微尺寸多维效应显示得更为明显，例如电效应、耦合热传递效应、流体热力性能尺寸温度的变异效应以及流体黏性耗散效应、入口效应等。这些性能效应在微小流道传热时均不能加以忽略，它们会强烈地影响微小流道内流体的流动和换热。微通道换热器研究领域中单相流体流动换热已经进行了很多年研究，近几年两相流动换热的研究逐渐成为热点。

早在 20 世纪 80 年代，美国学者 Tuckerman 和 Pease 就报道了一种如图 3-24 所示的微通道换热结构，该结构由高热导率的材料（如硅）构成，其传热过程为在底面加上的热量经过通道壁传至通道内，其传热性能得到超过传统换热手段所能达到的水平，成功地解决了集成电路大规模和超大规模化所带来的“热障”问题。随后 Wu、Little、Pfahler 和 Choi 等都对通道中的单相流进行了分析和研究。最初的微通道流动换热研究基于单相冷却，如 Qu 等采用无氧铜制成换热器，使用聚碳酸酯盖板实现可视化。实验研究发现，微通道换热器的流动与传热特性可采用传统的能量与 Navier-Stokes 方程进行预测。

对于叠板式换热器，有学者进行了传热和流阻特性实验，给出了微通道换热器流道深度对传热和流动的影响结果。当换热器流道冷热水流量近似相等时，研究发现，随着流速 $v$ 的增加，冷热水之间的换热量增加，换热器单位体积的总传热系数 $K_v$ 也随之增加，如图 3-25(a) 所示。微通道深度较小的换热器 $K_v$ 较大，但这并不能说明 $K_v$ 随着微通道深度的减小而增大，因为随着微通道深度发生变化，传热面积也发生改变。实验中采用两种不同厚度的薄板加工两种不同深度的微通道，微通道深度分别为 1mm 和 2mm，换热器单位体积传热面积分别为 480$m^2/m^3$ 和 491$m^2/m^3$，而传热体积分别为

$1.45\times10^{-5}m^3$ 和 $2.17\times10^{-5}m^3$。实验中，微通道深度为 1mm 的换热器传热性能更优，在所考察流速范围内，微通道深度为 1mm 的换热器与深度 2mm 的换热器相比，传热性能提高了 30%～60%。换热器的阻力损失 $\Delta p$ 也会随着流体流速 $v$ 的增大而增大，当流速较小时，两种换热器的压力损失相差较小；随着流速的增大，深度为 1mm 的换热器压力损失比 2mm 深的换热器大 20%左右，如图 3-25(b) 所示。这是因为在微通道宽度一定的情况下，微通道深度越小，微通道的当量直径越小，导致换热器压力损失越大。对这两种不同微通道深度的换热器综合性能进行比较，数据显示微通道深度为 1mm 的换热器综合性能比深度为 2mm 的换热器提高约 20%。

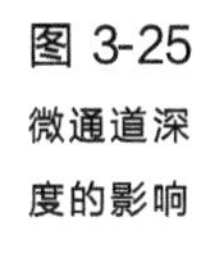

**图 3-25** 微通道深度的影响

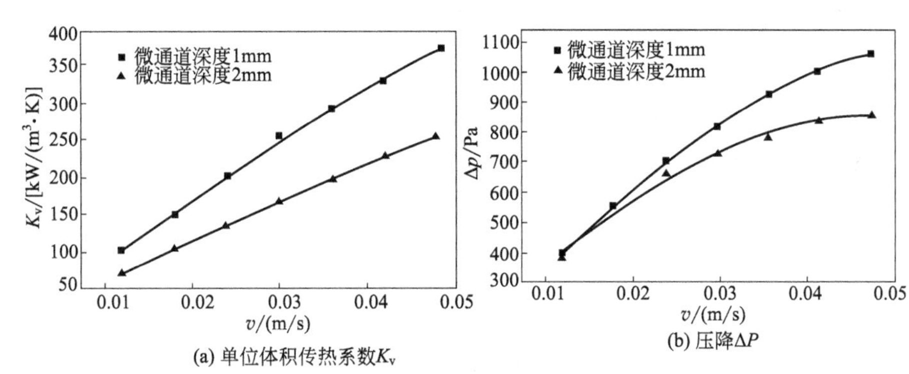


除了微通道深度，管壁粗糙度和流道壁厚也会对微通道的传热和阻力特性造成影响。由于微通道中粗糙度的密集分布和粗糙度相对作用面的加大，使得实验得到的摩擦系数比常规大尺寸通道的值大，并且随着粗糙度增大，摩擦系数越来越大。在一定的相对粗糙度下，液体在微通道内层流流动充分发展区仍可采用常规公式。当壁面的厚度与当量直径处于同一数量级且流动处于低雷诺数区时，壁面轴向导热会引起内壁面不均匀热流分布，从而使得流体的温度分布呈现非线性变化。当雷诺数增大时，这种偏离现象逐渐减弱。

单相微通道换热器的冷却上限很大程度上受饱和温度的限制，而两相微通道换热器利用冷却液的汽化带走大量热量，极大地提升了换热器的冷却能力。用于两种流体热交换的微通道换热器于 1985 年由 Swift 研制出来，研究表明，其微通道换热器的单位体积换热量可高达几十兆瓦每平方米开。美国太平洋西北国家研究所（Pacific North-West National Laboratory）于 20 世纪 90 年代后期研制成功燃烧/汽化一体化的微型装置以及微型热泵等。卡尔斯鲁研究中心（Forschungszentrum Karlsruhe GrabH）也在利用经过成型工具超精细车削加工的器件，将其彼此连接形成错流和逆流的微换热器。为解决电子元件发热问题，Tuekennan 和 Pease 研制了一种水冷肋片式散热器，该散热器由硅制成，采用矩形通道，宽 50μm、深 300μm，散热量为 790W/cm²。两相流换热器的缺点是：较小的通道水力直径导致较大的压降和功耗，冷却液流动不稳定并且易蒸干。实验表明，尺寸的减小在一定程度上提高了传热能力，但泵功率及两相压降限制了截面尺寸的下限；同时更小的通道尺寸对加工技术及精度提出了更高的要求。另外，通道结构及尺寸的改变会显著影响两相微通道的换热效率。因此，针对不同的热耗散需求，结合水力特性对微通道尺寸及结构进行优化设计是必然趋势。

### 3.3.1.2 微通道换热器的结构优化设计

现有的微通道换热器依据流体的流动及分配方式主要分为两类：平行翅片微通道和微针肋换热器，如图 3-26 所示。在近几十年的发展过程中，从最初的简单几何形状到现在的多样化复杂形状微通道，以及多种强化表面结构相结合的复合式微通道，均为基于上述两类微通道的变形和改进。

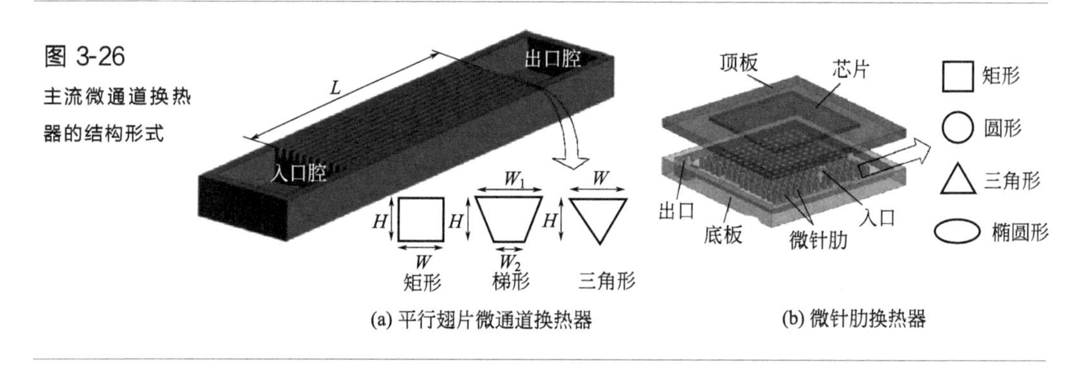


(a) 平行翅片微通道换热器 (b) 微针肋换热器

图 3-26 主流微通道换热器的结构形式

平行翅片微通道换热器结构较为简单、加工相对容易，一般采用铜或单晶硅作为基体，在国内外得到了大量的研究，截面形状主要集中在矩形、圆形、梯形和三角形等。Choi 等、Jang 等、Liu 等和 Hu 等均针对矩形微通道展开了大量可视化实验研究。矩形平行翅片通道内两相沸腾传热系数是液体单相流动的 3～20 倍，随着热流密度的变化，出现泡状流、受限气泡流和环状流等流型以及不同的沸腾传热系数；由于气泡复杂的不规则流动和堵塞现象，两相流通道内存在较大的压力波动，甚至部分通道内会出现倒流现象。研究者对微通道内两相沸腾机制和主导机制的认识一直存在分歧，Ravigururajan 等发现沸腾传热系数随干度的增加而降低，认为微通道内沸腾传热机制受核态沸腾主导，并指出较高的含气率产生了抑制作用；Qu 等也发现了相同的规律，分析认为，由于流型为环状流，强制对流沸腾为主要传热机制，并指出环状流内夹带的微小液滴沿着流动方向沉降在液膜上导致了上述规律。

针对圆形、三角形、梯形等常规截面形状微通道的研究近些年也相当活跃，研究表明，不同的截面形状会对流动沸腾性能产生影响。由于矩形通道增大了汽化核心密度，所以其沸腾传热系数比圆形光滑微通道更大。部分研究指出，三角形截面微通道由于微尺度的限制不会出现典型泡状流，而是直接由快速气泡生长区迅速过渡到环状流，这会影响流动沸腾传热机制的确定。从 Wang 等和 Salimpour 等的研究可以得出矩形截面微通道具有最优的传热性能，椭圆形与之相似，梯形及三角形截面次之的结果。也有很多研究者关注相对复杂的截面形式和流动方式，如 Ω 形、斜棱式、波浪式、蛇形等，如图 3-27 所示。复杂结构能在一定程度上强化换热，降低两相压降，抑制流动不稳定性，但综合考虑制造成本及效益，常规截面平行翅片微通道换热器仍是关注的重点。

图 3-27
复杂结构平行翅片微通道换热器

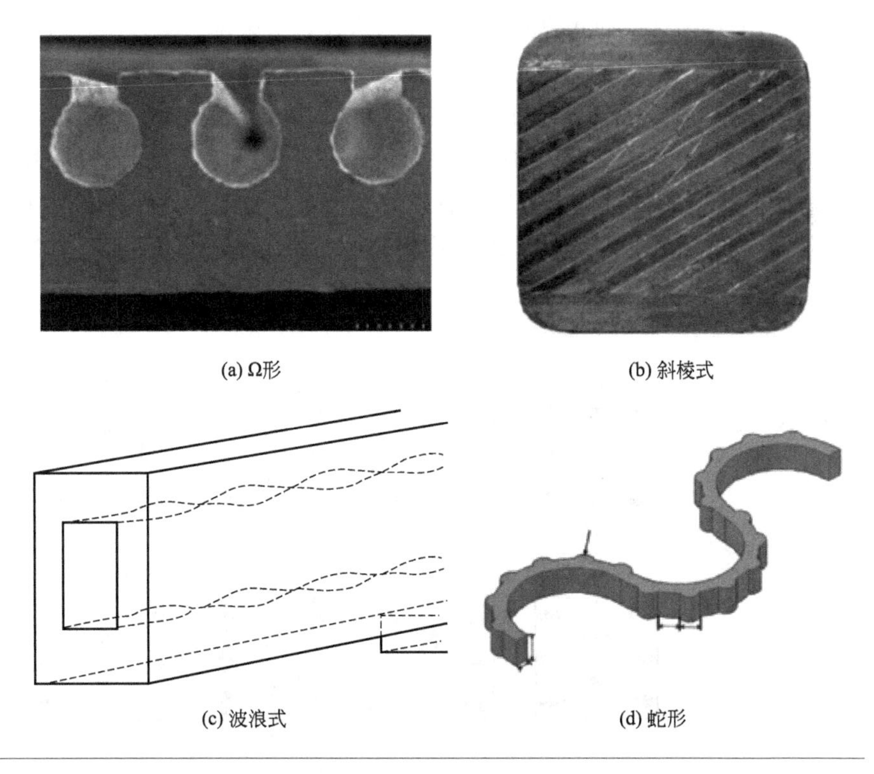

(a) Ω形　(b) 斜棱式　(c) 波浪式　(d) 蛇形

不同于常规平行翅片微通道换热器，微针肋换热器结构相对复杂，冷却工质流动更加随机和混乱。不同形状的微针肋微通道换热器如图 3-28 所示。研究表明：相比平行翅片微通道换热器，采用微针肋不仅可以有效地强化换热，增大热流密度，改善进出口流场的分布，还可以在一定程度上防止污垢和杂质阻塞。

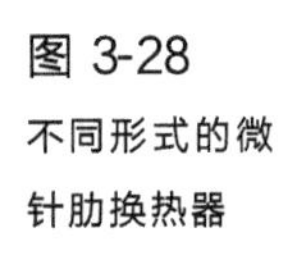

图 3-28
不同形式的微针肋换热器

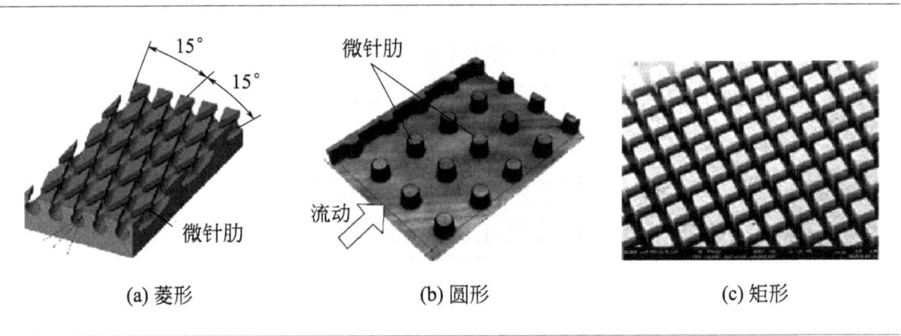


(a) 菱形　(b) 圆形　(c) 矩形

依据微针肋的形状及排列方式，可以得到如图 3-29 所示的多种不同结构微针肋换热器。Xu 等运用参数化方法研究了图 3-29 中不同针肋结构及排列方式对微针肋换热器的影响，指出微针肋强化换热的主要原因是针肋对流体的持续扰动和热边界层的破坏及重建。交错排列微针肋，可以减小热沉边界层厚度，在压降小幅增大的情况下，大幅提高微通道热沉的散热能力。Kuppusamy 等采用交错斜通道排列方式，有效地降低了热边界层的厚度，大幅提高了微通道热沉的散热能力，将冷却液压降减小了 6%，热沉整体性能提高了 146%。微针肋换热器是一种有效强化微通道换热的技术，但其相对复杂的结构对制造工艺和加工精度提出了很高的要求，对相关精密微加工技术的研究还有待开展。

图 3-29
微针肋结构及排列方式

$S_L$　$S_T$　$a$　$b$

1#　2#　3#　4#　5#　6#　7#　8#　9#　10#

流动——→

随着电子信息和光电技术的发展，平行翅片微通道换热器已经不能完全满足设备的散热要求，将平行翅片与微针肋相结合的复合式微通道换热器应运而生。Deng 等使用激光微铣削法在矩形微通道的底面加工出如图 3-30 所示的微锥形肋片，使得换热器的沸腾传热性能最大可提高 175%。由于微针肋提供了大量的成核点，在提高临界热流密度的同时阻止了局部蒸干现象的发生，两相流动不稳定性也得到了缓解。针对平行翅片微通道冷板温度分布不均匀的现象，射流冷却技术的引入极大地提高了其冷却能力。喷射冷却可以使被冲击通道内流体的边界层变薄，强化对流换热，两种方式相结合可以提供更优的换热效率和均温效果，但流动阻力也限制了其在微尺度热管理领域的应用。同时，在平行翅片微通道内添加阻碍物、形成凹坑结构等也会在增加压降的情况下增强传热效果。

**图 3-30**
**具有微针肋结构的复合式平行翅片微通道换热器**

(a) 表面形貌

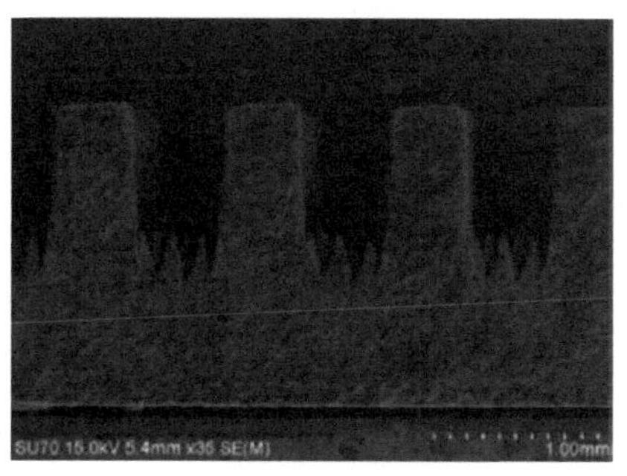


(b) 截面形貌

除了复合微通道结构外，微通道换热器的流道布置也是提高微通道冷却效果的有效手段。有研究者提出了一种双层微通道换热器，并发现流体的温升在双层逆向流动时比单层的要低，双层的压降、温度波动性也较小，表明双层微通道是对单层微通道热沉的一种改进。Sehgal 等通过实验研究了不同流道布置对微通道换热器性能的影响，从工业的角度看，P 形流量布置是优选方案，虽然具有中等的传热率，但保证了最小的压降和摩擦因数；从传热的角度看，U 形被认为是更好的选择。复合结构及更有效的流道布置可以显著地增强流动沸腾的传热效果，但也会带来相对更大的压降及制造加工问题，这须在实际应用中综合考量散热需求及工艺成本进行取舍。

微通道换热器的结构形式、结构参数及流道布置可显著地影响通道的换热效果，针对日益增长的散热需求，优化设计是提高微通道换热器散热性能的有效措施之一。微通道结构优化设计的目标是在保证散热需求的基础上，用尽可能小的代价获得最优的冷却效果。主流优化设计的评估准则有热阻、传热系数、努塞尔数、系统最高温度、泵功率等。很多研究者在进行最优设计时仅采用单独准则作为目标函数，如获得最高的传热系数和努塞尔数，使系统最高温度最低、热阻最小等，单一的目标函数确实获得了传热性能最优的结构，但忽略了在实际应用中至关重要的流量和压降方面的损失。在考虑热阻或努塞尔数的同时加入压降的影响，才能选择出更贴合实际应用的最优结构。

微通道结构优化设计主要分为两类：增强流体的扰动和增大换热面积。关于增强流体扰动的结构前面已经介绍了很多，如波形通道、微针肋、缩扩结构、在通道内刻槽或加针肋等。上述形式在提高传热性能的同时带来了很大的降压，所以在增强扰动的同时更应关注流动阻力的优化。Zeng 等基于拓扑优化方法设计出一种特殊结构的微通道换热器，采用不同形状和大小的肋片进行合理布局，在增强扰动的同时带来了更低的堵塞率；在相同的冷却性能下，拓扑结构微通道的泵功率比常规平行翅片矩形微通道减少了 50%，但对加工制造提出了极高的要求。

在增大换热面积方面主要涉及结构形式和结构参数的优化。Kim 等对矩形、倒梯形、菱形、梯形和三角形微通道的散热片构建了分析模型，发现具有较高纵横比和小间距的换热器整体性能最佳，倒梯形、三角形和菱形微通道分析模型比矩形和梯形预测结果更准确。研究表明，分析模型是用于微通道换热器设计和热阻计算非常有效的工具。Husain 等使用 RSA、KRG 和 RBNN 模型对微通道换热器进行几何形状的最优设计，以获得恒定热源下相同泵功率的最小热阻值。研究发现三种模型产生了不同的最佳几何形状，但获得了几乎相同的目标函数值（最小热阻值），同时发现通道宽深比对换热器的影响大于翅片的宽深比。Rao 等采用最新的 Jaya 算法在考虑泵功率的情况下，利用最小热阻原则，获得了特定工况下适用于矩形微通道的最优通道宽度、深度及翅片宽度。其他诸如 Ω 形、竖直 Y 形分叉、树形等结构也可以增大换热面积，并在一定程度上提高温度分布的均匀性或降低流动阻力，但实际加工制造十分困难。而矩形通道加工成本低，可以通过优化结构参数使其冷却性能优于复杂结构的换热器。

从分析可知，实际使用场景的多样性限制了设计方法的发展，现阶段优化设计方法及模型各有优劣；复杂结构微通道可以强化换热，但存在大压降和加工困难等问题；相对而言，常规平行翅片微通道可以通过进一步优化设计，如采用大深宽比通道来获得更优的散热性能，但相关流动沸腾机制有待进一步探索。

### 3.3.1.3　微通道换热器的应用

微通道换热器根据应用尺寸可分为芯片微通道换热器和工业换热微通道换热器。芯片微通道换热器多应用在电子工业设备冷却方面，采用平板错流式多孔烧结网式结构，以聚合物材料和陶瓷等材料，应用注塑法、激光烧蚀法或热压法加工。工业换热微通道换热器（图 3-31）多应用在制冷空调、工业余热利用等方面，采用平行流管式或三维错流式结构，以铝和铝合金为材料并采用挤压技术、光刻电镀技术或准分子激光细微加工方式进行加工。

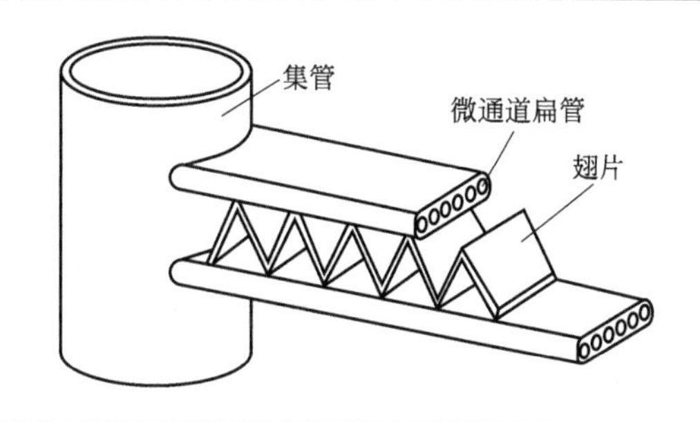


图 3-31
工业换热微通道换热器结构示意图

现阶段汽车空调的冷凝器以及蒸发器都在使用微通道换热器。它质量轻、传热系数高、耐腐蚀，正好满足了汽车空调对于高性能换热器的需求。汽车空调运行时的环境比较特殊，运行工况相对来说比较恶劣，同时由于汽车内部空间和安装维护等因素的制约，汽车空调的换热器必须要具有结构紧凑、换热效率高、重量轻、制冷剂侧和空气侧阻力小、便于安装、坚固耐用、运行安全可靠等特点。汽车空调冷凝器的结构经历了管片式、管带式和平行流式等主要结构形式。平行流式换热器最早是美国摩丁公司的专利产品，用来代替汽车空调的管片式冷凝器。后来，经日本昭和铝等公司在两端集管中增加隔板形成不同回路而称为多元平行流式冷凝器。在相同迎风面积下，平行流式冷凝器制冷剂侧压降降低，仅为管带式冷凝器的 20%～30%，整体传热性能比管带式高出 30%以上。经过不断的发展，现如今微通道换热器已广泛应用于汽车空调领域，常见汽车制冷系统中，主要是二氧化碳超临界汽车制冷系统、汽车热泵制冷系统采用微通道换热器。

实际应用中，发现了一些问题，其中比较突出的是微通道换热器用于蒸发器或热泵空调系统中会出现结霜问题（图 3-32），特别是在室外温度低于 7℃时，室外侧微通道换热器会出现严重结霜，极大地降低系统性能。

微通道换热器大多采用百叶窗翅片，融霜产生的凝水容易积存在翅片上，当再次结霜时，积存的凝水会结冰，更加难以去除。结霜会使得微通道传热性能骤降 20% 左右，能效比（energy efficiency ratio，EER）降低近 13%。

图 3-32
微通道换热器结霜现象

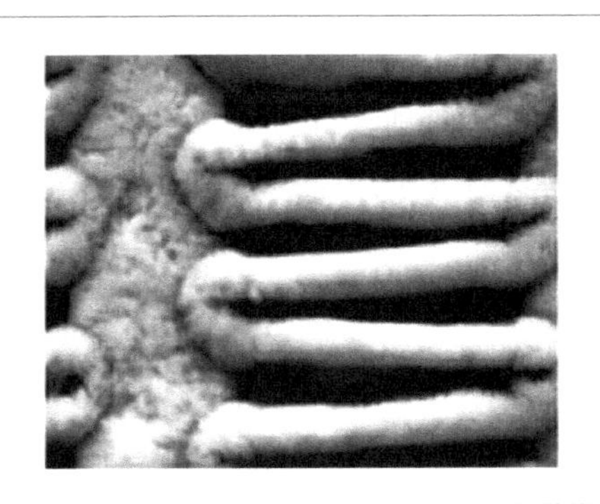

Moallem 等研究了翅片结构对微通道换热器结霜的影响，实验结果表明，翅片长度以及翅片宽度对换热器结霜周期影响较小，但翅片密度对换热器结霜周期有明显的影响，翅片密度较低时换热器结霜周期相对较长，这一结论也被其他学者证实了。但翅片密度较低时，换热器换热效率较低。江森自控科技公司提交的名为“用于空调热泵的微通道换热器”的专利，通过对翅片和扁管的密度、尺寸分布进行不同的排列以及将扁管改装为上宽下窄的结构，从而实现抑制冷凝水聚集，以此解决结霜。由近年来微通道换热器结霜现象的研究总结来看，改进微通道换热器结构是解决微通道换热器结霜现象的主要手段之一。

微槽散热器以其散热强度大、外形尺寸紧凑等特点在电子元件散热领域，特别是对于国防和航空控制系统中的大功率电子元件，具有广泛的应用前景。由于安装空间狭小、热环境苛刻等方面的限制，微槽散热器成为解决其散热难题的关键设备。

用于微通道的传热介质一般是经过纯化的空气、氮气、$CO_2$、水等。微通道可使热流密度高达 100～150W/cm$^2$，而一般传统换热形式只能达到 10～20W/cm$^2$，它们的差距高达 50 倍，在散掉大热流的同时，表面温度只升高 1/50。微通道换热技术用于多芯片组件、激光二极管陈列、雷达固态器件、高速数字器件等冷却，在光电子器件应用已较为成熟。现在的高功率激光器陈列需把 0.001L 体积内温度保持在 100℃以下而散掉几百瓦的热，得用庞大的循环水冷却器。图 3-33 所示的微通道可使热流密度高达 100～150W/cm$^2$，采用的微通道尺寸为 50$\mu$m（宽）×500$\mu$m（高）。

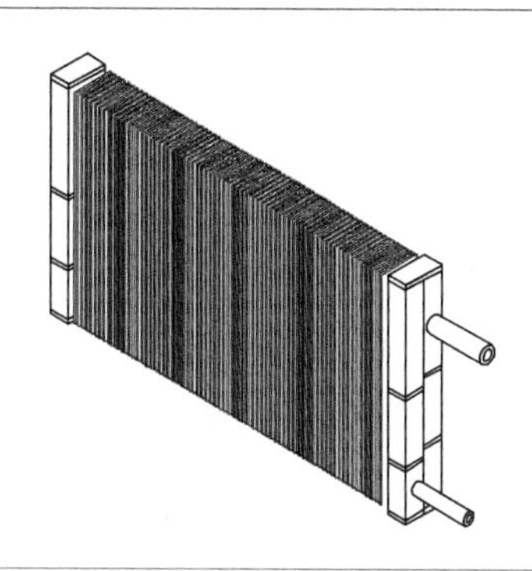

图 3-33
微通道换热器外形

有些研究者采用单掩膜方法制作成宽×高=(5～10$\mu$m)×(8～10$\mu$m) 的微通道，由于尺寸更小，其性能更佳。试验表明，空冷硅微通道热沉的热阻小于 1$cm^2$·K/W，水冷硅热沉的热阻小于 0.1$cm^2$·K/W，这意味着 1$cm^2$ 芯片上散热 150W/$cm^2$ 时水与芯片温差可维持在15℃以下，而液氮冷却硅微通道热沉的热阻小于 0.05$cm^2$·K/W。在单层微通道换热器趋于成熟的情况下，对双层微通道也进行了研究，后者有利于减小压力降，提高芯片温度均匀性而减少热应力。

同时，随着热流密度的不断增加，散热的要求也越来越高。由于传统平直微通道沿着工质流动方向温度梯度和压力梯度较大，导致表面温度冷却不均匀，泵或风机的功耗损失增加，平直微通道越来越不能满足散热的要求，因此，国内外学者不断提出散热效果更好、散热效率更高的歧管式微通道散热器、微通道-射流冲击混合散热器、横断扰流微通道散热器等多种微通道散热器。

如图 3-34 所示的歧管式微通道冷却技术有助于在较小的空间内实现高热

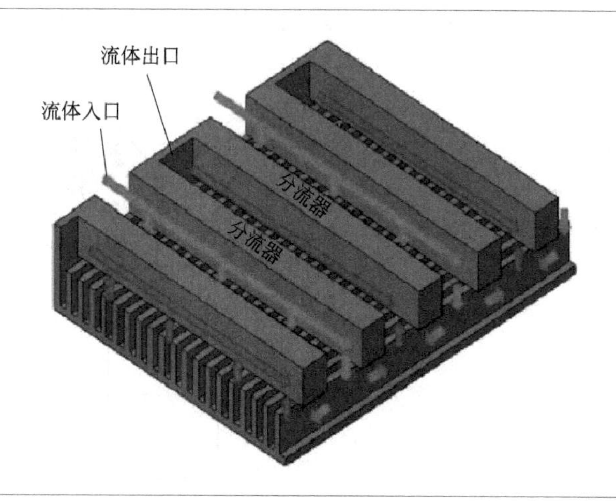


图 3-34
歧管式微通道换热器

流密度冷却，较为适合高聚光比的密集阵列聚光电池系统。Ryu 等设计了歧管式微通道换热器，这种结构与换热表面的接触时间更短，因此可以有效降低工质流动方向上的温度梯度和压力梯度，从而可以得到更加均匀的温度分布。实验结果表明，在层流状态下，歧管式微通道换热器的热阻约为传统微通道换热器的 50％。

Yang 等利用实验的方法研究了新型多层歧管式微通道，实验结果表明：电池表面温差小于 6.3K，传热系数达到了 8235.84W/(m$^2$·K)，压降损失低于 3kPa，显示出良好的流动和传热性能，有效地降低了 CPV 电池表面的温度，提高了温度均匀性，提高了 CPV 电池的输出功率，延长了 CPV 电池的使用寿命。Yu 和 Xin 对铜基歧管式微通道散热器进行了理论与实验研究，实验结果表明测量热阻高于基于多孔介质模型的理论预测。Yue 等利用有限体积法数值研究了工作流体为纳米流体 $Al_2O_3$-$H_2O$ 的歧管式微通道散热器的流动与传热特性，结果表明：体积分数增加，换热增强，阻力增大，但总熵产降低，性能指标增加或减少视工况而定。粒径增加，换热减弱，阻力减小，总熵产增加，性能指标降低；雷诺数增加，换热增强，阻力增大，但总熵产降低，性能指标减小。

液体射流冲击技术是指从微孔中喷出液体工质到被冷却表面，工质与表面之间的传热系数因液体强烈扰动而保持在很高的水平上，在喷射中心区域，传热系数较大，但是离喷射中心区域较远的地方，传热系数迅速降低。为了冷却较大的面积，需要射流冲击序列，但是相邻射流会因互相影响而降低换热效果。因此，将微通道和射流冲击结合在一起，可以结合两种散热方式的优点，同时避免两者的缺点。Sung 等研究了微通道-射流冲击混合散热器（图 3-35），以热物理性质相对较差的 HFE7100 为冷却工质，冷却的热流密度可以达到 304.9W/cm$^2$。他们认为通过提高射流速度、降低冷却工质温度可以进一步提高冷却性能。

图 3-35
微通道-射流冲击混合散热器

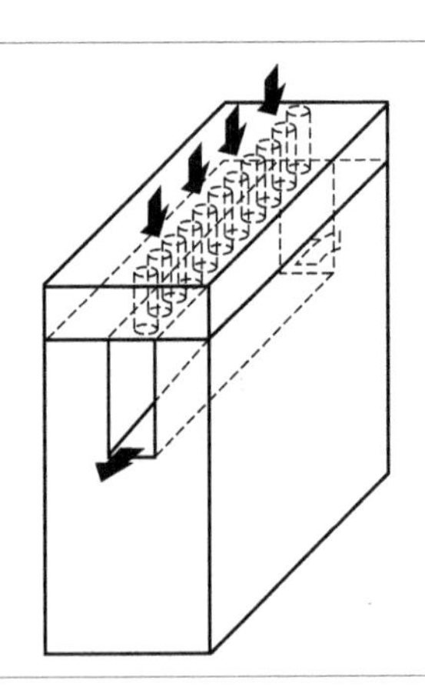

Husain 等对微通道-柱体-射流混合散热器进行了数值模拟研究，指出射流的存在会形成两个反向漩涡，而微通道中柱体的存在加强了对流体的扰动作用，这两者起到了强化换热的作用。王瑞甫等分析研究了微通道-射流散热器的射孔间距、微通道高宽比、初始横向流等对传热性能的影响。Yu 等运用实验和数值模拟的方法对针翅式微通道和传统平直微通道进行了研究比较，结果表明针翅式微通道具有较低的热阻和较高的压降损失。朱丽瑶等研究了阵列式射流与微小通道热沉相结合的冷却装置，研究了系统运行工况参数和结构参数对冷却性能的影响。

## 3.3.2　蜂窝夹套换热器

### 3.3.2.1　蜂窝夹套换热器的基本介绍

对设备内的介质进行加热和冷却有多种方式，例如在容器外部设置夹套，在容器底部设置蛇管、电加热等，而应用最普遍的是采用夹套传热的方式。夹套传热的优点是结构简单、耐腐蚀、适应性广。但随着容器容积的增大，所需要加热或冷却的热量增大，普通夹套的换热能力就明显达不到要求，另外，夹套容器内筒作为外压设计造成的结构笨重弊端越来越明显。蜂窝夹套是 20 世纪 90 年代出现的一种新型高效传热设备（图 3-36），它是在

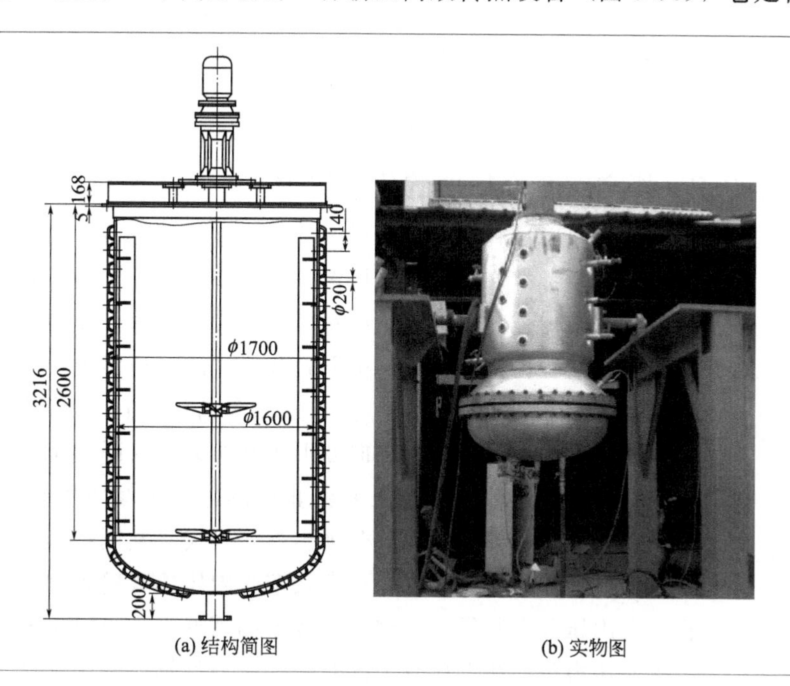

(a) 结构简图　　(b) 实物图

图 3-36 蜂窝夹套示意图（单位：mm）

夹套板上冲压大量圆台状凹坑蜂窝，蜂窝底部冲有圆孔，在圆孔处将蜂窝夹套与筒体通过焊接连接起来，形成蜂窝状结构，其以优异的力学性能和传热性能被广泛地用于加热或冷却过程工业的各种容器。与传统的夹套相比，蜂窝夹套不仅具有优越的传热性能，而且还可以减薄夹套和内筒壁厚，降低生产制造成本。

蜂窝夹套设备是筒壁换热，壁的两面都为流体，则这个传热过程实际上是一个对流-传导-对流的串联传热过程：

① 热流体由对流方式将热量传到高温壁面；

② 热量由高温壁面以传导方式传过设备壁，传到低温壁面；

③ 热量再由低温壁面，以对流方式传给冷流体。

蜂窝夹套的设计主要是通过考虑前两个传热过程来提高传热效果。对于第一个过程，根据《化工原理》一书中对对流传热过程的分析，当流体做湍流流动时，紧贴壁面处总有一层流体处于层流流动状态，对流传热的热阻主要集中在该薄层内，膜理论称之为有效膜，减薄有效膜厚度是强化传热的重要途径之一。

膜理论模型指出，当流体的湍动程度增大时，有效膜厚度会变薄，因此对流传热效率增大。蜂窝夹套正是基于该思想，通过改变加热介质的流动形态，增大湍动程度，减薄有效膜厚度，进而增强传热效果。生产应用中，蜂窝夹套的腔体高度一般不超过 100mm，这样做的目的是尽可能减小加热介质的流道面积，在加热介质供给情况不变的条件下增大流动速率，使得加热介质更容易形成紊流。相对于整体夹套，在同样的生产负荷下，可以降低加热介质的流量和压力，节约能源，降低操作费用。

#### 3.3.2.2 蜂窝夹套换热器的研究进展

有学者通过有限元软件对蜂窝夹套进行分析后发现，在分析蜂窝夹套的强度时必须考虑蜂窝几何结构参数——蜂窝拐角半径、蜂窝锥度、蜂窝腔体高度等对结构强度的影响。针对蜂窝夹套结构设计及焊接工艺，南京化工厂通过爆破试验提出了焊接接头形式和尺寸的改进意见，这对于蜂窝夹套设计与制造有较好的指导意义。对蜂窝夹套结构进行分析和应力应变测量分析后，结果表明内筒和夹套环向变形相互协调，共同承担了内压和夹套压力引起的环向载荷；轴向切面内夹套非连续体，夹套不承担内压引起的轴向载荷，夹套压力引起的轴向载荷则由内筒和夹套共同承担。工作条件下非夹套包围部位筒体的应力计算，可直接按受内压薄膜壁容器的应力计算方法来进行；在内压和夹套压力条件十分接近的情况下，可以不考虑弯曲效应。内压与夹套压力条件相差比较大的时候，应力计算时必须考虑弯曲效应；夹套蜂窝点处蜂窝坑区域的应力水平低于无夹套部位筒体的应力水平，可以不必考虑蜂窝点的连接强度问题。通过有限元方法对蜂窝夹套结构进行强度分析和结构分析，有学者观察了蜂窝夹套的应力分布，并结合薄膜蒸发器的制造应用特点分析了普通夹套、叉排蜂窝夹套、顺排蜂窝夹套的径向变形与轴向变形。

针对特定的大型啤酒发酵罐，浙江大学提出了一种特定的螺旋绕带式结构，称为螺旋蜂窝夹套；并进行了传热性能试验研究，发现其传热系数 $\alpha$ 可以采用螺旋板式换热器夹套侧传热系数乘以修正系数来表达：

$$\alpha = 0.023 \frac{\lambda}{d_e} Re^{0.8} Pr^{0.4} f_1 f_2 \tag{3-70}$$

式中 $d_e$——冷却夹套的当量直径，m；

$f_1$——螺旋板修正系数，定义为 $f_1 = 1 + 2.48 d_e / D$；

$f_2$——蜂窝结构修正系数，根据蜂窝点布置情况来选用，其值为 1.05～1.12；

$\lambda$——冷却液的热导率，W/(m$^2$·K)。

上式中雷诺数的指数值为 0.8，这一公式去掉两个修正系数 $f_1$、$f_2$ 后的式子就是管内流体在湍流时的传热系数计算式，这一公式只适用于夹套内流体已达到湍流状态，而对于小流量下的蜂窝夹套内传热系数关联式并没有给出。

华东理工大学在低雷诺数的情况下进行了夹套进料为水、设备内为蒸汽加热的夹套内传热系数测定，得到了适用于低流速下蜂窝夹套侧传热系数的计算公式(3-71)。式(3-71) 适用于与试验设备结构尺寸相近的蜂窝夹套设备。

$$\alpha = 2.60 \frac{\lambda}{d_e} Re^{0.3} \tag{3-71}$$

国外关于蜂窝夹套的研究基本上是关于蜂窝夹套平板蒸发器结构的研究。根据蜂窝夹套生产厂家提供的用户使用手册，有学者给出了传热系数 $K$ 的计算公式：

$$K = 0.135 + 0.937 (W/Z)^{0.575} \left[ \frac{Z(W - d_0)}{ZW} \right]^{-2.1} Re^{-0.33} \tag{3-72}$$

式中 $W$——相邻蜂窝点的间距，m；

$d_0$——蜂窝点上下直径之和的平均值，m；

$Z$——腔体高度，m。

表 3-6 给出了在不同介质下蜂窝夹套换热器总传热系数的大致范围，但

适用条件值得探讨。

表 3-6 蜂窝夹套换热器总传热系数的范围

| 夹套中的流体 | 被加热或被冷却的介质 | 总传热系数/[W/($m^2$·K)] | |
|---|---|---|---|
| | | 搅拌 | 不搅拌 |
| 水 | 水 | 567.8～738.1 | 142～454 |
| | 牛奶 | 567.8～738 | 142～454 |
| | 冰激凌(12%脂肪) | 340～567.8 | 85～170 |
| | 浓缩牛奶(30%固体) | 340～454 | 85～170 |
| | 脂状牛奶 | 340～454 | 142～170 |
| | 空气 | 17～40 | 5.6～17 |
| | 油 | 57～170 | 22～51 |
| | 糖溶液 | 102～283 | 39～125 |
| | 焦油 | 85～113 | 28～68 |
| 蒸汽 | 水 | 681～1703 | 567～1277 |
| | 牛奶 | 681～965 | 567～965 |
| | 冰激凌(12%脂肪) | 454～681 | 227～340 |
| | 奶油(40%脂肪) | 340～539 | 170～283 |
| | 浓缩牛奶(30%固体) | 454～681 | 227～340 |
| | 空气 | 17～45 | 11～22 |
| | 油 | 199～539 | 45～227 |
| | 糖溶液 | 340～1022 | 90～386 |
| | 焦油 | 255～369 | 57～170 |
| 氨水(液态) | 水 | 397～624 | 199～312 |
| | 牛奶 | 397～624 | 199～312 |
| | 冰激凌(12%脂肪) | 283～397 | 142～227 |
| | 奶油(40%脂肪) | 170～312 | 85～170 |
| | 浓缩牛奶(30%固体) | 283～397 | 142～397 |
| | 空气 | 11～40 | 5.7～17 |
| | 油 | 45～113 | 11～57 |

### 3.3.2.3 蜂窝夹套换热器的结构优化设计

蜂窝夹套的结构各种各样，夹套高度和直径不同，夹套蜂窝的排列、蜂窝的结构尺寸、蜂窝点的间距等对夹套内的传热系数都有影响。图 3-37 为蜂窝夹套结构示意图。蜂窝点表面的几何形状不同、排列方式不同、间距不同使绕过蜂窝点的介质速度分布和温度分布也不相同。同一设备改变其排列方式，顺排方式和叉排方式的介质流动状态大不相同，速度分布不同，流动介质的值发生变化，蜂窝点间距大小等结构参数的改变同样较大程度地影响了设备介质的流动状态。不同蜂窝夹套设备由于几何结构参数的不同，内部流动状态的改变，引起了大小的改变。

图 3-37

蜂窝夹套结构参数示意图

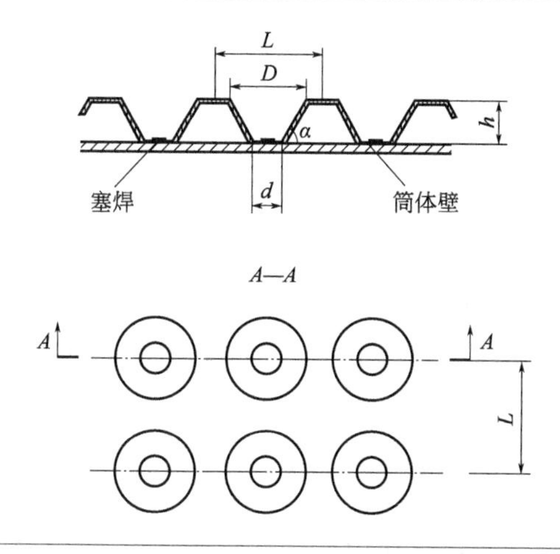


研究表明，在流体流量相同时，蜂窝夹套的传热系数大于普通夹套，尤其是在流量较低时，蜂窝夹套具有较好的强化传热效果。这主要是因为蜂窝夹套上蜂窝的扰流作用，体现了蜂窝夹套的优越性。蜂窝迫使流体的流动方向和速度不断改变，使得介质和蜂窝点不断相撞形成局部漩涡，体现了流体在蜂窝周期性变化的夹套中流动、分离、漩涡、再附着的流动特征。流动漩涡能够引发流动不稳定现象或产生二次流来改善传热性能，利用漩涡区与主流间形成的自由剪切层极不稳定的特性引起主流流体与漩涡区流体混合，促使流动在较低的雷诺数下由层流向湍流过渡，进而使蜂窝夹套传热性能大大提高。

（1）排列方式

蜂窝夹套的焊接点在筒体上一般按正方形或正三角形的形状进行排列，如图 3-38 所示。有学者通过数值模拟方法研究了不同排列形式下蜂窝夹套换热器的传热性能，发现各模型的传热系数在计算范围内都随着流体流量的增加而增大。这是因为随着夹套内流体流量的增大，流体流速增大，流动状态发生改变，湍流脉动程度提高，强化了对流传热效果，因而传热系数增大。

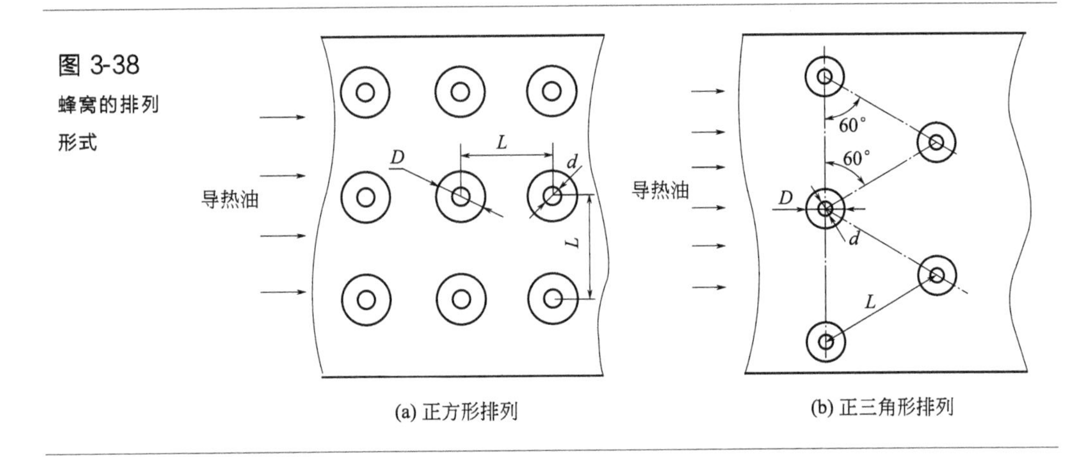


图 3-38
蜂窝的排列形式

在其他结构参数相同的条件下，正三角形排列（叉排）所示的蜂窝夹套传热系数比正方形排列（顺排）的大（图 3-39）。分析认为，正三角形排列的结构排列更密集，流通空间更小，在蜂窝点周围的扰流明显比正方形排列时强烈，整个流场出现的流动死角区较少，使流体不断地改变流动方向和速度，因此蜂窝采用正三角形排列的方式能使夹套内流场和温度场分布更加均匀，能够有效提高传热效果。综合考虑传热和强度因素，在薄膜蒸发器实际应用中推荐使用正三角形排列的蜂窝点分布。

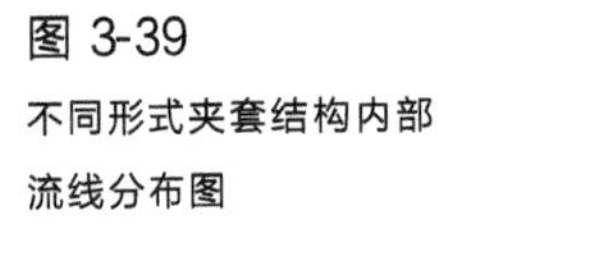

图 3-39
不同形式夹套结构内部流线分布图

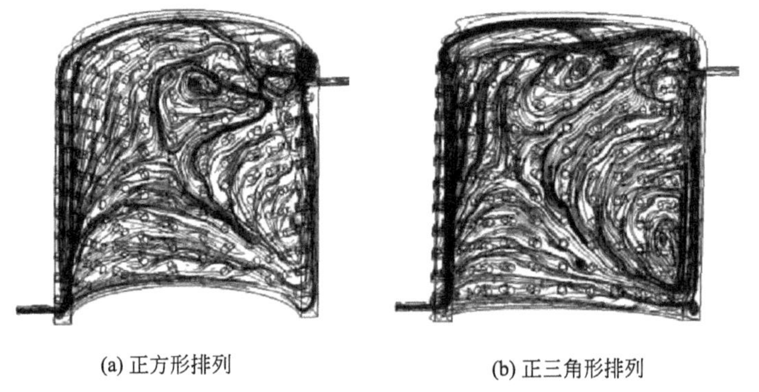


蜂窝正三角形排列的夹套内压降比正方形排列的略大，这是因为在蜂窝正方形排列的夹套中，对流体而言相当于在流动方向上存在一个直通道，所以流体可以在两排蜂窝之间直线前进且流速较高，压降也较小。而在蜂窝正三角形排列的夹套中，交错排列的蜂窝使得流体流动通道上充满障碍，于是流体不断改变流动方向，流速下降，压力损失也较大。

(2) 蜂窝间距

对于筒体直径为 600mm 和 170mm 的蜂窝夹套设备，蜂窝点间距取 40mm、50mm、60mm 分别进行传热计算。根据流场分布，发现蜂窝点间距越小，流体流经蜂窝点后产生的扰流越强。温度分布情况则反映随着蜂窝点间距的增大，夹套设备的温度场分布趋向平均，这与流场分布图一致；但在蜂窝夹套设备的上下边角位置，随着间距的增大流动的死角区域减少。图 3-40 为不同蜂窝点间距 $L$ 下 $\phi$600mm 及 $\phi$170mm 蜂窝夹套水冷却结构的传热系数随流量变化的曲线图。可以看出，随着蜂窝点间距减小，蜂窝夹套的对流传热性能提高，夹套侧的传热系数增加。

图 3-40
不同蜂窝点间距的传热系数

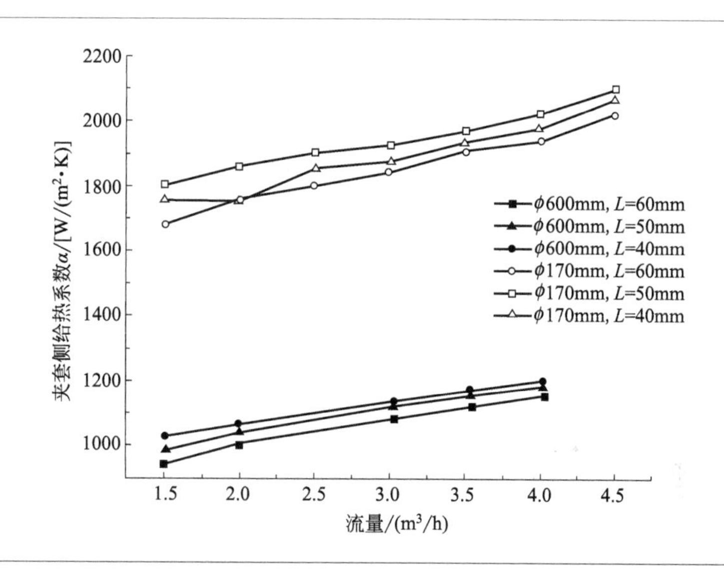


研究还表明，随着蜂窝间距从 60mm 减小到 40mm，设备内筒内陷量、夹套外陷量、夹套最大应力、内筒最大应力等也减小。但是随着蜂窝间距的减小，蒸发器内筒的内陷量减少程度有限。综合考虑强度和传热的因素，在制造允许的条件下，综合考虑工程实际应用，蜂窝夹套设备蜂窝点间距的选取以 50mm 较佳。

为了方便进行比较，有学者用参数间距比 $L/D$ 代替间距 $L$，研究其大小对夹套传热的影响。这是因为 $L/D$ 代表了蜂窝分布的密度，其值越小，表示蜂窝分布的密度越大，流体将绕过更多的扰流件，因此传热效果越好，但压力降也随之增大。此外，随着蜂窝间距的减小，夹套可以承受的压力也增大，因而满足结构强度所需的壁厚随之减小。所以综合考虑，为了获得较好的传热效果，推荐使用较小的 $L/D$ 值；考虑到夹套制造以及允许压力降的限制，$L/D$ 值不宜过小，$L/D=2$ 为宜。

（3）蜂窝高度

蜂窝高度 $h$ 的大小对传热有很大影响，传热系数和压降随 $h$ 的减小而增大。由于随着夹套间隙减小，流体流速增加，$h$ 越小流体流动的阻力越大，因而压降也越大。在相同直径、相同蜂窝点间距、相同排列方式等结构参数的模拟工况下，增加蜂窝夹套的高度对传热性能影响的趋势逐渐减小。由图 3-41 可以看出，蜂窝高度 $h$ 在 3 个水平变化时，综合传热系数的变化较大，特别是 $h$ 从水平 1 到水平 2 时，传热系数下降很快，可见因素 $h$ 对结构的传热性能影响最显著；蜂窝高度 $h$ 取 1 水平时最好，此时传热系数最大。因素 $L/D$ 从水平 1 变化到水平 3 时，传热系数的下降相对于因素 $h$ 来说平缓一些，可见该因素对综合传热系数的影响比因素 $h$ 小，且 $L/D$ 取 1 时水平最好。

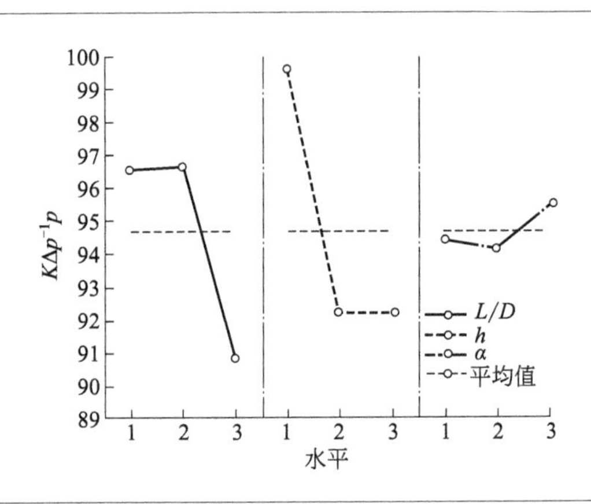


图 3-41
结构参数不同水平下综合传热系数的变化曲线

工程实际应用中，蜂窝锥度 $\alpha$ 一般取 40°～60°。锥度的选择对传热性能也有一定的影响，但总的说来影响较小。

## 3.3.3 螺旋槽管换热器

### 3.3.3.1 螺旋槽管换热器的基本介绍

螺旋槽管（也称螺纹管）是由圆形光管经塑性加工而成的管壁上具有内凹和外凸褶皱的螺旋形变管，其可以强化管内外流体传热、管内液体沸腾和管外蒸汽的冷凝。螺旋槽管主要用于液-液型传热，强化传热及抗污垢性较光管好。在管壳式换热器设计制造中，螺旋槽管是常用的高效强化传热元件，已广泛应用于石油、化工及动力等行业。螺旋槽管中流体的流动状况比较复杂，其中有流体的轴向流动、旋转运动以及流体受到螺纹凸出物周期性扰动引起的流动。流体在管内流动时受螺旋槽纹的引导，螺旋槽的引导作用使近壁处一部分流体发生旋转，流体顺槽旋转，加强了径向扰动；同时发生扰流脱体，形成了回流区，一部分流体顺壁面沿轴向运动。其强化传热原理主要是流体的两种流动方式：其一是螺旋槽对近壁处流动的限制作用，管内流体做整体螺旋运动而产生局部二次流；其二是螺旋槽导致的形体阻力，产生逆向压力梯度使边界层分离。流体的旋转以及近壁处流体的扰动使边界层厚度减薄，通常能够起到管内外两边传热强化的作用。

螺旋槽管的生产方式目前主要有：轧制方法，即将用于生产焊管的带钢在其表面上用轧制的方法加工出斜沟槽，然后带钢经过成型机生产出带内螺纹的焊管；拉拔方法，即采用无缝管或焊管作坯料，使用螺旋芯头经拉拔成型，是目前我国生产螺旋槽管较普遍采用的成型方法；滚压方法，就是利用带滚轮的滚压工具，以一定的压力在待加工管材表面做相对滚动，使金属表面产生塑性变形，加工出圆弧形、锥形凹槽以及其他形状的外表面。

螺旋槽管加工示意图见图 3-42。

图 3-42
螺旋槽管加工示意图

(a) 卡盘

(b) 车床

对螺旋槽管传热的研究已经积累了大量的数据，从理论到实验达到了一定高度。与光管相比，现有的螺旋槽管传热系数提高 2～4 倍。未来研究方向是在理论研究方面参数优化、采用模拟和可视化技术进行研究、采用新模型和新方法等。

### 3. 3. 3. 2　螺旋槽管换热器的结构优化设计

国外曾对螺旋槽管的传热和阻力特性进行了大量的研究工作，对各种头数的螺旋槽管均进行过系统的测试和筛选工作。实验研究结果表明，当螺旋槽管的螺纹高度较高且为多头螺旋时，其流动阻力往往过大，不利于在实际工程设备中推广使用。国内的研究结果也表明，螺旋槽管的螺纹高度不宜过大，螺纹头数也不宜过多。在相同的 $Re$ 以及螺距、槽深的情况下，单头螺旋槽管和三头螺旋槽管相比，强化传热的效果差别不大，但流动阻力却减小很多。这主要是因为在相同雷诺数下单头螺旋主要使边界层流体产生旋转，而多头螺旋则可使边界处流体和管内主流流体均产生强烈的旋转。近壁处流体的旋转和扰动使边界层厚度减薄，并在边界层内产生扰动，从而使传热增强；而主流流体的旋转对传热强化作用不大，却徒然增大了流体的流动阻力。因此，工程实践中多采用单头螺旋槽管。此外，国内外对螺旋槽管强化传热性能的研究结果表明，螺纹节距小、螺纹高度低、螺旋角大的单头螺旋槽管具有较好的传热和阻力综合性能。通过数据对比，发现在 $Re=(2\sim4)\times10^4$ 范围内，单头螺旋槽管的最佳几何参数范围为：$e/d_i=0.03\sim0.04$；$p/d_i=0.4\sim0.5$。

对于多头螺旋槽管，以六头螺旋槽管为例，有学者发现，在相同雷诺数工况下，随着螺距 $p$ 的增大，管内的努塞尔数 $Nu$ 逐渐减小，如图 3-43(a) 所示。也就是说，减小螺旋槽管的螺距有助于提高螺旋槽管的管内传热性能。此外，相同工况下的六头螺旋槽管比四头螺旋槽管的传热系数更高。在其他条件相同的情况下，随着螺旋槽管螺距 $p$ 的增加，管内流体流动阻力系数 $f$ 逐渐减小［图 3-43(b)］。螺距的减小会使得管内流体在流经相同距离的过程中，其经过的螺旋路程加长，当在入口速度一定的情况下，也就导致管内流体的流速增加，从而增大了管内流体的湍动程度，进而强化了传热性能；但是由于流体经过路程的增加也同时带来了较大的流动阻力，因此在考虑通过减小螺旋槽管的螺距来强化螺旋槽管时，也应考虑与此同时其带来的流阻增大。与四头螺旋槽管相比，相同工况下，六头螺旋槽管的管内阻力系数 $f$ 更小，说明六头螺旋槽管相较于四头螺旋槽管具有更小的流动阻力。

图 3-43

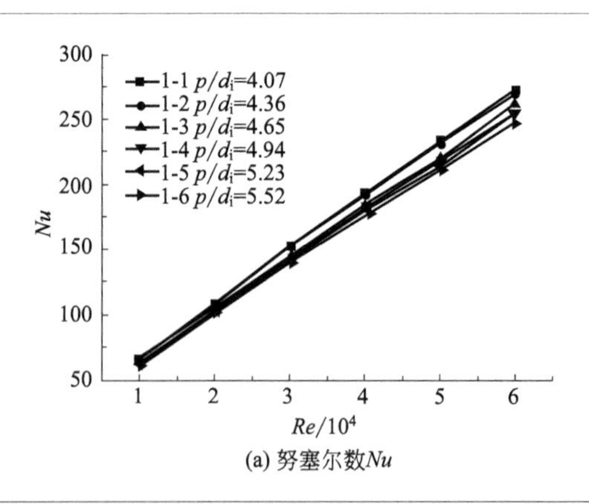

(a) 努塞尔数$Nu$

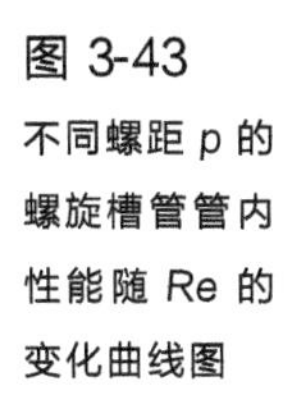
图 3-43
不同螺距 p 的螺旋槽管管内性能随 Re 的变化曲线图

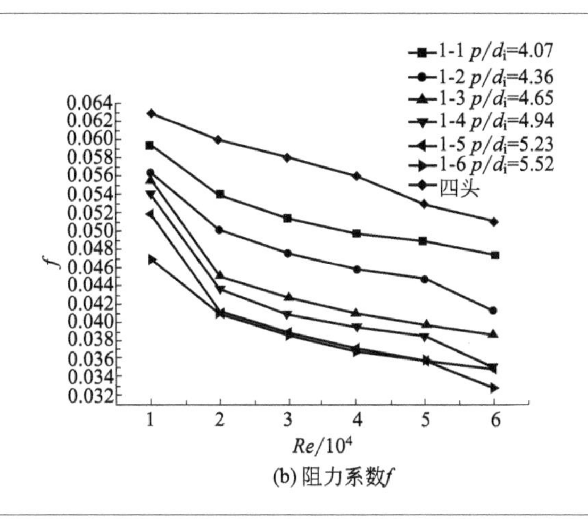

(b) 阻力系数$f$

由图 3-44(a) 可以发现，通过比较不同槽深 $e$ 的螺旋槽管管内努塞尔数 $Nu$ 可以发现，在 $10000 \leqslant Re \leqslant 60000$ 范围内，当 $Re$ 一定时，槽深与管径之比 $e/d_i$ 越大，螺旋槽管的努塞尔数 $Nu$ 越大，其传热性能越好，也就是说槽深 $e$ 的增加会提升螺旋槽管的传热性能。图 3-44(a) 中的曲线簇具有中间密两侧稀疏的特点，这表示 $e/d_i$ 在 0.15～0.19 范围内变化时，螺旋槽管的传热性能变化不大。在研究的雷诺数范围内，螺旋槽管管内阻力系数 $f$ 随着 $Re$ 的增加而减小，也就是说螺旋槽管槽深的增加会导致管内流动阻力的增加。图 3-44(b) 中的曲线上密下疏，这表明槽径比 $e/d_i$ 的增加使得压降增加的趋势越来越剧烈。所以虽然可以通过增加槽径比 $e/d_i$ 来提高螺旋槽管的传热性能，但当槽径比 $e/d_i$ 增加到一定程度时，管内压降增加越来越大，此时为提高其传热性能而继续增加槽深 $e$ 会导致较大的流动阻力，因此并不建议过度增加槽深 $e$。

图 3-44

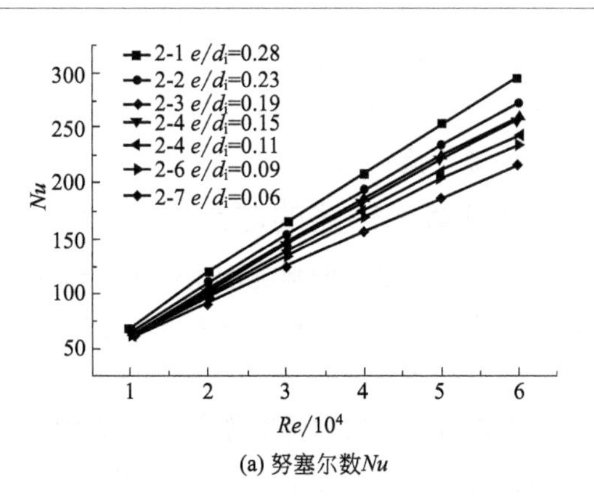

(a) 努塞尔数$Nu$

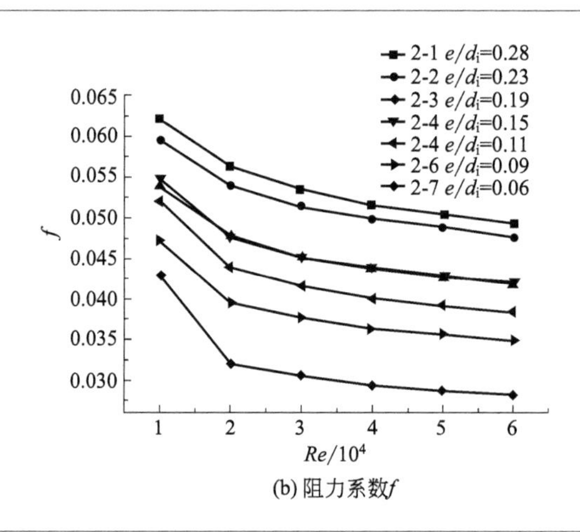

(b) 阻力系数$f$

图 3-44
不同槽深 $e$ 的螺旋槽管管内性能随 $Re$ 的变化曲线图

对于螺旋槽管内流体的流态、强化传热机理以及管子参数的优化设计方法，学者们都进行了深入的研究，推论出在螺旋槽管内传热强化主要由两种流动方式起决定作用：一种是因为螺旋槽对近壁处流体流动的限制作用，使管内流体产生附加的螺旋运动，结果提高了近壁流体与管壁间的相对运动速度，从而减薄了传热边界层的厚度，提高了传热效率；另一种是螺旋槽导致的形体阻力，起到人工表面粗糙物的作用，在槽肋的前后产生逆向压力梯度，使边界层产生分离漩涡，结果破坏了流动边界，加强了流体的径向混合，减少了边界层热阻，从而提高了传热速率。前一种流动方式在多头且导程较长的螺旋槽管中较为显著，而后一种流动方式在单头且导程较短的管子中较为显著。在相同的传热强化程度下，边界层分离引起的压力降增加比旋流小，因此螺旋槽的夹角以接近 90°为好。这是因为此时旋流将减至最低限度，这时螺旋槽管就变成了横纹管。上述两种流动方式并非独立，而是并存的，只是在形状不同的螺旋槽管中强度有所不同，在 $e/d_i$ 较大、$p/d_i$ 较小的单头螺旋槽管中边界层分离流较强，而在 $e/d_i$ 较小、$p/d_i$ 较大的多头螺旋槽管中螺旋流较强。

### 3.3.3.3 螺旋槽管换热器的应用

螺旋槽管管壁上的螺旋槽能够在无相变和有相变的传热过程中显著提高管内外的传热系数，通常起到双边传热强化作用。特别是对于管内气体或液体换热以及管外卧式蒸汽冷凝等过程，强化效果十分显著。因此，螺旋槽管在电力、动力机械、石油和化工等工业领域的换热设备上得到了广泛的应用。

当饱和蒸汽与温度较低的壁面相接触时，蒸汽将放出潜热，并在壁面上凝结成液体，过热蒸汽的凝结仍可按饱和蒸汽处理。若凝结液能够润湿壁面，则在壁面上形成一层完整的液膜，称为膜状凝结。在壁面上一旦形成液膜，则蒸汽的凝结只能在液膜的表面进行，即蒸汽放出的潜热只能通过液膜后才能传给冷壁面。由于蒸汽凝结时的热阻很小，这层凝结液膜就成为膜状凝结的主要热阻。若凝结液在重力作用下沿壁面向下流动，则所形成的液膜越往下越厚，因此液膜越厚即在管束中的相对位置或水平放置的管径越大，整个壁面的平均对流传热系数也就越小。而螺旋槽可起到强化凝结换热的作用，此时凝结液膜沿管壁的流动除受重力影响外，还受凝结液膜表面张力的影响。这两种力综合作用的结果，使得在槽峰两侧上的凝结液膜变得极薄，其上热阻明显降低，从而使凝结换热得到强化。

螺旋槽管由于管子内外壁都有螺旋槽，因此可以同时强化凝结侧和冷却侧的换热。它不但在上述水平布置时能强化凝结换热，在垂直布置时也能起到强化凝结换热的作用。一方面由于螺旋槽管槽道的作用，管壁上的凝结液会迅速顺着螺旋槽脱离冷却壁面，而不会像纵槽管和光管那样，凝结液一直顺着壁面流到管子下部才排走，这对螺旋槽管的凝结换热是很有利的。另一方面，冷却侧的传热也因流体的旋转而得到强化。

螺旋槽管具有强化管外不纯蒸汽凝结换热的作用，当蒸汽中含有大量不凝性组分时，螺旋槽管仍具有较好的强化效果。螺旋槽管强化含高浓度不凝组分蒸汽的冷凝换热过程的主要原因是，一方面使得液膜和气膜生成旋流，破坏了气膜层的稳定。气膜层足以深入到槽中，形成局部湍流，使得滞流气膜层变薄。槽深越大则对气膜层的影响就越大，强化效果也就越好，总传热系数和气膜传热系数随槽的加深而增加。另一方面，凝结液在螺旋槽内由于重力分力和表面张力作用而产生螺旋运动，在气液相界面剪切力的作用下，使得气膜层也产生相应的局部旋流，从而破坏了气膜层的稳定性，有效地降低了气膜层热阻，提高了气膜传热系数。

螺旋槽管还能有效的强化管内流动沸腾，特别是用于强化环状流动区的传热，因为它能有效地减少液滴的夹带，减薄液膜的厚度和使液膜发生湍动。螺旋槽管强化管内流动沸腾的主要原因是在管子的内壁面产生螺旋流和边界层分离流。螺旋流的存在使流体与管壁的相对速度增加，减薄了层流底层的厚度。螺旋流所引起的离心力使蒸汽中夹带的液滴容易返回液膜，从而推迟壁面干涸的出现。另外螺旋流使液体沿管周分布趋于均匀，因而层状流现象不易发生，故对水平流特别有效。分离流的主要作用是搅动边界层的流体，使得该流体径向混合较均匀。因此螺旋流和边界层的分离流均能有效地减少热阻，强化沸腾换热。

Moffat 和 Zimparov 分别对卧式冷凝器中螺旋槽管的结构参数对传热和

流动特性的影响进行了研究。Moffat 对 11 种不同槽距和槽深的螺旋槽管进行实验，总结出了管的几何尺寸对传热摩擦的影响并建立了总传热系数、冷凝侧传热系数的相关准则方程；Zimparov 测定了 11 种不同结构参数的传热性能和压降损失，得到了螺旋槽管内外侧的传热系数和总传热系数。不同的院校和研究单位对螺旋槽管的传热性能、阻力系数、应用领域、综合性能评价等研究作了大量的工作，如对单头螺旋槽管、多头螺旋槽管、新型外螺纹横纹管的研究，并取得了很多成就。

燃煤电厂实际运行时，锅炉中大部分的积灰现象发生在对流受热面，特别是尾部换热管束如省煤器、空气预热器等。飞灰在尾部换热管束上的沉积会增大管束的传热热阻，减弱其换热效果，导致炉内换热管束的传热恶化，从而造成换热管束壁温过高、温度分布不均等，诱发爆管。同时，飞灰颗粒的沉积也会引起锅炉尾部烟道的堵塞，腐蚀换热管壁，这些都严重妨碍锅炉的正常运行。鉴于螺旋槽管有利于提高换热管束壁温、降低烟气出口温度、减缓换热管束的磨损等，螺旋槽管代替普通换热管（光管）组成锅炉尾部换热管束有明显技术优势，已广泛应用于各种电站锅炉、工业锅炉、空气预热器等换热设备，见图 3-45。

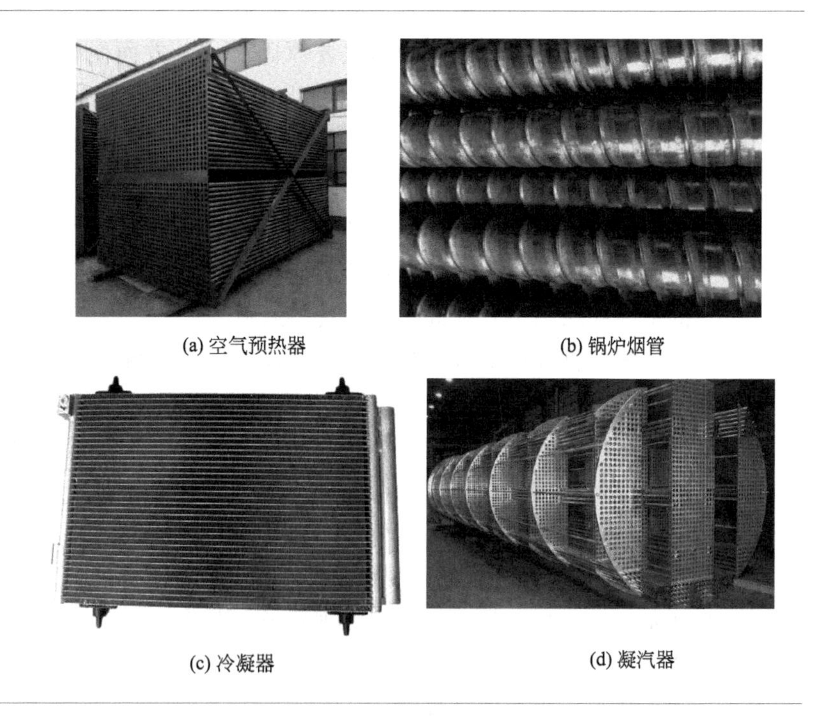

(a) 空气预热器　(b) 锅炉烟管　(c) 冷凝器　(d) 凝汽器

图 3-45
螺旋槽管的应用实例

# 第4章

# 质量传递过程装备节能技术

4.1 质量传递过程节能的理论基础
4.2 蒸发过程及蒸发器的节能
4.3 干燥过程及干燥器的节能
4.4 精馏过程及精馏塔的节能

质量传递指物质质量在空间中迁移的动力学（或速率）过程，它是相对热力学平衡态而言的。在热力学平衡态中，宏观上物质的状态参数（如强度量浓度或组成）不随时间改变，空间上各部分保持平衡，此时不存在质量的传递。质量传递现象出现在诸如蒸馏、吸收、干燥及萃取等单元操作中。当物质由一相转移到另一相，或者在一个均相中时，无论是气相还是液相，其传质机理基本相同。

# 4.1 质量传递过程节能的理论基础

在连续介质假设前提下，单相中质量传递有两种基本的方式，即扩散传质和对流传质。在过程单元中，一般同时存在上述两种传递机理。

## 4.1.1 扩散传质

狭义而言，多组分混合物中单纯因浓度梯度引发的组分质量传递称为扩散传质，简称扩散。通常在多组分混合物中，扩散在宏观上表现为组分由高浓度区向低浓度区迁移，并最终达到系统浓度均一的平衡态。这是一种自发的过程，也称为浓度梯度（或浓度差）驱动的过程。

从微观角度看，在任何超过绝对零度的温度下，不论处于何种相态（气态、液态或固态），分子（原子）时刻都处于随机的热运动中，也称为分子的布朗运动（Brownian motion）。当相内存在某一组分的浓度（组成）差时，凭借分子的随机热运动，组分可自发地由高浓度区向低浓度区迁移，这个过程称为分子扩散或分子传质。气体分子的随机热运动速度可达数百米每秒，但扩散的距离并不同于分子热运动的轨迹，分子扩散是缓慢的过程。分子扩散可发生在固体、静止或层流流动的流体中；气体中扩散速度约为0.1m/min，液体中约为0.0005m/min，固体中则仅为0.0000001m/min。

描述分子扩散通量的基本定律为费克定律（Fick law）。对于A和B组成的双组分混合物，若无总体流动，在一维方向上单由浓度差引起的扩散通量可表示为

$$J_A = -D_{AB}\frac{dc_A}{dz} \tag{4-1}$$

式中　$J_A$——组分A的摩尔通量；

$D_{AB}$——组分A相对B的分子扩散系数；

$dc_A/dz$——组分A在传质方向上的浓度梯度。

式中负号表示质量传递的方向与浓度梯度的方向相反，即质量向着浓度下降的方向传递；分子扩散系数是物质的物性常数，表征物质迁移能力的大小，它除与温度、压强、组成等因素有关外，还与扩散介质有关。

式(4-1) 表明，分子扩散的驱动力是浓度梯度，扩散通量与该梯度成正比。这只能看作是一种近似。在物理化学中，曾定义理想溶液的化学势为

$$\mu_i = \text{const}(p, T) + RT\ln x_i \tag{4-2}$$

对于诸如汽液一类的相平衡体系而言，显然平衡的条件是两相的化学势相等。即使对于均相的流体内部而言，由式(4-2) 指示的组成与化学势之间的数量关系可知，如果相内存在浓度（组成）的差异，也会导致化学势的差别，因此组分会由高浓度区向低浓度区自发迁移。这至少表明由组成和化学势指示的质量迁移方向是同一的。

但是，事物还有另外一面。例如，常温下一杯水中水的浓度为 $55000\text{mol/m}^3$，在水面之上空气中水的浓度是 $1\text{mol/m}^3$，故在水-气间几个分子厚的界面上存在很大的浓度差，此时，水自然会持续蒸发。但是，如果在玻璃杯上加一个盖子，使杯中空气饱和，即空气中水的浓度升高至 $2\text{mol/m}^3$，此时，虽然在界面处仍有梯度，但蒸发却停止了，这显然有悖于费克定律关于浓度驱动力作用的表述。但按照化学势理论，加盖后两相中水的化学势相等，因而蒸发停止。所以严格地说，扩散是化学势驱动的。

化学势是所谓的化学能，如果扩展其定义，将热能、压强能等包括在内，则温度梯度和压强梯度也可以成为分子扩散的驱动力。温度梯度引发的分子扩散称为索雷（Soret）效应，通常情况下的温度梯度不大，这种热扩散效应可以忽略，但热扩散也有一些重要的应用，其中包括熟知的铀同位素的分离过程。压强梯度引发的分子扩散通常也可以忽略，但对于分离液体溶液或气体混合物的高速离心机，这种压强扩散是分离的基本机理。

虽然费克定律存在上述不足，但在工程应用中仍是一个好的近似，经常被用于计算分子扩散通量。

## 4.1.2 对流传质

湍流区别于层流的主要特征是存在漩涡的随机脉动；漩涡是大量分子集合形成的拟序流动结构，其尺度大到单元设备尺度，小到耗散涡尺度。不难想象，在湍流中，漩涡的随机脉动会促进物质的混合和分散；这种在漩涡作用下，物质由高浓度向低浓度处的迁移称为涡流扩散。由于涡流扩散的复杂性，涡流扩散通量常用类比于费克定律的形式表示，即

$$J_A^e = -\varepsilon_M \frac{d\bar{c}_A}{dz} \tag{4-3}$$

式中 $J_A^e$——组分 A 的涡流扩散通量；

$\varepsilon_M$——涡流扩散系数；

$\bar{c}_A$——组分 A 的雷诺平均浓度。

与分子扩散不同，此处的涡流扩散系数 $\varepsilon_M$ 不是物性常数，它与流体的湍动程度、几何条件、壁面粗糙度等因素有关。另外，即使在湍流中也存在分子扩散，但涡流扩散系数较分子扩散系数大约 3 个数量级，因此涡流扩散起主导作用。习惯上把涡流扩散与分子扩散同时存在的过程称为对流传质。

狭义而言，因多组分混合物的宏观流动所致的组分质量迁移称为对流传质。由于运动的流体内含组分或者质量，因此其宏观流动必然导致组分或质量的迁移，此即对流传质的本义；换言之，若多组分混合物流体中组分 $i$ 的浓度为 $c_i$，混合物以一维速度 $u$ 运动，则 $uc_i$ 将给出该方向上的一个质量通量［mol/(m$^2$·s)］，此即对流通量。由此也可见，虽然浓度为标量，但由于速度为矢量，因此对流通量也是矢量。

在湍流下，按照雷诺的处理，速度和浓度均可分解为时均和脉动两个部分（以一维为例），即

$$u = \bar{u} + u' \tag{4-4}$$

$$c_i = \bar{c}_i + c_i' \tag{4-5}$$

因此按照雷诺时均运算规则，$\overline{f_1 f_2} = \overline{f_1}\,\overline{f_2} + \overline{f_1' f_2'}$，有

$$\overline{uc_i} = \overline{u}\,\overline{c_i} + \overline{u'c_i'} \tag{4-6}$$

由此可见，在湍流下，对流通量也可分解为两部分：式(4-6) 右侧的第一项为时均流贡献的通量，第二项为脉动流贡献的通量。在湍流文献中，将前者称为对流通量，后者称为涡流扩散通量，即

$$J_i^e = \overline{u'c_i'} \tag{4-7}$$

由此可见湍流情形下，漩涡的随机脉动（$u'$）与浓度脉动（$c'$）间的关联作用。这也就是前述式(4-3) 所给出的涡流扩散通量的由来。

## 4.1.3 传质工程描述

### 4.1.3.1 概念及定义

前述讨论中给出了扩散传质和对流传质的严格定义，据此考虑水流过可溶性固体萘平板的例子：溶出的萘组分随水溶液沿主流方向（纵向）流动

(对流)，同时萘组分在水溶液的主体与固体壁面之间也存在浓度差，因此水溶液中萘组分在壁面的法向（横向）上存在浓差驱动的扩散传质，传质同时包含了扩散和对流这两种传质机理；如果混合物流动为湍流，传质中还要叠加涡流扩散的贡献。

类似地，蒸馏塔塔板上分散的气泡相与连续的液相之间的传质，或者固定床中气流穿过催化剂颗粒层时颗粒外膜中流体-固体间的传质，均属此类伴有对流的情形。为了简化或描述的便利，工程中广义地定义对流传质为伴有流动条件下在运动流体与固体壁面之间或在不相混溶流动相间发生的质量传递。可见，相对前述狭义的扩散/对流传质，工程中所指的对流传质是更为广义的。

类比对流传热中的牛顿冷却定律，描述对流传质的基本方程为

$$N_A = k_c \Delta c_A \tag{4-8}$$

式中，$N_A$ 为对流传质的摩尔通量；$k_c$ 为对流传质系数；$\Delta c_A$ 为组分 A 的界面浓度与其主体浓度之差。

式(4-8) 可看作对流传质系数的定义式。该式表明，通过实验或理论确定既定条件下的通量和浓度差可以得到对流传质系数。该式既适用于混合物做层流流动的情形，也适用于湍流情形；可以推断后一情形下对流传质系数更大。一般地，对流传质系数与流体的物性、相界面的几何构型以及流型等因素有关。

### 4.1.3.2　工程对流传质模型

(1) 双膜模型

双膜模型也称为传质膜模型（图 4-1），最早由怀特曼（Whiteman）于 1923 年提出。该模型的要点是：①主体流动为湍流，其中存在对流和各种不同尺度的涡团，因此流体迅速混合，在主体流中没有浓度梯度；②在近界面处，涡团消失，存在一个滞止的膜层（传质通量方向上无对流），其中传质发生在低浓度和低通量情形下，仅由定态扩散所致；③在相界面处，两相处

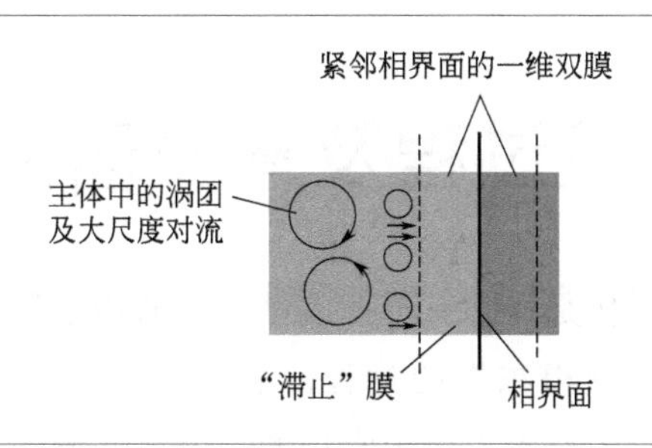


图 4-1
双膜模型

于热力学平衡状态。传质膜模型假设涡团在距界面某一距离处消失，此即膜的厚度。通常膜非常薄。图 4-2 分别示出了气体、液体以及固体中传质膜膜厚的数量级。

图 4-2
传质膜膜厚

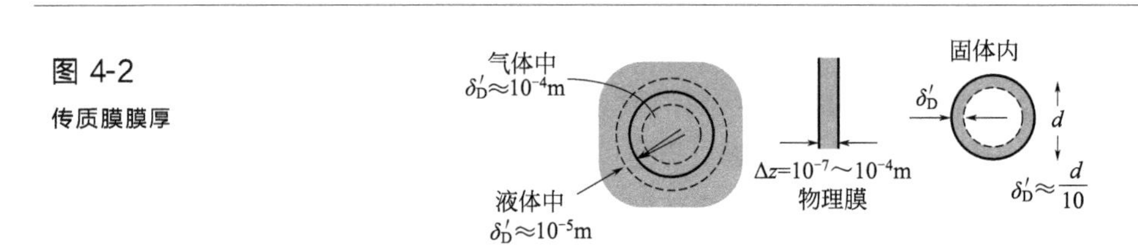


双膜理论将复杂的相际传质过程归结为两种流体膜层中的分子扩散过程。依此模型，在相界面处及两相主体中均无传质阻力存在，故整个相际传质过程的阻力全部集中在两个膜层内，因此双膜模型又称双阻力模型。需要指出的是，双膜模型对相间传质过程进行了简化。但尽管如此，这个模型仍是当前较为实用的模型。

（2）溶质渗透模型

溶质渗透模型是 1935 年由希格比（Higbie）提出的。其要点为溶质开始从界面进入液膜直到建立稳定的浓度梯度需要一段过渡时间，在此期间，溶质从相界面向液膜深度方向逐步渗透，其渗透过程为一段不稳定的传质过程，常采用非定态传质方程来描述，而界面处的液相微元只停留一段时间即被来自主体的微元取代。

（3）表面更新模型

表面更新模型是 1951 年由丹克沃茨（Danckwerts）提出的。其要点为在气-液两相接触过程中，不断有新鲜液体微元从主体到达界面，置换原来界面上的液体，停留一段时间后又被新的液体单元置换，如此不断地进行，其接触表面也不断更新。因此传质过程为非定态，其速率与置换的频率有关。

# 4.2 蒸发过程及蒸发器的节能

蒸发操作是将含有不挥发性溶质的稀溶液加热至沸腾，使其中一部分溶剂汽化从而获得浓缩的过程。蒸发本质上是一种分离过程，它是化工、轻工、食品、医药等工业中常用的一个单元操作。由于被蒸发溶液的种类和性质不同，蒸发过程所需的设备和操作方式也有很大的差异。按加热方式，蒸发有直接加热和间接加热之分；按操作压强，蒸发可分为常压蒸发、真空蒸发和加压蒸发；按蒸发器的效数，可分为单效蒸发和多效蒸发；按操作方式，可分为间歇蒸发和连续蒸发。

## 4.2.1　蒸发过程热力学分析

蒸发是浓缩溶液的化工单元操作，工业上用加热至沸腾的方法使溶液中的部分溶剂汽化，使溶液浓缩。蒸发时汽化的溶剂量是较大的，需要吸收大量汽化潜热，因此蒸发过程是大量消耗热能的过程。对这一过程应当从热力学的角度进行分析，不仅从数量上，而且从质量上研究能量的利用和转换，为开展节能奠定基础。

### 4.2.1.1　蒸发器的热量衡算

参考图 4-3，对单效蒸发器进行热量衡算，得到加热蒸汽消耗量的计算式为：

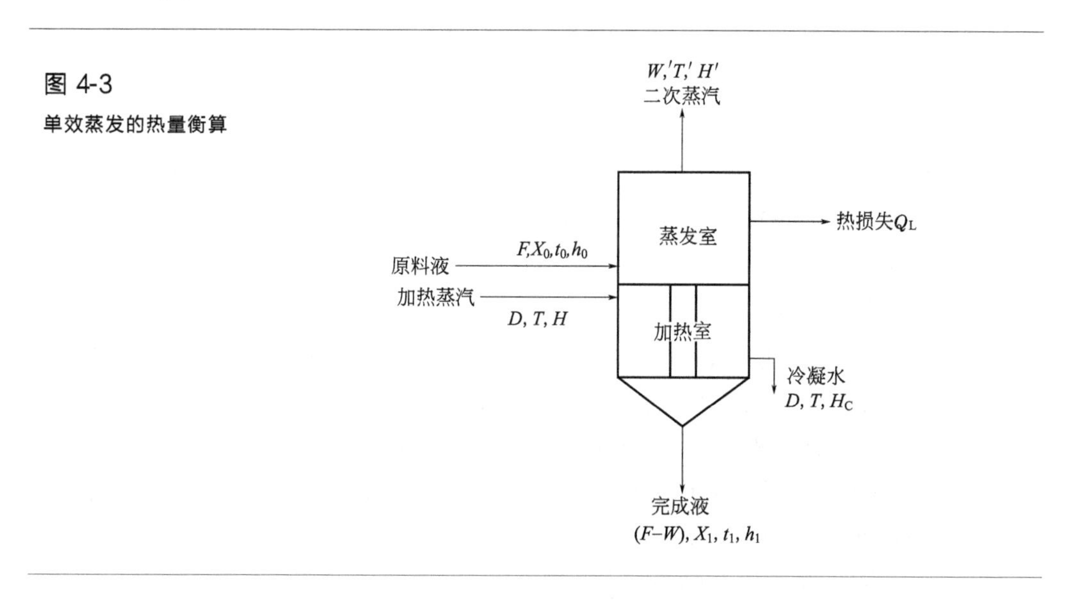


图 4-3
单效蒸发的热量衡算

$$D=\frac{Fc_{p0}(t_1-t_0)+Wr'+Q_L}{r} \tag{4-9}$$

式中　$D$——加热蒸汽消耗量，kg/h；

$W$——蒸发量，kg/h；

$F$——进料量，kg/h；

$c_{p0}$——原料液的比热容，kJ/(kg·℃)

$t_1$——溶液的沸点，℃；

$t_0$——原料液的温度，℃；

$r'$——二次蒸汽的汽化潜热，kJ/kg；

$r$——加热蒸汽的汽化潜热，kJ/kg；

$Q_L$——蒸发器的热损失，kJ/h。

由式(4-9)可见，在蒸发器中加热蒸汽所供给的热量，主要是供给产生二次蒸汽所需的汽化潜热。此外，还要供给使原料液加热至沸点及损失于外界的热量。单效蒸发时，每蒸发1kg的水所需的加热蒸汽量约为1.1kg，在大规模化工生产过程中，每小时蒸发量常达几千甚至几万千克的水。因此加热蒸汽的消耗量是相当大的，这项热量消耗在全厂的能量消耗中常占显著比例，必须考虑如何节约加热蒸汽消耗量的问题。

热力学第一定律表达了能量守恒这一自然规律，由热量衡算虽能得出上述结论，但它在研究能量利用中却有不足之处，例如不同压力蒸汽的使用价值大不相同，却不能由热量衡算反映出来。能量的用途完全在于它的可转换性，而转换又不是可随意进行的。当能量转变到再也不能转变的状态时，它的价值也就丧失了，处于环境温度下的热能是完全不具有转换功能的能量。一定形式的能量在一定环境条件下变化到与环境处于平衡时所做出的最大功，称为有效能。最大功就是可逆过程的功。由此可知，热源的温度越高，或冷源的温度越低，则其有效能值越大；而温度等于环境温度的热能，其有效能为零。尽管能量从数量上来说是守恒的，但是能源危机的本质不是能量数量的减少，而是品味的降级。

#### 4.2.1.2 蒸发器的热损失

如图4-3所示，单效蒸发中，加热蒸汽冷凝放出的热量通过热交换表面传给温度比它低的沸腾水溶液，溶液本身蒸发所产生的二次蒸汽直接通入冷凝器冷凝而不再利用。因此单效蒸发器的各项主要热损失如下：

① 蒸发器保温不善而散热于环境中，此项热量损失即式(4-9)中的$Q_L$，要减少此项热损失主要靠加强保温来实现。

② 加热蒸汽冷凝水带走的热量。

③ 完成液带走的热量。

②和③中的热量可设法加以利用，如可以按能量逐级利用的原则，在全厂范围内寻找合理的低位能用户，也可用来预热进入蒸发器的冷的原料液等。加热蒸汽冷凝水和该效完成液这两项热物流带走大量余热。根据前面的分析知道，对于温度较高的热物流，其余热比较容易加以利用；对于温度较

低的热物流，利用其低位余热的难度就要大一些。比如国内氯碱工业的多效顺流蒸发工艺，开展了利用低位热能替代高位热能的工作，其进料液的加热是依靠各效进料液分段逐级加热的。由于充分利用各效进料液的品位较低的热能“累积”加热进料液，以取代原来加热进料液的生蒸汽，从而节约了生蒸汽用量，收到了节能效果。

④ 二次蒸汽带走的热量。蒸发操作中所加入的热量大部分作为水的汽化潜热，即蒸发操作中所产生的二次蒸汽含有大量的潜热。在单效蒸发器中，二次蒸汽直接通入冷凝器冷凝而不再利用，这部分潜热便白白浪费掉，十分可惜。

二次蒸汽和加热蒸汽本质的区别是能量品位不同。蒸发操作中消耗高温位的加热蒸汽，虽然操作过程中得到二次蒸汽，但温位较低，即二次蒸汽的温度和压强较加热蒸汽低。然而此二次蒸汽仍可设法加以利用。利用从二次蒸汽中回收的热量，可以大大提高热能利用的经济程度。

利用二次蒸汽的潜热，最常用的方法是多效蒸发和热泵蒸发，将在后面具体介绍。

#### 4.2.1.3 蒸发器的传热温差

在比较蒸发器的性能时，往往以蒸发器的生产强度作为衡量的标准。蒸发器的生产强度 $U$[kg/(m$^2$·h)] 是指单位传热面积上单位时间内所蒸发的水量，即：

$$U=\frac{W}{S} \tag{4-10}$$

同样，若沸点进料，且忽略蒸发器的热损失，则得：

$$U=\frac{K\Delta t}{r} \tag{4-11}$$

式中　$K$——蒸发器的总传热系数，W/(m$^2$·℃)；

$\Delta t$——加热蒸汽的饱和温度与溶液沸点之差 $(T-t)$，℃；

$r$——加热蒸汽的汽化潜热，kJ/kg。

从式(4-11) 可以看出，要提高蒸发器的生产强度，必须设法提高蒸发器的传热温差 $\Delta t$ 和总传热系数 $K$。

传热温差 $\Delta t$ 主要取决于加热蒸汽和冷凝器的内压力。但是提高传热温差 $\Delta t$ 不是强化生产最适宜的途径。因为从热力学第二定律来看，温差大使传热过程不可逆性程度增大，为了减小过程的不可逆性，充分利用有效能，减小热交换过程中的传热温差是十分必要的。

蒸发器是在一定温度差下进行传热的，只要温度差异存在，此传热过程就是不可逆的。设传热量为 $Q$，高温和低温流体温度分别为 $T_h$ 和 $T_c$，环境温度为 $T_0$，则：

高温流体的有效能减少为：$\left(1-\frac{T_0}{T_h}\right)Q$

低温流体的有效能增加为：$\left(1-\frac{T_0}{T_c}\right)Q$

前者必大于后者，差值即为有效能损失 $E_{X损}$：

$$E_{X损}=\left(1-\frac{T_0}{T_h}\right)Q-\left(1-\frac{T_0}{T_c}\right)Q=\frac{T_0}{T_hT_c}(T_h-T_c)Q \tag{4-12}$$

式(4-12) 表明，传热温差是蒸发过程有效能损失的一个重要来源。有效能损失与温差（$T_h-T_c$）成正比，与温度水平（$T_hT_c$）成反比。可见，温差越大，有效能损失越大，不可逆性越大。

各种各样的不可逆过程，都可导致能量的品位损失，此损失可用有效能损失来量度。即使热能在数量上完全回收，但降级损失最终仍会导致全厂能耗增加。通常所关注的节能，实质上是节约有效能，因为有效能才是有减无增、不断散失的。从这个意义上来说，为了减少过程的不可逆性，充分利用有效能，有必要减小蒸发器中的传热温差。

但是，假设总传热系数不变，那么减小传热温差就必须增大传热面积，因此必须根据经济分析选择最佳温差。当然，还可用强化传热的方法设法提高总传热系数 $K$，探索适合各种溶液的低温差蒸发器。开发节能新设备，采用高效低耗的蒸发器，是降低能耗的有效措施。

#### 4.2.1.4 蒸发器的传热系数

由以上可知，提高蒸发器生产强度的途径，主要是提高总传热系数 $K$。总传热系数 $K$ 取决于传热壁面两侧的对流传热系数和污垢热阻。这里只介绍蒸发过程强化传热的新动向，主要从管型的改造和添加表面活性剂两方面加以阐述。

(1) 管型的改造

为了降低蒸发过程的能耗，必须减小蒸发器中所需的传热温差，而要减小传热温差则必须设法强化有相变过程的沸腾和冷凝传热。近二三十年来，随着石油和化学工艺的发展，在乙烯分离、天然气液化、海水淡化及深冷等工业中都要求探索新型高效的蒸发器和冷凝器，特别要求在低温差（$\Delta t=2\sim3℃$）下仍具备较高的传热系数，以实现低能耗的目的。

近年来对管式蒸发器管型的改造国内外都做了很多的研究工作，下面简单介绍比较有成效的几种类型的管子。这几种管子都可以使管内外的沸腾或冷凝传热系数显著增加，从而强化了沸腾或冷凝过程。

① 内外纵槽管。这种内外开槽管在美国已用在海水淡化的竖管多效蒸发器中，总传热系数比光管提高1～3倍，节约了热能，降低了淡水的生产成本。

② 纵槽管。在冷凝侧的管子表面开有纵槽，能使膜状冷凝传热系数显著增加，从而强化冷凝过程。这是因为一般光滑管用于蒸汽冷凝时，随着上端凝液向下流动，液膜厚度自上而下逐渐增加，使传热系数下降。针对这一缺点，提出了纵槽管的结构，它能将冷凝液从冷凝面及时排除，使传热面上的液膜减薄，使管子从上到下热阻都很小，从而冷凝传热系数较光滑管可大为提高。纵槽管适用于低温差下的冷凝传热，主要用于有机物蒸汽的冷凝，如烷烃类、氟冷冻剂等。在用于异丁烷冷凝时，有效温差$\Delta t$可降低1.3～3.0℃，冷凝传热系数可提高4～6倍。但是这种管子只能用于立式冷凝器而不能用于卧式冷凝器，也不能用于易结垢的物料。

在管内外安装纵向翘片或挂几条直线，其强化传热的机理也与纵槽管类似，但其加工制造不如纵槽管方便，所以未能大规模应用于生产。

③ 表面多孔管。为了提高在低温差下的沸腾液体传热系数，成功试制了表面多孔管，即在普通金属管内表面或外表面上加上一薄层多孔金属；多孔层一般为0.25～0.38mm厚，孔隙率为65%左右，孔径为0.01～0.1mm。多孔管利用表面张力的作用，使多孔金属表面上保持着一层极薄液体，它们与金属加工表面有良好的接触，在薄层液体中间，形成大量小直径气泡空间。由于液层很薄，大大减小了沸腾传热所需的温差，使沸腾液体传热系数比一般光管提高10倍以上，强化效果十分显著。

关于这种多孔管的制造，据报道，美国是用金属粉末烧结法；德国采用将一定粒度的金属粉末喷镀在管表面上的喷镀法；我国采用机械加工的方法，也制成了多孔管。

强化传热管对易结垢、结晶、高黏性或非牛顿型流体一般情况下都不适用，如主要热阻在管内，也可采用某种管内插入物，如扭带（麻花片）、螺旋线、螺旋片等来强化传热。

（2）添加表面活性剂

蒸发操作另一值得注意的动向是添加表面活性剂来减弱流体阻力与强化传热。它在加入量很少时就能大大降低溶剂表面张力或液-液界面张力，改变体系的界面状态。表面活性剂的种类很多，一般分为阴离子型、阳离子型、两性离子型、非离子型等类型。在海水中加入5～15mg/L的Neodol 25-3-A或Neodol 25-35表面活性剂，在外径为0.0508m、高3.048m的铝-黄铜材质的内外纵槽管中蒸发，蒸发温度为98.9℃；与未加表面活性剂时对比，传热系数由6813.6W/($m^2$·K)升至14763W/($m^2$·K)，压降由10.46kPa减至2.49kPa。

表面活性剂降低了相界面之间的张力，从而具有润湿、乳化、渗透、分散、柔软、平滑等性能。表面活性剂在蒸发中强化传热的作用可解释为：一方面它加强了传热壁面的润湿，避免产生干点，使整个壁面都能有效地进行传热；另一方面它能在气液两相流体间起润滑的作用，使紧靠壁面的一层液膜减薄，在管内形成泡沫状的环形流动，从而减小了热阻和流体在管内流动的阻力。

加入适当的表面活性剂后，一个优点是由于管内沸腾传热系数增加，可采用较小的有效温差来完成蒸发任务；另一优点是它可使沸腾侧的加热面不生成垢层，保持清洁。原因是加热面覆盖了一薄层表面活性剂，而它具有抗再黏附的作用，因此可阻止污垢黏附在壁面上。

表面活性剂可以从最末一效排出的卤水中回收，只需将空气鼓泡通入卤水中，活性剂便成为泡沫浮在水面上，用这种方法可以回收95%～97%的表面活性剂。通空气鼓泡也能使卤水中Cu、Fe、Ni的氧化物部分沉淀下来，使卤水无害地排至海洋。

## 4.2.2 蒸发过程节能技术

蒸发是大量消耗热能的过程。蒸发操作的热源通常为水蒸气，而蒸发的物料多为水溶液，蒸发时产生的也是水蒸气。蒸发操作是高温位的蒸汽向低温位转化，其既需要加热又需要冷却（冷凝）。较低温位的二次蒸汽利用率在很大程度上决定了蒸发操作的经济性，温度较高的冷凝液和完成液的余热，也应设法利用。下面介绍蒸发过程的主要节能途径。

（1）多效蒸发

蒸发过程中，若将加热蒸汽通入一蒸发器，则溶液受热沸腾所产生的二次蒸汽压力和温度必比原加热蒸汽低。若将该二次蒸汽当作加热蒸汽，引入另一个蒸发器，只要后者的蒸发室压力和溶液沸点均较原来蒸发器低，则引入的二次蒸汽仍能起到加热作用。此时第二个蒸发器的加热室便是第一个蒸发器的冷凝器，此即多效蒸发的原理。将多个蒸发器这样连接起来一同操作，即组成一个多效蒸发系统。

多效蒸发提高了加热蒸汽的利用率，即经济性。表4-1列出了不同效数的单位蒸汽消耗量。从表中可以看出，随着效数的增加，单位蒸汽消耗量

($D/W$) 减少，因此所能节省的加热蒸汽费用较多，但效数越多，设备费用也相应增加。而且，随着效数的增加，虽然 $D/W$ 不断减少，但所节省的蒸汽消耗量也越来越少。例如，由单效增至双效，可节省的生蒸汽量约为 50%，而由四效增至五效，可节省的生蒸汽量约为 10%。同时，随着效数的增多，生产能力和强度也不断降低。由以上分析可知，最佳效数要经过经济权衡决定，而单位生产能力的总费用最低时的效数为最佳效数。目前工业生产中使用的多效蒸发装置一般都是 2～3 效。近年来为了节约热能，蒸发设计中有适当地增加效数的趋势，但应注意效数是有限制的。

**表 4-1　不同效数的单位蒸汽消耗量**

| 效数 | | 单效 | 双效 | 三效 | 四效 | 五效 |
|---|---|---|---|---|---|---|
| $D/W$（kg 汽/kg 水） | 实际值 | 1.0 | 0.5 | 0.33 | 0.25 | 0.20 |
| | 理论值 | 1.1 | 0.57 | 0.40 | 0.30 | 0.27 |

(2) 额外蒸汽的引出

在多效蒸发操作中，有时可将二次蒸汽引出一部分作为其他加热设备的热源，这部分蒸汽称为额外蒸汽，其流程如图 4-4 所示。这种操作可使得整个系统的总能耗下降，使加热蒸汽的经济性进一步提高。同时，由于进入冷凝器的二次蒸汽量减少，也降低了冷凝器的热负荷。其节能原理说明如下。

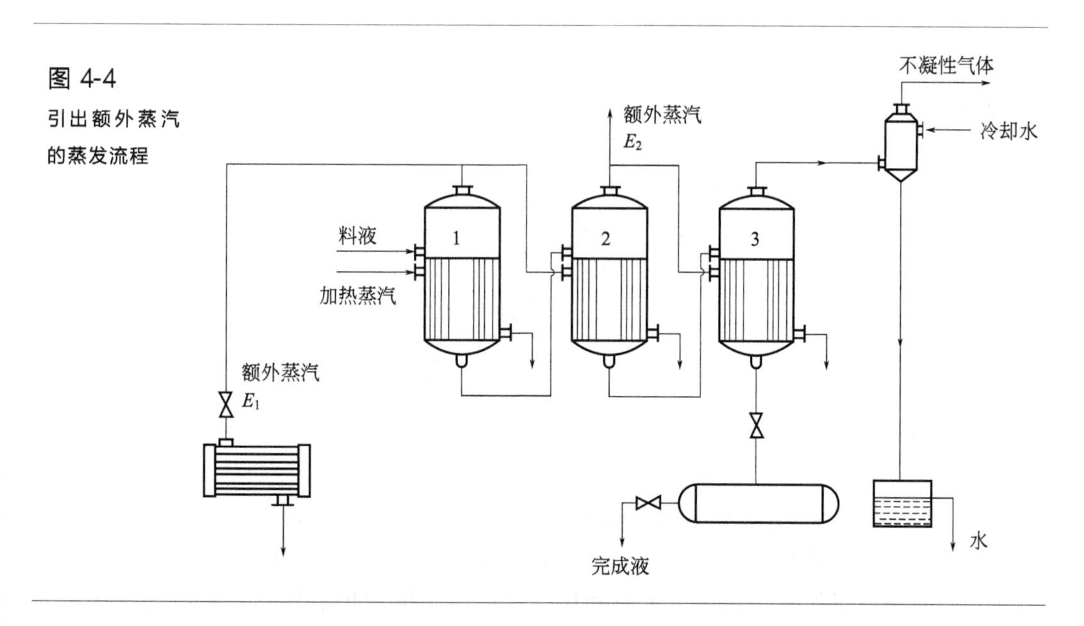


图 4-4
引出额外蒸汽的蒸发流程

若要在某一效（第 $i$ 效）中引入数量为 $E_i$ 的额外蒸汽，在相同的蒸发任务下，必须要向第一效多提供一部分加热蒸汽。如果加热蒸汽的补加量与额外蒸汽引出量相等，则额外蒸汽的引出并无经济效益。但是，从第 $i$ 效引出的额外蒸汽量实际上在前几效已被反复作为加热蒸汽利用。因此，补加蒸汽量必小于引出蒸汽量。从总体上看，加热蒸汽的利用率得到提高。只要二次蒸汽的温度能够满足其他加热设备的需要，引出额外蒸汽的效数越往后移，引出等量的额外蒸汽所需补加的加热蒸汽量就越少，蒸汽的利用率越高。引出额外蒸汽是提高蒸汽总利用率的有效节能措施，目前该方法已在一些企业（如制糖厂）中得到广泛利用。

（3）冷凝水显热的利用

蒸发过程中，每一个蒸发器的加热室都会排出大量的冷凝水，如果直接排放，会浪费大量的热能。为充分利用这些冷凝水的热能，可将其用来预热原料液或加热其他物料；也可以通过减压闪蒸的方法，产生部分蒸汽再利用其潜热；有时还可根据生产需要，将其作为其他工艺用水。冷凝水的闪蒸或称蒸发，是将温度较高的液体减压使其处于过热状态，从而利用自身的热量使其蒸发的操作，如图 4-5 所示。将上一效的冷凝水通过闪蒸减压至下一效加热室的压力，其中部分冷凝水将闪蒸成蒸汽，将它和上一效的二次蒸汽一起作为下一效的加热蒸汽，这样提高了蒸汽的经济性。

图 4-5
冷凝水的闪蒸
A，B—蒸发器；1—冷凝水排出器；2—冷凝水闪蒸器

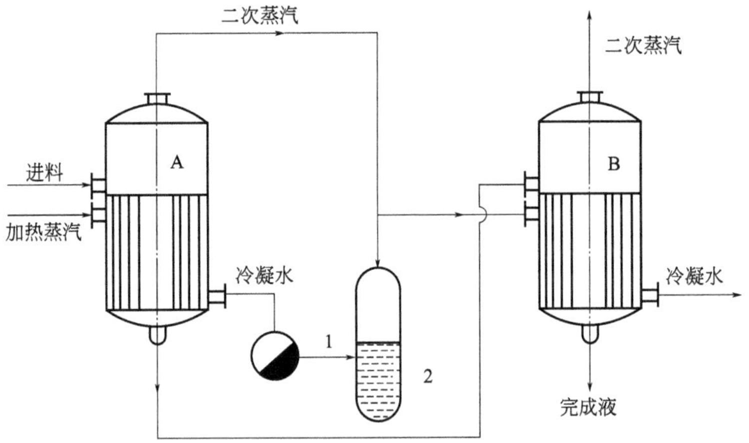

（4）热泵蒸发

所谓热泵蒸发，即二次蒸汽的再压缩，其工作原理如图 4-6 所示。单效蒸发时，可将二次蒸汽绝热压缩以提高其温度（超过溶液的沸点），然后送回加热室作为加热蒸汽重新利用，这种方法称为热泵蒸发。采用热泵蒸发只需在蒸发器开车阶段供应加热蒸汽，当操作达到稳定后就不再需要加热蒸汽，只需提供使二次蒸汽升压所需的压缩机动力，因而可节省大量的加热蒸

汽。通常单效蒸发时，二次蒸汽的潜热全部由冷凝器内的冷却水带走；而在热泵蒸发操作中，二次蒸汽的潜热被循环利用，且不消耗冷却水，这便是热泵蒸发节能的原因所在。

二次蒸汽再压缩的方法有两种，即机械压缩和蒸汽动力压缩。机械压缩如图 4-6(a) 所示。蒸汽动力压缩如图 4-6(b) 所示，它是采用蒸汽喷射泵，以少量高压蒸汽作为动力将部分二次蒸汽压缩并混合后一起送入加热室作为加热剂用的。

图 4-6
二次蒸汽再蒸发流程

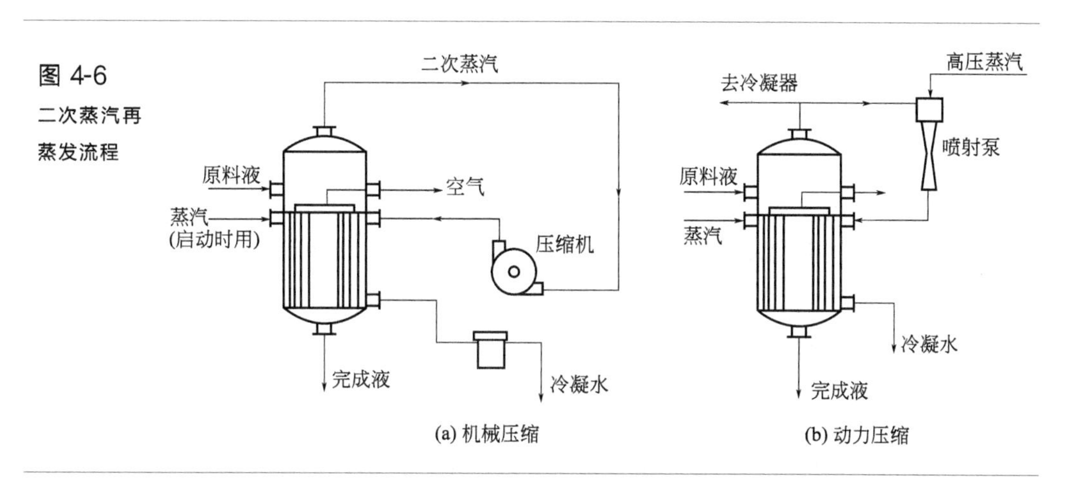

(a) 机械压缩　　(b) 动力压缩

实践证明，设计合理的蒸汽再压缩蒸发器的能量利用率相当于 3～5 效的多效蒸发装置。其节能效果与加热室和蒸发室的温差有关，也即和压力有关。如果温差较大而引起压缩比过大，其经济性将大大降低，故热泵蒸发不适合沸点升高较大的溶液蒸发。其原因是当溶液沸点升高较大时，为了保证蒸发器有一定的传热推动力，要求压缩后二次蒸汽的压力更高，压缩比增大，这在经济上是不合理的。此外，压缩机投资费用大，并且需要经常进行维修和保养。鉴于这些不足，热泵蒸发在生产中应用有一定程度的限制。

(5) 多级多效闪蒸

利用闪蒸的原理，现已开发出一种新的、经济性和多效蒸发相当的闪蒸方法，其流程如图 4-7 所示。稀溶液经加热器加热至一定温度后进入减压的闪蒸室，闪蒸出部分水而溶液被浓缩；闪蒸产生的蒸汽用来预热进加热器的稀溶液以回收其热量，本身变为冷凝液后排出。由于闪蒸时放出的热量较小(上述流程一般只能蒸发进料中百分之几的水)，为增加闪蒸的热量，常使大部分浓缩后的溶液进行再循环，其循环量往往为进料量的几倍到几十倍。闪蒸为一绝热过程，闪蒸增大预热时的传热温差，常采用使上述减压过程逐级进行的方法，即实际生产中的再循环多级闪蒸。考虑到再循环时，闪蒸室通过的全部是高浓度溶液，沸点上升较大，故仿照多效蒸发，使溶液以不同浓度在多个闪蒸室（或相应称为不同的效）中分别进行循环。

图 4-7
闪蒸示意图

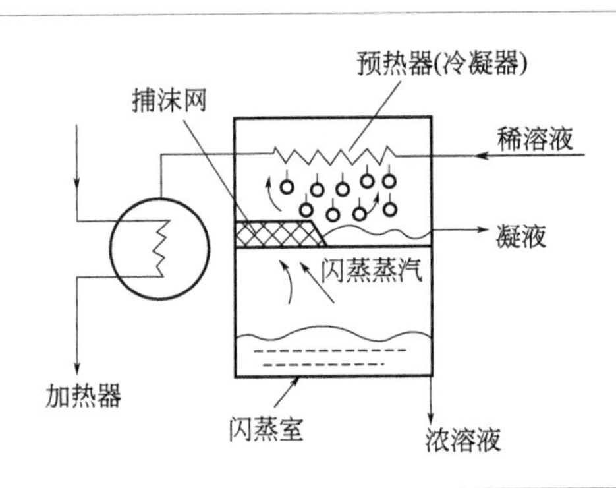


多级闪蒸可以利用低压蒸汽作为热源，设备简单紧凑，不需要高大的厂房，其最大的优点是蒸发过程在闪蒸室中进行，解决了物料在加热管管壁结垢的问题，其经济性也较高，因而近年来应用渐广。它的主要缺点是动力消耗较大，需要较大的传热面积，也不适用于沸点上升较大物料的蒸发。

（6）渗透蒸发膜分离技术

所谓渗透蒸发膜分离过程，是指膜的一侧是混合液体，经过选择性渗透进入透过侧发生汽化，由于真空泵减压不断把蒸汽抽出，经过冷凝从而达到了分离的目的。因为一般膜分离没有相的变化，它是利用物质透过膜的速度差而实现的，因此是一种省能的分离技术。渗透蒸发分离技术由于过程简单、选择性高、省能量，而且设备价格低廉，越来越受到重视。

## 4.2.3 典型蒸发器

蒸发器可分为循环型与非循环型（单程型）两大类。

（1）循环型蒸发器

① 中央循环管式蒸发器。中央循环管式蒸发器又称为标准式蒸发器，是应用较广的一种蒸发器。如图 4-8 所示，其下部加热室相当于垂直安装的固定管板式加热器，但其中心管径远大于其余管子的直径，称为中央循环管，其余的加热管称为沸腾管。中央循环管的截面积约为沸腾管总截面积的 40%～100%，此处溶液的汽化程度低，气液混合物的密度要比沸腾管内大得多，形成了分离室中的溶液由中央循环管中下降、从各沸腾管上升的自然循环流动。其优点是结构简单、制造方便、操作可靠、投资费用较小；其缺点是溶液的循环速度较低（一般在 0.5m/s 以下）、传热系数较低，清洗和维修不够

方便。

② 悬筐式蒸发器。把加热室做成如图 4-9 所示的悬筐悬挂在蒸发器壳体下部，加热蒸汽由中间引入，仍在管外冷凝，而溶液在加热室外壁与壳体内壁形成的环形通道内下降，并沿沸腾管上升。环形通道的总截面积约为沸腾管总截面积的 100％～150％，溶液的循环速度可提高至 1～1.5m/s。由于加热室可以从蒸发器顶部取出，清洗、检修和更换方便；由于溶液的循环速度较高，传热系数得以提高；蒸发器的壳体是与温度较低的循环液体相接触，因此其热损失也比标准式要小。其缺点是结构较为复杂，单位传热面积的金属耗量较大。这种蒸发器适用于易结垢或有结晶析出的溶液的蒸发。

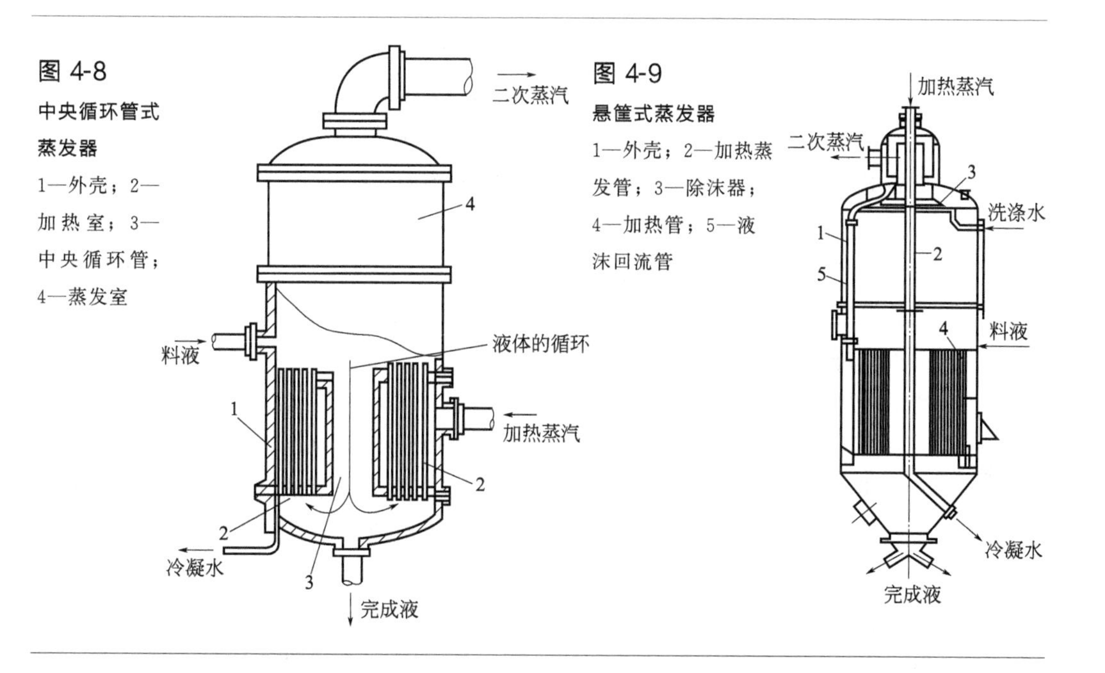


**图 4-8**
**中央循环管式蒸发器**
1—外壳；2—加热室；3—中央循环管；4—蒸发室

**图 4-9**
**悬筐式蒸发器**
1—外壳；2—加热蒸发管；3—除沫器；4—加热管；5—液沫回流管

③ 外热式蒸发器。该蒸发器的加热装置置于蒸发室的外侧，其优点是：便于清洗和更换；既可降低蒸发器的总高，又可采用较长的加热管束；循环管不受蒸汽加热，两侧管中流体密度差增加，使溶液的循环速度加大（可达 1.5m/s），有利于提高传热系数。这种蒸发器的缺点是单位传热面积的金属耗量大，热损失也较大。

④ 列文式蒸发器。列文式蒸发器在加热室的上方增设了一段沸腾室，这样加热室中的溶液受到这一段附加的静压强作用，使溶液的沸点升高而不在加热管中沸腾，待溶液上升到沸腾室时压强降低，溶液才开始沸腾汽化，这就避免了结晶在加热室析出，垢层也不易形成。其缺点是：设备较庞大，单

位传热面积的金属耗量大，需要较高的厂房；加热管较长，由液柱静压强引起的温差损失大，必须保持较高的温差才能保证较高的循环速度，故加热蒸汽的压强也要相应提高。

⑤ 强制循环蒸发器。此种蒸发器在循环管下部设置一个循环泵，通过外加机械能迫使溶液以较高的速度（一般可达 1.5～5.0m/s）沿一定的方向循环流动。但是这类蒸发器的动力消耗大，每平方米传热面积消耗功率约为 0.4～0.8kW。这种蒸发器宜处理高黏度、易结垢或有结晶析出的溶液。

由以上可知，循环型蒸发器的共同特点是：溶液必须多次循环通过加热管才能达到要求的蒸发量，故在设备内存液量较多，液体停留时间长，器内溶液浓度变化不大且接近出口液浓度，减小了有效温差，不利于热敏性物料的蒸发。

(2) 非循环型（单程型）蒸发器

这类蒸发器的基本特点是：溶液通过加热管一次即达到所要求的浓度。在加热管中液体多呈膜状流动，故又称膜式蒸发器，因而可以克服循环型蒸发器的本质缺点，并适用于热敏性物料的蒸发，但其设计与操作要求较高。

① 升膜式蒸发器。加热室由垂直长管组成，其长径比为 100～150。料液经预热后由蒸发器底部进入，在加热管内迅速强烈汽化，生成的蒸汽带动料液沿管壁成膜上升；在上升过程中继续蒸发，进入分离室后，完成液与二次蒸汽进行分离。常压下加热管出口处的二次蒸汽速度一般为 20～50m/s，减压下可达 100～160m/s 以上。

由于液体在膜状流动下进行加热，故传热与蒸发速度快，且高速的二次蒸汽还有破沫作用，因此，这种蒸发器还适用于稀溶液（蒸发量较大）和易起泡的溶液。但不适用于高黏度、有结晶析出或易结垢的浓度较大的溶液。

② 降膜式蒸发器。溶液由加热室顶部加入，在重力作用下沿加热管内壁成膜状向下流动，液膜在下降过程中持续蒸发增浓，完成液由底部分离室排出。由于二次蒸汽与蒸浓液并流而下，因此有利于液膜的维持和黏度较高流体的流动。为使溶液沿管壁均布，在加热室顶部每根加热管上须设置液体分布器，均匀成膜是这种蒸发器设计和操作成功的关键。这种蒸发器不适用于易结垢、有结晶析出的溶液。

③ 刮板式蒸发器。加热管为一粗圆管，中下部外侧为加热蒸汽夹套，内部装有可旋转的搅拌刮片，刮片端部与加热管内壁的间隙固定为 0.75～1.5mm。料液由蒸发器上部的进料口沿切线方向进入器内，被刮片带动旋转，在加热管内壁上形成旋转下降的液膜。在此过程中溶液被蒸发浓缩，完成液由底部排出，二次蒸汽上升至顶部经分离后进入冷凝器。

其优点是依靠外力强制溶液成膜下流，溶液停留时间短，适用于处理高黏度、易结晶或易结垢的物料；其缺点是结构较复杂、制造安装要求高、动力消耗大、处理量较小。

④ 离心式薄膜蒸发器。热敏性要求极高而溶液黏度又较小者，选用离心（叠片）式薄膜蒸发器。由于在高速情况下（叠片周边速率达 20m/s 以上），其离心力为重力的 100 倍以上，在传热面上的料液薄膜很薄（约为 0.1mm），并且停留时间极短（约 1s），这种蒸发设备对于处理极为热敏的物质，如浓缩果汁、牛奶等，非常有利。但当介质黏度超过 0.2Pa·s 时，由于薄膜移动不充分，传热效果会急剧下降。这种蒸发器目前已广泛在食品、制药等工业中应用。

# 4.3　干燥过程及干燥器的节能

干燥操作是化工、轻工、食品、医药及农副产品深加工等国民经济的几十个行业和数以万计品种物料生产过程的一个重要环节。它直接影响产品的性能、质量和成本，备受人们关注。

干燥的目的是从湿物料中去除湿分。工业上最常遇到的湿分是水，为了保证干燥操作的顺利进行，有以下两个条件必须同时满足：

① 物料表面湿分的蒸汽压必须大于干燥介质（通常是空气）中湿分的蒸汽压；

② 湿分汽化时必须不断地供给热量。

故干燥过程是一个能耗极大的单元操作。理论上讲，在标准条件（即干燥在绝热条件下进行，固体物料和水蒸气不被加热，也不存在其他热量交换）下蒸发 1kg 水分所需的能量为 2200～2700kJ，其中上限为除去结合水的情况。实际干燥过程的单位能耗比理论上要高得多。据统计，一般的间歇式干燥，单位能耗为 2700～6500kJ/kg；干燥介质逆流循环的连续式木材干燥则为 3000～4000kJ/kg。相关统计也表明，干燥过程的能耗约占整个加工过程能耗的 12%。一般来说，不同干燥过程、不同类型干燥器，其单位能耗是不同的。

## 4.3.1　干燥过程的热力学分析

### 4.3.1.1　总体质量衡算

以进入和输出干燥器的物料和干燥介质作为衡算对象。在干燥过程中保持恒定的量为湿空气流量（$G_g$）中的绝干空气量（$G_B$），以及进出干燥器的

绝干物料质量（$G_S$）。由于进入和排出连续式干燥器的湿分相等，可得

$$G_S(x_1-x_2)=G_B(y_2-y_1) \tag{4-13}$$

式中 $x$——干基湿含量；

$y$——空气的绝对湿度。

式(4-13) 等号的左项或右项均等于干燥器中蒸发的水分质量（$G_A$），故干空气的质量可由下式计算：

$$G_B=\frac{G_A}{y_2-y_1} \tag{4-14}$$

干燥器中蒸发 1kg 水分的干空气消耗量（比空气消耗量）为

$$\frac{G_B}{G_A}=\frac{1}{y_2-y_1} \tag{4-15}$$

#### 4.3.1.2 总体热量衡算

连续式干燥器的热量衡算以时间为基准，间歇式干燥器则以一次干燥周期为基准。在热量衡算时，应考虑各种可能性。实际干燥过程可根据实际情况予以简化。

在干燥过程中进入和排出干燥器的各项热量，如图 4-10 所示。

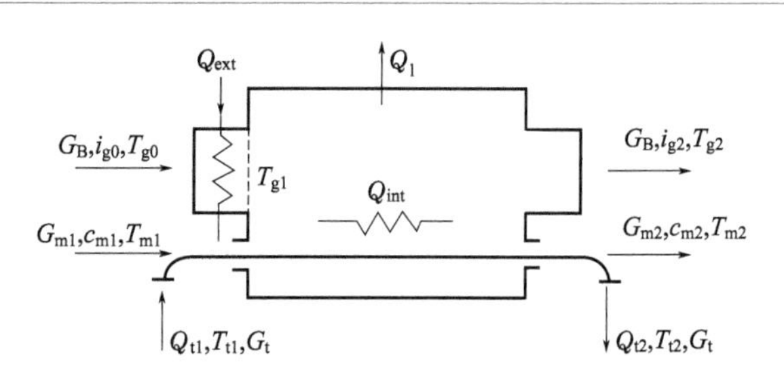


图 4-10
实际干燥过程的热量衡算

热量衡算应包括下列各项（参见图 4-10）：

$Q_{ext}$，外加热器供给的热量；

$Q_{int}$，内加热器供给的热量；

$Q_B=G_B(i_{g2}-i_{g0})$，干燥过程中空气增加的热量；

$Q_m=G_{m2}(c_{m2}T_{m2}-c_{m1}T_{m1})$，加热物料消耗的热量；

$Q_t=G_tc_t(T_{t2}-T_{t1})$，加热输料装置消耗的热量；

$Q_w=G_AT_{m1}c_{A1}$，湿物料中的湿分带入干燥器的热量；

$Q_l$，热损失，正比于干燥器的表面积及干燥器表面和环境的温度差：

$$Q_l=\sum K_iA_i\Delta T_i$$

式中 $i_{g0}$，$i_{g2}$——空气的进口焓和排出焓；

$c_{m1}$，$c_{m2}$——物料的进口比热容和出口比热容；

$c_{A1}$，$c_t$——湿分和热煤的比热容；

$T_{m1}$，$T_{m2}$——物料的入口和出口温度；

$T_{t1}$，$T_{t2}$——热媒的入口和出口温度。

由此，可列出热量衡算方程

$$Q_{ext}=Q_B+Q_m+Q_t+Q_l-Q_{int}-Q_w \tag{4-16}$$

对于理论干燥器有

$$Q_{ext}=Q_B \tag{4-17}$$

而其他各项均为零。

若以比热容耗计算，式(4-16) 两侧除以 $G_A$，则蒸发 1kg 水消耗的热量以 $q$ 表示为

$$q_{ext}=q_B+q_m+q_t+q_l-q_{int}-q_w \tag{4-18}$$

在比较实际干燥器与理论干燥器后，设

$$\Delta=-(Q_m+Q_t+Q_l-Q_{int}-Q_w) \tag{4-19}$$

则实际干燥器的热量衡算方程可写成

$$Q_{ext}=Q_B-\Delta \tag{4-20}$$

式中，$\Delta$ 为实际干燥器中除外加热器加入的热量之外，输入干燥器的热量和消耗热量之差。通常绝热干燥过程的总体热量衡算及传热、传质动力学可列出以下 5 个方程：

质量衡算方程　$$G_S(x_1-x_2)=G_B(y_2-y_1) \tag{4-21}$$

焓衡算方程　$$G_S(i_{m2}-i_{m1})=G_B(i_{g1}-i_{g2}) \tag{4-22}$$

传质动力学方程　$$G_S(x_1-x_2)=\overline{w}_D A \tag{4-23}$$

传热动力方程　$$G_S(i_{m2}-i_{m1})=\alpha A\,\overline{\Delta t}-\gamma\overline{w}_D A \tag{4-24}$$

停留时间方程　$$G_S=\frac{m_S}{\tau_r} \tag{4-25}$$

式中　$A$——物料与空气的接触面积，$A=\alpha m_S/\rho_S$（其中 $\alpha$ 为单位体积物料的表面积），$m^2/m^3$；

$m_S$——绝干物料质量，kg；

$\rho_S$——物料的松密度，$kg/m^3$；

$\overline{w}_D$，$\overline{\Delta t}$——平均干燥速率和平均温度差；

$\tau_r$——物料在干燥器中的停留时间。

除外加热器输入热量以外，在式(4-20) 中输入的热量主要由内加热器提供，因此有内加热器时 $\Delta$ 可能为正值，无内加热器时 $\Delta$ 为负值。

若对外加热器作热量衡算，则有

$$Q_{ext}=G_B(i_{g1}-i_{g0}) \tag{4-26}$$

与理论干燥器的式(4-17) 相比，可知

$$G_B(i_{g2}-i_{g0})=G_B(i_{g1}-i_{g0}) \tag{4-27}$$

故有

$$i_{g2}=i_{g1} \tag{4-28}$$

即在理论干燥器中，气体具有恒定的焓值。理论干燥器的干燥过程是一个等焓的过程。

### 4.3.1.3 微分热质衡算

总体热质衡算以干燥器进出口参数作为基准，它不能反映干燥器内部的参数变化情况。如要知道干燥器内部任意点的参数变化，就需采用微分热质衡算方法。此法适用于湿度和温度连续变化的干燥器。对于有物料返混的干燥器应采用总体衡算法。

在连续干燥器中物流的垂直面上截取一微元，微元的高度为 $dz$，横截面积为 $S$，在体积为 $dV=Sdz$ 的微元中物料的质量为 $dm$。$dm$ 质量的湿物料与空气接触的表面积为 $dA$。单位质量绝干物料的热损失为 $dq_1$（kJ/kg 干物料）。在稳定状态下，物料与空气的参数如图 4-11 所示。由此对微元作热质衡算。

图 4-11

连续干燥器的微元物流参数

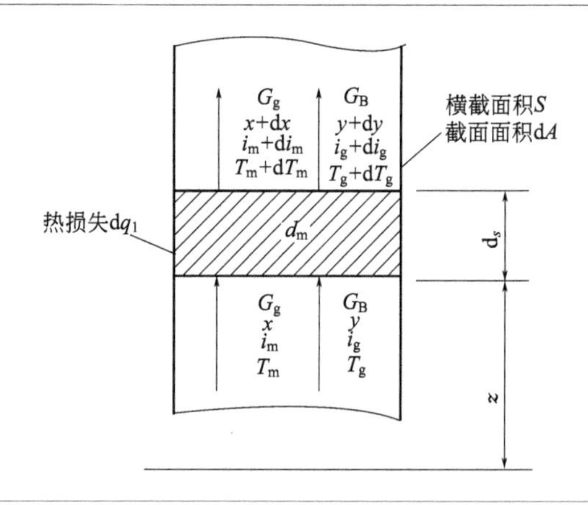


$$G_S(i_m+di_m)+G_B(i_g+di_g)+G_S dq_1=G_S i_m+G_B i_g \tag{4-29}$$

$$G_S(x+dx)+G_B(y+dy)=G_S x+G_B y \tag{4-30}$$

上式经简化后可得

$$di_m+\left(\frac{G_B}{G_S}\right)di_g+dq_1=0 \tag{4-31}$$

$$dx+\left(\frac{G_B}{G_S}\right)dy=0 \tag{4-32}$$

如设定 $G_B/G_S$，则在忽略热损失 $dq_1$ 后，此两方程中共有 4 个未知数，即 $T_m$、$x$、$T_g$ 和 $y$。式中的 $i_m$ 及 $i_g$ 分别可由 $T_m$、$x$ 及 $T_g$、$y$ 计算。要解此方程组必须补充两个独立的方程，这两个补充方程可由传递动力学关系列出。对微体列传递方程

$$q\,dA=G_S di_m+w_D i_{AV} dA \tag{4-33}$$

$$G_S dx=w_D dA \tag{4-34}$$

式中　$q$——干燥介质传递给物料的传热速率，$kW/m^2$；

$w_D$——干燥速率，$kg/(m^2 \cdot s)$；

$i_{AV}$——水蒸气的焓，kJ/kg，$i_{AV}=r_0+c_{A1}T_m$；

$r_0$——0℃时的汽化潜热（kJ/kg）；

$c_{A1}$——水的比热容[kJ/(kg・K)]。

对于最常见的对流干燥，$q=h(T_g-T_s)$，$w_D=K_y(y_{eq}-y)$。式中，$T_s$ 为物料表面温度，或与物料表面热力学平衡的气膜温度；$y_{eq}$ 为物料表面温度下气膜的平衡气体湿度；$h$、$K_y$ 分别为传热系数和传质系数。

非结合水分的 $i_m$ 值为 $(c_S+c_{A1}x)T_m$。结合水分的 $i_m$ 值，还需附加吸附热，即 $i_m=(c_S+c_{A1}x)T_m+\Delta H_S$，式中，吸附热 $\Delta H_S$（或称解析热）和温度、湿含量有关。湿气体的焓为 $i_g=c_H T_g+r_0 y$，$c_H$ 为湿气体的比热容。至此虽然已对 4 个未知数，列出了 4 个方程，但此方程组是非线性的，难以作解析解。通常将此微分方程组改变为差分方程组作数值解，或在焓湿图即 $I$-$Y$ 图上作近似的图解。

## 4.3.2　不同干燥方法的比较

（1）直接干燥法

该方法使热风与物料直接接触，边供热边除去水分，对这类采用热风加热的对流干燥器来说关键是要提高物料与热风的接触率，防止热风偏流。等速干燥期间的物料温度几乎与湿球温度相同，所以使用高温热风也可以干燥较低温度的物品。这种方法干燥速率快，设备费用低，但需要干燥介质作载热体，因此随尾气带走的非有效热很多，热效率较低，单位能耗量较大。

① 通风干燥。该方法使板状或成型物等的外表面或容器的表面接触热风，干燥速率慢，但应用范围较广。

② 通气干燥。使热风透过粉粒体、薄片、块状物料的积层，干燥速率

很快。

③ 沸腾干燥。让热风均匀地从粉粒体、薄片物料层的底部吹入并使其流动，使物料床处于沸腾状态，这样物料就会剧烈地混合分散，沸腾床内的传热、传质速率都比较大，干燥速率很快。其热效率在对流加热干燥中是较高的，单位能耗量较小。

④ 振动干燥。让热风从机械跳跃振动着的粉粒体、薄片、小块物料层的底部吹入，进行通气接触。其干燥速率比流动层干燥稍慢，但热效率较高。

⑤ 气流干燥。该方法使粉粒体在高温热风中分散，边输送物料边干燥。这种方法干燥时间短，适于大批量处理，如采用分散机可以去除60%～80%的水分。但在气流干燥器中，干燥介质的气速很大，介质用量较多，单位能耗量偏大。如将单级气流管改为多级后，热利用率可以提高，单位能耗量减小。

⑥ 喷雾干燥。使溶液或泥浆物料在高温热风中喷雾，直接得到粉粒体制品。这种方法干燥时间短，适用于大批量处理。在喷雾干燥器中，由于喷嘴工作需要消耗动力，单位能耗量一般偏大，但不同类型喷嘴的动力消耗不同。离心转盘式喷嘴，使转盘转动的动力消耗不大；而压力式喷嘴，使物料造成较大压力所消耗的动力比离心式转盘要大；气流式喷嘴需要有一定压力的气体工作介质（如压缩空气），并且一般用量也较大，其动力消耗也较大。因此在相同操作条件下，就单位能耗量比较，气流式喷嘴最大，压力式喷嘴次之，离心式喷嘴较小。

⑦ 回转干燥。使粉粒状、块状、泥状等物料通过回转着的滚筒接触热风。这种方法适于大批量处理，干燥后的泥状物可成粒状物排出。

⑧ 搅拌干燥。物料由高速旋转的搅拌叶片搅拌，使物料在旋转运动中干燥。一般适用于中等程度及中等以下量的处理，可以得到粒状物。

⑨ 高温高湿干燥。普通热风干燥过程随着热风中湿度的增高，干燥速率变慢。但一超过某种程度，湿度就会与干燥速率成正比，使干燥速率加快。高温高湿干燥一般在300℃以上的温度下运行。

（2）间接干燥法

这种方法通过金属等材料间接传递干燥所需的热量。在这种传导加热干燥器（如滚筒干燥器）中，不需干燥介质作载热体，因此随尾气带走的非有效热很少，其热效率较高；每蒸发单位水分的热耗量较小，总能耗也相应减小。间接法的干燥速率比直接干燥法慢。等速干燥期间产品温度与加热源的温度没关系，大体与装置内气体压力的饱和温度相同。为了提高干燥速率和防止干燥不均匀，通常用机械搅拌或使容器本身旋转。因此有必要深入研究传动机构的附属问题。干燥装置本身价格较贵，但其特点是集尘器等排气系统负荷小，热效率高，热媒回收容易，故总的费用比直接干燥法便宜。

① 常压干燥。常压干燥法是在大气压下进行干燥的一种方法，产品温度在100℃以上，应用范围相当广泛。

② 真空干燥。对于那些不耐热、平衡水分高以及易氧化的物料，可以采用真空中以较低温度进行干燥的方法。

③ 附着干燥。这种方法是使溶液、泥浆状或糊膏状的物料附着在加热的滚筒上进行干燥。该方法加热时间短，适合中等规模以下量的处理。

④ 冷冻干燥。冷冻不耐热物料中的水分，并将其在高真空下保持到冰点以下，使水分升华从而除去水分。该方法物料成分损失小，但干燥速率很慢。

(3) 电气干燥法

将电能直接作为热能，或转换成振动能，利用分子运动发热。该方法使用范围较窄。

① 远红外干燥。红外线是指波长在0.72～1000μm之间的电磁波，其中0.72～3μm为近红外线，3～5.6μm为中红外线，5.6～1000μm为远红外线。一般物质分子运动的固有振动频率在远红外线的频率范围之内。当被加热物料分子的固有频率与射入该物料的远红外线的频率一致时，产生强烈的共振现象，使物料的分子运动加剧，因而物料内、外的温度均匀迅速地上升。也就是说，物料内部分子吸收了远红外线辐射能量直接转变为热量，从而实现高效、节能、均匀干燥的目的。因此远红外干燥具有干燥速率快、热效率高的优点，但其性质与光相同，所以要求远红外线照射时不能留有阴影。

② 高频干燥。高频干燥是将湿物料置于高频、高压的电场中，利用分子运动在物料内部产生均匀的摩擦热而使材料均匀加热达到干燥的方法。高频干燥时，物料内部的温度高于外部温度，促使内部水分向外部转移，使物料中的水分分布均匀；采用的频率一般为2～20MHz，电压强度为800～2000V/cm，功率为1～100kW。这种方法适用于厚板及导热性能差的物料，在木材加工业应用广泛。

③ 超声波干燥。超声波是频率大于20kHz的声波，是在媒质中传播的一种机械振动。超声波干燥时将对物料产生以下作用：a.结构影响。物料超声波干燥时，反复受到压缩和拉伸作用，使物料不断收缩和膨胀，形成海绵状结构。当这种结构效应产生的力大于物料内部微细管内水分的表面附着力时，水分就容易通过微小管道转移出来。b.空化作用。在超声波压力场内，

空化气泡的形成、增长和剧烈破裂以及由此引发的一系列理化效应，有助于除去与物料结合紧密的水分。c.其他作用。如改变物料的形变，促进形成微细通道，减小传热表面层的厚度，增加对流传质速度。超声波干燥的特点是不必升温就可以将水从固体中除去，因此可以用于热敏物质的干燥，具有干燥速度快、温度低、最终含水率低且物料不会被损坏或吹走等优点。

(4) 油浸干燥法

这种方法与油炸食品的原理相同，是将物料放入加热的油中短时间脱水。这种方法的特点是不损伤蔬菜、果实、水产品等的自然风味、色调及营养成分，但问题是产品中存有大量油分，需采用机械离心法或化学方法脱油。

① 常压油浸。该种方法需要在1atm（1atm＝101325Pa）、油温135～180℃的条件下浸渍。缺点是容易褐变或使天然色调褪色，油的氧化快，水分直线下降，但产品的膨化率低。

② 真空油浸。这种方法是在8.0kPa的低压、120℃左右的油温下浸渍，产品的色、味、水的还原性能好，而且膨化率高。这种方法还可以控制油的氧化，在最初的3～5min内就可以脱去全部水分的80％左右。

(5) 复合干燥法

根据物料的特性及现有条件合理地组合使用不同类型的干燥器，就可建立起新的、强度高而成本低的干燥装置，不但可以干燥某些单一干燥方法难以干燥的物料，同时可以充分发挥不同干燥方法的优势，实现高效节能。因此，组合干燥具有广阔的发展前景。目前常见的复合式干燥有：喷雾-流化床复合干燥、气流-流化床复合干燥、气流-旋流复合干燥、回转圆筒-流化床复合干燥、转鼓-盘式复合干燥等。

① 通气搅拌干燥。使微量热风通过搅拌型间接干燥机与物料直接接触，所需热量的90％用间接干燥法提供，并可以在相当于气体中水分压力的温度下干燥。该方法适合较低温物料的大批量干燥。

② 层内加热流动干燥。在直接干燥法的流动层和振动层内引入间接型换热器进行层内加热流动干燥，所需热量的70％用间接法提供。这样可以更好地发挥直接干燥法的优点，这种方法特别适合粉粒体的大批量处理。

## 4.3.3 干燥过程节能技术

由于干燥过程要将液态水变成气态，需要较大的汽化潜热，能耗较大，因此有必要提高系统的能量利用率，以节约能源。目前，工业上常采取选择热效率高的干燥装置、改变干燥操作条件、回收排出的废气中部分热量等措施来节约能源和降低生产成本。

（1）合理选择干燥器

化工生产中需干燥的物料种类繁多，对产品质量的要求各不相同，因此，选择合适的干燥器非常重要。若选择不当，将导致热量利用率低，动力消耗高，浪费能源，甚至是所生产的产品质量达不到要求。对于干燥器的选择，应该考虑下面几个方面的问题：

① 干燥器要能满足生产的工艺要求。工艺要求主要是指：达到规定的干燥程度，干燥均匀，保证产品具有一定的形状和大小等。由于不同物料的物理化学性质（如黏附性、热敏性等）、外观形状以及含水量等差异很大，对于干燥设备的要求也就各不相同，因此干燥器必须根据物料的这些不同特征确定不同的结构。

② 生产能力要适度。干燥器的生产能力取决于物料达到规定干燥程度所需的时间，干燥速率越快，所需干燥时间就越短，设备的生产能力就越大。一般来说，间歇式干燥器的生产能力小，连续操作的干燥器生产能力大。因此，物料的处理量小时，宜采用间歇式干燥器；物料的处理量大时，应采用连续操作的干燥器。

③ 热效率要高。干燥器的热效率是干燥设备的主要经济指标。不同类型的干燥器，其热效率也不同。选择干燥器时，在满足干燥基本要求的条件下，应尽量选择热能利用率高的干燥器。

④ 干燥系统的流动阻力要小，以降低动力消耗。

⑤ 附属设备要简单，操作控制方便，劳动强度低。

（2）充分利用干燥余热

对流加热干燥中，干燥介质既是载湿体也是载热体，其用量一般较大，介质流出干燥器的温度常在 80～150℃之间，因此随废气带走的热量较多。这部分非有效热可以作为余热加以回收利用。

① 从出口废气中回收热量。在干燥介质进入加热器之前，可利用废气的余热进行预热。这样可减少加热器热负荷，降低单位能耗。

② 部分废气循环。在对流加热干燥中，如废气的湿含量不太高，而温度又不低，可将部分废气与新鲜干燥介质一起通入干燥器。由于利用了部分废气的余热，使干燥器的热效率有所提高。但随着废气循环量的增加势必使热空气湿含量增加，干燥速率将随之降低，进而使湿物料干燥时间增加并导致干燥装置设备费用的增加，因此存在一个最佳废气循环量。一般的废气循环量为 20％～30％。

③ 从固体产品中回收显热。有些产品为了降低包装温度，改善产品质

量，需对干燥产品进行冷却，这样可以利用冷却器回收产品中的部分显热。常用的冷却设备有液-固冷却器（可以得到热水等）、流态化冷却器、振动流化床冷却器及移动床冷却器等（可以得到预热空气）。

④ 减少干燥过程的热损失。一般来说，干燥器的热损失不会超过10%，大中型生产装置若保温适宜，热损失约为5%，因此要做好干燥系统的保温工作。此外，为防止干燥系统的渗漏，一般在干燥系统中采用送风机和引风机串联使用，经合理调整使系统处于零压状态，这样可以避免对流干燥因干燥介质的漏入或漏出造成干燥器热效率的下降。

（3）选择合适的操作参数

① 降低干燥器的蒸发负荷。物料进入干燥器前，通过过滤、离心分离或蒸发等预脱水方式，降低物料湿含量，减小干燥器蒸发负荷，是干燥器节能的最有效方法之一。例如将固体含量为30%的料液增浓到32%，其产量和热量利用率提高约9%。对于液体物料（如溶液、悬浮液、乳浊液等），干燥前进行预热可以节能。对于喷雾干燥，料液预热还有利于雾化。

② 提高干燥器入口空气温度、降低出口废气温度。提高干燥器入口热空气的温度，有利于提高干燥热效率。但是，入口温度受产品允许温度的限制。

一般来说，对流式干燥器的能耗主要由蒸发水分和废气两部分组成，而后一部分约占15%～40%，有的场合可达60%。因此，降低干燥器出口废气温度比提高进口热空气温度更经济，既可以提高干燥器热效率又可增加生产能力。但出口废气的温度受两个因素的限制：一是要保证产品的湿含量（出口废气温度过低，产品湿度增加，达不到要求的产品含水量）；二是废气进入旋风分离器或布袋过滤器时，要保证其温度高于露点20～60℃。

（4）采用组合干燥

组合干燥也称多级干燥，就是把两种或两种以上的干燥方式结合起来。组合干燥可以较好地控制整个干燥过程，达到单一干燥形式所不能达到的目的和效果，同时又能提高产品质量和节能，尤其是对热敏性物料最为适宜。牛奶干燥系统就是一个典型的实例，它由喷雾干燥和振动流化床两级干燥组成，其单位能耗由单一喷雾干燥的5550kJ/kg降低为4300kJ/kg，同时又使奶粉的速溶性提高；牛奶两级干燥的另一种形式是把振动流化床置于喷雾干燥室的下部，这样就把两个单元合二为一，合理利用干燥空气，其单位能耗降低为3620kJ/kg。

（5）利用内换热器

在干燥器内设置内换热器，利用内换热器提供干燥所需的一部分热量，从而减少干燥空气的流量，可节能和提高生产能力 1/3 或更多。这种内换热器一般只适用特定的干燥器，如回转圆筒干燥器的蒸汽加热管、流化床干燥器内的蒸汽管式换热器等。

（6）过热蒸汽干燥

与空气相比，蒸汽具有较高的热容和较高的热导率，可使干燥器更为紧凑。如何有效利用干燥器排出的废蒸汽，是这项技术成功的关键。一般将废蒸汽用作工厂其他过程的工作蒸汽，或者再经压缩或加热后重复利用。

过热蒸汽干燥的优点：可有效利用干燥器排出的废蒸汽，节约能源；无起火和爆炸危险；减少产品氧化变质的隐患，可改善产品质量；干燥速度快，设备紧凑。但目前还存在一些不足：工业使用经验有限；加料和卸料时，难以控制空气的渗入；产品温度较高。

## 4.3.4　典型干燥器

### 4.3.4.1　旋转列管式干燥器

旋转列管式干燥器主要由转子、壳体、驱动系统和支撑等构成，其中的转子作为核心功能部件，由换热管、管板、管箱、空心轴头、刮板等共同组成，结构如图 4-12 所示。其工作原理是：在由壳体围成的密闭干燥室内，一带有数百根管子的转子缓慢旋转，蒸汽或导热油作为热介质从转子空心轴的一端进入，在管箱内均匀分配进入换热管，再通过金属管壁将热量传导给物料；物料在管外吸热增焓不断蒸发湿分，而放热降温的导热油或凝结的冷凝水则从转子的另一端排出。转子周边通过固定角钢架装有带一定倾角的刮板，随着旋转不断将被干燥物料刮起和搅拌，同时将物料从入口一侧推向出

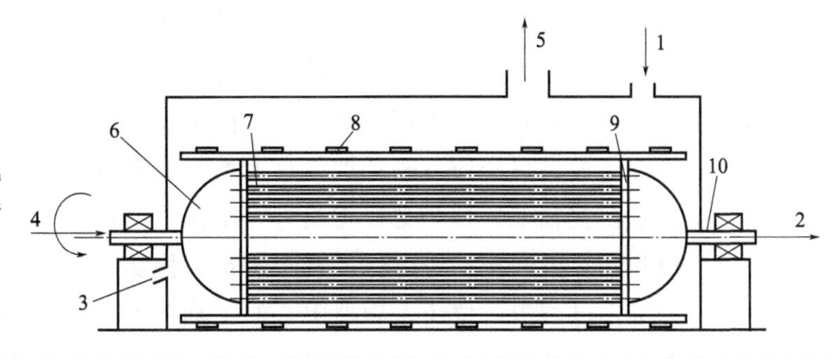


图 4-12
旋转列管式干燥器
1—进料口；2—冷凝水出口；3—出料口；4—蒸汽入口；5—排风口；6—管箱；7—换热管；8—刮板；9—管板；10—空心轴头

口一侧。合理地设计干燥室长度、转子转速、刮板数量和角度，能达到物料从干燥室一端前进到另一端出口处恰好完成干燥过程。这种干燥器设备结构相对简单，制造难度小，热效率也较高。

### 4.3.4.2 卧式旋转圆盘式干燥器

卧式旋转圆盘式干燥器的转子由空心轴、空心盘及抄板等组成（图 4-13）。其工作原理是：在密闭干燥室内，一带有数十片空心圆盘的转子缓慢旋转，蒸汽作为热介质从转子空心轴的一端进入，通过旋转金属圆盘将热量传递给物料；物料在盘外吸热增焓不断蒸发湿分，凝结的冷凝水从转子的另一端排出。圆盘周边装有带一定倾角的抄板，随着旋转不断将被干燥物料抄起和搅拌，同时将物料从入口一侧推向出口一侧。合理地设计干燥室长度、转子转速、刮板数量和角度，能达到物料从干燥室一端前进到另一端出口处恰好完成干燥过程。为了处理黏度大的物料，干燥器壳体上装有静止不动的刮刀，用于清除旋转加热面上附着的物料。这种干燥器热效率高，只是设备结构较为复杂，制造难度较大。

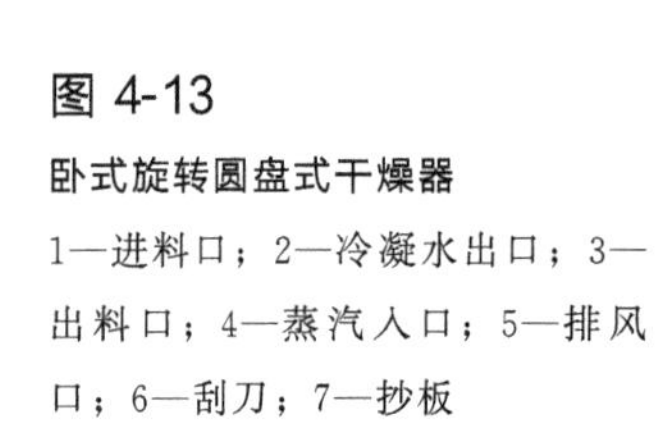

图 4-13

卧式旋转圆盘式干燥器

1—进料口；2—冷凝水出口；3—出料口；4—蒸汽入口；5—排风口；6—刮刀；7—抄板

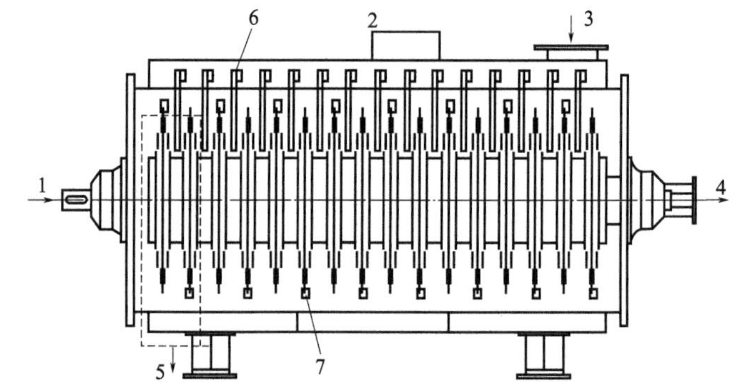


### 4.3.4.3 立式空心圆盘干燥器

立式空心圆盘干燥器是一种高效节能的干燥设备，结构如图 4-14 所示，主要由壳体、大小加热盘、主轴、耙杆、耙叶及支撑和传动系统等组成。大小加热盘交替布置，固定在框架上，内部设有折流隔板，通入蒸汽、热水或导热油作为加热介质。每层加热盘上均装有耙杆，上下两层的耙杆成一定角度固定在主轴上。每个耙杆均装有等距排列的耙叶若干，但上下两层加热盘的耙叶安装方向相反，以保证物料的正常移动。

工作过程中，位于干燥器中心的主轴在电动机带动下，连同固定在主轴上的耙杆和耙叶一起转动。物料自干燥器顶部加料口进入最上层小加热盘的

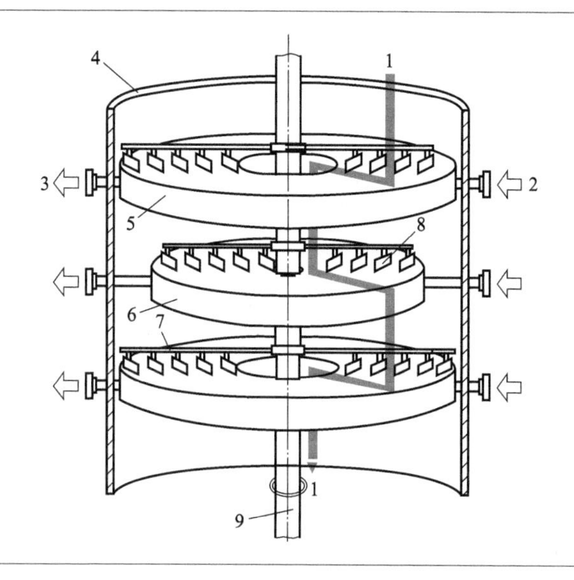


图 4-14
立式圆盘干燥器
1—物料；2—热媒入口；3—热媒出口；4—壳体；5—大加热盘；6—小加热盘；7—耙杆；8—耙叶；9—转轴

盘面内缘，在回转的耙叶作用下，一边翻动搅拌，一边从加热盘内缘向外缘作螺旋形移动。物料经由盘面传导的热量加热升温后，由小加热盘外缘跌落到下层大加热盘上。在反向安装的耙叶推动下，物料由下层大盘的外缘向内缘作螺旋形移动。如此内外交替，物料逐层由上而下移动，最终完成干燥。汽化的湿分由干燥器顶部出口自然排出或由风机抽出。

立式空心圆盘干燥器主要用于干燥散粒状物料，不适用于黏稠或膏状物料。这是因为被干燥物料需要被耙叶不断翻抄，并推动前进；而黏稠或膏状物料难以被耙叶翻抄，甚至是在盘面上结垢，使耙叶不能正常运转，甚至损坏。

### 4. 3. 4. 4　卧式桨叶式干燥器

在干燥器内部设置各种结构和形状的桨叶以搅拌被干燥物料，使物料在桨叶翻动下，不断与干燥器的传热壁面接触，加快传热速度和湿分蒸发，达到干燥的目的。这类设备称为桨叶式干燥器或搅拌型干燥器。在众多的桨叶式干燥器中，应用最广的是 W 型楔形桨叶式干燥器，如图 4-15 所示。其基本结构由带夹套的 W 型壳体、上盖、空心轴和焊在轴上的多对楔形桨叶以及与加热介质相连的旋转接头和传动系统等组成。需要指出的是，W 型壳体由内筒和外夹套组成，内壁底部用两个圆弧组成，能有效避免搅拌死区。与 W 型壳体配套的两根空心轴旋转方向相反，均向着设备中心线方向旋转；桨叶端部的抄板，把物料从中心推向壁面，又从壁面将物料向上提升，越过空心轴后从设备中央抛下。楔形桨叶干燥器的主要传热面是沿轴向交错焊接在两根空心轴上的多对空心楔形桨叶，每个桨叶均由两片扇形侧板、一片三角

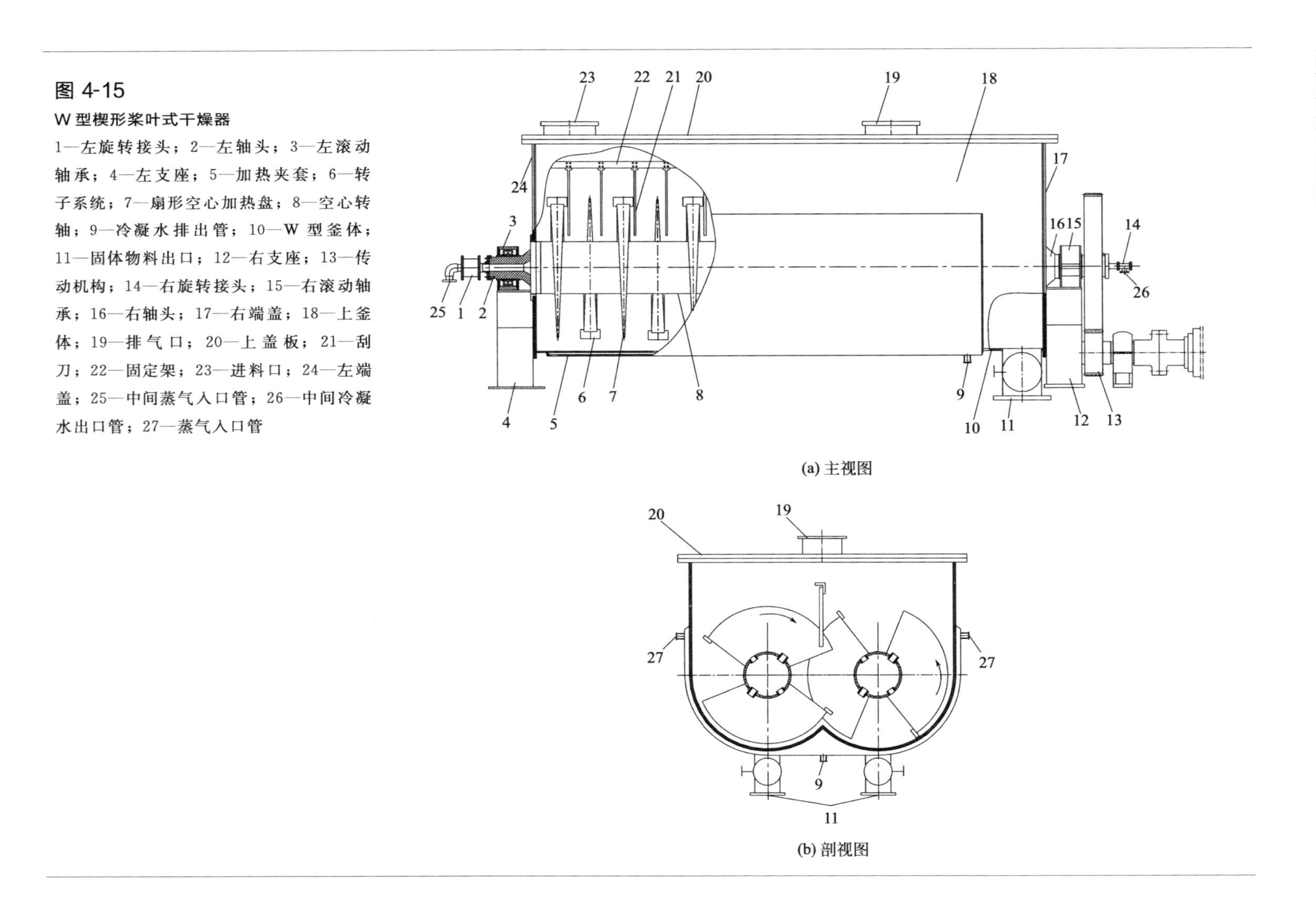


**图 4-15**

**W 型楔形桨叶式干燥器**

1—左旋转接头；2—左轴头；3—左滚动轴承；4—左支座；5—加热夹套；6—转子系统；7—扇形空心加热盘；8—空心转轴；9—冷凝水排出管；10—W 型釜体；11—固体物料出口；12—右支座；13—传动机构；14—右旋转接头；15—右滚动轴承；16—右轴头；17—右端盖；18—上釜体；19—排气口；20—上盖板；21—刮刀；22—固定架；23—进料口；24—左端盖；25—中间蒸气入口管；26—中间冷凝水出口管；27—蒸气入口管

形圆弧封板、一片矩形后盖板以及与矩形后盖板相连接的抄板共同构成；其一端宽，另一端呈尖角。

工作过程中，待干燥物料经顶部进料口进入干燥室，在抄板作用下被不断地翻起和洒落，同时借助倾斜安装的抄板的轴向推动和装置整体水平坡度的联合作用，从装置一端向另一端连续移动。物料在移动过程中，通过与通有高温加热介质的扇形空心加热盘、空心转轴以及加热夹套的接触不断吸热升温，蒸发湿分，并通过排气口被外界及时抽出；经历一定行进历程后，剩余的净干物料经装置下部的固体物料出口排出。高温加热介质经中间入口管进入空心转轴，之后分配到各个扇形空心加热盘里，被吸热降温后最终从转轴另一端的出口排出。

W 型楔形桨叶式干燥器具有良好的自洁能力，能有效避免粘壁。一方面空心加热盘的末端固定了抄板，该抄板与 W 型筒体的间隙较小，能对黏附在釜体内壁的物料进行清除；另一方面与任一轴截面位置的空心加热盘对应，均配置了静止刮板，能对粘在旋转加热盘表面的物料进行刮除。此外，空心加热盘的倾斜侧板与物料间相对运动所产生的分散力，有利于附着在斜盘面的物料自动脱落；且双轴以相反方向旋转，存在径向重叠的空心加热盘对其斜面上黏附的物料进行反复压缩和膨胀，这也对避免粘壁有利。综上，W 型楔形桨叶式干燥器对于黏性物料的干燥具有优势。

### 4.3.4.5 流化床干燥器

流化床干燥器是固体流化技术在干燥中的应用。流化床干燥器的结构如图 4-16 所示。干燥器内用垂直挡板分隔成若干个室，挡板与水平空气分布板

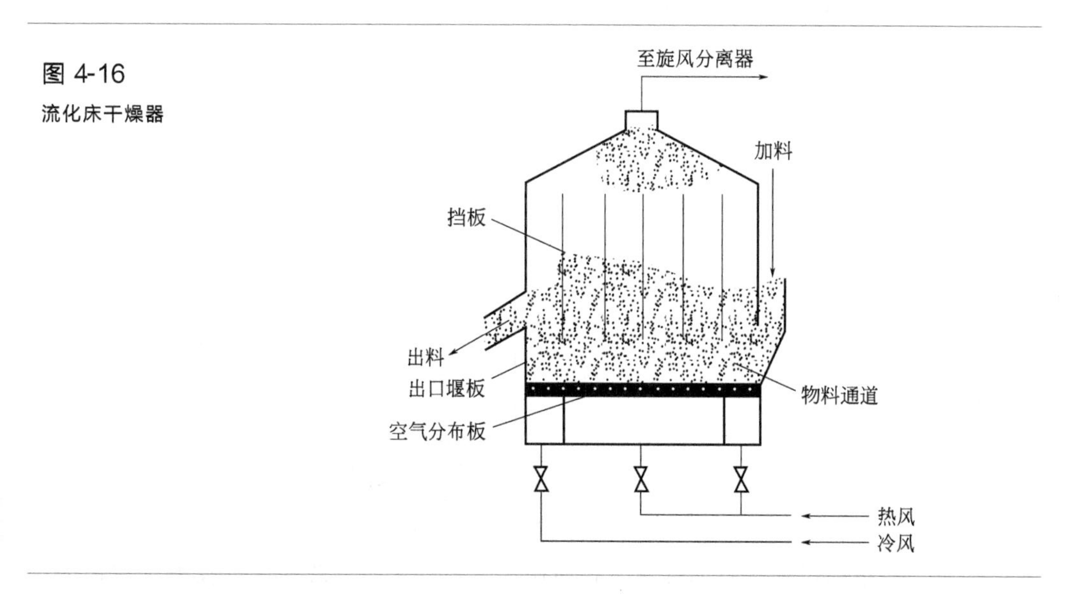


图 4-16
流化床干燥器

之间留有一定间隔，使物料能够逐室通过。湿物料由第一室加入，依次流过各室，最后经出口堰板排出。热空气通过水平空气分布板进入前面几室，通过物料层，并使物料处于流态化，上下翻腾（所以流化床也称沸腾床）。由于物料与热空气接触充分，因此能够被快速干燥。当物料通过最后一室时，通入冷空气冷却以便包装、储运。

流化床干燥器具有结构简单、造价和维修费用较低、物料的干燥时间容易控制、气固接触好、干燥速率快、热能利用率高、能得到较低的最终含水量、空气流速小、设备磨损轻等众多优点，在流程工业生产中应用广泛。

# 4.4 精馏过程及精馏塔的节能

精馏是分离互溶液体混合物的最常用方法。液体均具有挥发而成为蒸汽的能力，但各种液体的挥发性各不相同，精馏就是利用这一点使其分离的。图 4-17 为常规精馏操作流程示意图。料液自塔的中部适当位置连续地加入塔内；塔底设有再沸器，加热塔底液体，使其蒸发产生上升蒸汽，液体作为塔底产品连续排出；塔顶设有冷凝器，将塔顶蒸汽冷凝为液体，一部分作为回流自塔内下降，其余作为塔顶产品连续排出。精馏塔内上升蒸汽和下降液体逆流接触，自动进行着低沸点组分蒸发和高沸点组分冷凝这样的热交换过程。精馏实质是多级分离过程，即同时进行多次部分汽化和部分冷凝的过程，因此可使混合液得到几乎完全的分离。

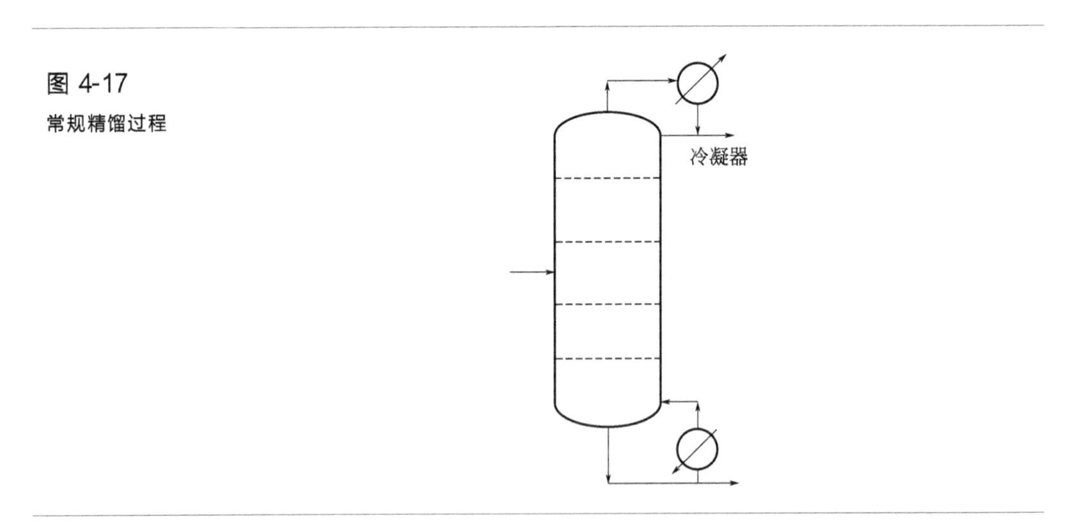


图 4-17
常规精馏过程

精馏过程是石油炼制、石油加工、天然气加工及其他过程中应用最为广泛的单元操作，也是石油化工领域能耗最大的单元操作之一。统计数据表明，在石油化工领域的总能耗中，精馏过程的能耗约占 40%～50%，因此精馏过程的节能具有重要的现实意义。

## 4.4.1　精馏过程热力学分析

（1）热量衡算

以热力学第一定律为基础，对图 4-18 所示的一般精馏过程作热量衡算，得到

$$Q_B+Q_F=Q_R+Q_D+Q_W+Q_0 \tag{4-35}$$

式中　$Q_B$——再沸器的加热量，即热负荷；

$Q_F$——原料液带进的热量；

$Q_R$——塔顶冷凝器的冷却量；

$Q_D$，$Q_W$——塔顶馏出液和塔底产品带走的热量；

$Q_0$——散失于环境的热损失。

图 4-18

精馏塔热量衡算

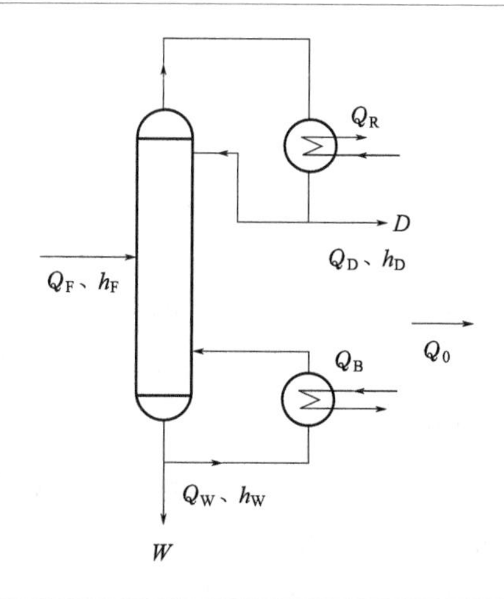


再沸器的热负荷为

$$Q_B=Q_R+Q_D+Q_W+Q_0-Q_F \tag{4-36}$$

假设塔顶为全冷凝器，则式(4-36) 可写成

$$Q_B=(R+1)Dh_D+Dh_D+Wh_W-Fh_F+Q_0 \tag{4-37a}$$

或

$$Q_B=(R+1)Dh_D+D(h_D-h_F)+W(h_W-h_F)+Q_0 \tag{4-37b}$$

$$Q_B=(R+1)Dh_D+F(h_W-h_F)-D(h_W-h_D)+Q_0 \tag{4-37c}$$

假设原料液为沸点进料，忽略原料液与出料液之间的温度差异，并忽略热损失，则式(4-36) 变成

$$Q_B = Q_R = Q \tag{4-38}$$

即再沸器的热负荷等于冷凝器的热负荷。

(2) 一般精馏过程的有效能损失

式(4-38) 似乎表明再沸器所消耗的热能与塔顶蒸汽所带走的热量相等，有效能并没有损耗。但 $Q_B$ 与 $Q_R$ 的温度不同，其所具有的有效能并不相等。塔底再沸器的供热温度为 $T_2$，塔顶蒸汽的冷凝温度为 $T_1$，若塔底、塔顶产品为纯组分，则 $T_2$ 与 $T_1$ 分别为重、轻组分的沸点。$T_2$ 高于 $T_1$，若不计塔内的流动阻力，假设传热无温差，则有效能损失为

$$E_{X损} = Q_B\left(1-\frac{T_0}{T_2}\right) - Q_R\left(1-\frac{T_0}{T_1}\right) = T_0\left(\frac{1}{T_1}-\frac{1}{T_2}\right)Q \tag{4-39}$$

## 4.4.2 精馏过程节能技术

式(4-35) 为精馏塔的热量衡算式，该式表明精馏塔的节能就是如何回收热量 $Q_R$、$Q_D$ 和 $Q_W$，以及如何减少向塔内供应的热量 $Q_B$ 和环境热损失 $Q_0$。

要考虑如何减少供应的热量，就需要了解精馏过程有哪些能量损失。精馏过程是一个不可逆过程，其中的有效能损失是由下列不可逆转性引起的：①流体流动阻力造成的压力降；②不同温度物流间的传热或不同温度物流的混合；③相浓度不平衡物流间的传质，或不同浓度物流的混合。

### 4.4.2.1 预热进料

精馏塔的塔顶馏出液、侧线馏分和塔底釜液在其相应组成的沸点下由塔内采出，作为产品或排出液，但在送往后道工序使用、产品储存或排弃处理之前常常需要冷却。利用这些液体所放出的热量对进料或其他工艺流股进行预热，是历来采用的简单节能方法之一。这种方法的实例如图 4-19 所示。

利用精馏塔采出液热能预热进料，以较低温位的热能代替再沸器所要求的高温位热能，无疑是低温位热能的有效利用方法。需要强调的是，这种预热，应该是由余热来实现。如果仍采用与再沸热源相同的热源，塔内的有效能损失是减少了，但塔外预热器的有效能损失却相应增加，总体并未取得节能效果。

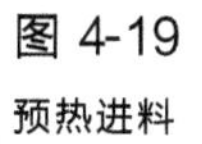
图 4-19
预热进料

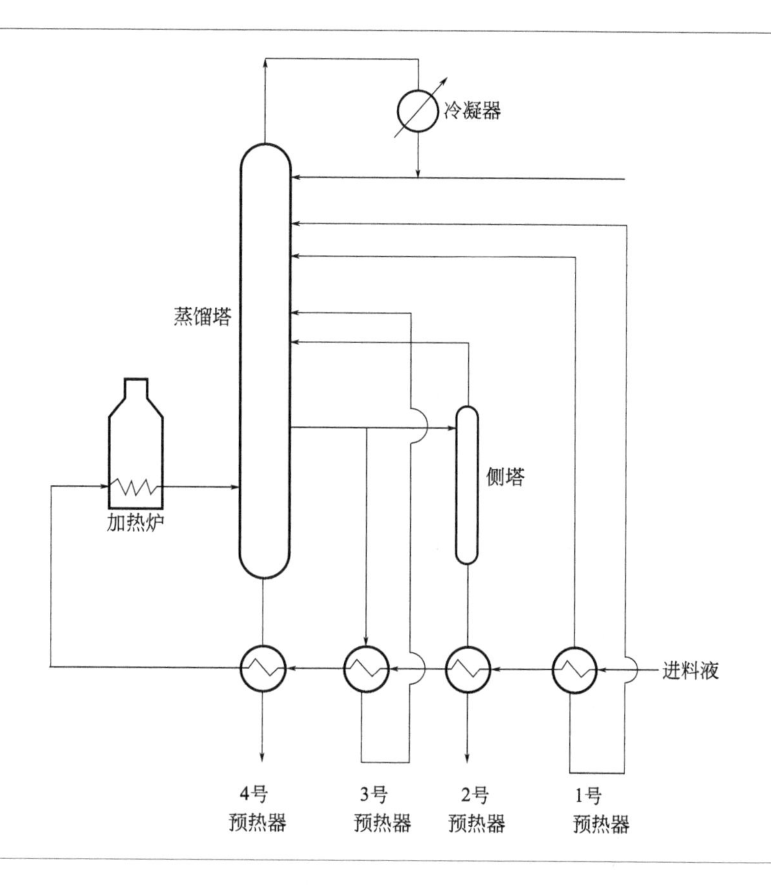


### 4.4.2.2　塔釜液余热的利用

塔釜液的余热除了可以直接利用其显热预热进料外，还可将塔釜液的显热变为潜热来利用。如日东化学工业公司在丙烯腈精馏中采用了如图 4-20 所示的流程来利用塔釜液余热。该流程中，第 1 塔塔顶蒸出丙烯腈，塔釜液是含 0.5%左右乙腈的水溶液，送往第 2 塔汽提脱除乙腈，使排出的废水中只含微量级（$10^{-6}$）的乙腈。将第 2 塔塔釜液减压，产生第 1 塔所需的加热蒸汽量，回收了第 2 塔塔釜液的余热。在这种情况下，第 2 塔需要加压操作，这使得第 2 塔的加热量增加。在第 2 塔塔顶用冷凝器发生蒸汽，回收塔顶蒸汽余热。在这种流程下，每吨丙烯腈可节省 3～4t 蒸汽。

为了使该热量的温位达到所需的要求，还可利用蒸汽喷射泵将其升压，如图 4-21 所示。由精馏塔底排出的塔釜液进入减压罐，该罐装有蒸汽喷射泵，以中压蒸汽为驱动力，把一部分塔釜液变为蒸汽并升压，用于其他用户。这种方式得到的转换蒸汽流取决于精馏塔塔釜液的温度（操作压力），而蒸汽喷射泵的驱动蒸汽量和排出压力由喷射泵的特性决定。

图 4-20 丙烯腈精馏流程

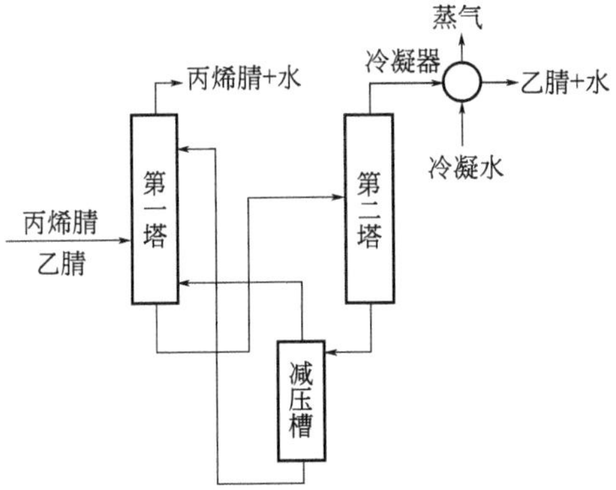

图 4-21 塔釜液余热利用

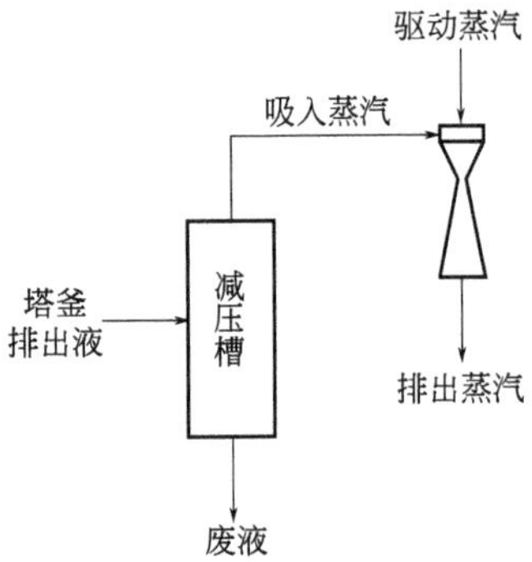

为提高这种显热变为潜热系统的节能效果，设计上的要点为：①选择精馏塔操作压力；②因回收的蒸汽是低压蒸汽，要适当地加以利用；③选择适合于所利用蒸汽压力特性的蒸汽喷射泵。

### 4.4.2.3 塔顶蒸汽余热的回收利用

塔顶蒸汽的冷凝热从量上讲是比较大的。例如炼油厂最大的冷却负荷就是移走常压塔顶的冷凝热，温度一般为 88～104℃；其次是催化裂化装置的精馏塔顶冷凝热，温度为 93～121℃。日加工原油 3 万桶的催化裂化装置的精馏塔顶冷凝热为 $31.6\times10^{6}$ kJ/h。

塔顶蒸汽余热的回收利用常用方法有以下几种：①直接热利用。通常产生低压蒸汽。在高温蒸馏、加压精馏中，用蒸汽发生器代替冷凝器把塔顶蒸汽冷凝，可以得到低压蒸汽，外供其他用户作热源。②余热制冷。采用吸收式制冷装置（例如溴化钾制冷机）产生冷量，通常产生高于 0℃ 的冷量。③余热发电。用塔顶余热产生低压蒸汽驱动透平发电。

### 4.4.2.4 多效精馏

多效原理不只适用于蒸发过程，原则上凡所需温差小于实际热源与实际热阱之间温差的一切过程，均可应用这一原理。

同多效蒸发一样，对于多效精馏，热量和过程物流也有并流［图 4-22(a) 和 (b)］、逆流［图 4-22(c)］或平流［图 4-22(d)］。但由于精馏过程可以是塔顶产品也可以是塔底产品经各效精馏，多效流程有更多选择。图 4-22(a) 所示的串联并流装置是最常见的。外界只向第 1 塔供热，塔 1 顶部气体的冷凝潜热供塔 2 塔底再沸用。在第 2 塔塔底处，其中间产品的沸点必然高于由第 1 塔塔顶引出蒸汽的露点。为了由第 1 塔向第 2 塔传热，第 1 塔必须工作在较高的压力下。

图 4-22
多效精馏

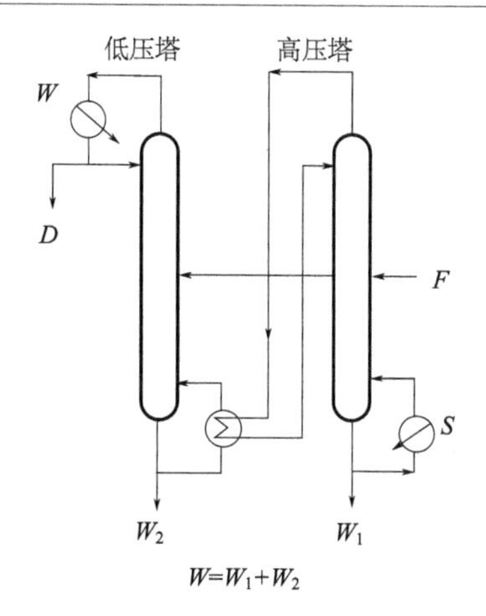

(a) 并流型(低沸成分＜高沸成分)

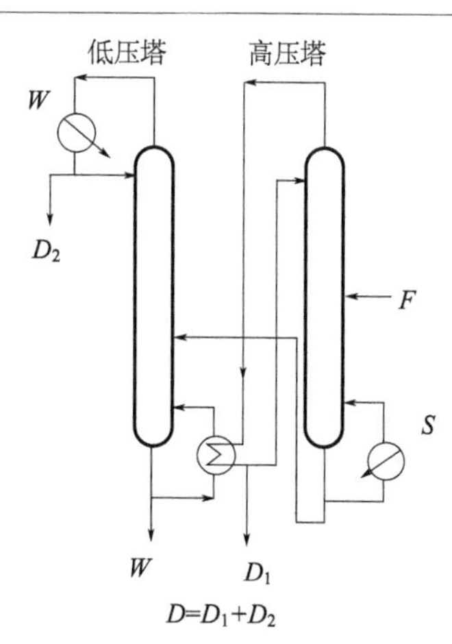

(b) 并流型(低沸成分>高沸成分)

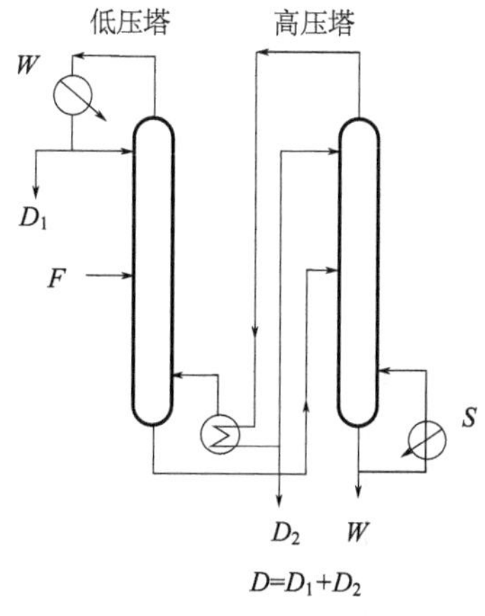

(c) 逆流型(低沸成分＞高沸成分)

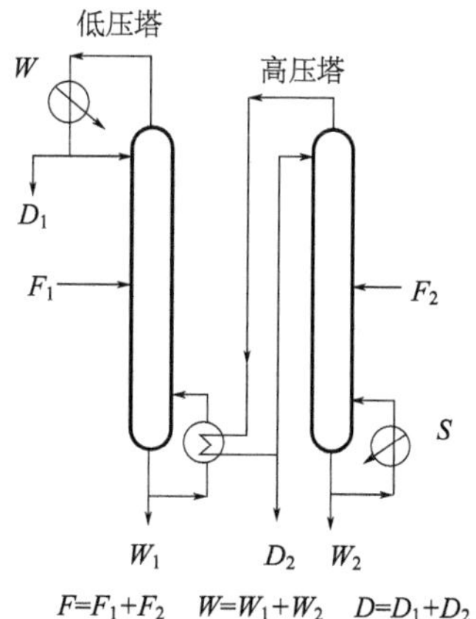

(d) 平流型(低沸成分>高沸成分)

另外，从操作压力的组合来看，多效精馏各塔的压力有：①加压-常压；②加压-减压；③常压-减压；④减压-减压。不论采用哪种方式，其两效精馏操作所需的热量与单塔精馏相比较，都可以减少 30％～40％。

实际的多效精馏要受很多因素的影响。首先，效数要受投资的限制。即使是两效精馏，也会使塔数成倍地增加，使设备费增高。效数增加又使热交换器传热温差减小，使传热面积增大，故热交换器的投资费也增加。初投资的增加与运行费用的降低两者相互矛盾，使装置规模受到限制。

再者，效数受到操作条件的限制。第 1 塔中允许的最高压力和温度，受系统临界压力和温度、热源的最高温度以及热敏性物料的许可温度等的限制，而压力最低的塔通常受塔顶冷凝器冷却水的限制。正因为这些限制，多效精馏的效数一般为二。

如空气分离成氮气和氧气的低温蒸馏一般就采用通常称为林德双塔的两效精馏，其流程如图 4-23 所示。低温压缩空气进入下塔盘管冷凝给热供下塔再沸，然后由下塔中部入塔进行精馏分离。塔中部的蒸发冷凝器既是下塔塔顶的冷凝器，也是上塔塔底的再沸器。下塔塔顶的精馏物是纯氮，上塔塔底的提馏物是纯氧。由于在相同压力下氧的沸腾温度高于氮的冷凝温度，因此欲将氮气冷凝给热供液氧蒸发，必须采用不同的压力。现下塔 0.56MPa，上塔 0.15MPa，使氮的冷凝温度高于氧的沸腾温度并有必要的传热温差（约 2.5℃）。此时，下塔塔底为不纯产物——富氧空气，它加入上塔进一步分离为纯氮、纯氧产品，上塔塔顶的回流由下塔塔顶提供，所以蒸发冷凝器还是上塔塔顶的冷凝器。

图 4-23
空气分离林德双塔

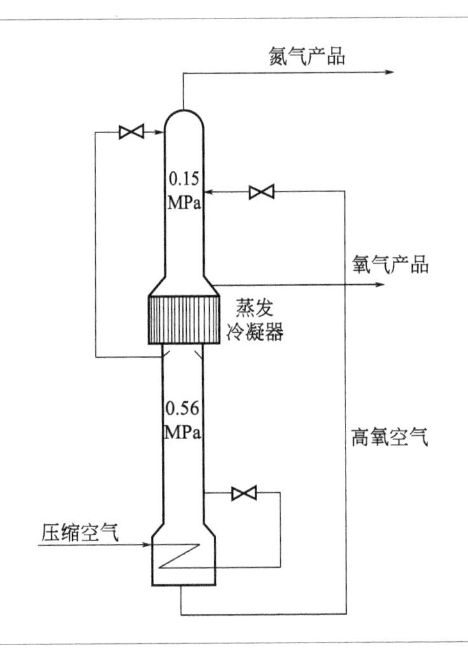


### 4.4.2.5 热泵精馏

热泵精馏类似于热泵蒸发，就是把塔顶蒸汽加压升温，使其返回用作本身的再沸热源，回收其冷凝潜热。

由于塔顶和塔底的温度差是精馏分离的推动力，而且塔板压力损失也加剧了塔釜温度的上升。所以，把塔顶蒸汽加压升温到塔底热源的水平，所需的能量很大。因此，目前热泵精馏只用于沸点相近的组分的分离，其塔底和塔顶温差不大。

蒸汽加压方式有两种：蒸汽压缩机方式和蒸汽喷射泵方式。

4.4.2.5.1　蒸汽压缩机方式

蒸汽压缩机方式热泵精馏在下述场合应用，有望取得良好的效果：①塔顶和塔底温度接近的场合；②被分离物质的沸点接近，分离困难，回流比高，因此需要大量加热蒸汽的场合；③在低压运行时必须采用冷冻剂进行冷凝，为了使用冷却水或空气作冷凝介质，必须在较高塔压下分离某些易挥发物质的场合。

考虑到冷凝和再沸热负荷的平衡以及便于控制，在流程中往往设有附加冷却器或加热器。

蒸汽压缩机方式又有三种形式：气体直接压缩式、单独工质循环式和闪蒸再沸流程。

(1) 气体直接压缩式

气体直接压缩式是以塔顶气体作为工质的热泵，其流程如图 4-24 所示。塔顶气体经压缩升温后进入塔底再沸器，冷凝给热使塔釜液再沸；冷凝液经节流阀减压后，一部分作为产品采出，另一部分作为回流。

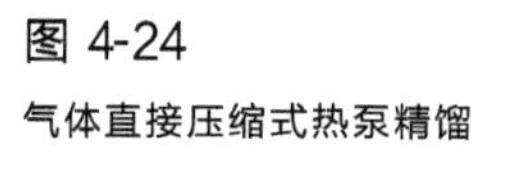
图 4-24
气体直接压缩式热泵精馏

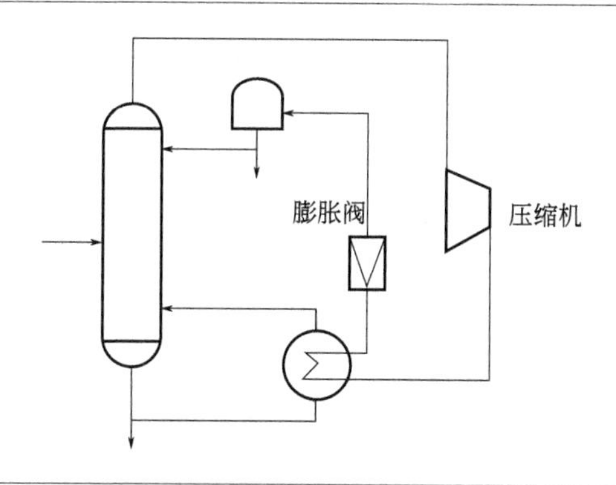


气体直接压缩式的缺点是压缩机操作范围较窄，控制性能不佳，容易引起塔操作的不稳定，需要在设计时，尤其是控制系统的设计中加以注意。

蒸汽压缩机形式有以下几种：①往复式(能力 0.5～2t/h)；②罗茨式(能力 0.5～3t/h)；③涡轮式(能力 2～200t/h)；④轴流式(能力 3～3000t/h)。涡轮式应用最广。

(2) 单独工质循环式

当塔顶气体具有腐蚀性等原因不能直接使用气体直接压缩式时，可以采用图 4-25 所示的单独工质循环式。这种流程利用单独封闭循环的工质工作。

高压气态工质在再沸器中冷凝给热后经节流阀减压降温，入塔顶冷凝器中吸热蒸发，形成低压气态工质返回压缩机压缩，开始新的循环。

单独工质循环式可以选择在压缩特性、汽化热等方面性质优良的工质，但由于多一个换热器，为确保一定的传热驱动力，要求压缩升温较高。单独工质循环式在下列情况下可能适用：①塔顶冷凝器需要冷冻剂或冷冻盐水时（冷凝器温度在38℃以下）；②被分离组分沸点接近，全塔温度差小于18℃；③塔压高，再沸器温度高于150℃，热负荷大。

(3) 闪蒸再沸

闪蒸再沸是热泵的一种变形，它以塔釜液为工质，其流程如图4-26所示。与气体直接压缩式相似，它也比单独工质循环式少一个换热器，适用场合也基本相同。不过，闪蒸再沸在塔压高时有利，而气体直接压缩式在塔压低时更有利。

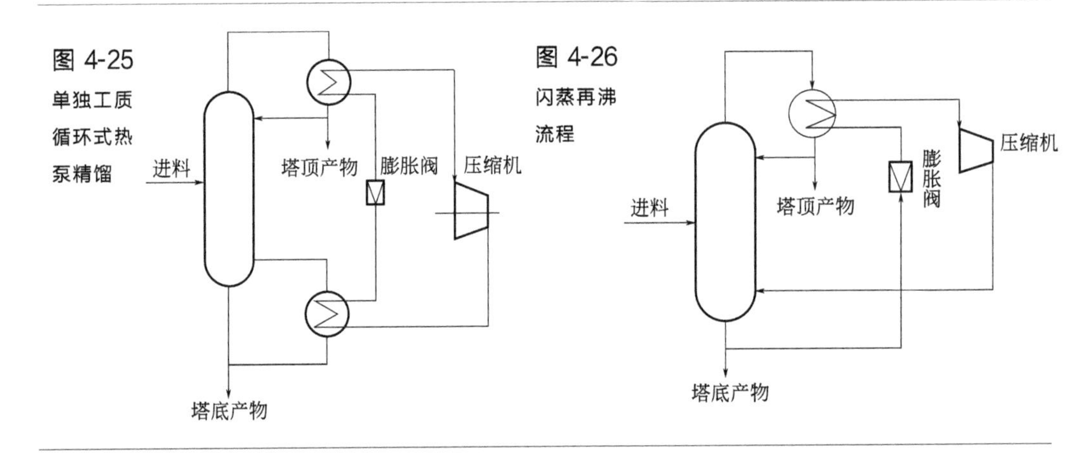


图4-25 单独工质循环式热泵精馏

图4-26 闪蒸再沸流程

4.4.2.5.2 蒸汽喷射泵方式

图4-27为采用蒸汽喷射泵方式的蒸汽汽提减压精馏工艺流程。在该流程中，塔顶蒸汽是稍含低沸点组分的水蒸气，其一部分用蒸汽喷射泵加压升温，随驱动蒸汽一起进入塔底作为加热蒸汽。在传统方式中，如果进料预热需蒸汽量10，再沸器需蒸汽量30，共需蒸汽量40。而在采用蒸汽喷射式热泵的精馏中，用于进料预热的蒸汽量不变，但由于向蒸汽喷射泵供给驱动蒸汽15就可得到用于再沸器加热的蒸汽量30，故蒸汽消耗量是25，可节省37.5%的蒸汽量。

采用蒸汽喷射泵方式的热泵精馏有如下优点：①新增的设备只有蒸汽喷射泵，设备费低；②蒸汽喷射泵没有转动部件，容易维修，且维修费低；③吸入蒸汽量偏离设计点时发生喘振和阻流现象，这点与蒸汽压缩机相同，

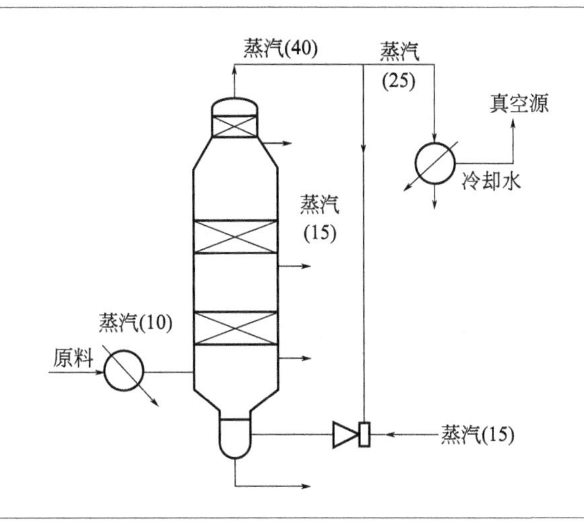


图 4-27
采用蒸汽喷射泵方式的减压蒸馏（括号中数字为相对蒸汽量）

但由于没有转动部件，因此没有设备损坏的危险。但是，这种方式在大压缩比或高真空度条件下操作时，蒸汽喷射泵的驱动蒸汽量增大，再循环效果显著下降。因此，采用这种方式的必要条件是：①精馏塔塔底和塔顶的压差不大；②减压精馏的真空度比较低。

### 4. 4. 2. 6　减小回流比

回流比 $R$ 为塔顶回流量 $L$ 与塔顶产品量 $D$ 之比，即

$$R=L/D \tag{4-40}$$

回流比是一个极其重要的工艺参数，精馏装置能耗很大程度上取决于回流比，同时回流比还决定着塔板数的多少。回流比的选择是一个经济问题，回流比增大，则能耗上升，而塔板数减少；回流比减小，能耗下降，但塔板数增多。所以要在能量费用和设备费用之间作出权衡。

当塔顶蒸汽冷凝后全部回流塔内，不采出产品，即 $D=0$、$R=\infty$，这时称为全回流。但回流比逐渐减小到某一值，这时液相和气相处于平衡状态，传质推动力为零，所需的理论塔板数为无数块，回流比最小，用 $R_{min}$ 表示。$R_{min}$ 时精馏过程有最小总能耗。但是，全回流和最小回流比都是无法生产的，实际操作时 $R$ 必须大于 $R_{min}$。

通常取设计回流比为最小回流比的 1.2～2 倍，这主要是考虑到操作控制的问题、气-液平衡数据的误差以及日后增加产量的需要。但随着能源的短缺和价格的上涨，设计回流比已不断下降。例如乙烯精馏塔的回流比已从原来的 $1.3R_{min}$ 降到 $1.05R_{min}$。不过，减小回流比会使投资增大，因而存在最佳回流比。

在同一体系中，如加大塔板上气液接触的温度差，则板效率增加；相反，如减少该温度差，则板效率降低。减小回流比就降低了气液接触的温度差，所以在确定最佳回流比时，需要考虑回流比和板效率问题。

另外，在分离相对挥发度较大的组分时，最小回流比常常非常小，此时设计回流比相对最小回流比的倍数要取大一些，以维持塔板的稳定效率。

减小回流比容易引起精馏系统发生不稳定现象，因此，采用此方法时，为得到稳定的分离产品组成，必须改善控制系统。

#### 4.4.2.7 增设中间再沸器和中间冷凝器

在简单塔中，塔所需的全部再沸热量均从塔底再沸器输入，塔所需移去的所有冷凝热量均从塔顶冷凝器输出。但实际上，塔的总热负荷不一定非得从塔底再沸器输入，也不一定从塔顶冷凝器输出。沿提馏段向上，轻组分汽化所需的热量逐板减少；沿精馏段向下，重组分冷凝所需的冷量亦逐板减少。基于精馏塔的逐板计算，可得表征精馏塔能量特性的温-焓图（*T-H* 图），如图 4-28 所示。

温度是热能品质的度量，即使热负荷在数量上没有变化，如果温度分布发生了变化，就有可能减少不可逆损失。采用中间再沸器把再沸器热负荷分配到塔底和塔中间段，采用中间冷凝器把冷凝器热负荷分配到塔顶和塔中间段，就是这样的节能措施。此时其能量特性见图 4-29。

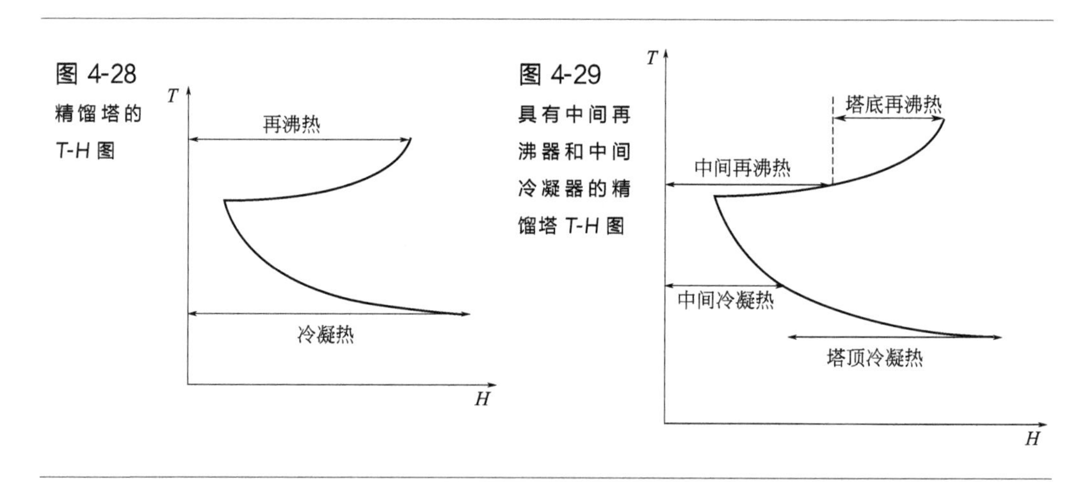


图 4-28 精馏塔的 *T-H* 图

图 4-29 具有中间再沸器和中间冷凝器的精馏塔 *T-H* 图

如图 4-30(a) 所示的二级再沸和二级冷凝精馏塔，即在提馏段设置第二精馏釜，在精馏段设置第二冷凝器，则精馏段与提馏段各有两条操作线，如图 4-30(b) 所示。此时，靠近进料点的精馏操作线斜率大于更高的精馏操作线，靠近进料点的提馏操作线斜率小于更低的提馏操作线；与没有中间再沸器和中间冷凝器的精馏塔［如图 4-30(b) 中的虚线所示］相比，操作线靠近平衡线，精馏过程损失减少。这种流程，既然进料点处两条操作线斜率保持不变，则总冷凝量和总加热量就没有变，即两个精馏釜的热负荷之和与原来一个精馏釜相同，两个冷凝器的热负荷之和与原来的一个冷凝器相同。比较图 4-28 和图 4-29 也可看出这一点。但是，与原精馏釜相比，第二精馏釜可使用较低温度的热源；与原冷凝器相比，第二冷凝器可以在较高温度下排出热量，从而降低了能量的降级损失。

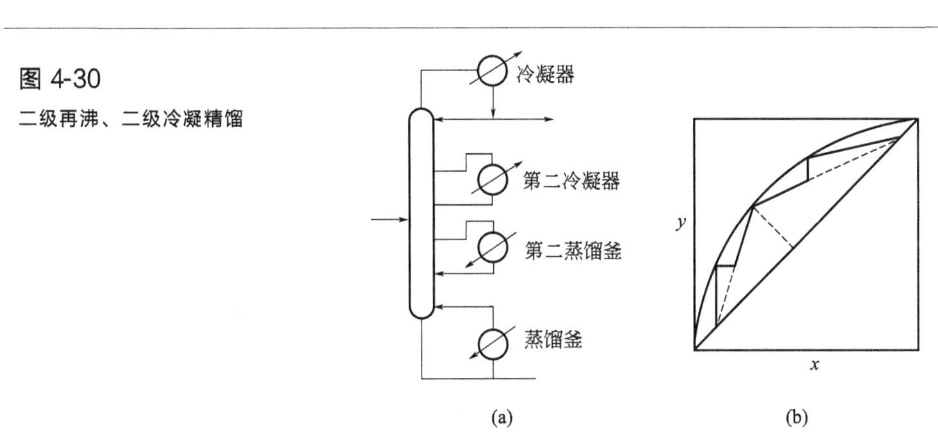


图 4-30
二级再沸、二级冷凝精馏

如果在精馏段的每一层都设置冷凝器，提馏段的每一层都设置再沸器，以便根据平衡线的要求保持各处都处于气液平衡，就可以使精馏过程完全可逆而把能耗降至理论最小。当然，这只是理论上的极限。

增设中间再沸器和中间冷凝器是有条件的。增设中间再沸器的条件是有不同温度的热源供用；增设中间冷凝器的条件是中间回收的热能有适当的用户，或者是可以用冷却水冷却，以减少塔顶所需制冷量负荷。如果中间再沸器与塔底再沸器使用同样热源，中间冷凝器与塔顶冷凝器使用同样冷源，则这种流程毫无意义，只不过是把一部分损失从塔内移到中间再沸器和中间冷凝器（相对原再沸器和原冷凝器，其传热温差加大），没有任何节能效果，而且还浪费了投资。

这种配置的另一个优点是，由于进料处上升气体流量大于塔顶，进料处下降液体流量大于塔底，与常规塔相比，塔两端气液流量减小，可以缩小相应段塔径，在设计新设备时，可以收到节省设备费用的效果。

除以上介绍的途径外，在精馏操作中还可以采用以下方法节能：①进料板、出料板的最佳化；②在线最佳控制；③通过使用高效塔板或高效填料提高塔效率；④与其他分离法及其他装置组合使用，如精馏-萃取、精馏-吸附、膜精馏等复合系统。

## 4.4.3 典型精馏塔

### 4.4.3.1 填料塔

填料塔的结构如图 4-31 所示，它由塔体、塔内构件和填料组成。塔体多为圆筒形，两端有封头，并装有气液进出口接管；塔内装有支撑栅板，板上填充一定高度的填料，填料可以整砌也可以乱堆；塔顶有填料压板和液体分布装置，以保证将回流液体均匀地喷淋到整个塔的截面上。液体自塔顶经分布装置分散后沿填料表面流下，蒸汽在压力差的作用下自下而上通过填料间的间隙流向顶部。填料是气液两相接触传质的基本构件。

### 4.4.3.2 板式塔

板式塔通常由一个圆柱形的壳体及沿塔高按一定间距水平设置的若干层塔板组成，其结构如图 4-32 所示，包括塔体、溢流装置和塔板构件等。其中塔板类型有泡罩塔板、筛孔塔板、浮阀塔板等几种，但泡罩塔板现已很少应用。

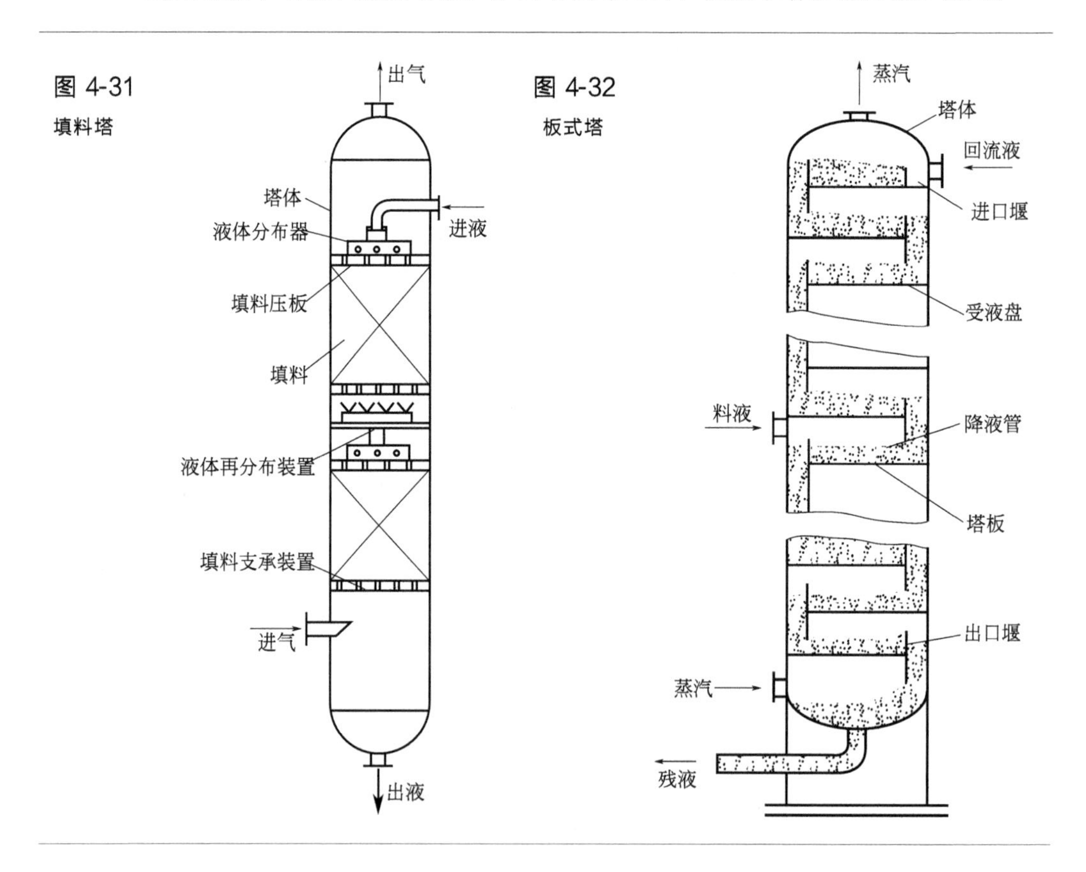


图 4-31
填料塔

图 4-32
板式塔

在操作时，气体在压力差的推动下，由塔底向上，经过均匀分布在塔板上的开孔，依次穿过各层塔板由塔顶排出，液体则靠重力的作用由塔顶逐渐向塔底流动，并在各层塔板的板面上形成流动的液层。塔内以塔板作为气液两相接触传质的基本构件。

#### 4.4.3.3 塔设备的选型

塔设备主要分为填料塔和板式塔两大类，当然也可在塔板间放置填料构成复合塔型，或精细化工某些场合采用转盘塔。填料塔又有规整填料塔和散装填料塔之别。有时采用混合型填料塔，即在同一座填料塔中，有散装填料层，也有规整填料层。有时在以散装填料为主的填料层中，中间主体是散装填料，而上端和下端是规整填料。此时，规整填料是用来改善液体和气体的分布，减少端效应影响，同时也起到传质或传热作用。因此，塔设备在设计时，首先遇到选择塔型问题。普通板式塔属于逐级接触逆流操作，气相为分散相，液相为连续相。其传质是通过上升气体穿过塔板，与塔板上液体接触来实现的。一般填料塔属于连续接触逆流操作，填料充满塔内有效空间，气相为连续相，液相为分散相。液体沿填料表面流下，与上升气体接触，在填料表面实现传质。由于板式塔和填料塔的传质机理不同，因此二者的性能有较大的差别。塔性能比较，最主要的是考虑效率、通量和压降3个因素。塔板的开孔率一般为塔截面积的8%～15%，设计时要考虑塔板有效面积和降液管面积的权衡，一味增加开孔率并不能提高处理能力。填料塔的开孔面积大于50%塔截面积，空隙率都在90%以上，其液泛点都较高，故填料塔的生产能力较大。通常塔板的等板高度都大于500mm，即每米理论板数不超过2块，而工业填料塔的当量理论板数可达10块以上，因而填料塔效率较高。一般情况下，塔的每块理论板压降，板式塔为0.4～1.07kPa，散堆填料为0.13～0.27kPa，规整填料为0.0013～0.107kPa。压降小有利于节能。

20世纪70年代以前，大型塔器中板式塔占有绝对优势，出现过很多新型塔板。当时的填料往往存在明显的放大效应，即随塔径增大而填料塔效率下降的趋势。实验室小塔中取得的实验数据，很难推广到工业规模填料塔的设计中。20世纪70年代初能源危机出现后，迫使填料塔技术在后来有了长足进步。各种高效填料和新型塔内件不断涌现，并在工业应用中取得了成功。

工业生产中塔型的比较和选择直接影响分离任务的完成、设备投资和操作费用。选型的一般原则是：

① 易起泡沫的物系，以选用填料塔为宜，因为填料能使泡沫破裂。在板式塔中泡沫易引起塔的液泛。

② 热敏性物料的分离，如乙苯/苯乙烯的分离，应尽可能降低塔釜温度，

避免由于过热导致物料的聚合或分解。目前这个物系已普遍采用高效、低压降的规整填料，其压降小、持液量低，在减压下操作，与板式塔相比有较大优越性。

③ 对难分离物系，采用热泵技术可节能80%以上，此时宜采用填料塔。难分离物系的塔顶、塔底温度较接近，采用低压降填料，会有更好的节能效果。

④ 现有塔器的增产、节能、降耗，一般可采用高效填料改造原有塔板，达到预期目标。

⑤ 厂房高度受制约的场合，或精密分离需要很多理论分离级时，应优先考虑采用高效填料塔。

⑥ 对腐蚀性介质，宜采用填料塔，因为填料容易实现用各种防腐材料来制作。

⑦ 黏性较大物系，可选用水力直径较大的填料。处理这类物料，板式塔的传质效率较差。

⑧ 含固体颗粒或污浊的物料，不宜采用填料塔，因为容易将填料通道堵塞。若有可能在物料进塔前去除固体颗粒或污浊物，则视情况仍可考虑采用填料塔。

⑨ 在塔内易产生聚合物，经常需要清洗的塔，如合成橡胶生产中某些塔设备，选用板式塔为宜。

⑩ 新建项目，一般板式塔造价低于填料塔。只有在高压操作情况下，采用大通量填料，才可减小塔径，从而使塔壁厚度减小，这时填料塔塔体投资可大幅度下降。权衡投资比较，填料塔的造价有可能低于板式塔。

⑪ 一般而言，板式塔的操作弹性要大于填料塔。规整填料自身的操作弹性较大，但其弹性受制于液体分布器的操作弹性。要求填料塔操作弹性大，分布器则要作特殊设计。其结构的复杂程度，将导致投资增加。

⑫ 具有多侧线进料或出料的塔器，板式塔较易实现。填料塔则在每个侧线口都必须分段，各填料层之间，都应设置液体收集和再分布装置。

精馏塔选型的影响因素较多，表4-2列出了塔型选择的参考。

**表4-2 精馏塔选型参考表**

| 对比条件 | 塔型 | | | |
| --- | --- | --- | --- | --- |
| | 板式塔 | | 散装填料塔 | 规整填料塔 |
| | 浮阀、筛板、泡罩 | MD塔板 | | |
| 腐蚀性介质 | B | B | A | C |
| 易发泡物料 | D | D | B | A |

续表

| 对比条件 | 塔型 | | | |
| --- | --- | --- | --- | --- |
| | 板式塔 | | 散装填料塔 | 规整填料塔 |
| | 浮阀、筛板、泡罩 | MD 塔板 | | |
| 热敏性物料 | D | D | B | A |
| 高黏性物料 | C | C | A | B |
| 含有固体颗粒的物料 | A | A | C | B |
| 难分离或高纯度物料 | C | C | B | A |
| 真空蒸馏 | C | D | B | A |
| 常压蒸馏 | A | D | C | B |
| 高压蒸馏 | B | A | C | D |
| 高液相负荷 | B | A | C | D |
| 低液相负荷 | B | D | C | A |
| 液气比波动大 | A | B | C | D |
| 小塔径 | C | D | A | B |
| 大塔径 | A | A | B | A |
| 塔内换热多 | A | B | C | D |
| 间歇蒸馏 | C | D | B | A |
| 节能操作 | D | D | B | A |
| 老塔改造 | D | B | C | A |
| 多侧线塔 | A | B | C | C |

注：A 表示优，B 表示良，C 表示中，D 表示差；MD 为多降液管塔板。

# 第5章

# 反应过程装备节能技术


5.1 反应过程热力学分析

5.2 反应过程节能技术

5.3 机械搅拌反应器的节能

5.4 典型反应器

# 5.1 反应过程热力学分析

## 5.1.1 化学反应有效能的计算

根据有效能的基本定义式，化学反应的有效能为

$$E_{XR}=\Delta H-T_0\Delta S \tag{5-1}$$

忽略基准态与标准态（298K，101.3kPa）的差别，基准温度下等温反应的反应有效能等于标准态的反应自由焓变化：

$$E_{XR}=-\Delta G \tag{5-2}$$

已知反应物和产物组成的反应过程，可直接从手册中查出标准态的自由焓数据，即为基准反应有效能。而当反应不在基准温度下时，反应温度 $T$ 下的等温反应，由自由焓定义：

$$\Delta G=\Delta H-T\Delta S \tag{5-3}$$

$$\Delta S=\frac{\Delta H-\Delta G}{T} \tag{5-4}$$

故

$$E'_{XR}=\Delta H-T_0\left(\frac{\Delta H-\Delta G}{T}\right)=\frac{T_0}{T}\Delta G+\Delta H\left(1-\frac{T_0}{T}\right) \tag{5-5}$$

一般地，有自由焓与平衡常数的函数关系

$$\Delta G=RT\ln\frac{K_P}{J_P} \tag{5-6}$$

于是

$$E'_{XR}=RT_0\ln\frac{K_P}{J_P}+\Delta H\left(1-\frac{T_0}{T}\right) \tag{5-7}$$

式(5-7) 即为反应条件下反应有效能的计算式。$\Delta H$ 为反应热效应，可用单位反应物的热效应表示，实际上为完全反应的热效应乘以反应进度（转化率）。

当考虑到还有不参加反应的惰性组分随反应物和产物一起进出反应器时，反应有效能为

$$E'_{XR}=RT_0\ln\frac{K_P}{J_P}+\Delta H\left(1-\frac{T_0}{T}\right)+RT_0\sum n_i\ln\frac{(p_i)_O}{(p_i)_I} \tag{5-8}$$

式中　$(p_i)_\mathrm{I}$，$(p_i)_\mathrm{O}$——进、出反应器的 $i$ 组分分压；

$n_i$——与 1kmol 反应物对应的惰性组分的千摩尔数。

对于等分子反应即反应物和产物化学计量系数相同，反应器本身压降可以忽略时，可不考虑惰性组分的影响，按式(5-7) 计算。

对于绝热反应过程，反应前后焓相等，温度改变，可分两步求 $E_\mathrm{X}$：第一步，先按恒温计算温度为 $T_i$ 时需自外界吸入的热量 $\Delta H$；第二步，反应物放热，温度由 $T_i$ 变化到 $T_\mathrm{e}$，因此有：

$$E'_\mathrm{XR}=RT_0\ln\frac{K_{\mathrm{P}i}}{J_\mathrm{P}}+T_0\left(\frac{1}{T_i}-\frac{1}{T_\mathrm{m}}\right)\Delta H+RT_0\sum n_i\ln\frac{(p_i)_\mathrm{O}}{(p_i)_\mathrm{I}} \tag{5-9}$$

式中　$K_{\mathrm{P}i}$——进口温度下的平衡常数；

$T_\mathrm{m}$——进出口温度的热力学平均温度，按下式计算：

$$T_\mathrm{m}=\frac{T_\mathrm{i}-T_\mathrm{e}}{\ln(T_\mathrm{i}/T_\mathrm{e})} \tag{5-10}$$

### 5.1.2 实际反应过程有效能损耗及复杂反应的反应有效能估算

实际反应过程有效能损耗由两部分组成：一是由于反应本身的不可逆性造成的有效能损失；二是反应器内传热不可逆过程造成的有效能损失。

反应过程的不可逆性是由于存在反应推动力 $\ln(K_\mathrm{P}/J_\mathrm{P})$，即平衡常数和压力熵不同促进反应进行，如果 $J_\mathrm{P}=K_\mathrm{P}$，达到化学平衡，就成为可逆过程。化学热力学中把自由焓变化 $\Delta G$ 称为化学亲和力，即反应过程的推动力，用 $A$ 表示。

$$A=-\Delta G=RT\ln\frac{K_\mathrm{P}}{J_\mathrm{P}} \tag{5-11}$$

而损耗功

$$D=(T_0/T)A=RT_0\ln\frac{K_\mathrm{P}}{J_\mathrm{P}} \tag{5-12}$$

化学反应有效能损失一般并不大，通常可以忽略，特别是对于复杂的石油加工工程，$K_\mathrm{P}$ 和 $J_\mathrm{P}$ 都难以准确知道，粗略计算可直接取反应热效应 $\Delta H$ 为反应有效能。

工程上，还常使用平衡温距的概念，即与物料组成相当的平均温度 $T_\mathrm{eq}$ 和实际反应温度之差。$T_\mathrm{eq}$ 对应的平衡常数为 $K_\mathrm{P}$，根据平衡常数与温度的函数关系

$$\ln\frac{K_{P1}}{K_{P2}}=\frac{\Delta H}{R}\left(\frac{1}{T_1}-\frac{1}{T_2}\right) \tag{5-13}$$

有

$$\ln\frac{K_P}{J_P}=\frac{\Delta H}{R}\left(\frac{1}{T_{eq}}-\frac{1}{T}\right) \tag{5-14}$$

损失功

$$T_0\Delta S=T_0\Delta H\left(\frac{1}{T_{eq}}-\frac{1}{T}\right) \tag{5-15}$$

代入化学反应有效能定义式(5-1) 有

$$\begin{aligned}E_{XR}&=\Delta H-T_0\Delta S=\Delta H-T_0\Delta H\left(\frac{1}{T_{eq}}-\frac{1}{T}\right)=\Delta H\left(1-T_0\frac{T-T_{eq}}{T_{eq}T}\right)\\&=\Delta H(1-\beta)\end{aligned} \tag{5-16}$$

化学反应有效能损失占反应热的比例为

$$\beta=T_0\frac{T-T_{eq}}{T_{eq}T} \tag{5-17}$$

# 5.2　反应过程节能技术

## 5.2.1　化学反应热的有效利用

化学反应进行时，大多数情况下都伴有热能的吸入或放出。化学反应热是反应系统所固有的，与反应途径和反应条件无关，一旦化学反应的反应物和生成物一定，反应热也就确定了。如何有效地利用反应过程放出的反应热，或者如何有效地供给反应过程所需的反应热，是反应过程节能的重要方面。

对于吸热反应，应合理供热。吸热反应的温度应尽可能低，以便采用过程余热或风机抽气供热，而节省高品质燃料。吸热反应可以有不同的供热方案，如合成氨生产中的甲烷蒸气转化过程，就有如图 5-1 所示的平行转化流程和图 5-2 所示的三段转化炉流程。在平行转化流程中，经预热脱硫的原料与蒸汽混合后分为三股，进一步加热后分别进入辐射段的转化管、对流段的转化管和平行转化器，进行一段转化，然后汇合去二段转化。在三段转化炉流程中，三段转化炉利用二段转化气的高温热进行一段转化。

图 5-1
平行转化流程

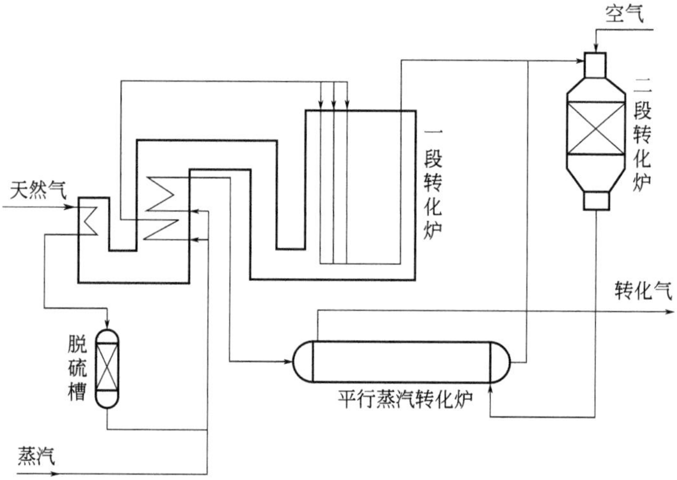

图 5-2
三段转化炉流程

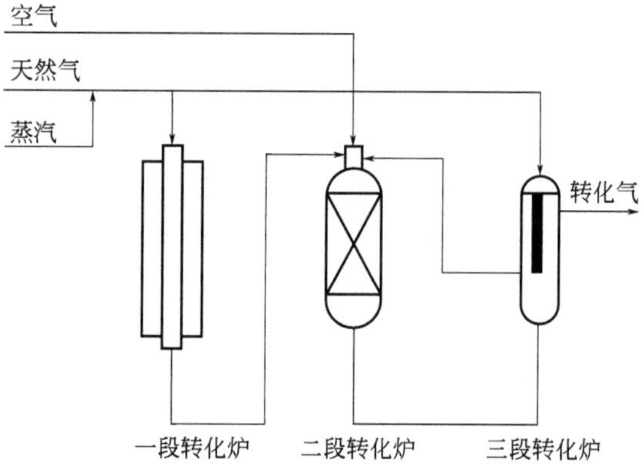

对于放热反应，应合理利用反应热。放热反应的温度应尽可能高，这样所回收的热量就具有较高的品质，便于能量的更合理利用。但在利用反应热时，一定要注意反应过程的特点。

例如甲醇氧化生产甲醛的过程是一强放热反应，根据热平衡计算，生产1t甲醛大约产生 $2.2\times10^6$kJ 的余热，而生产 1t 甲醛需要的热量为 $1.5\times10^6$kJ，因此完全可以做到自热有余。甲醇氧化反应后，生成气的温度高达650℃，需急剧冷却到 80℃左右，过去一直用水冷器，每吨甲醛需用 20t 冷却水带走反应热量；而生产 1t 甲醛需用 700～800kg 的蒸汽去蒸发甲醇、过热原料气和作为原料的配气，因此可采用余热锅炉用反应余热生产蒸汽。对于这种反应过程，所用余热锅炉的关键是要控制甲醛反应生成气在余热锅炉中的停留时间，以防止产生 CO 和甲酸的副反应而使原料单耗增加和产品质量下降。如果把余热锅炉出口反应生成气温度过分降低，以求多产蒸汽，则由于传热温差减小，传热面积增加，这不但使设备的造价提高，且使生成气在锅炉中的停留时间增加而副反应增加。因此，余热锅炉分为蒸发段和热水段两段，蒸发段中将反应生成气从 650℃冷却到 215℃，热水段再将生成气从 215℃冷却到 80℃。根据实测数据，对于年产 2.5 万吨甲醛的装置，余热锅炉能产生 0.4MPa 蒸汽 1.8t/h 以及 68℃热水 47.5t/h，总计回收热量 $6.3\times10^{6}$ kJ/h；而气体在锅炉内的停留时间仅 0.11s，比原水冷器还短，从而使产品质量提高，原料单耗下降。

类似地，在合成氨生产的甲烷化流程中，CO 或 $CO_2$ 与氢反应生成甲烷的甲烷化反应是一个强放热反应，工业上均在高于 300℃的条件下进行。传统流程为“自热维持”流程，如图 5-3(a) 所示。甲烷化炉出气用来将进气预热到催化反应所需的温度，然后被冷却水冷却至常温。由于传热温差太大，引起能量品位大幅度降低。考虑到合成氨生产中有比甲烷化反应热品位更低的其他余热，如合成气压缩机一段气、变换废热锅炉出口的变换气，如果利用这些余热将甲烷化进气预热到所需的温度，就可以将品位更高的甲烷化出气的能量，用于需要较高品位能量的地方。因此，提出如图 5-3(b) 所示的“他热维持”改进流程，用反应生成气加热高压锅炉给水。该改进流程相较传统流程，能量利用更为合理。

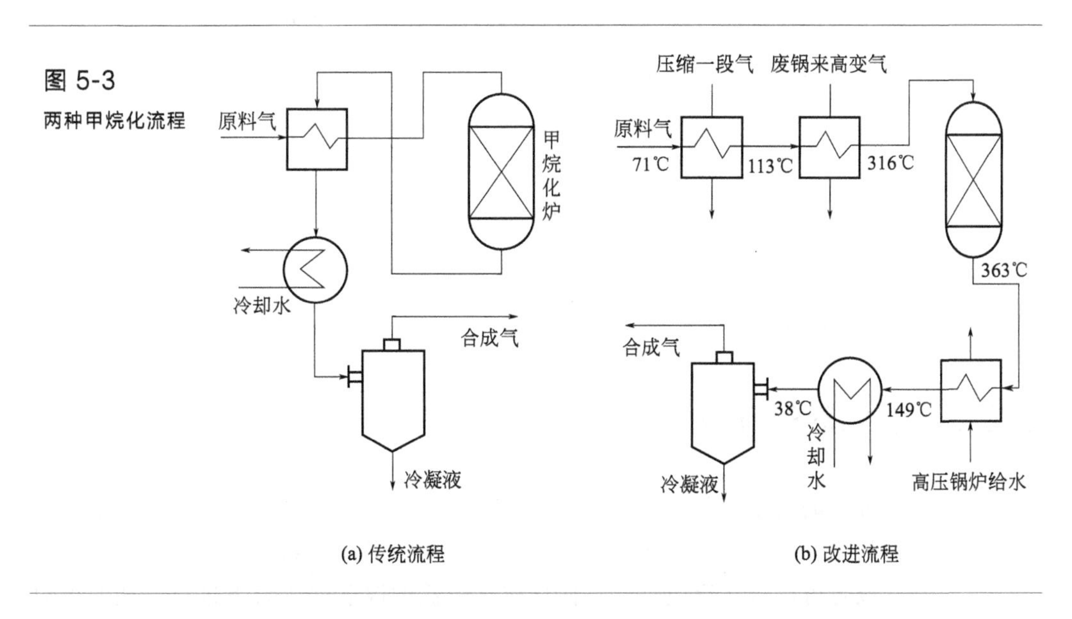


图 5-3
两种甲烷化流程

(a) 传统流程　　(b) 改进流程

当回收反应热的余热锅炉产生的蒸汽温度、压力足够高时，可以用该蒸汽发电或驱动汽轮机。例如乙烯装置裂解气急冷余热锅炉产生 8～

14MPa的蒸汽，用来驱动汽轮机作为压缩机的动力。这项措施使每吨乙烯消耗的电力由2000～3000kW·h降到50～100kW·h，大大提高了乙烯装置的经济性。

不论是吸热反应还是放热反应，均应尽量减少惰性稀释组分。因为对于吸热反应，惰性组分要多吸收外加热量；而对于放热反应，要多消耗反应热。

## 5.2.2 反应装置的改进

反应装置是反应过程的核心。绝大多数反应过程都伴随有流体流动、传热和传质等过程，每种过程都有阻力。为了克服阻力，推动过程进行，需要消耗能量。如果能改进反应装置、减少阻力，就可降低能耗。因此，应考虑改进反应装置内流体的流道、改善保温效果、选择高效搅拌形式等节能方式。

凯洛格（Kellogg）公司1967年以来对合成氨装置进行改进，以降低单位产量合成氨所需催化剂的体积、减少催化剂床层压力降、提高单程转化率以及简化设备结构为目标，开发了新型卧式反应器。新反应器是激冷式，催化剂呈水平板状，反应气体垂直通过催化剂床层。表5-1比较了日产1500t装置采用传统轴向立式反应器和新的径向卧式反应器两种情况，可见，新型反应器的压力损失明显下降。

**表5-1 氨合成反应器**

| 项目 | | 轴向立式 | 卧式径向 | 项目 | 轴向立式 | 卧式径向 |
|---|---|---|---|---|---|---|
| 催化剂粒径/mm | 第一段 | 3～6 | 3～6 | 反应器直径/mm | 2100 | 2100 |
| | 第二段 | 1.5～3 | 1.5～3 | 催化剂体积/$m^3$ | 46.1 | 46.1 |
| | 第三段 | 1.5～3 | 1.5～3 | 压力损失/kPa | 4100 | 62 |

## 5.2.3 催化剂的开发

现有的化学工艺约80%是采用催化剂的，所以，催化剂是化学工艺中的关键物质。一种新的催化剂的成功研发，往往引起一场工艺改革。新型催化剂，或者可以缓和反应条件，使反应在较低的温度和压力下进行，从而可以节省把反应物加热和压缩到反应条件所需的能量；或者选择性提高，使副产物减少、生成物纯度提高，进而减少后续精制过程的能耗；或者提高活性，降低了反应过程的推动力，减少了反应能耗。

ICI公司用低压（5MPa）、低温（270℃）操作的铜基催化剂代替了高压（35MPa）、高温（375℃）的锌-铬催化剂合成甲醇，不仅使合成气压缩机的动力消耗减少60%，整个工艺的总动力消耗减少30%，而且在较低温度下副产物大大减少，节省了原料气消耗和甲醇精馏的能耗，结果使每吨甲醇的总能耗从$41.9\times10^6$kJ降低到$36\times10^6$kJ。

瑞士Casale公司研制出一种氨合成的球形催化剂，可使流体阻力减少50%，因而节省了克服阻力的动力消耗。

## 5.2.4 反应与其他过程的结合

将所要进行的反应与其他过程（也包括其他反应过程）组合起来，有望改变反应过程进行的条件，或提高反应转化率，而达到节能的目的。

（1）反应与反应的组合

如果能使所希望的反应在低温下进行，则可节省加热反应物所需的热量，同时低温时热能损失小，进一步增大了节能的效果。为了使化学反应在尽可能接近常温下进行，可考虑把所希望的反应和促成该反应的其他反应组合起来，使低温下化学平衡向理想方向移动。此时，虽然有时就所希望的化学反应来说标准自由焓变化为正值，但组合起来的总反应标准自由焓变化为负值。

例如由食盐和石灰石制造碳酸钠的反应为

$$2NaCl+CaCO_3 \longrightarrow CaCl_2+Na_2CO_3$$

但是该反应在25℃时标准自由焓变化为+40kJ/mol，反应不能进行。于是，把该反应与如下反应组合起来，各反应可在比较低的温度下进行，同时可以循环利用各反应的生成物：

$$CaCO_3 \longrightarrow CaO+CO_2 \qquad 1000℃$$

$$CaO+H_2O \longrightarrow Ca(OH)_2 \qquad 100℃$$

$$Ca(OH)_2+2NH_4Cl \longrightarrow CaCl_2+2NH_3+2H_2O \qquad 120℃$$

$$NaCl+H_2O+CO_2+NH_3 \longrightarrow NaHCO_3+NH_4Cl \qquad 60℃$$

$$2NaHCO_3 \longrightarrow Na_2CO_3+H_2O+CO_2 \qquad 200℃$$

这就是氨碱法制碱原理。因此，从节能和节省资源两方面看，该工艺都很好。

（2）反应精馏

化工生产中，反应和分离两种操作通常分别在两类单独的设备中进行。

若能将两者结合起来，在一个设备中同时进行，将反应生成的产物或中间产物及时分离，则可以提高产品的收率；同时又可利用反应热进行产品分离，达到节能的目的。

反应精馏就是在进行反应的同时用精馏方法分离出产物的过程。依照其侧重点的不同，反应精馏可分为两种类型：利用精馏促进反应的反应精馏和利用反应促进精馏的反应精馏。

利用精馏促进反应的反应精馏原理是：对于可逆反应，当某一产物的挥发度大于反应物时，如果将该产物从液相中蒸出，则可破坏原有的平衡，使反应继续向生成物的方向进行，因而可以提高单程转化率，在一定程度上变可逆反应为不可逆。

例如乙醇与乙酸的酯化反应：

$$CH_3COOH + C_2H_5OH \longrightarrow CH_3COOC_2H_5 + H_2O$$

此反应是可逆的。由于酯、水和醇三元恒沸物的沸点低于乙醇和乙酸的沸点，因此在反应过程中将反应产物乙酯不断馏出，可以使反应不断向右进行，加大了反应的转化率。

图 5-4 为乙醇-乙酸酯化反应精馏示意图。乙醇 A（过量）蒸气上升，乙酸 A. A 淋下，反应生成酯 E，塔顶馏出三元共沸物，冷凝后分为两层即酯相和水相。

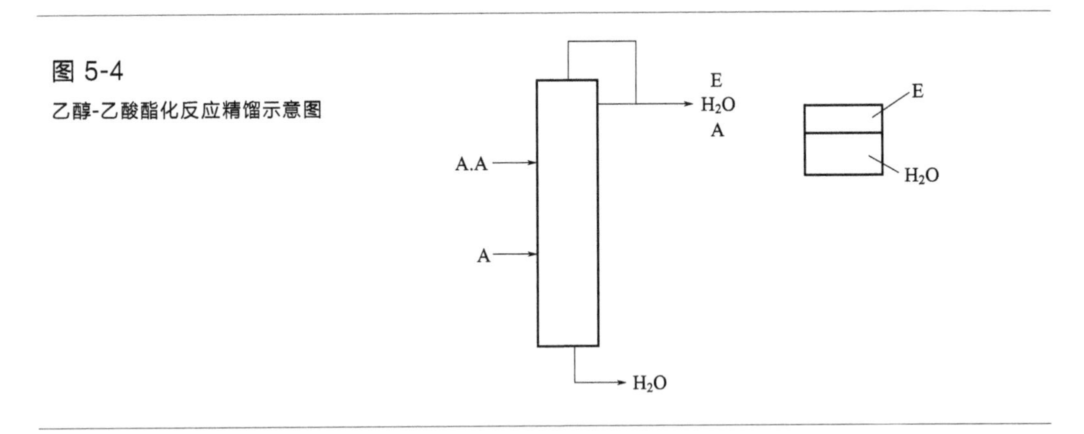


图 5-4

乙醇-乙酸酯化反应精馏示意图

又如连串反应。在甲醛的生产中，生成的甲醛发生连串反应，甲醛在水溶液中易形成其单分子水合物：

$$HCHO + H_2O \longrightarrow CH_2(OH)_2$$

而后再脱水生成多聚甲醛

$$HOCH_2OH + nHOCH_2OH \longrightarrow HOCH_2(OCH_2)_nOH + nH_2O$$

在液相中甲醛的水合速率较快，而单分子水合物脱水速率较慢，因此将甲醛的水溶液蒸馏，蒸出沸点较低的甲醛，使平衡左移，从而提高甲醛的效率。

一般情况下，对于 A$f$R ⟶S 的平行连串反应（其中 R 为目标产物，且 R 比 A 易挥发），采用反应精馏尽快移去 R，使可逆反应的平衡右移；同时避免了连串反应将 R 破坏，使 R 的收率比单纯的反应过程有较大幅度的提高。

作为一个新型过程，反应精馏有如下优点：①破坏可逆反应平衡，可以增加反应的转化率及选择性，反应速率提高，因而生产能力提高；②精馏过程可以利用反应热，节省能量；③反应器和精馏塔合成一个设备，可节省投资；④对于某些难以分离的物系，可以获得较纯的产品。但是，由于反应和精馏之间存在着很复杂的相互影响，进料位置、板数、传热、速率、停留时间、催化剂、副产物浓度以及反应物进料配比等参数值即使有很小的变化，都会对过程产生难以预料的强烈影响。因此，反应精馏过程的工艺设计和操作比普通的反应和精馏要复杂得多。

# 5.3　机械搅拌反应器的节能

机械搅拌反应器是最为典型的反应设备之一，广泛应用在化工、石油、制药、冶金等行业。据统计，在三大合成材料的生产中，搅拌釜占反应器总数的 90%。机械搅拌反应器的特点是：操作条件如温度、浓度和停留时间等可控范围较大，容积可大可小，设备的适应性强。另外，对牛顿型和非牛顿型流体均可采用机械搅拌操作。操作方式或间歇或连续，相对灵活。

反应器主要是由电动机-减速机-搅拌器组成的搅拌系统和由热量输入或取出的夹套或盘管换热系统组成。机械搅拌反应器的直接能耗主要包括搅拌系统消耗的机械能和夹套或盘管传热消耗的热能。这里结合近年来国内外对搅拌器和夹套研究的成果，从搅拌器混合技术和夹套或盘管的换热技术两个方面介绍机械搅拌反应器的节能。

## 5.3.1　搅拌混合技术

### 5.3.1.1　混合机理

在搅拌釜中，通过搅拌器的旋转把机械能传送给液体物料，造成液体的强制对流，混合过程是在强制对流作用下的强制扩散过程。强制扩散包括主体对流扩散和涡流扩散。

搅拌器将能量输送给液体，产生一股高速液流，并推动周围的液体，造成全部液体在釜内流动。这种在整个釜内的循环流动称为“宏观流动”，由此产生的全釜范围的扩散为主体对流扩散。当搅拌器产生的高速液流通过静止的或较低运动速度的流体时，在高速流体与低速流体界面上的流体受到强烈的剪切作用，产生大量漩涡。这些漩涡迅速向周围扩散，一方面把更多流体夹带到宏观流动的液流中，另一方面促使局部范围内的物料作快速而紊乱的对流运动。这种漩涡运动称为“微观流动”，由漩涡运动造成的局部范围内的对流扩散称为涡流扩散，搅拌器对流体的直接剪切作用当然也造成强烈的漩涡运动。最终达到分子尺度的均匀还必须通过分子扩散。

实际混合过程是主体对流扩散、涡流扩散和分子扩散这三种扩散机理的综合作用。主体对流扩散、涡流扩散和分子扩散的作用范围依次减小。主体对流扩散只能把不同物料变成较大的“团块”混合起来，通过这些“团块”界面间的涡流扩散，把不均匀程度迅速降低到漩涡本身的尺度。然而最小漩涡还是比分子大得多，主体对流扩散和涡流扩散都不能达到完全的均匀混合，即不能达到分子尺度的均匀状态。完全均匀的混合状态只能通过分子扩散实现。因此，主体对流扩散和涡流扩散只能进行“宏观混合”，只有分子扩散才能进行“微观混合”。宏观混合大大增加了分子扩散的表面积，减小了扩散距离，因此提高了微观混合的速度。

对于宏观混合，涡流扩散的混合速度比主体对流扩散快得多。由于漩涡运动正是湍流运动的本质，因此涡流扩散速率取决于被搅拌液体的湍动状态。湍动程度越高，混合速率越快。

对于化学反应系统，物料组成的微观均匀状态是十分重要的。如果没有微观混合，化学反应只能发生在流体“团块”的表面上。而且，如果这种不均匀程度不能迅速降低，就会不可避免地发生反应物的局部浓集，结果通常发生严重的副反应，导致反应选择性下降。

#### 5.3.1.2 搅拌釜内的液体流动特性

不同的工艺过程要求不同的流体运动状态，因此根据流体力学的基本原理分析各种搅拌器产生的液体运动状况，是正确选择与设计搅拌釜的基础。

(1) 搅拌器的排液量 $Q_1$、流体循环量 $Q_R$ 和压头 $H$

旋转搅拌器挤压流体流动，其直接排出的体积流量称为搅拌器的排液量 $Q_1$。这股排出液流如同射流作用，卷吸周围流体一起运动，使釜内流体作循环流动。参与循环流动的所有液体的体积流量称为循环量 $Q_R$。显然，循环量远远大于排液量，两者差别的大小取决于排出液流的卷吸能力。

搅拌器的排液量为

$$Q_1 = K_1 N D^3 \tag{5-18}$$

式中　$K_1$——流量数，大致数值为 0.4～0.5。

$N$——搅拌器的转速；

$D$——搅拌器的直径。

循环量为

$$Q_R = K_2 N D^3 \tag{5-19}$$

式中　$K_2$——循环流量数，$K_2/K_1$ 数值一般为 1.70～1.95。

循环量决定了单位时间釜内液体的翻转次数 $I$（称为翻转率），其定义为 $I = Q_R/V_R$，$V_R$ 为釜内液体体积。

克服釜内流体循环流动的摩擦阻力是借助于搅拌器排出液流所具有的速度头，即搅拌器的压头 $H$，而搅拌器的速度 $V \propto ND$，所以

$$H = V^2/(2g) \propto N^2 D^2 \tag{5-20}$$

搅拌器的压头类似于离心泵的扬程（压头），搅拌排液量与离心泵的流量相当，于是搅拌器的功率消耗应为

$$P \propto HQ_1 \quad 或 \quad P \propto HQ_g \tag{5-21}$$

结合式(5-19)～式(5-21) 可知

$$P \propto N^3 D^5 \tag{5-22}$$

在搅拌釜的闭合流动回路中，搅拌器的压头必等于流动路径中的全部阻力损失之和。在克服流体阻力过程中，排出流的动能转变为无数大小漩涡的动能。随着漩涡尺寸的逐步衰减，最后搅拌的机械能变成热量而耗散。由此可见，压头 $H$ 表征着釜内流体漩涡运动的强度，而涡流则产生流体中的剪切作用，所以压头也是釜内流体受到剪切作用强弱的量度。

从式(5-21) 可以看到，搅拌器的功率消耗，一部分用于产生釜内流体的循环流动，另一部分用于产生流体的剪切流动，不同的工艺过程对这两种流体运动方式的依赖性不一样。因此，在搅拌功率一定的情况下，两种流体运动方式所消耗的功率之比对搅拌效果有重要意义。例如，对流体混匀或传热，循环流量 $Q_R$ 起重要作用；对液-液分散则要求较高的流体剪切作用，压头 $H$ 起着重要作用。换句话说，不同工艺过程要求的 $Q_R/H$ 比值是各不相同的。

从式(5-19) 和式(5-20) 可知

$$\frac{Q_R}{H} \propto \frac{D}{N} \tag{5-23}$$

由式(5-22) 得

$$N \propto \left(\frac{P}{D^5}\right)^{\frac{1}{3}} \tag{5-24}$$

所以

$$\frac{Q_R}{H} \propto \frac{D^{8/3}}{P^{1/3}} \tag{5-25}$$

结合式(5-21) 有

$$Q_R \propto P^{1/3} D^{4/3} \tag{5-26}$$

$$H \propto P^{2/3} D^{-4/3} \tag{5-27}$$

这一结果说明，在一定的搅拌器直径下，增加输入功率，$Q_R/H$ 下降，意味着增加的输入功率更多地贡献于流体的剪切作用（产生速度脉动）；当输入功率一定时，增大搅拌器直径（在釜径一定时，即增大 $D/D_T$），可以增大流体循环量和循环速度，同时减少了流体的剪切速度。减少搅拌器直径的作用结果与此相反。

一些常用搅拌器的 $Q_R/H$ 依下列次序减小（即对流体的剪切作用依次增大）：平桨、涡轮桨、螺旋桨、锯齿状搅拌器、有缺口无叶片的圆盘。

应用搅拌的某些工艺过程，对 $Q_R/H$ 的要求次序减小（即对流体的剪切作用要求依次增大）的顺序是：混匀、传热、固体悬浮、固体溶解、气体分散、液-液（不互溶液体）分散、固体在高黏度液体中的分散。

在选择搅拌器形式时，必须使搅拌器的特性与工艺过程要求相匹配，即对要求高 $Q_R/H$ 的搅拌操作，应选取具有高 $Q_R/H$ 特性的搅拌器。若一些工艺过程，对流体循环量和剪切速率都有一定的要求，在这样的系统中，通常有一个最佳的循环量对剪切速率的比值，可借助于调节桨径比达到最佳值。

(2) 流体剪切速率及其分布

任何搅拌器转动时都会产生流体剪切作用。从搅拌机理分析，不均匀尺度是因为流体剪切作用才得以减小的，所以是流体剪切应力产生了搅拌效果。搅拌釜内的流体剪切作用因位置而异，不同的工艺过程又往往对不同的剪切特性敏感，搅拌效果与剪切作用的相互关系以及这一关系在搅拌器的规模改变后的变化情况，对分析不同的研究结果和搅拌装置的设计有重要意义。

如果在径向流涡轮中心线的上下两侧不同位置处测量离开叶片的流体平均速度，则典型的径向流速分布如图 5-5 所示。

将某点处，或在选定的距离内的速度梯度 $\frac{\Delta V}{\Delta Y}$，定义为该点处或在选定的距离增量内的“流体剪切速率”。在特定过程中有关的液滴、气泡或固体颗粒的尺寸，决定了进行流体剪切分析中所用距离增量的大小。

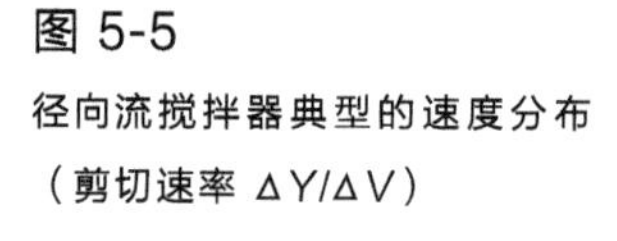
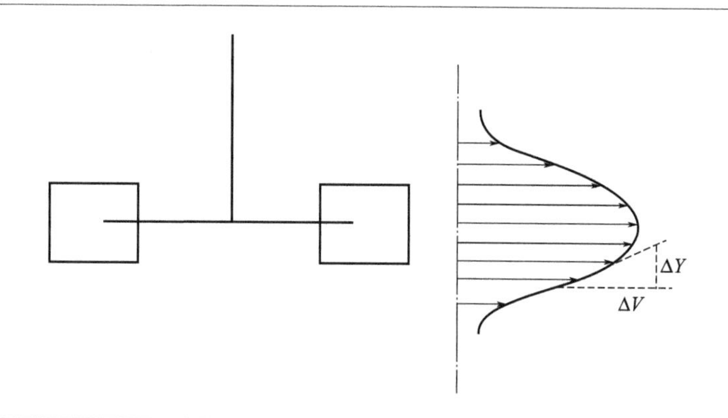


图 5-5
径向流搅拌器典型的速度分布
（剪切速率 ΔY/ΔV）

所谓流体剪切应力就是流体的黏度与流体剪切速率之积：

$$流体剪切应力=\mu\times 流体剪切速率$$

在研究搅拌操作时，必须区分下述四种流体的剪切速率：

① 在搅拌器区域（即限于搅拌器附近的区域）内测量的平均速度梯度；

② 在搅拌器区内测量的最大速度梯度；

③ 在全釜范围内测量的平均速度梯度；

④ 在全釜范围内测量的最小速度梯度。

已经证明，搅拌器区内的平均剪切速率只是搅拌器转速的函数，而搅拌器区最大的剪切速率主要是搅拌器叶端速度的函数。同时，釜内平均剪切速率的数量级比搅拌器区的剪切速率小，釜内最小的速度梯度估计为全釜平均速度梯度的$\frac{1}{4}\sim\frac{1}{3}$。

研究不同类型的搅拌操作中搅拌效果对剪切速率的依赖关系，无论在理论方面还是实践方面都是重要的。例如，同是液-液分散操作，液滴尺寸与系统剪切特性之间的关系可能不同，为达到一定的操作结果所需控制的操作条件也就不同。

在搅拌釜规模改变的过程中，不同的流体剪切应力的变化趋势是不同的。随着设备尺寸的增大，搅拌器区的最大剪切速率增大，而其平均剪切速率则趋于减小。因此研究搅拌效果和剪切速率之间的关系，对于正确地由实验室研究结果作出工业设计也是相当重要的。

（3）叶端速度

叶端速度是搅拌器叶片边缘的转动线速度。叶端速度决定了搅拌器区的最大剪切速率。离开搅拌器边缘排出流的线速度同叶端速度（$\pi DN$）成正比，当排出流从周围处于停滞状态的液体中穿过时，正是其初始速度值决定了最大剪切速率。因此叶端速度（常以 TS 表示）是衡量搅拌釜中流体动力学状态的一个重要指标，也是搅拌器的一个重要操作参数。对于需要高剪切作用的工艺过程，例如气-液及液-液分散，搅拌结果是叶端速度的函数，与搅拌器的几何特性和功率输入无关。

若按叶端速度的大小区分搅拌的强弱程度，则：

低度搅拌　　TS＜3.3m/s

中度搅拌　　TS＜4.1m/s

高度搅拌　　TS＜5.6m/s

常用搅拌器一般的叶端速度范围如下：

平桨　　1.7～5m/s

涡轮　　3～8m/s

螺旋桨　　4.5～17m/s

盘式搅拌器　　6～30m/s。

叶端速度具有随着釜体直径增大而减小的趋势。大多数工业搅拌釜中，叶端速度为 2m/s 左右，超过 10m/s 的不多。

（4）搅拌雷诺数

搅拌作用的机理、搅拌速度和流体剪切作用都取决于流体运动状态，与管内流动的情况一样，可用雷诺数$\frac{\rho u l}{\mu}$衡量流体运动状态的激烈程度，只是在这里的特征流速 $u$ 取叶端速度，特征几何尺寸 $l$ 取搅拌器的直径 $D$。由于这些都是搅拌器的属性，因此称为“搅拌雷诺数”，以 $Re$ 表示。

$$Re=\frac{\rho(\pi ND)D}{\mu}=\pi\frac{\rho D^2 N}{\mu} \tag{5-28}$$

因为 π 是常数，所以可略去，则式(5-28) 可写作

$$Re=\frac{\rho D^2 N}{\mu} \tag{5-29}$$

在雷诺数增大的过程中，搅拌釜内的循环流动形态也相继表现为层流、过渡流和湍流。在层流状态下，所产生的是主体对流扩散和分子扩散。但在湍流状态下，分子扩散可以忽略不计。强烈的湍动则意味着大量的、迅速的涡流扩散过程。

在不同的流动形态下，釜内的附件，例如挡板，对混合过程的影响完全不同。在层流状态，挡板不能增加液体的湍动程度，反而由于挡板后面的停滞区而降低了混合速度。但在湍流状态下，挡板由于抑制了打漩而增加了液体的湍动程度，从而加快了混合速度。因此搅拌雷诺数是个十分重要的参

数，它是判断釜内循环流动状态的依据，许多其他搅拌参数，例如功率准数和混合时间数等，均可同搅拌雷诺数关联起来。

但是，搅拌器雷诺数并不能确切地表示整个釜内的流动状态，因为特征流速和特征尺寸都取自搅拌器，所以搅拌雷诺数不能很好地反映离搅拌器较远区域中的流动状态。如何能更好地反映搅拌釜内的动力学状态，仍有待于进一步完善。

#### 5.3.1.3　搅拌釜中的湍流特性

对于黏度不太高的液体，搅拌釜内的宏观混合速度取决于涡流扩散，即取决于釜内液体的湍动。许多搅拌操作的过程结果均取决于釜内的湍动特性。搅拌釜的湍动参数为湍流强度及其分布、最小漩涡尺寸及其分布和不均匀强度的关联等。

（1）湍流强度

湍流是一种不规则的随机的流体运动状态，各种物理量都随时间和空间坐标紊乱地变化，但却可以由统计学识别其明确的平均值。例如，流动场中某点处 $x$ 方向的瞬时速度尽管是紊乱变动的，但却总是在某一平均值附近波动，即可表达成

$$U_{x}=\overline{U}_{x}+U'_{x} \tag{5-30}$$

式中　$U_{x}$——该点处 $x$ 方向上的瞬时分速度；

$\overline{U}_{x}$——该点处 $x$ 方向上的分速度在某一周期内的平均值，即时均速度；

$U'_{x}$——脉动速度。

时均速度的大小和方向，通常表示了主体运动的特点。在定常运动时，它不随时间而变；非定常运动时，时均速度值随时间变化较脉动值的变化慢得多。而脉动速度的大小和方向，则反映了与时均速度的偏离，即使在定常运动时，它们也是瞬息变化的。

脉动速度对时间的平均值为零，但脉动速度的平方平均值并不为零，为表示偏离平均速度的湍流脉动数量的大小，将脉动速度的均方根值定义为湍流强度 $I$。

$$I=\sqrt{U'^{2}_{i}} \quad i=x、y、z \tag{5-31}$$

脉动强度由脉动速度的均方根值与平均速度的百分率表示，称为相对脉动强度 $\sqrt{U'^{2}_{i}}/\overline{U}_{i}$。

湍流强度的大小与湍流所致的混合程度密切相关，湍流强度大，可以产生迅速混合。为促进湍流导热和湍流扩散，都要求大的湍流强度，当然它同

时造成较大的能量损耗。

(2) 湍流尺度

湍流强度和湍流尺度是湍动场的两个重要特性，前者表示漩涡的旋转速度和在一定大小的漩涡中所包含的能量，后者表示漩涡的尺寸。

湍流运动的紊乱性决定了空间某一区域在任何瞬间都存在着瞬时速度梯度，导致在全部湍流场中产生剪切流，而剪切流必然产生漩涡，湍流就是由一系列不同尺寸漩涡叠加而成的漩涡运动。漩涡越小，漩涡中的速度梯度一般越大，与此相当的阻止漩涡运动的黏性剪切应力也就越大，于是在湍流场中将有一个统计学上最小的漩涡尺寸。

最小漩涡尺寸对混合过程有着特别重要的意义，尺寸越小，借助于分子扩散达到分子尺度均匀程度越快。特别是对某些均相的快速复杂反应，反应选择性与湍流漩涡尺度密切相关。

湍动的尺度是指湍动场中漩涡的尺寸。漩涡尺寸是指“存在明显速度变化的一段距离”。湍流场中存在一个不同漩涡尺寸的分布。最大漩涡的尺寸主要由装置的尺寸决定，具有与发生湍动装置的尺寸相同的数量级。在搅拌釜中，大漩涡的尺寸与搅拌器叶片的尺寸具有相同的数量级。大部分机械能包含在大漩涡中，大漩涡的能量（动能）取自主体流动的势能。小漩涡的能量取自大漩涡，全部机械能沿着由大到小的漩涡系列依次传递下去。在这个能量传递过程中，机械能并没有显著的损失，这些能量维持着紊乱的漩涡运动。只是在最小漩涡中，漩涡的动能才完全用于阻止漩涡运动的黏性阻力而散失为热，同时漩涡本身被湮灭。

因此，估算湍流漩涡尺寸，具有重要意义。如果将漩涡雷诺数定义为

$$Re_{\lambda}=\frac{\lambda u_{\lambda}}{\nu} \tag{5-32}$$

式中 $\lambda$——漩涡尺寸；

$\mu_{\lambda}$——漩涡运动速度；

$\nu$——流体运动黏度。

Kolmogorov 对于各向同性湍动，提出漩涡速度为

$$u_{\lambda}\sim\left(\frac{\varepsilon\lambda}{\rho}\right)^{\frac{1}{3}} \tag{5-33}$$

式中 $\varepsilon$——单位体积能量弥散速率，即消耗于单位体积液体中的搅拌功率；

$\rho$——流体密度。

大体上 $Re_{\lambda}>1$ 的漩涡，黏性力对其运动没有影响，机械能在这些漩涡中没有明显的弥散，于是这些漩涡可能破裂为更小的漩涡。而当 $Re_{\lambda}<1$ 时，

该漩涡不能再破裂为更小的漩涡，其运动受到黏性力的制约，所以最小漩涡尺寸$\lambda_0$的数量级为

$$\frac{\lambda_0\left(\frac{\varepsilon\lambda_0}{\rho}\right)^{\frac{1}{3}}}{\nu}\approx 1$$

$$\lambda_0\sim\left[\nu\left(\frac{\rho}{\varepsilon}\right)^{\frac{1}{3}}\right]^{\frac{3}{4}} \tag{5-34}$$

对于搅拌釜，单位体积能耗$\varepsilon$可用$\varepsilon\sim\rho N^3D^2$代入，则

$$\lambda_0\sim\left(\nu\frac{\rho^{\frac{1}{3}}}{\rho^{\frac{1}{3}}ND^{\frac{2}{3}}}\right)^{\frac{3}{4}}=\left(\frac{\nu}{ND^{\frac{2}{3}}}\right)^{\frac{3}{4}} \tag{5-35}$$

因搅拌雷诺数$Re=\frac{ND^2}{\nu}$，所以

$$\lambda_0\sim DRe^{-\frac{3}{4}} \tag{5-36}$$

当搅拌雷诺数$Re=10^4$（搅拌釜呈湍流状态的临界雷诺数）时，得到的最小漩涡尺寸的数量级为

$$\lambda_0\sim 10^{-3}D \tag{5-37}$$

（3）搅拌釜中速度、脉动强度和剪切速率分布

搅拌釜空间各点的速度和脉动强度是极不均匀的，即使在桨叶附近其分布也是颇宽的。六直叶涡轮桨挡板釜$\left(H=D_T=400\text{mm},\ W=\frac{D_T}{10},\ D=\frac{1}{3}D_T\right)$中的实验结果表明，时均速度的三个速度分量$u_r$（径向）、$u_Q$（切向）和$u_z$（轴向）中，$u_z$为零，其余两个分量用无量纲速度$u_r/(\pi ND)$和$u_Q/(\pi ND)$表示；而径向和切向的无量纲速度与搅拌转速无关，它们仅随轴向位置而变化。径向速度$u_r$在桨叶半高度处有最大值。切向速度大体上类似于径向速度分布。显然不同的桨叶和釜的构型会有不同的速度分布。

旋转搅拌器使釜内产生无数大小不均的具有一定旋转速度的漩涡，它们包含着搅拌输入的能量，正是由于漩涡的紊乱波动（湍流脉动）造成小漩涡的变形，使输入机械能变成热能而耗散掉（称黏性耗散）。所谓能量耗散速率是指单位体积内湍流脉动的能量耗散速率，其本质是湍流脉动引起的。既然湍流脉动强度在釜内存在空间分布，所以与此相应的能量耗散也存在空间分布。能量耗散平均值$\bar{\varepsilon}$应是单位体积釜内液体的输入功率。

在搅拌釜内，局部能量耗散速率差别很大。对于牛顿流体，在全挡板条件的搅拌釜内，约有总输入能量的20%耗散在搅拌器区内，50%耗散在搅拌

器的排出流中，其余30%耗散在主体流动区域，而主体流动区域约占全釜体积的90%。这表明输入机械能是不均匀分配的，导致釜内漩涡尺寸、局部混合速率不均匀的空间分布。总体上看，大致可以区分为两个区域：作惯性流动的主体流动区（搅拌器远区）和发生高速能量耗散的搅拌器区（搅拌器近区）。

搅拌釜内速度的空间分布必然产生不均匀的速度梯度分布，或者从能量分配讲，剪切速率正比于$\varepsilon/\mu$，釜内的剪切速率也有空间分布。

应该指出，至今对搅拌釜中的湍流特征已有较多研究，对于深入了解搅拌釜中的运动状况很有意义。但由于搅拌釜中流体运动的复杂性，目前的认识深度尚不足以作出严格的定量描述。所以，深入研究搅拌釜中的湍流微结构特征很有必要。

#### 5.3.1.4 搅拌功率

搅拌釜内液体运动的能量来自搅拌器。搅拌器功率消耗的大小是釜内液体搅拌程度和运动状态的度量，同时又是选择电动机功率的依据。搅拌需要的功率取决于所期望的流型和湍动程度，具体地说，搅拌功率是搅拌器形状和大小、转速、液体性质、搅拌釜的尺寸和内部构件（有无挡板及其障碍物）以及搅拌器在釜内位置的函数。

(1) 功率关联式

功率的关联式，可以从分析搅拌器在运动中受力的情况予以导出，但在变量较多的场合，用量纲分析方法整理实验数据比较方便。

搅拌器的搅拌功率消耗取决于以下变量：搅拌器直径$D$、搅拌器转速$N$、液体密度$\rho$和黏度$\mu$、重力加速度$g$、釜直径$D_T$、釜中液体深度$H_L$和挡板条件（数目$n_b$、宽度$W_b$和位置）。假定釜中各项尺寸都和搅拌器直径有一定比例关系，例如液体深度与搅拌器直径之比$H_L/D$、挡板宽度与搅拌器直径之比$W_b/D$等，把这些比值叫作形状因子。

若暂时把形状因子撇在一边，则功率消耗$P$可表述为上述诸变量的函数：

$$P=f(N,D,\rho,\mu,g) \tag{5-38}$$

假定此函数关系为最简单的指数函数，即

$$P=KN^aD^b\rho^c\mu^dg^e \tag{5-39}$$

式中，$K$为一常数，用长度-质量-时间（$L$-$M$-$T$）基本单位的量纲表示各项量纲，则得

$$\frac{ML^2}{T^3}=\left(\frac{1}{T}\right)^aL^b\left(\frac{M}{L^3}\right)^c\left(\frac{M}{LT}\right)^d\left(\frac{L}{T^2}\right)^e \tag{5-40}$$

因此　　$L$：　$2=b-3c-d+e$

$$M: \quad 1=c+d$$

$$T: -3=-a-d-2e$$

从而　　$c=1-d, b=5-2d-e, a=3-d-2e$

于是　　$$P=KN^{3-d-2e}D^{5-2d-e}\rho^{1-d}\mu^{d}g^{e} \tag{5-41}$$

因此　　$$P=K\rho N^{3}D^{5}\left(\frac{\mu}{\rho ND^{2}}\right)^{d}\left(\frac{g}{N^{2}D}\right)^{e} \tag{5-42}$$

或　　$$\frac{P}{\rho N^{3}D^{5}}=K\left(\frac{\rho ND^{2}}{\mu}\right)^{-d}\left(\frac{N^{2}D}{g}\right)^{-e} \tag{5-43}$$

令 $x=-d$，$y=-e$，则式(5-43) 可写成

$$\frac{P}{\rho N^{3}D^{5}}=K\left(\frac{\rho ND^{2}}{\mu}\right)^{x}\left(\frac{N^{2}D}{g}\right)^{y} \tag{5-44}$$

或　　$$N_{P}=KRe^{x}Fr^{y} \tag{5-45}$$

式中，$N_{P}=\frac{P}{\rho N^{3}D^{5}}$，称为功率准数；$Re=\frac{\rho ND^{2}}{\mu}$，为搅拌雷诺数；$Fr=\frac{N^{2}D}{g}$，为弗劳德准数。

式(5-45) 也可写为 $\Phi=\frac{N_{P}}{Fr^{y}}=KRe^{x}$。式中，$\Phi$ 称为功率函数；常数 $K$ 代表系统几何构型的总形状系数。

设置挡板的搅拌釜消除了打漩现象，则功率消耗可忽略重力的影响，弗劳德准数指数 $y$ 为 0，则：

$$\Phi=N_{P}=KRe^{x} \tag{5-46}$$

流体在管内的流动状态，以雷诺数划分为层流、过渡流和湍流，同样，搅拌釜中的流动状态则以搅拌雷诺数划分。不同的流动状态，相应的功率消耗也不相同，这体现在搅拌雷诺数幂指数 $x$ 值上。层流区 $Re<10$，此时 $x=-1$；湍流区 $Re>10^{4}$，$x=0$，表明功率准数与搅拌雷诺数变化无关；当 $10<Re<10^{4}$ 时，则为过渡流区，$x$ 值随 $Re$ 数变化，且因不同桨叶而异。

(2) 功率曲线

把 $\Phi$ 或 $N_{P}$ 之值对 $Re$ 之值在双对数坐标纸上标绘得出的曲线称为功率曲线，它与搅拌釜的大小无关。因此，若有两个大小不同的搅拌釜，只要两者的几何构型一样，就可以用同一条功率曲线。

相关文献上已经发表许多不同几何构型搅拌器的功率曲线。图 5-6 给出了一些不同构型搅拌釜的功率曲线以供查阅，并可得出如下有意义的几点结论：

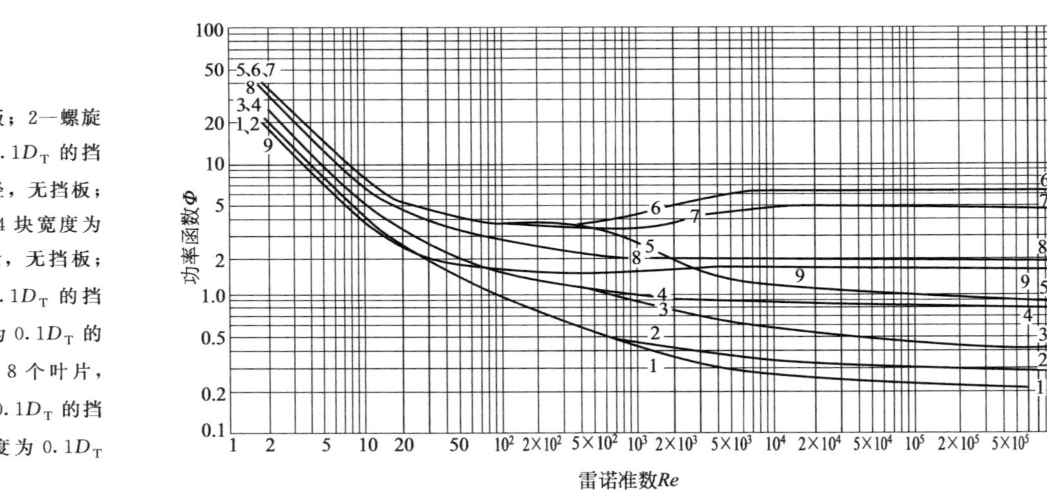


图 5-6

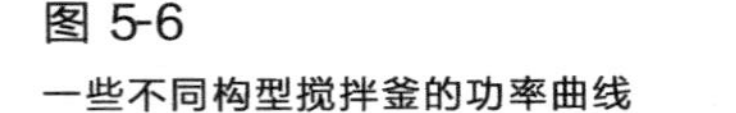

**一些不同构型搅拌釜的功率曲线**

1—螺旋桨，螺距等于直径，无挡板；2—螺旋桨，螺距等于直径，4 块宽度为 0.1$D_T$ 的挡板；3—螺旋桨，螺距等于 2 倍直径，无挡板；4—螺旋桨，螺距等于 2 倍直径，4 块宽度为 0.1$D_T$ 的挡板；5—六平叶片涡轮，无挡板；6—六平叶片涡轮，4 块宽度为 0.1$D_T$ 的挡板；7—六弯叶片涡轮，4 块宽度为 0.1$D_T$ 的挡板；8—扇形涡轮，$D_T/D=3$，8 个叶片，$W/D=0.25$，45°角，4 块宽度为 0.1$D_T$ 的挡板；9—平桨，2 个叶片，4 块宽度为 0.1$D_T$ 的挡板

① 低雷诺数时，所有功率曲线均彼此平行，线的斜率是−1.0；同一形式的搅拌器，有无挡板的功率曲线均相同，如曲线 1 和 2、3 和 4、5 和 6 所示。从功率消耗角度看，在层流搅拌条件下，所有搅拌器的行为都一样。

② 湍流搅拌条件下（$Re>10^4$）下，有挡板总是比无挡板时消耗的功率多，这一点，从曲线 5 和 6 的对比中可以明显地看出。

③ 在 $Re>10^3$ 以后，涡轮桨式搅拌釜比螺旋桨式搅拌釜功率消耗要大几倍，这是因为这两种搅拌器在液体中的运动方式和产生的流型不同。此外，带有斜叶片的涡轮式搅拌器（扇形，叶片大约倾斜 45°，曲线 8）功率消耗居中，因为它兼有涡轮式和螺旋桨式两种搅拌器的特点。

④ 具有六个叶片的涡轮式搅拌器（曲线 6、7），具有平坦的功率曲线，它表明层流区和湍流区的功率消耗相差不大，这个特点具有重要意义。当这种搅拌器在固定转速和有挡板的情况下操作时，可以用来处理黏度范围很广的不同液体，而不明显增大功率消耗，因此亦无驱动电动机超载之虞。这也是六叶涡轮常被广泛采用的原因之一。但若使这类搅拌器在无挡板的搅拌釜中操作（例如曲线 5），则在处理黏度较大的液体时，在固定搅拌器转速下功率消耗要升高而有可能使电动机过载。

⑤ 具有六个叶片的涡轮式搅拌器在 $Re=200$ 处有一个最低的功率消耗（曲线 6、7 和 9 也差不多是这样）。若使这种搅拌器在 $Re=200$ 下操作，则当所处理液体的黏度减小或增大时都将增加功率消耗，因此无论 $Re$ 值是减小还是增大都将使功率函数值增大。若传动电动机在 $Re=200$ 时已是在满负荷下运转，则一旦液体黏度改变，它将超负荷而烧坏。因此，如果不可避免地要使搅拌器在 $Re=200$ 下操作，通常要按 $Re>10^4$ 时的功率消耗来选定电动机。

（3）功率曲线的应用

各种条件下搅拌功率的计算借助于实验求得的功率曲线，功率数据的准确度关系到放大的精度。对非标准桨叶功率曲线，通常需要自行实验测定。测量搅拌功率的方法基本上分为两类：一是测量转动扭矩的机械方法，二是测量电功率。

根据牛顿第三定律知，作用力与反作用力相等，这是扭矩测量法的基本原理。旋转搅拌器施加作用力于流体，迫使其运动，而流体对搅拌器的反作用力迫使其向相反方向转动。只要设法测得作用力或反作用力产生的扭矩，就能测得搅拌功率。因为

$$功率=扭矩\times角速度 \tag{5-47}$$

即

$$P=M_n\times 2\pi N \tag{5-48}$$

式中　$M_n$——扭矩，N·m；

$N$——转速，r/s。

测量扭矩的方法有两种：一种是在搅拌轴上安装扭矩传感器以测定扭矩；另一种是使作用力与施加砝码平衡的方法测定扭矩。

测量电功率的方法是将电动机的轴与搅拌轴直接连接，用电功率表测量电动机的输入电功，再扣除轴承及传动机构中的功率损失，求得输给流体的功率。这种方法只有在机械损失远远小于搅拌功率时才建议使用。

对一特定的工艺，从满足过程的要求确定搅拌釜的构型，例如搅拌器形式及有无挡板等，只要知道操作条件（转速）、流体性质（密度和黏度），就可以计算功率消耗。一般来说，通用桨叶的功率计算相对方便，文献报道了大量搅拌器的功率曲线，可供功率计算应用。对特定的工艺过程，选用特殊形式的桨叶，文献又无功率曲线可查阅时，则必须实验测定功率曲线。应该指出，对一些非均相过程，如气-液、液-固操作，功率计算涉及过程性质，可参阅有关文献。

#### 5.3.1.5　搅拌器节能的判据

评价搅拌器的混合性能时，常用 $C_4$ 无量纲准数来综合评价其混合速率、剪切性能及能耗。$C_4$ 的物理意义是在一定的流体黏度和混合时间下，搅拌器所需的单位体积混合能，称为混合效率数。其计算式如下：

$$C_4=\frac{\theta_M^2 P_V}{\mu} \tag{5-49}$$

式中　$P_V$——单位体积流体的搅拌功率，W；

$\theta_M$——混合时间，s；

$\mu$——流体的黏度，Pa·s。

混合效率数 $C_4$ 越小，搅拌器的混合性能越好，其能耗越低。

#### 5.3.1.6　新型搅拌器

机械搅拌操作看似简单，实际上极为复杂，影响因素很多。搅拌混合的研究涉及流体力学、化学工程、生物工程等领域的有关理论，而且搅拌混合的性能又直接关系到产品的质量、能耗和生产成本。因此工业界和理论界对搅拌混合都非常重视，国内外都进行了大量的研究，取得了不少新的成果。

每一种搅拌器都不是万能的，都仅在某一特定的应用范围内是高效的。因而研究人员一直致力于开发研究适应于不同工业体系的高效搅拌器。近年来，许多国际混合设备公司竞相开发高效节能、造价低廉且易于大型化的轴向流搅拌器，如美国莱宁（LIGHTNIN）公司开发的 A310、A315 等搅拌器

(图 5-7)，其叶片由钢板按一定规律弯曲制成，有利于大型搅拌器的制造和安装。当用于固-液悬浮时，达到同样悬浮效果，A310 叶轮比传统上使用的 45°斜叶涡轮要节能 50%。

图 5-7
新型轴向流搅拌器

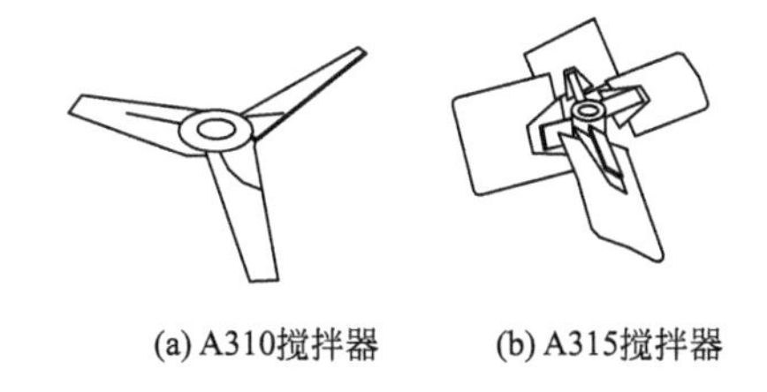
(a) A310搅拌器　(b) A315搅拌器

德国 EKATO 公司新开发的高效轴向流搅拌器，是在倾斜的主叶片上再增加一个辅助叶片；该辅助叶片可消除主叶片后方发生的流动剥离现象，降低搅拌功率。它可应用在数千立方米的大型固-液悬浮搅拌操作上。

法国豪斑（ROBIN）公司的 HPM 搅拌器，叶片在轮毂处的倾角为 45°，在叶片端部处的倾角仅有 17°左右。HPM 叶轮可用于容积数百立方米的大型搅拌釜。

日本近年开发的最大叶片式、泛能式、叶片组合式搅拌器（图 5-8），适用的黏度范围宽，而且对于混合、传热、固液悬浮以及液液分散等操作都比常用的搅拌器效率高，其适用的黏度范围为 1～100Pa・s。

图 5-8
三种宽适应性搅拌器

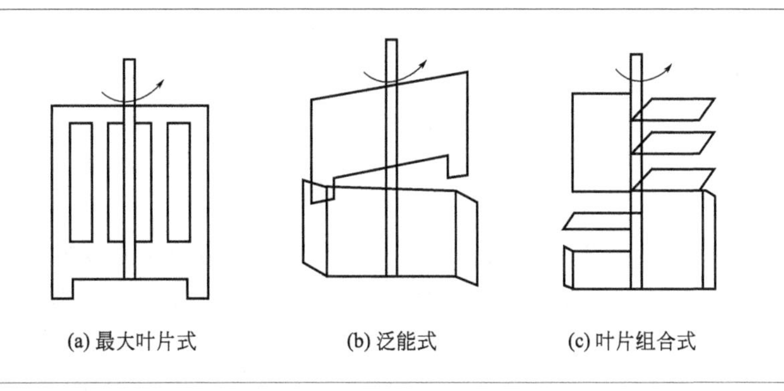
(a) 最大叶片式　(b) 泛能式　(c) 叶片组合式

## 5.3.2 换热技术

对搅拌釜中的物料进行加热或冷却是化工过程中经常遇到的操作，对于在搅拌釜中进行的化学反应尤其重要。传热速率取决于被搅拌物料和传热介质的物性、釜的几何形状、结构尺寸、釜壁材料和厚度以及搅拌强度等。搅拌釜的传热包括夹套和内部盘管（螺旋管和纵向盘管）的传热两类。

### 5.3.2.1 传热计算

按照量纲分析法，在系统几何特性一定的情况下，可以把对传热系数有影响的变量归结为努塞尔数（$Nu$）、雷诺数（$Re$）和普兰特数（$Pr$）间的函数关系。

$$Nu=f(Re,Pr) \tag{5-50}$$

式中
$$Nu=\frac{hD_{\mathrm{T}}}{\lambda},Re=\frac{\rho ND^2}{\mu},Pr=\frac{c_{\mathrm{p}}\mu}{\lambda}$$

这里$\lambda$为被搅拌液体的热导率；$h$为被搅拌液体侧的对流传热系数；$Nu$表示对流传热和传导传热的比。实验证明，$Nu$是被搅拌液体的运动状态和物理性质的函数，前者由雷诺数表征，后者由普兰特数表征。在系统几何条件发生变化的情况下，要考虑形状因子（例如$D/D_{\mathrm{T}}$、搅拌器个数、叶片个数和角度等）的影响；在壁温与流体主体温度相差较大的情况下，还要引入黏度校正项。于是一般的传热关联式为

$$Nu=f'(Re,Pr,D/D_{\mathrm{T}},\cdots,\mu_{\mathrm{w}}/\mu) \tag{5-51}$$

式中 $\mu_{\mathrm{w}}$——壁温下的液体黏度；

$\mu$——主体温度下的液体黏度。

下面主要就牛顿型流体和非牛顿型流体的传热关联式进行介绍。

#### 5.3.2.1.1 牛顿型流体

（1）从夹套壁向湍流液体的传热系数$h_{\mathrm{j}}$

① 平桨搅拌器、有冷却盘管、无挡扳的情况，Krausold 等略去设备几何形状差异，推荐式为

$$\frac{h_{\mathrm{j}}D_{\mathrm{T}}}{\lambda}=0.36Re^{2/3}Pr^{1/3}\left(\frac{\mu}{\mu_{\mathrm{w}}}\right)^{0.14} \qquad Re>100 \tag{5-52}$$

式中 $h_{\mathrm{j}}$——夹套表面与釜内液体之间的对流传热系数。

② 螺旋桨搅拌器、无挡板、$Re<400$时，文献还介绍了如下的关联式：

$$\frac{h_{\mathrm{j}}D_{\mathrm{T}}}{\lambda}=0.54Re^{0.67}Pr^{0.33}\left(\frac{\mu}{\mu_{\mathrm{w}}}\right)^{0.14} \tag{5-53}$$

③ 透平式搅拌器、无挡板、$Re>400$：

$$\frac{h_{\mathrm{j}}D_{\mathrm{T}}}{\lambda}=0.74Re^{0.67}Pr^{0.33}\left(\frac{\mu}{\mu_{\mathrm{w}}}\right)^{0.14} \tag{5-54}$$

④ 透平式搅拌器、有挡板、平底搅拌釜、标准构型：

$$\frac{h_{\mathrm{j}}D_{\mathrm{T}}}{\lambda}=0.73Re^{0.65}Pr^{0.33}\left(\frac{\mu}{\mu_{\mathrm{w}}}\right)^{0.24} \tag{5-55}$$

对非标准构型，则

$$\frac{h_j D_T}{\lambda}=1.15Re^{0.65}Pr^{0.33}\left(\frac{\mu}{\mu_w}\right)^{0.24}\left(\frac{H_i}{D_T}\right)^{0.4}\left(\frac{H_L}{D_T}\right)^{-0.55} \tag{5-56}$$

对无冷却盘管、无挡板的六叶涡轮搅拌釜，水系统的传热关联式为

$$\frac{h_j D_T}{\lambda}=0.75Re^{\frac{2}{3}}Pr^{\frac{1}{3}}\left(\frac{\mu}{\mu_w}\right)^{0.14}\left(\frac{D}{D_T}\right)^{-0.14}\left(\frac{W}{D_T}\right)^{0.14}\left(\frac{H_i}{H_L}\right)^{0.15} \tag{5-57}$$

式中　$W$——搅拌器宽度；

$H_i$——搅拌器离釜底距离；

$H_L$——液位高度。

⑤ 标准搅拌釜。搅拌釜的几何特征与流体流型和搅拌效果密切相关，习惯上把符合下列几何特征的搅拌釜称为“标准搅拌釜”：a. 搅拌器是带有中心圆盘的六直叶涡轮式；b. 搅拌器直径和釜体直径之比为 1/3；c. 搅拌器离底高度等于搅拌器直径；d. 叶片宽度等于搅拌器直径的 1/5；e. 叶片长度等于搅拌器直径的 1/4；f. 装液高度等于釜体直径；g. 挡板数量为 4，竖直安装；h. 挡板宽度为搅拌器直径的 1/10。

在 $Re=5000\sim850000$ 范围内，传热关联式为

$$\frac{h_j D_T}{\lambda}=0.76Re^{0.66}Pr^{0.33}\left(\frac{\mu}{\mu_w}\right)^{0.14} \tag{5-58}$$

在搅拌器离釜底高度和直径均不标准的情况下，传热关联式为

$$\frac{h_j D_T}{\lambda}=1.01Re^{0.66}Pr^{0.33}\left(\frac{\mu}{\mu_w}\right)^{0.14}\left(\frac{D}{D_T}\right)^{0.33}\left(\frac{H_i}{D_T}\right)^{0.12} \tag{5-59}$$

（2）内置螺旋盘管向湍流液体的传热系数

Chilton 等提出如下关联式：

$$\frac{h_c D_T}{\lambda}=0.87Re^{0.62}Pr^{0.33}\left(\frac{\mu}{\mu_w}\right)^{0.14} \tag{5-60}$$

式中　$h_c$——螺旋管外侧的对流传热系数。

适用范围：$Re=300\sim4\times10^5$，无挡板。

几何构型：

① 碟形底的搅拌釜，单个平桨，$D/D_T=0.6$；$W/D=0.167$；$H/D_T=0.83$；盘管的螺旋直径 $D_c=0.8D_T$；螺旋盘管的总高度为 $0.4375D_T$；螺旋盘管间距为 $0.0154D_T$；螺旋管与平桨距釜底的高度和釜的碟形部分高度相等。

② 平底釜，六直叶涡轮，$D/D_T=0.25\sim0.385$；$H_i/D=1.0$；$W/D=0.2$；$l/D=0.25$；螺旋盘管的直径 $D_c=0.70D_T$；螺旋盘管的总高度 $H_c=0.65D_T$；螺旋管的直径 $d_t=(0.03125\sim0.1458)D_c$；螺距 $S_c=(2.0\sim$

$4.0)d_t$；螺旋盘管底缘离釜底高度为$0.15D_T$。四块纵向挡板。$W_b/D_T=0.10$，$Re=400\sim1.5\times10^6$。

Oldshue和Gretton得到如下关联式：

$$\frac{h_c d_t}{\lambda}=0.17Re^{0.67}Pr^{0.37}\left(\frac{\mu_w}{\mu}\right)^m\left(\frac{D}{D_T}\right)^{0.10}\left(\frac{d_t}{D_T}\right)^{0.50} \tag{5-61}$$

式中，黏度比的指数$m$是流体黏度的函数：

$$m=-0.72\mu^{-0.202} \tag{5-62}$$

（3）以纵向盘管兼作挡板时的传热系数

Dunlap和Rushton用三组纵向盘管作换热器，兼作挡板。釜内液体无论作径向流动还是切向流动，总是与加热管垂直，因此提高了加热面的湍动程度。釜内半液深处有四个平直叶片的涡轮作搅拌器。得到如下关联式：

$$\frac{h_{cm} d_t}{\lambda}=0.09Re^{0.65}Pr^{0.3}\left(\frac{\mu_w}{\mu}\right)^{-0.4}\left(\frac{D}{D_T}\right)^{0.33}\left(\frac{2}{n_b}\right)^{0.2} \tag{5-63}$$

式中　$h_{cm}$——加热与冷却时传热系数的平均值；

$n_b$——挡板数。

在只计算加热（或冷却）时的对流传热系数时，推荐下述方程式：

$$h=h_{cm}\left(\frac{\mu_w}{\mu}\right)^m \tag{5-64}$$

$$m=0.745\mu^{-0.205} \tag{5-65}$$

式中，$\mu$的单位是cP（$1cP=10^{-3}Pa\cdot s$）；$m$是无量纲数。

对于搅拌釜中的传热，有下面几点定性的一般评述。

① 涡轮搅拌器产生的传热系数比其他类型搅拌器约高30%；

② 带夹套无挡板容器中的传热系数约为螺旋盘管的65%；

③ 纵向盘管比螺旋盘管的传热系数约高13%，不过由于前者不易排出不凝性气体而降低了管内侧的传热系数，可能导致总的传热系数收益不多；

④ 涡轮的搅拌器位置靠近容器中心比紧靠底部的传热效果好；

⑤ 雷诺数在1000以上时，挡板改善涡轮搅拌釜的传热系数。

最后，应注意的是搅拌釜的单位体积传热面积随容积放大而降低。因为釜的液体$V\propto D_T^3$，而夹套传热面积$\propto D_T^2$，所以单位体积夹套传热面积$\propto 1/D_T$。这样，当搅拌釜放大后，在总的传热系数变化不大的情况下，势必达不到原来的传热效果。很多情况下，设备放大后需要设法增大传热面积，或内置螺旋管或在釜外附设一个换热器，使被处理的物料在搅拌釜与换热器之间循环，使被处理的过程仍能满足传热要求。

5.3.2.1.2　非牛顿型流体

在高黏度液体中，均匀混合对反应的均匀性和反应热的控制都很重要。推进式搅拌器和涡轮式搅拌器皆不适宜，用锚式桨则会产生不均匀性。因此，高黏度液体的混合推荐使用螺带式搅拌器。

螺带式搅拌器搅拌高黏度液体时是夹套传热。器壁传热时传热系数关联式形式同牛顿型流体。例如，对拟塑性流体（剪切应力 $\tau$ 随剪切速率 $M=\frac{\mathrm{d}u}{\mathrm{d}y}$ 的增加而增加）：

层流区（$1<Re<1000$）

$$\frac{h_{\mathrm{j}}D_{\mathrm{T}}}{\lambda}=4.2\left(\frac{\rho ND^2}{\mu_{\mathrm{a}}}\right)^{\frac{1}{3}}\left(\frac{c_{\mathrm{p}}\mu_{\mathrm{a}}}{\lambda}\right)^{\frac{1}{3}}\left(\frac{\mu_{\mathrm{a}}}{\mu_{\mathrm{aw}}}\right)^{0.2} \tag{5-66}$$

式中　$\mu_{\mathrm{a}}$——流体的表观黏度，由实验测取；

$\mu_{\mathrm{aw}}$——流体在壁温时的表观黏度。

上式可改写为：

$$\frac{h_{\mathrm{j}}D_{\mathrm{T}}}{\lambda}=4.2\left(\frac{\rho ND^2c_{\mathrm{p}}}{\lambda}\right)^{\frac{1}{3}}\left(\frac{\mu_{\mathrm{a}}}{\mu_{\mathrm{aw}}}\right)^{0.2} \tag{5-67}$$

该式表明，除黏度项外，无量纲式中已消除了黏度的影响。它可这样解释：传热表面的边界层厚度比器壁和螺带搅拌器之间的空隙大，并且有恒定的传热厚度，所以与黏度无关。

湍流区（$Re>1000$）

$$\frac{h_{\mathrm{j}}D_{\mathrm{T}}}{\lambda}=4.2\left(\frac{\rho ND^2}{\mu_{\mathrm{a}}}\right)^{\frac{2}{3}}\left(\frac{c_{\mathrm{p}}\mu_{\mathrm{a}}}{\lambda}\right)^{\frac{1}{3}}\left(\frac{\mu_{\mathrm{a}}}{\mu_{\mathrm{aw}}}\right)^{0.14} \tag{5-68}$$

5.3.2.1.3　传热过程计算

搅拌釜常进行分批加热或冷却。在传热计算时，假定流体得到充分搅拌，釜内温度在任何时刻都均匀分布。

（1）盘管或夹套，恒温加热介质

任一时刻的传热速率为

$$q=Wc_{\mathrm{p}}\frac{\mathrm{d}T_{\mathrm{b}}}{\mathrm{d}\theta}=KA(T_{\mathrm{h}}-T_{\mathrm{b}}) \tag{5-69}$$

式中　$W$——搅拌釜内液体的质量；

$c_{\mathrm{p}}$——搅拌釜内液体的比热容；

$T_{\mathrm{h}}$——恒温加热介质温度；

$T_{\mathrm{b}}$——液体主体温度；

$\theta$——时间；

$K$——以搅拌釜内表面为基准的总传热系数；

$A$——传热面积。

将方程式(5-69) 重排得

$$\frac{\mathrm{d}T_b}{T_h-T_b}=\frac{KA}{Wc_p}\mathrm{d}\theta \tag{5-70}$$

若将 $W$ 质量的液体从 $T_{b1}$ 加热到 $T_{b2}$ 所需的时间为 $\Delta\theta$，则

$$\int_{T_{b1}}^{T_{b2}}\frac{\mathrm{d}T_b}{T_h-T_b}=\frac{KA}{Wc_p}\int_0^{\Delta\theta}\mathrm{d}\theta$$

由此得到

$$\ln\frac{T_h-T_{b1}}{T_h-T_{b2}}=\frac{KA}{Wc_p}\Delta\theta \tag{5-71}$$

由方程式(5-71) 可以计算所求的加热时间 $\Delta\theta$。

(2) 盘管或夹套，恒温冷却介质

在这种情况下，与式(5-69) 类似的方程式为

$$q=-Wc_p\frac{\mathrm{d}T_b}{\mathrm{d}\theta}=KA(T_b-T_c) \tag{5-72}$$

式中　$T_c$——恒温冷却介质温度。

因为釜内被冷却，所以式中的$\frac{\mathrm{d}T_b}{\mathrm{d}\theta}$为负值。

将方程 (5-72) 积分，得到

$$\ln\frac{T_{b1}-T_c}{T_{b2}-T_c}=\frac{KA}{Wc_p}\Delta\theta \tag{5-73}$$

式中，$\Delta\theta$ 为将 $W$ 质量的液体从 $T_{b1}$ 冷却到 $T_{b2}$ 所需的时间。

(3) 盘管或夹套，非恒温加热介质

此时，加热介质的流量和入口温度 $T_{h1}$ 一定，但出口温度不定。传热速率方程为

$$q=\frac{\mathrm{d}Q}{\mathrm{d}\theta}=Wc_p\frac{\mathrm{d}T}{\mathrm{d}\theta}=mc'_p(T_{h1}-T_{h2})=KA(\Delta T_m) \tag{5-74}$$

式中　$m$——加热介质的质量流速；

$c'_p$——加热介质的平均比热容；

$\Delta T_m$——对数平均传热温差：

$$\Delta T_m=\frac{T_{h1}-T_{h2}}{\ln\dfrac{T_{h1}-T_b}{T_{h2}-T_b}}$$

$T_{h1}$，$T_{h2}$——加热介质的入、出口温度；

$T_b$——某一时刻搅拌釜内液体温度。

由此解出

$$T_{h2}=T_b+\frac{T_{h1}-T_b}{e^{KA/mc'_p}} \tag{5-75}$$

令

$$\psi_1=e^{KA/mc'_p}$$

即

$$\psi_1=\frac{T_{h1}-T_b}{T_{h2}-T_b} \tag{5-76}$$

则由式(5-74) 得到

$$Wc_p\frac{dT_b}{d\theta}=mc'_p\left(\frac{\psi_1-1}{\psi_1}\right)(T_{h1}-T_b) \tag{5-77}$$

分离变量后积分得

$$\int_{T_{b1}}^{T_{b2}}\frac{dT_b}{T_{h1}-T_b}=\frac{mc'_p}{Wc_p}\left(\frac{\psi_1-1}{\psi_1}\right)\int_0^{\Delta\theta}d\theta$$

$$\ln\frac{T_{h1}-T_{b1}}{T_{h1}-T_{b2}}=\frac{mc'_p}{Wc_p}\left(\frac{\psi_1-1}{\psi_1}\right)\Delta\theta \tag{5-78}$$

(4) 盘管或夹套，非恒温冷却介质

与式(5-78) 的推导类似，可以得到下面的方程以计算将 $W$ 质量的被搅拌液体从 $T_{b1}$ 冷却到 $T_{b2}$ 所需的时间 $\Delta\theta$。

$$\ln\frac{T_{b1}-T_c}{T_{b2}-T_c}=\frac{mc'_p}{Wc_p}\left(\frac{\psi_2-1}{\psi_2}\right)\Delta\theta \tag{5-79}$$

$$\psi_2=e^{KA/mc'_p}$$

式中　$T_c$——冷却介质的入口温度；

$m$——冷却介质的质量流速；

$c'_p$——冷却介质的平均比热容。

#### 5.3.2.2　夹套结构

(1) 夹套的主要结构形式

夹套的主要结构形式见表 5-2，它们适用的温度和压力范围见表 5-3，6 种夹套的具体结构见图 5-9。其中整体式、型钢式、半管式、蜂窝式夹套是传统的结构形式，激光焊接式蜂窝夹套和螺旋板缠绕式蜂窝夹套作为新型结构形式，应用也越来越多。

**表 5-2　夹套主要结构形式**

| 夹套形式 | 结构 |
|---|---|
| 整体式(U 形和圆筒形) | 不带导流板或带导流板 |

续表

| 夹套形式 | 结构 |
| --- | --- |
| 型钢式 | 角钢式、槽钢式 |
| 半管式 | 半圆管夹套、弓形管夹套 |
| 蜂窝式 | 短管支撑式、折边锥体式、激光焊接式 |
| 螺旋板蜂窝式 | 螺旋板+蜂窝式 |

**表 5-3　各种碳钢夹套的适用温度和压力范围**

| 夹套形式 | | 最高温度/℃ | 最高压力/MPa |
| --- | --- | --- | --- |
| 整体夹套 | U形 | 350 | 0.6 |
| | 圆筒形 | 300 | 1.6 |
| 型钢夹套 | | 200 | 2.5 |
| 蜂窝夹套 | 短管支承式 | 200 | 2.5 |
| | 折边锥体式 | 250 | 4.0 |
| 半圆管夹套 | | 350 | 6.4 |

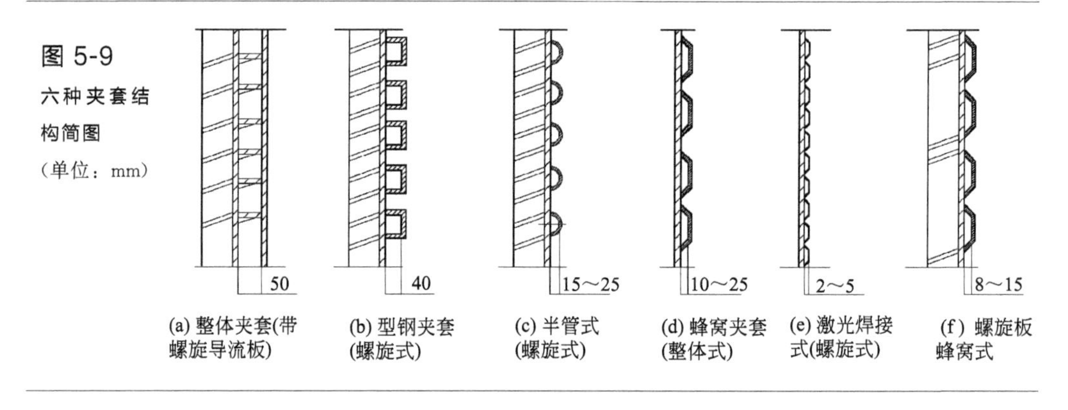


**图 5-9**
**六种夹套结构简图**
（单位：mm）

（2）激光焊接式蜂窝夹套

激光焊接式蜂窝夹套是将薄平板（夹套板）和厚平板（筒体板）紧密贴合在一起，用激光沿设计好的蜂窝点进行焊接；然后将焊接后的两块平板卷成筒体，在薄板和厚板之间用清水打压，使薄板鼓胀成蜂窝状结构，具体如图 5-10 所示。

激光焊接式蜂窝夹套的特点之一是蜂窝点不开孔（折边式和短管支撑式蜂窝夹套都要开孔），因此激光焊接式蜂窝夹套的结构强度比其他结构的蜂窝夹套要好。在相同设计压力下，激光焊接式蜂窝夹套的壁厚可比其他结构的壁厚减少 50%以上。

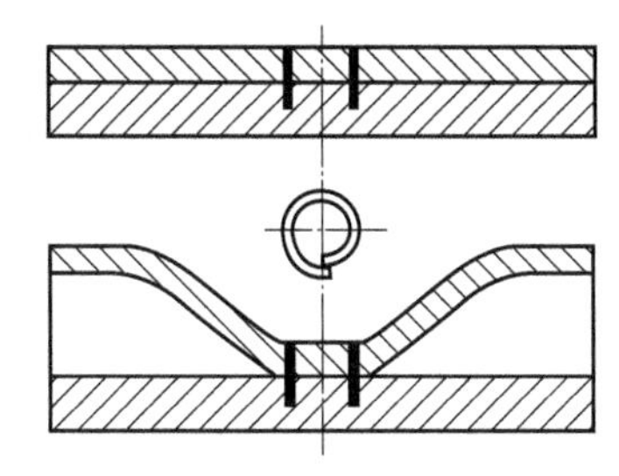

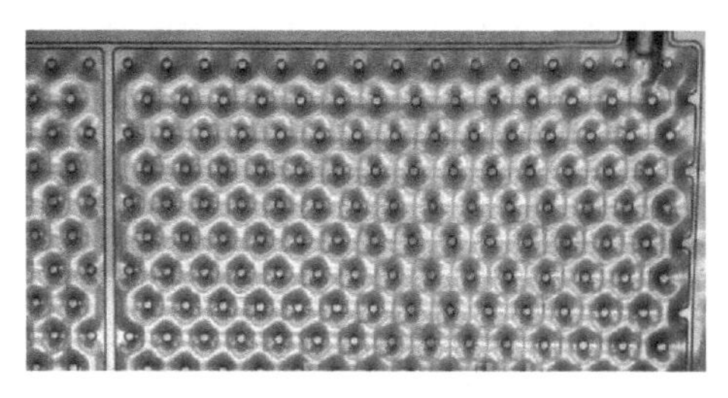

图 5-10
激光焊接式蜂窝夹套

激光焊接式蜂窝夹套的另一个特点是传热性能好。激光焊接式通道高度仅为 2.5～6mm，通道高度小，流体的流动速度快。蜂窝点对流体还有扰动作用，其热传递方式与板式换热器相似。激光焊接式蜂窝夹套的传热系数根据实验结果可按下式计算：

$Re>400$ 时

$$\alpha=c\left(\frac{\rho d_{\mathrm{e}} u}{\mu}\right)^{n}\left(\frac{c_{\mathrm{p}} \mu}{\lambda}\right)^{b} \tag{5-80}$$

式中　$b$——0.4（加热），0.3（冷却）；

$c_{\mathrm{p}}$——流体的比定压热容，kJ/(kg·K)；

$c$——系数（夹套实验测定）；

$d_{\mathrm{e}}$——当量直径，m；

$n$——0.65～0.85；

$u$——流速，m/s；

$\rho$——流体密度，$kg/m^3$；

$\mu$——流体在主体平均温度下的黏度，Pa·s；

$\lambda$——液体的热导率，W/(m·K)。

由上式可见，当 $Re>400$ 时，由于蜂窝点的扰动，夹套内的流体就进入湍流，而半管式夹套 $Re>10000$ 时才进入湍流。可见激光焊接式蜂窝夹套传热系数比半管式夹套大，传热系数高、换热效果好。

激光焊接式蜂窝夹套是先进制造技术与先进夹套形式结合的产物，与其他蜂窝夹套的制造工艺相比，具有金属材料消耗少、生产效率高、加工质量好、易于实现生产过程自动化等优点。激光焊接式蜂窝夹套在食品、饮料等行业得到广泛应用。目前国内大型啤酒企业的不锈钢发酵罐、清酒罐、酵母罐等大都采用该技术。激光焊接式蜂窝夹套还可以作为蒸发器应用在化工、石油等行业。

(3) 螺旋板缠绕式蜂窝夹套

螺旋板缠绕式蜂窝夹套是将一定宽度的板螺旋缠绕并焊接在筒体外壁，同时在夹套的中间焊接有蜂窝点的结构。该结构综合了螺旋缠绕式半管夹套和蜂窝夹套的优点，对筒体刚度的加强效果好，使筒体和夹套的壁厚得以减薄，焊缝减少，传热系数提高。以某厂 500m$^3$ 不锈钢发酵罐为例，取罐体外表面积为 1m$^2$ 的内筒和夹套进行比较，各参数对比见表 5-4。由表 5-4 可知，螺旋板蜂窝结构夹套比半管式夹套节省钢材，减少焊缝与焊接工作量，缩短制造周期，降低大罐投资。传热系数的提高，是由于冷却介质通过蜂窝夹套时，各横截面流速变化，加上蜂窝点扰动作用，强化了传热效果，其流动状况类似于螺旋板换热器，因而节电、节水、节省操作运行费用。实际应用表明，新型的螺旋板蜂窝结构夹套发酵罐比半管式夹套发酵罐节省一次性投资超过 15%，节省操作运行费用 10%以上。螺旋板蜂窝结构夹套已大量应用在国内几十家啤酒厂、制药厂的发酵设备上，30～600m$^3$ 不锈钢和碳钢发酵罐有 3000 多台，节能效益和经济效益明显。

**表 5-4　1m$^2$ 内筒和夹套两种结构比较**

| 结构 | 焊边长/m | 耗钢材/kg | 直接冷却面积/m$^2$ | 传热系数/[W/(m$^2$·K)] |
|---|---|---|---|---|
| 半圆管式 | 10 | 50.36 | 0.55 | 155 |
| 螺旋蜂窝式 | 5.72 | 42.96 | 0.84 | 252 |

在分析国内外各种蜂窝夹套结构特点的基础上，针对液氨直接冷却的特点，开发研制了分片式蜂窝结构夹套，该夹套有如下特点：①筒体和夹套的强度与刚度相互得到加强，解决了大型罐承受内压和外压的薄壁厚问题。②蜂窝夹套为整块板式，与筒体焊接时，避开筒体的纵向、环向焊缝，解决了液氨可能从筒体焊缝往罐内发酵液渗透的问题，提高使用安全性；也降低了对筒体纵、环向焊缝无损检测的要求，减少无损检测费用。③液氨在夹套内流动，受到蜂窝孔的扰动，提高沸腾传热效果。该技术属国内首创，已取得很好的经济效果。目前分片式蜂窝夹套在食品行业应用较多，已制造的不锈钢和碳钢发酵罐、清酒罐等有 500 多台，最大的达 600m$^3$，使用效果良好。

# 5.4　典型反应器

## 5.4.1　固定床反应器

气体流经固定不动的催化剂床层进行催化反应的装置称为固定床反应器，它是氨合成塔、甲醇合成塔、硫酸及硝酸生产的一氧化碳变换塔、三氧化硫转化器等的主要结构形式。

固定床反应器有三种基本形式：轴向绝热式、径向绝热式和列管式。轴向绝热式固定床反应器见图 5-11(a)。催化剂均匀地放置在一多孔筛板上，预热到一定温度的反应物料自上而下沿轴向通过床层进行反应，在反应过程中反应物系与外界无热量交换。径向绝热式固定床反应器见图 5-11(b)。催化剂装载于两个同心圆筒的环隙中，流体沿径向通过催化剂床层进行反应。径向反应器的特点是在相同筒体直径下增大流道截面积。列管式固定床反应器见图 5-11(c)。这种反应器由很多并联管子构成，管内（或管外）装催化剂，反应物料通过催化剂进行反应，载热体流经管外（或管内），在化学反应的同时进行换热。

图 5-11
固定床反应器

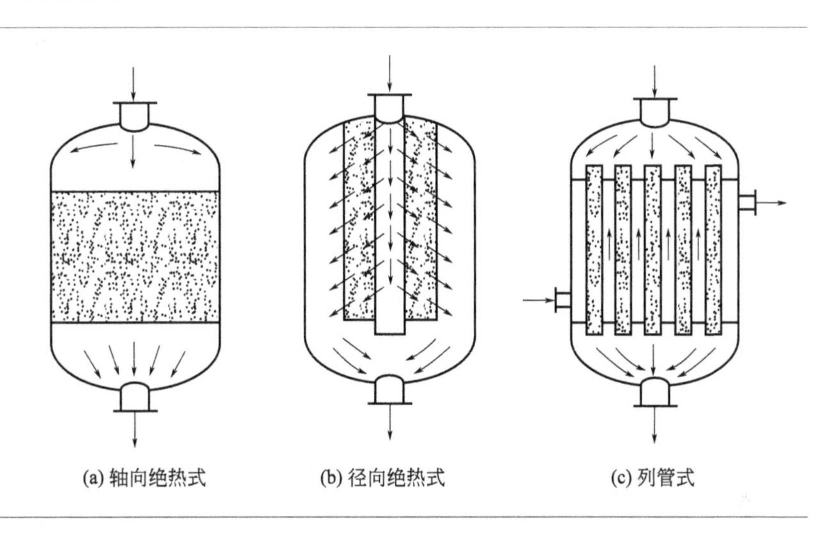


固定床反应器结构简单、操作方便、催化剂机械磨损小。固定床床层内流体的流动接近活塞流，可用较少量的催化剂和较小的反应器容积获得较大的生产能力，反应速度较快，而且停留时间可以控制，反应过程的转化率较高。当伴有串联副反应时，可获得较高的选择性。固定床反应器的缺点是传热能力较差，催化剂不能更换。

## 5.4.2　移动床反应器

固定床反应器中催化剂一般无法连续再生，因此出现了移动床反应器。移动床反应器中，固体颗粒自反应器一边连续加入，从进口边向出口边连续移动直至卸出，如图 5-12 所示。若固体颗粒为催化剂，则用提升装置将其输送到反应器内，反应流体与颗粒一起流动。该类反应器适于催化剂需要连续进行再生的催化反应过程和固相加工反应。新一代的模拟移动床则是固相实际不动，通过机电程控来切换进出料液口的位置来模拟移动固相，实现反应流体与固体颗粒的逆流操作，因此具有更好的可操作性和更高的反应效率。

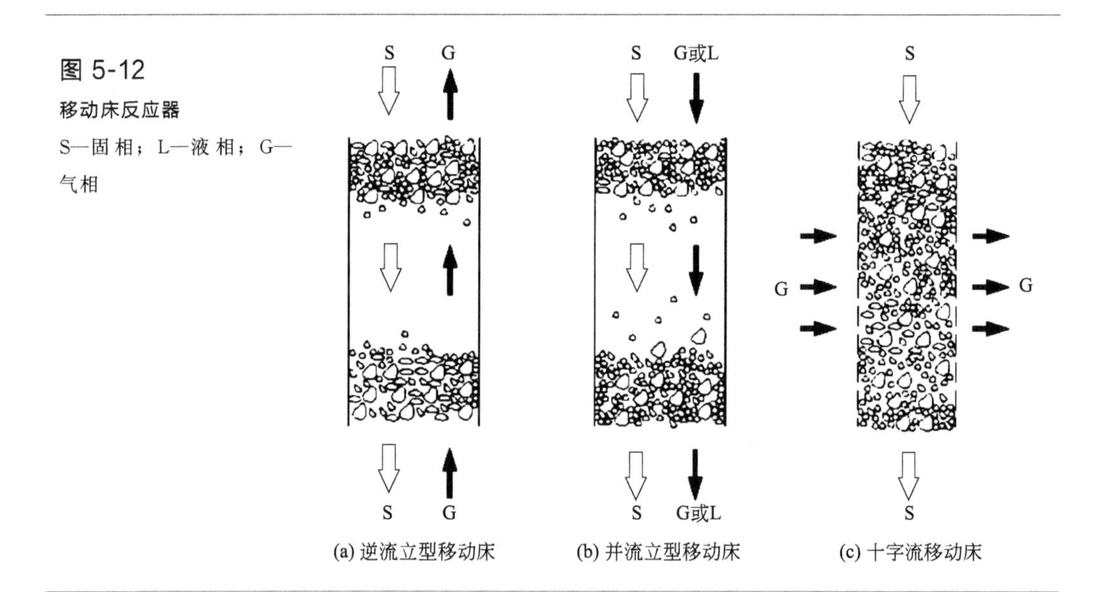


图 5-12
移动床反应器
S—固相；L—液相；G—气相

由于移动床反应器中固体颗粒中间基本没有相对运动，而是整个颗粒层的移动，因此可看成是移动的固定床反应器。和固定床反应器相比，移动床反应器有如下特点：固体与液体的停留时间可以在较大范围内改变；固体和流体的运动接近活塞流，返混较少。但控制固体运动的机械装置较为复杂，床层的传热性能与固定床接近，不太适于强烈放热的反应场合。

## 5.4.3 流化床反应器

流体（气体或液体）以较高的流速通过床层，带动床内的固体颗粒运动，使之悬浮在流动的主体流中进行反应，并具有类似流体流动的一些特性，这样的装置称为流化床反应器。流化床反应器是工业上应用较广的反应装置，适用于催化或非催化的气-固、液-固、气-液-固反应。在反应器中固体颗粒被流体吹起呈悬浮状态，可做上下左右剧烈运动和翻动，好像液体沸腾一样，故流化床反应器又称沸腾床反应器。流化床反应器的结构形式多样，一般由壳体、气体分布装置、换热装置、气固分离装置、内构件以及催化剂加入和卸出装置等组成。典型的流化床反应器如图 5-13 所示，反应气体从进气管进入反应器，经气体分布板进入床层。气体离开床层时总要带走部分细小的催化剂颗粒，为此将反应器上部直径增大，使气体速度降低，从而使部分较大的颗粒沉降下来，落回床层中；较细的颗粒经过反应器上部的旋风分离器分离出来后返回床层，反应后的气体由顶部排出。

图 5-13

**流化床反应器**

1—旋风分离器；2—筒体扩大段；3—催化剂入口；4—筒体；5—冷却介质出口；6—换热器；7—冷却介质进口；8—气体分布板；9—催化剂出口；10—反应气入口

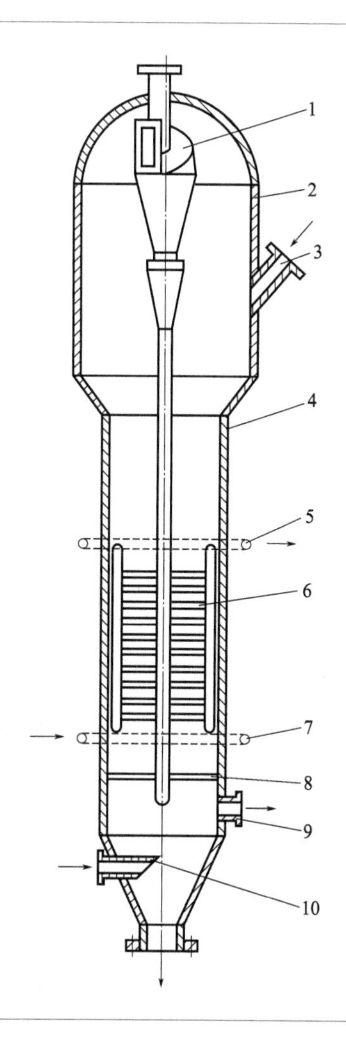


流化床反应器的最大优点是传热面积大、传热系数高和传热效果好。流态化较好的流化床，床内各点温度相差一般不超过 5℃，可以防止局部过热。流化床的进料、出料、废渣排放都可以用气流输送，易于实现自动化生产。流化床反应器的缺点是：反应器内物料返混大，粒子磨损严重；气体夹带导致催化剂损失和环境污染，通常要设置回收和集尘装置；内构件比较复杂；操作要求高；反应器放大困难等。

## 5.4.4 微反应器

### 5.4.4.1 微反应器概述

微反应器是指借助纳米、微米加工和细观精密集成技术，以固体基质制造的小型反应系统。微反应器内反应流体的通道尺寸在纳米、微米级，反应单元能实现串、并和交叉流等高度集成（图 5-14）。微反应器不仅所需空间小、质量和能量消耗少、效应时间短，且单位时间和空间获得的信息量大，可大批量生产和自动化安装，成本低，易于实现一体化集成。微反应器内，微尺度下流体的质量、热量和动量传递等不同于宏观尺度下的规律，以分子效应为主，如气体表现为稀薄效应，液体表现为颗粒效应。和传统反应器相比，微反应器的优势在于：①高一个数量级的热导率；②毫秒或纳秒级的微混合时间；③有利于表面催化的高比表面积（10000～50000$m^2/m^3$，比传统的 1000$m^2/m^3$ 大 10～50 倍）；④大量减少有毒、有污染溶剂的使用；⑤安全、易储运等。

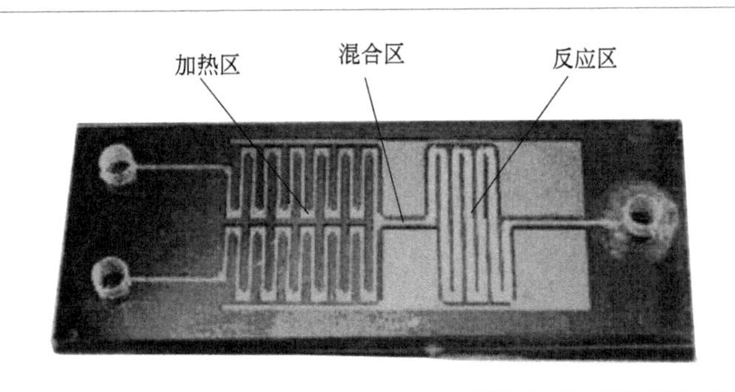


图 5-14
微通道反应器的内部结构

微反应器的分类形式多样。根据操作模式，可分为间歇微反应器、半连续微反应器和连续微反应器；根据反应物相态，可分为固相催化微反应器、液相微反应器、气液相微反应器等；根据用途，又可分为实验用微反应器和生产用微反应器两大类，其中前者主要用于化学分析和生物检测，亦称分析检测型微反应器，后者在工业生产中用于合成和提取微量级的制品，如新药及新型化合物等，故也被称为制备型微反应器。

随着对微反应器研究的深入，对微反应器的原理与应用已有相对全面的认识，在微反应器的设计、制造、集成和放大等关键问题上也取得突破性进展。尤其是在微反应器的设计和制造方面，达到了相当高的水平，已经用适当的工艺和材料制造出了微反应泵、微混合器、微反应室、微换热器和具有控制单元的完全耦合微反应系统。

但微反应器要想取代传统反应器应用于实际生产，还需要解决一系列难题，如微通道易堵塞、催化剂设计、传感器和控制器的集成及微反应器的放大等。微反应器的放大看似简单，但要科学实现则要面临挑战。当微反应器的数量大大增加时，微反应器检测和控制的复杂程度显著增加。未来微反应器的大发展，还需要在以下几方面取得进展：

① 系统的集成和放大还存在很多技术难点，致使一定时间内不可能取代传统的生产工艺和单元设备；

② 微型设备模型的设计还需要进一步的优化，以期达到更经济、更环保、更适于实际生产；

③ 在微反应器中探索新的反应途径以及获得能够使之更加经济、更加环保的方法，并应用于实际生产，这也是研究微反应器的真正价值所在；

④ 现有的微型设备加工技术仍相对昂贵，有必要开发高效经济的加工制造技术。

### 5.4.4.2　微反应器的性质

#### 5.4.4.2.1　几何特性

(1) 比表面积

由卡尔斯鲁尔研究中心制作的体积为 $1cm^3$、通道截面积为 $100\mu m \times 70\mu m$ 的微热交换器的比表面积约为 $26200m^2/m^3$，其可传导的热功率达 20kW，而且热传递系数可达到 $25kW/(m^2 \cdot K)$。这些性质使得可以在几乎等温的条件下操作微化学设备，避免了过热点。在微反应器中由于增强了热传导，因此可以控制化学反应器的点燃-熄灭现象，使得其可以在传统反应器不可达到的温度范围内操作。这一点对于涉及中间物和热不稳定产物的部分反应具有重大意义。微反应器极好的传热性质和非常短的反应时间，非常有利于反应器的控制，因为它们对于反应器内的温度分布变化可以瞬时地响应。因此，与新型传感技术相结合，反应技术可以提供智能化的反应器操作和受控的能量供应。

(2) 微小规整的通道尺寸

在传质和传热过程中传递距离很重要。微反应技术的原理之一就是要减小这些传递距离并通过小的流动通道来增强传递效果，一般通道的宽度为 $10\sim500\mu m$。微混合器通常在毫秒级范围即可达到反应物的完全混合，在此时间范围内，混合距离为微米范围。很显然，微反应技术适用于那些受传质控制的反应以及放热反应。此外，小的通道尺寸是一个重要的安全因子，因为火焰的扩展在微反应器中会受到抑制。因此，这些反应器可以在爆炸范围内操作，而不需附加任何特殊的安全措施。微结构的规整性对于模拟和放大有很大的便利性。显然，对于不同的反应体系有不同的最佳通道几何尺寸，因为在反应动力学、传质和传热及流体力学之间有协调平衡的问题。通道的规整性是微反应技术的重要优点之一。首先，有可能设计停留时间分布；其次，它使得对反应器的分析简化，而且易于制造和放大。

5.4.4.2.2 传递特性和宏观流动特性

微反应器的微型化并不仅仅是尺寸上的变化，更重要的是其几何特性决定了微反应器内流体的传递特性和宏观流动特性，导致它具有温度控制好、反应器体积小、转化率和收率高及安全性能好等一系列超越传统反应器的独特优越性，在化学合成、化学动力学研究和工艺开发等领域具有广阔的应用前景。

(1) 传热特性

微反应器狭窄的通道增加了温度梯度，再加上微反应器的比表面积非常大，大大强化了微反应器的传热能力。在微换热器中，传热系数可达 25000W/($m^2$·K)，较传统换热器的传热系数值至少大 1 个数量级。

对微通道内的传热现象研究较深入，主要的研究方法有数值模拟与实验研究。前者从微观的能量输运本质出发，并运用 Boltzmann 方程、分子动力学、直接 Monte-Carlo 模拟等方法来分析微尺度的传热机制。后者主要进行实验研究，根据建立在宏观经验上的模型对实验数据进行关联，并与传统的关联式相比较。目前实验大多集中在微尺度的对流传热和相变传热方面，近年来对生命系统内的传热问题也有较多的关注。

(2) 传质特性

微反应器狭窄的通道，缩短了质量传递的距离和时间。对于微混合反应器来说，传递时间和传递距离的关系可以用下式描述：

$$t_{\min} \propto \frac{I^2}{D} \tag{5-81}$$

式中 $t_{\min}$——达到完全混合所需的时间；

$I$——传递距离；

$D$——扩散系数。

因此，混合时间与传递距离的 2 次方成正比。这就意味着减小通道尺寸将大大缩短扩散时间。静态微混合器通过将流体反复分割和合并，使分子扩散距离减小，反应物在毫秒级范围内即可达到径向完全混合。

微通道中流体流型主要为层流，因此扩散成为传质过程的主要控制因素。扩散混合效率通常由 Fourier（傅里叶）数 $Fo$ 来表达。$Fo>0.1$ 表明体系达到良好的混合效果，$Fo>1.0$ 为完全混合。以液体工作介质为例，一般液体介质的扩散系数为 $10^{-9}\sim10^{-8}$ m/s，扩散特征长度可取通道的水力直径，若欲在 1～10s 内达到良好的混合，则通道的水力直径必须在 30～300$\mu$m 之间。

$$Fo=\frac{D_{AB}t}{l^2} \tag{5-82}$$

式中 $t$——接触时间；

$D_{AB}$——扩散系数；

$l$——扩散特征长度。

(3) 动量传递特性

由于微反应器微通道当量直径为微米（$10^{-6}$m），而在工业生产中管道内流体边界层厚度的数量级通常为 $10^{-3}$m。当流体分别流经当量直径为 50$\mu$m 的微通道和直径为 50mm 的管道，在流速相同的情况下，微通道内的流体流动 $Re$ 非常小，通常为几十到几百之间，甚至更小，黏滞力相对于惯性力而言较大。通道内的流体流型为层流，反应物的混合只能通过扩散完成。

(4) 宏观流动特性

前已述及微通道内的流体流型为层流，必然导致流体速度在径向上分布不均匀。从微观角度看，流体微元在微通道内的轴向存在返混现象，但由于微反应器的微通道非常狭窄，就单个微通道而言其轴径比一般远大于 100，从宏观上仍可视作平推流流动模型，流体流动的返混现象可以忽略。实验已经证实微通道内流体流动和传热行为与宏观尺度下的规律有所偏离，如由层流到湍流过渡的临界 $Re$ 减小，Reynolds 类比对这种粗糙通道也不适用。Knudsen（克努森）数（$Kn$）可用来表征稀释效应：

$$Kn=\lambda/l_{o} \tag{5-83}$$

式中 $\lambda$——气体的平均自由程；

$l_{o}$——系统的特征长度。

$Kn<0.001$ 为连续介质；$0.001<Kn<1$ 为有速度滑移和温度跳跃的滑流；$1<Kn<10$ 为过渡流；$Kn>10$ 为自由分子流动。纳维斯托克斯方程（简称 N-S 方程）与滑移流动条件相结合，可描述稀薄气体在微通道内过渡阶段的流动情况。对于目前研究的微反应器而言，其通道尺寸在数百微米范围内，连续介质假设仍然成立，N-S 方程与无滑移边界条件仍适用于描述流体行为；对于更细尺度下的气体流动，由于表面效应和气体稀薄效应等的影响，连续性假定不再成立，其传递行为也不能用可压缩流体的 N-S 方程来描述。目前，对于过渡区及分子自由流动区的气体传递行为主要根据气体的钢球模型采用 Monte-Carlo 法、分子动力学法、Lattice-Boltzmann 法等进行直接数值模拟。

由于多相流行为的复杂性，微通道内的多相流研究大多涉及气液两相流过程，表征两相流体力学的最重要的两个参数就是压降与空泡率。微通道内气液两相流特征与宏观尺度有明显区别，当通道特征尺度满足式(5-84）时，界面效应占主导地位，气液两相流动行为不再受重力影响，流型转变准则主要由表面张力控制。

$$\frac{4\pi^2\sigma}{(\rho_L-\rho_G)d^2g}>1 \tag{5-84}$$

式中　$\sigma$——表面张力；

$\rho_L$，$\rho_G$——液体和气体的密度；

$d$——通道特征尺度；

$g$——重力加速度。

## 5.4.5　超临界反应器

### 5.4.5.1　超临界的相关概念

超临界是物质的一种特殊状态。当把处于气液平衡状态的物质升温、升压时，热膨胀引起液体密度减小，而压力升高使得气相密度增大；当温度和压力达到某一点时，气液两相界面消失，成为一个均相体系，这一点就是临界点。临界点是指气液两相共存线的终结点，此时气液两相的相对密度一致，差别消失。

当温度和压力均高于临界温度和临界压力时就处于超临界状态。超临界流体也就是处于超临界状态下的流体。处于超临界状态下的物质可实现气态到液态的连续过渡，两相界面消失，汽化热为零。超过临界点的物质不论压力多大都不会使其液化，压力的变化只能引起流体密度的变化，所以超临界流体（SCF）有别于液体和气体。

超临界流体的密度比气体大数百倍，具体数值与液体相当；其黏度仍接近气体，但比起液体来要小 2 个数量级；扩散系数介于气体和液体之间，约是气体的 1/100，较液体大数百倍。因此超临界流体既具有液体对溶质有较大溶解度的特点，又具有气体易于扩散和运动的特性，其传质速率远远高于液相过程，也就是说超临界流体兼具气体和液体的性质。

超临界化学反应是指反应物处于超临界状态或者反应在超临界介质中进行。由于 SCF 的一些特殊性能，超临界化学反应还具有一般化学反应所不具备的特征：

① 在超临界状态下，压力对反应速率常数有明显的影响，微小的压力变化可使反应速率常数发生几个数量级的变化；

② 在超临界状态下进行化学反应，可使传统的多相反应转化为均相反应，从而消除了反应物与催化剂之间的扩散限制，增大了反应速率；

③ 在超临界状态下进行化学反应，可以降低某些高温反应的反应温度，抑制或减轻热解反应中常见的积炭现象，同时显著改善产物的选择性和收率；

④ 利用 SCF 对温度和压力敏感的溶解性能，可以选择适合的温度和压力条件，使产物不溶于超临界的反应相中而及时移去，也可逐步调节体系的温度和压力，使产物和反应物依次分别从 SCF 中移去，从而简化产物、反应物、催化剂和副产物之间的分离步骤；

⑤ SCF 能溶解某些导致固体催化剂失活的物质，从而有可能使 SCF 的固体催化反应长时间保持催化剂的活性，或使失活的催化剂逐步恢复其催化活性，显示出了超临界化学反应潜在的技术优势。

#### 5.4.5.2　超临界反应器的结构

超临界反应的操作压力一般为 7～34MPa，有的可达 100MPa 以上，但常承受交变载荷的作用，因此除应满足一般高压容器的要求外，固态物料超临界流体反应高压容器还需满足下述特殊要求。

① 具有快速开关盖装置。间歇操作的超临界流体反应器需经常进行物料更换操作，开关容器顶盖所需的时间很多，因此，采用快速开关装置可以缩短操作时间，提高生产效率。

快开盖装置多用于中、低压容器，其主要的结构形式按基本原理可分为紧压式、卡箍式、齿啮式、剖分环式和移动式五大类，但是，随着科学技术的发展，要求快开盖装置能用于高压甚至超高压容器。目前，国内许多高压容器都已采用了快开盖装置，如食品膨化器采用齿啮式结构、超临界反应器采用卡箍式结构等。

② 抗疲劳性能好。受压容器承受交变载荷时，容易在接管根部等出现塑性应变的高应变区发生疲劳破坏。我国压力容器设计规范规定：在一定条件下，容器整体部件承受交变载荷不超过 1000 次，非整体结构不超过 400 次时，可免做疲劳分析。间歇操作的超临界流体反应器，每次反应周期一般为 2～3h，一年以 300 天计算，需要升降压 2400 次，如以 15 年的寿命计，反应器承受交变载荷为 36000 次，早已超过上述规定。因此，要求反应器具有良好的抗疲劳性能。

③ 温度控制容易。操作温度对超临界流体的溶解度影响较大，而在反应

过程中又常发生吸热或放热现象，破坏反应器中的温度平衡，因此在超临界流体反应器中要求温度控制得好。目前，多数情况下采用在夹套中通入循环水的方式来保证反应器内的温度恒定，该方法简单易行但效果不好；也有在多层容器的内筒外表面开槽，再通循环冷却水的方式，采用该方法可降低传热阻力、提高反应器内温度控制的效果，但结构复杂、易阻塞且循环水的流量受到限制；还可以采用在反应器内放置盘管如蛇管等来达到控制温度的目的，但它受操作工艺的限制，较多的场合都不能采用这种方式。

④ 结构紧凑、成本低。设计反应器时，应在满足强度的前提下，尽量使容器结构紧凑、制造简便、生产成本低。如采用半球形封头与筒体等厚连接，往往浪费材料且显笨重。如果采用不等厚连接，则可以节省钢材，降低制造成本，但需要解决连接处结构不连续产生的应力集中等问题。

根据上述要求，固态物料的超临界流体反应过程可采用如图 5-15 所示的超临界流体反应器，主要由快开密封装置、筒体、半球形封头、加强箍和安全联锁装置组成。

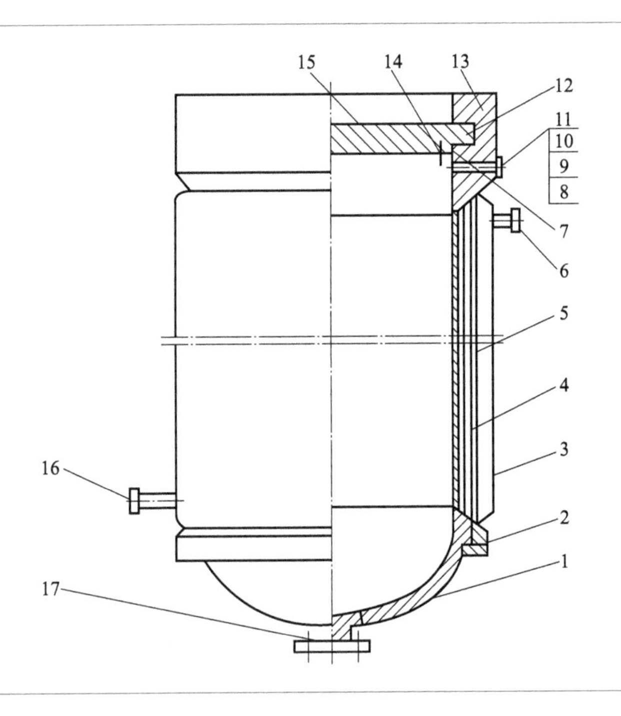


**图 5-15**

**超临界反应器壳体结构**

1—半球形封头；2—加强箍；3—夹套；4—内筒；5—外筒；6—循环水出口管；7—O 形环；8—螺纹法兰；9—透镜；10—螺栓；11—螺母；12—防挤环；13—端部法兰；14—托环；15—顶盖；16—循环水进口管；17—超临界流体进口管

设备的放大是所有过程设备从实验室走向工业化应用的必经之路。对超临界反应器，反应收率取决于超临界流体在反应器中的流动状况，因此其放大设计无法简单按照相似放大原理进行，必须采用数值模拟法，即在深入研究超临界流体与反应物料间传质的基础上，对超临界反应器内发生的过程进行数学建模，通过模型求解实现工程放大和生产过程的最优化操作与控制。

我国在诸多研究应用领域中针对超临界技术开展了大量的研究，主要包括超临界萃取、将超临界流体应用于化学反应和制备超细颗粒以及超临界色谱技术等方面的研究。当前阶段，以应用为导向的研究应侧重于如下几个方面：

① 不同反应系统中 SCF 介质的选取方法，以及 SCF 与反应物的作用关系；

② 寻找能更好地利用 SCF 性质特点的反应系统，实现经济效益和社会效益的统一；

③ 充分利用 SCF 的密度、溶解度随压力可调的特点，改造使用有毒介质“三废”严重的工业过程；

④ 可考虑在反应混合物体系中加入少量惰性（超临界）介质，以改变混合物的理化性质（如降低反应混合物的临界温度和压力），从而实现调控反应的目的。

## 5.4.6 超重力旋转填充床反应器

### 5.4.6.1 超重力技术概述

一般的化学反应是在大型搅拌釜或填料塔中以间歇式或连续式进行，这类反应器在地球的重力场也就是重力加速度为一个 $g$ 的力场下进行传质、传热、反应等工艺过程阶段。由于上述过程除与气液接触面积、气液流动状况、气液本身的性质等因素有关外，还与重力场中的重力加速度 $g$ 有关，而重力场中的 $g$ 是一个不可改变的有限值，因而导致过程受限。超重力反应器则是利用高速旋转产生强大的超重力场，使流体反应物在超重力场中提高传质及传热效率而提升反应速率。超重力场的大小可通过调整转速加以控制，使物料在超重力场中的停留时间不但非常短（约为 $10^{-2}$～$10^{-3}$s），而且可以稳定控制。

在超重力场下，气、液流量可大幅提升而不致液泛。液体在高分散、高湍动、强混合以及界面急速更新的情况下，与气体以极大的相对速度在填充床细小孔道中充分接触，使质量传送能力大幅度提高，传递单元高度由 1$g$ 重力场下的 0.6～1m 降至（200～500）$g$ 超重力场下的 1～3cm，体积传质系数提升一至两个数量级，使一个高度几十米的填充床缩小成床外径不超过 1m、厚不超过十几至几十厘米的旋转填充床，不但缩小设备体积，同时也提升传质控制反应的反应速率。

相较于一般重力场下反应的传统反应器，超重力反应器的体积小，能源效率高，能够有效提高传质、传热效率，减少反应副产物，缩短反应周期，提高产品收率，改善产品外观，提升产品品质，可应用于气、液、固中两相或三相的反应或分离，是一种具有良好经济性的新型高效反应器。但需要指出，高速旋转运行的超重力反应器对动密封和动平衡性能有更高的要求，以避免泄漏和减振降噪。

基于以上特点和性能，超重力反应器技术可应用于以下过程：①利用停留时间短的特点，处理热敏性物料；②反应器内残留量少，有利于处理昂贵物料或有毒物料；③反应过程选择性吸收、分离，利用停留时间短和被分离物质吸收动力学的差异进行分离；④利用快速而均匀的混合特性，生产高品质纳米材料超细粉体；⑤利用旋转产生高剪切力及停留时间短的特点，能处理高黏性聚合体脱除单体；⑥可应用于两相、三相、常压、加压及真空等反应条件。

### 5.4.6.2 旋转填充床反应器结构

1979年英国帝国化学公司（ICI）的 Colin Rmshaw 教授受美国宇航局（NASA）在太空失重状态下气液不能分离、气液间传质不能发生这一实验结果的启发，开发了一种新型强化气液传质设备——超重力机，又称为旋转填充床反应器（rotating packed bed reactor，RPB）。它利用转子的高速旋转产生超重力场（离心力场）代替传统的重力场，使重力场中的重力加速度 $g$ 转变为离心力场中的离心加速度 $g'$，该 $g'$ 不再为常数，其大小（$g'=\omega^2 r$）随转速 $\omega$ 和床层结构的不同而改变，增大转速 $\omega$ 就能大大提高 $g'$，使得传质系数 $k_L$ 显著增大。同时 RPB 的高速旋转，使液体在填料层中高分散、高湍动、强混合，气液流速及填料的有效比表面积大大提高而不产生液泛，操作范围扩大，最终使液相体积传质系数 $k_L a$ 增大，从而使传质过程得到强化。

RPB 的结构一般有立式和卧式两种，按流体在床层内的流动状态一般又可分为逆流型和错流型两类，如图 5-16 所示。RPB 主要由箱体、转子、填料、液体分布器以及气、液相进出口管等组成，机器的核心部分为转子，主要作用是固定和带动填料旋转，实现良好的气液接触与微观混合。

逆流型 RPB 的特征是强制气流由填料床的外圆周边进入旋转的填料，自外向内做强制性流动，最后由中间流出。液体自液体进口管引入，由位于中央的一个静止分布器射出，喷入转子。进入转子的液体受到转子内填料的作用，周向速度增加，在离心力作用下自内向外通过填料流出。在此过程中，液体被填料分散、破碎形成不断更新的液滴，曲折的流道又加剧了液体表面的更新，在转子内形成了极好的传质与反应条件，使气、液相间发生高

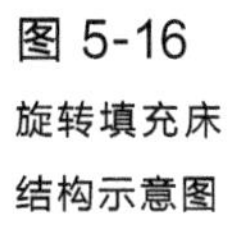
图 5-16
旋转填充床结构示意图

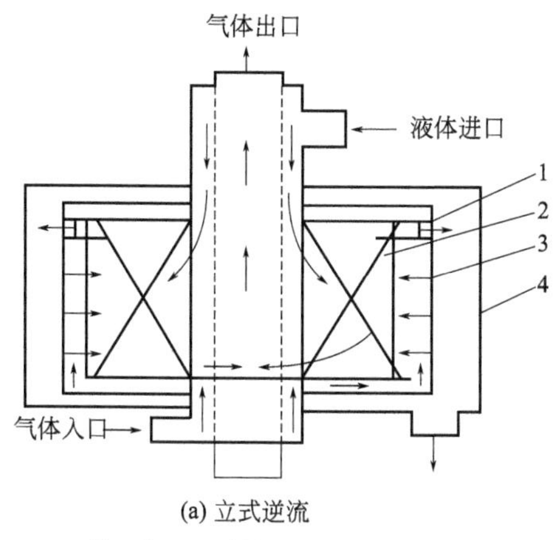


(a) 立式逆流

1—U形通道；2—填料层；3—转子；4—外壳

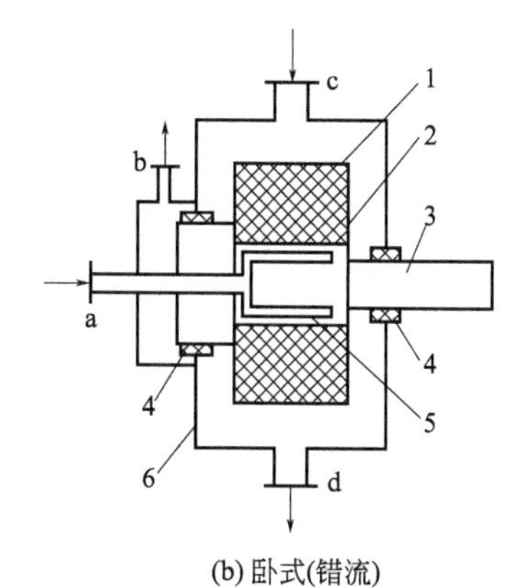


(b) 卧式(错流)

1—填料；2—转子；3—转轴；4—密封；5—液体分布器；6—外壳；a—液体进口；b—气体出口；c—气体进口；d—液体出口

效的逆流接触。在环形旋转器的高速转动下，利用强大的离心力，使气、液膜变薄，传质阻力减小，增强了设备的传质速率和处理能力。而气体则以气泡形式通过填料层，自转子中心离开转子，由气体出口管引出。在床层中，气体与液体由于床层自身的旋转作用，气液在沿径向逆流接触的同时，还存在一定的错流。

错流型 RPB 的主要特征在于液相由中央静止的喷水管喷出，喷洒在高速旋转的转子填料上，在离心力的作用下，通过填料层后，在 RPB 的内壁上汇集，从排液口排出。气相轴向运动通过转子填料层，在填料层中两者错流接触，在填料表面完成气液两相间的传质过程。

## 5.4.6.3　旋转填充床中的能量消耗

RPB 轴功率是旋转设备总能耗的主要部分，对它的工程计算是设备设计和技术经济分析的双重需要。

Keyvani 和 Gardner 认为 RPB 的能量消耗主要由四部分组成：①液体加速所需的能量；②克服气流曳力摩擦所消耗的能量；③轴承摩擦损失的能量；④液体流经床层的摩擦损失。RPB 中总的能量消耗可写成以下形式：

$$N=a\omega^2+b\omega^{1.5}+c\omega+d\omega^3 \tag{5-85}$$

式中　$N$——总功率；

$\omega$——转速；

$a$，$b$，$c$，$d$——系数。

沈浩等从流体在旋转填料层中的分布出发，结合实验结果，对轴功率的四部分（Keyvani 和 Gardner 的分析法）重新进行分类，初步讨论了组成轴功率几部分具体的工程计算方法。

① 液体达到工作转速所需的功率 $N_1$。

$$N_1=\rho\omega^2 Lr_2^2 \tag{5-86}$$

式中，$\rho$ 为液体的密度；$\omega$ 为转速；$L$ 为液体流量；$r_2$ 为填料层外半径。

② 气体通过旋转填料层时能头变化提供的功率 $N_2$。

$$\rho gH=p_2-p_1+\frac{\rho}{2}(V_2^{*2}-V_1^{*2}) \tag{5-87}$$

$$N_2=\rho QgH \tag{5-88}$$

式中　$\rho$——气体密度；

$H$——总压头；

$p_2$，$p_1$——气体进、出口处的压强；

$Q$——气量；

$V_2^*$，$V_1^*$——气体进、出口处的速度。

③ 液体运动损失的功率 $N_3$。

$$N_3=K\rho(r_2^2-r_1^2)\omega^2 Re^2 aH \tag{5-89}$$

式中　$K$——综合阻力系数，其值与 $Re$ 有关；

$\rho$——液体密度；

$r_2$，$r_1$——填料层外半径与内半径；

$H$——填料层高度；

$a$——填料层比表面积，$m^{-1}$。

④ 轴承密封材料摩擦所消耗的功率 $N_4$。

$$N_4=\frac{fF\omega}{2} \tag{5-90}$$

式中　$F$——轴承受力；

$f$——摩擦系数。

那么转子消耗的总功率

$$N=N_1+N_2+N_3+N_4 \tag{5-91}$$

柳松年、宋云华等则从液滴在填料层内的运动入手分析，从理论上得出了 RPB 不同运转阶段所需的功率。

① 液体通过旋转填料层时所需的功率 $N_1$。

$$N_1=\rho_L Q_L(u_2^2-u_1^2) \tag{5-92}$$

式中　$\rho_L$——液体密度，$kg/m^3$；

$Q_L$——通过转子填料层的液体流量，$m^3/s$；

$u_2$，$u_1$——液体出口和进口的圆周速度，m/s。

② 克服进入填料层时液体惯量所需的功率 $N_2$。

$$N_2=\frac{\rho_L Q_L u_1^2}{2} \tag{5-93}$$

符号意义同上。

③ 克服轴承摩擦所消耗的功率 $N_3$。

$$N_3=\frac{f\omega(p_1 d_1+p_2 d_2)}{2} \tag{5-94}$$

式中 $f$——滚动轴承的摩擦系数，一般取 0.0001；

$p_1$，$p_2$——轴承的动载荷，N；

$d_1$，$d_2$——轴承的内径与外径。

④ 转鼓与空气摩擦消耗的功率 $N_4$。

$$N_4=11.3\times10^{-6}\rho_g H\omega^3(r_2^4+r_1^4) \tag{5-95}$$

式中 $\rho_g$——气体的密度，$kg/m^3$；

$H$——转鼓的轴向长度，m；

$r_2$，$r_1$——填料的外半径和内半径，m。

⑤ 克服干燥转子惯性，由静止达到额定转速的启动功率 $N_5$。

$$N_5=\frac{\sum J_P\omega^2}{2t} \tag{5-96}$$

式中，$\sum J_P$ 为转子各部分质量对于回转轴转动惯量之和，$kg\cdot m^2$；$\omega$ 为转子角速度，$s^{-1}$；$t$ 为启动时间，s。

由理论分析可以发现，$N_1+N_2+N_3+N_4$ 为连续运转功率的主要部分。根据实测数据分析可发现，对甩液功率（$N_1+N_2$）的分析计算准确性较高。

# 第6章

# 过程装备节能技术的评价

6.1 节能技术评价的必要性
6.2 节能技术经济评价
6.3 节能技术生命周期评价

# 6.1 节能技术评价的必要性

尽管目前有多种节能技术，但其中可能混杂着一些不理想的节能方案，甚至是一些不科学的节能方法，如所谓的水变油技术、永动机技术，经现代科学证明都是不可能实现的。所谓的水变油是在石油中掺入一部分水或在油中掺入活性物质使油燃烧完全而已，说水变油实际就是偷梁换柱。而有些节能技术，就项目本身看确实有节能的效果，但如果为了达到该节能效果在其他方面所付出的代价远远大于节能所带来的收益，那么这些节能技术也没有实施的必要。甚至是目前正在实施的某些节能项目也有可能不节钱、节能节钱不环保、短期节能效益长期环境污染或对潜在的危险无法评定。所以必须对节能技术进行全面的、综合的评价，才能在众多节能方案中挑选技术上可行、经济上合理、环境污染最小化、社会效益最大化的节能方案。

目前节能技术的评价方法主要有能源使用效率评价、经济效益评价、生命周期评价。其中能源使用效率评价着重评价能源转化利用过程中的技术因素方面，主要体现在能源的高效转化及充分利用上，如利用节能灯代替白炽灯用于照明，可大大提高能源的使用效率；同样，具有涡轮增压的汽车发动机其能源效率比普通的汽车发动机高。但是节能技术评价不能光看技术上的节能指标，还要重视经济效益。同样对于节能灯节能技术，节能灯节能这是毋庸置疑的，但在同样的照明亮度下，节能灯的经济效益还需要进行评价。因为节能灯本身的价格高于普通白炽灯的价格，如果由于使用节能灯节能所带来的经济效益无法抵消节能灯本身比普通白炽灯增加的购买费用，人们就不会使用这种节能技术，除非另有其他原因。所以针对目前家电、建筑、工业领域各种标榜节能的技术，需要考虑各种节能技术所付出的代价和其节能所带来的效益之间的关系，如果代价大于效益，说得再动听的节能技术就目前而言也会遭遇实施的阻力。除了对节能技术方案进行技术上、经济上的评价外，随着环境污染的加剧，人们对环境重视程度日益加强，因此有必要从节能方案的全生命周期进行评价，力争使节能方案对环境的各种不利影响降至最低。

# 6.2 节能技术经济评价

## 6.2.1 技术经济基础

(1) 资金时间价值的含义

资金在不同的时间具有不同的价值，资金在周转中由于时间因素而形成的价值差额，称为资金的时间价值。通常情况下，经历的时间越长，资金的数额越大，其差额就越大。资金的时间价值有两个含义：其一是将货币用于投资，通过资金流动使货币增值；其二是将货币存入银行或出借，相当于个人失去了对这些货币的使用权，用时间计算这种牺牲的代价。无论上述哪种含义，都说明资金时间价值的本质是资金的运动，只要发生借贷关系，它就必然发生作用。因而，为了使有限的资金得到充分的运用，必须运用“资金只有运动才能增值”的规律，加速资金周转，提高经济效益。

(2) 资金时间价值的计算

① 单利和复利。利息有单利和复利两种，计息按计息周期计算，计息周期可以是一年或不同于一年。所谓单利即本金生息，利息不再生息，利息和时间呈线性关系。如果用 $P$ 表示本金的数额，$n$ 表示计息的周期数，$i$ 表示单利的利率，$I$ 表示利息数额，$S_n$ 为 $n$ 周期末的本利和，则有：

$$I=Pni \tag{6-1}$$

$$S_n=P(1+ni) \tag{6-2}$$

由于单利没有完全地反映出资金运动的规律，不符合资金时间价值的本质，因而通常采用复利计算。所谓复利就是借款人在每期末不支付利息，而将该期利息转为下期的本金，下期再按本利和的总额计息，不但本金产生利息，而且利息的部分也产生利息。则有：

$$I=P[(1+i)^n-1] \tag{6-3}$$

$$S_n=P(1+i)^n \tag{6-4}$$

② 名义利率与实际利率。一年中有若干个计息期，将每一个计息期的利率乘以一年的计息期数 $m$，就是名义利率 $i$，它是按照单利计算。例如存款的月利率为 0.5%，一年有 12 个月，则名义利率即为 $0.5\%\times12=6\%$。实际利率 $r$ 是按照复利方法计算的年利率。例如存款的月利率为 0.5%，一年有 12 个月，则实际利率为 $(1+0.5\%)^{12}-1=6.17\%$，可见实际利率比名义利率高。在项目评估中应该使用实际利率。实际利率 $r$ 与名义利率 $i$ 可按照

式(6-5)、式(6-6) 进行互换。

$$r=\left(1+\frac{i}{m}\right)^{m}-1 \tag{6-5}$$

$$i=m\left[(1+r)^{\frac{1}{m}}-1\right] \tag{6-6}$$

利用名义利率计算一年和 $n$ 年后资金本利和的公式如下：

$$S=P\left(1+\frac{i}{m}\right)^{m} \tag{6-7}$$

$$S_{n}=\left(1+\frac{i}{m}\right)^{mn} \tag{6-8}$$

(3) 资金的等效值计算

不同时间地点的绝对量不等的资金，在特定时间价值（或利率）的条件下，可能具有相等的实际经济效用，这就是资金的等效值。要解决资金时间等效值问题，就必须了解现金流量图并掌握有关资金时间等效值问题的六个公式。

① 现金流量图。复利计算公式是研究经济效果、评价投资方案优劣的重要工具。在经济活动中，任何方案的执行过程都总是伴随着现金的流进与流出，为了形象地描述这种现金的变化过程便于分析和研究，通常用图示的方法将现金的流进与流出、量值的大小、发生的时点描绘出来，将该图称为现金流量图。现金流量图的作法：画一水平线，将该直线分成相等的时间间隔，间隔的时间单位以计息期为准，通常以年为单位。该直线的时间起点为零，依次向右延伸。用向上的线段表示现金流入，向下的线段表示流出，其长短与资金的量值成正比。应该指出，流入和流出是相对而言的，借方的流入是贷方的流出，反之亦然。

② 现值与将来值的相互计算。通常用 $P$ 表示现时点的资金额（简称现值），用 $i$ 表示资本的利率，$n$ 期期末的复本利和（将来值）用 $F$ 表示，则有下述关系成立：

$$F=P(1+i)^{n} \tag{6-9}$$

$$P=F/(1+i)^{n} \tag{6-10}$$

③ 年值与将来值的相互计算。当计息期为 $n$，每期末支付的金额为 $A$，资本的利率为 $i$ 时，则 $n$ 期末的复本利和 $F$ 值为

$$\begin{aligned}F&=A+A(1+i)+A(1+i)^{2}+\cdots+A(1+i)^{n-1}\\&=A\left[(1+i)^{n}-1\right]/i\end{aligned} \tag{6-11}$$

$$A=Fi/\left[(1+i)^{n}-1\right] \tag{6-12}$$

④ 年值与现值的相互计算。

$$P=A\left[(1+i)^{n}-1\right]/\left[i(1+i)^{n}\right] \tag{6-13}$$

$$A=P[i(1+i)^n]/[(1+i)^n-1] \tag{6-14}$$

值得指出的是，当 $n$ 值足够大时，年值 $A$ 和现值 $P$ 之间的计算可以简化。用 $(1+i)^n$ 去除式(6-14) 中的分子和分母，根据极值的概念可知，当 $n$ 值趋于无穷大时，将有 $A=Pi$。事实上，当投资的效果持续几十年以上时就可以认为 $n$ 趋于无穷大，而应用上述的简化算法，其计算误差在允许的范围内。利用上述道理，当对使用期限较长的项目如建筑、港湾等进行节能评价时将给问题的求解带来极大的方便。

上面关于资金时间价值计算的六个基本公式，具体应用中必须满足其推导的前提条件：

① 实施方案的初期投资假定发生在方案的寿命期初；

② 方案实施中发生的经常性收益和费用假定发生在计息期的期末；

③ 本期的期末为下期的期初；

④ 现值 $P$ 是当前期间开始时发生的；

⑤ 将来值 $F$ 是当前以后的第 $n$ 期期末发生的；

⑥ 年值 $A$ 是在考察期间间隔发生的。

当问题包括 $P$ 和 $A$ 时，系列的第一个 $A$ 是在 $P$ 发生一个期间的期末发生的；当问题包括 $F$ 和 $A$ 时，系列的最后一个 $A$ 和 $F$ 同时发生。当所遇到的问题现金流量不符合上述公式推导的前提条件时，只要将其折算成符合上述假定条件后，即可应用上述基本公式。

## 6.2.2 节能方案经济评价基础

在确定节能技术或节能措施的效果时，首先必须确定一个大的前提，那就是不管采用何种节能技术或措施都必须具有相同的状态比较标准，否则无法确定节能效果的好坏。例如对某汽车采取节能措施，在进行节能与投资权衡时，必须在相同的条件下，运行相同的距离进行比较，方能确定节能效果的好坏。如果是工厂，那么采用节能措施后必须保证产品的质量和数量与没有节能措施时相同甚至更佳，同时生产过程中必须安全。如果是建筑暖通采用节能措施，那么采用节能措施后，就必须保证达到原来状态的空调设定温度及换风情况。

对节能措施除考核其技术是否先进可靠外，还需要分析其方案在经济上是否合理、投入资金发挥效益如何、节能作用如何。有限财力下，一定要求所投资金发挥最大效益，投入到收效最高的项目或经济性最优的方案中去。

节能措施技术经济分析，就是要在措施实现以前全面考察其在技术上的可行性与经济效益的优劣，进行方案比较，确定投资方向，避免由于盲目性而造成人力、物力、财力上的浪费。

世界公认节能是排在常规能源之后的第五能源。为了取得预期的经济效果，使决策科学化，必须对节能措施的技术经济分析给予足够的重视。分析方法，一般按下述步骤进行：首先建立不同技术方案，分析各种方案在技术性能和经济性方面的优劣及影响其经济性的各种因素；然后找出经济指标与各有关因素之间的关系，经数学计算，求解指标的最优方案；最后综合分析做决策。

节能投资的目的，不仅是要收到节约燃料、电力、水等能源、资源的效果，还要有好的投资效益。在满足生产、生活的各项正常要求条件下，取得节能效果。进行不同方案经济效益计算和比较时，起码要满足下述前提条件：

① 每个方案都具有足够的可靠性；

② 每个方案都具有允许的工作条件；

③ 每个方案都能满足相同的需要；

④ 各方案都不会产生危及其他部门或污染环境的后果。

经济效益计算往往局限于本部门或本系统范围内，对社会效益的影响则需上级进行量化比较，由于物价结构存在不合理性，计算结果也必然受此不合理性影响（例如电价过低严重影响补偿期等）。

由于投资多少、影响范围和时间不同，经济效益计算的繁简程度也不相同。对于可行性研究的初期阶段或项目较小、补偿期很短时，可采用计算投资回收时间的补偿期法。此法未考虑投资的利息，或对不同项目投资时相互间的横向比较以及对其他方面的影响。在进行两个或几个方案间的比较时，可采用计算费用法。对于较大型的项目和经济寿命较长的项目（10年以上），就需要进行包括时间因素和利率因素在内的计算方法。对投资超过1000万元、使用寿命超过15年的大型项目，就需要进行更详尽的综合分析，并用动态分析方法计算出投产后10～15年的财务平衡情况，以便于逐年逐项审查其资金偿还能力，并为最初作决策时参考。

例如，对某锅炉进行节能技术改造，有两个方案可供选择：方案A，一次性投入20万元，每年产生的节约能源费用5万元，因节能技术而增加的年维修费用1万元，使用寿命8年，设备残值3万元；方案B，一次性投入30万元，每年产生的节约能源费用7万元，因节能技术而增加的年维修费用1.5万元，使用寿命10年，设备残值4万元。在资金年利率为10%的情况下，判断两节能技术改造方案的可行性。对于该问题首先应判断两个方案本身是否可行，如果单独评价时两个方案均可行，再选择哪一个方案更优。下面通过各种评价方法，对该问题进行分析，以便找到解决问题的方法。

### 6.2.3 节能方案评价方法

（1）简单补偿年限法

此方法是最简单、最基本的经济分析方法。它只考虑节能措施投入资金，在多长时间内可以由节能创造的直接经济效益回收，对资金的利息以及节能的社会效益等全未予考虑。计算公式如下：

$$N=\frac{I_P}{A} \tag{6-15}$$

式中 $I_P$——节能措施一次性投资费用，元；

$A$——节能措施形成的年净节约费用，元；

$N$——节能措施原投入资金的回收年限，年。

其中 $A=A_E-W$，$A_E$ 为年节约能源费用，$W$ 为实施节能技术而增加的维修费用。

该法判断单个方案可行的依据是回收年限 $N$ 既要小于标准补偿年限 $N_b$，又要小于设备的使用寿命 $N_S$。多个方案评价时，回收年限小者为较优方案。

国家根据国民经济发展资金合理运用原则，对投入不同设备都规定有对应的标准回收年限 $N_b$（标准补偿年限）。如果无法取得 $N_b$ 的确切数据，对电类设备可按 $N_b=5$ 年考虑，其他设备根据其使用寿命对照电类设备寿命适当假定 $N_b$ 值。

对于前面提出的问题——锅炉节能改造问题，假定方案 A 和方案 B 的标准回收期均为 8 年，对方案 A 有

$$N_A=\frac{20}{5-1}=5(\text{年})$$

对方案 B 有

$$N_B=\frac{30}{7-1.5}\approx 5.5(\text{年})$$

由此可见，方案 A 和方案 B 的投资回收年限既小于标准补偿年限 $N_b$ 即 8 年，又小于设备的使用寿命 $N_s$，所以两个方案均是可行的。但方案 A 的投资回收年限小于方案 B，两个方案相比而言，方案 A 较优。

（2）标准补偿年限内的计算费用法

两种或更多节能措施方案，其技术条件满足要求，又符合 $N_S>N_b$ 条

件，可采用计算费用法进行经济分析。设有三种方案，其计算费用分别为 $C_1$、$C_2$、$C_3$，用下列公式进行计算：

$$C_1=\frac{I_{P1}}{N_{b1}}+S_1$$

$$C_2=\frac{I_{P2}}{N_{b2}}+S_2 \tag{6-16}$$

$$C_3=\frac{I_{P3}}{N_{b3}}+S_3$$

式中　$I_{P1}$，$I_{P2}$，$I_{P3}$——各节能措施一次性投入的资金，元；

$N_{b1}$，$N_{b2}$，$N_{b3}$——各方案对应的标准补偿年限，年；

$S_1$，$S_2$，$S_3$——各方案的年运行成本。

上述计算费用最低者为最经济方案，作为实施节能措施的中选对象。上面公式中的年运行成本是指设备正常运行时，每年的设备折旧费、维护管理费、能源消耗费等。计算费用法的优点是经济概念清楚、计算简便，但它没有考虑技术条件的可比性，如对产品质量的影响，对时间因素、社会效益和环境影响均未加考虑。

同样对于前面的锅炉节能改造，用本方法进行计算时两个方案的年运行成本数据没有明显给出，但仔细分析后，可以得到两方案相对运行成本数据。因为节能方案都是在原锅炉上进行技术改造，假设原来的年运行成本为 $S_0$，则 $S_1=S_0+1-5=S_0-4$，$S_2=S_0+1.5-7=S_0-5.5$，所以对方案 A 有

$$C_1=\frac{I_{P1}}{N_{b1}}+S_1=\frac{20}{6}+S_0-4=S_0-0.67$$

对方案 B 有

$$C_2=\frac{I_{P2}}{N_{b2}}+S_2=\frac{30}{8}+S_0-5.5=S_0-1.75$$

比较两者费用，可知 $C_1>C_2$，所以方案 B 优于方案 A。

标准补偿年限内的计算费用法和简单补偿年限法存在同样的问题，都没有考虑资金的时间价值，若技术改造所需费用较大时，此类评价存在较大缺陷，因此考虑使用下面的评价方法。

(3) 动态补偿年限法

如果考虑资金的时间效益，若在 $N_D$ 年内回收一次投资，则应符合下式条件：

$$I_P=\sum_{j=1}^{N_D}\frac{A_j}{(1+i)^j}+\frac{F}{(1+i)^{N_D}} \tag{6-17}$$

式中，$A_j$ 为第 $j$ 年节能项目每年的净节约费用；$F$ 为节能项目寿命周期末的残值。如果节能项目每年的净节约费用相等，均为 $A$，则上式可简化为

$$I_P(1+i)^{N_D}=A\frac{(1+i)^{N_D}-1}{i}+F \tag{6-18}$$

式中，$i$ 为资金的年利率。由上式经推导可得：

$$N_D=\frac{\ln\frac{A-iF}{A-iI_P}}{\ln(1+i)} \tag{6-19}$$

如已知资金的年利率、一次性投资及每年因节能措施带来的净收益，则可以通过（6-19）计算所得的动态回收期和行业标准回收期的比较，确定方案在经济上是否可行。若动态回收期小于行业标准回收期（同时也小于项目寿命），则方案是可行的；反之，方案不可行。

如果要求该节能方案的一次性投资必须在规定的年限 $N$ 年内收回，将每年由于节能措施所产生的效益 $A$ 用于偿还一次性投资 $I_P$，则可以将已知数据代入式(6-18）求出该节能投资方案的等效年利率 $i_0$。如该年利率大于规定的年利率，则方案合理可行；反之方案不合理，需要进行改进。

对于方案 A 而言，动态回收期为

$$N_{DA}=\frac{\ln\frac{4-0.1\times3}{4-0.1\times20}}{\ln(1+0.1)}\approx6.5(\text{年})$$

对于方案 B 而言，动态回收期为

$$N_{DB}=\frac{\ln\frac{5.5-0.1\times4}{5.5-0.1\times30}}{\ln(1+0.1)}\approx7.5(\text{年})$$

由此可见，方案 A，单个项目动态回收期小于假设的行业标准回收期 8 年，也小于使用寿命 8 年，所以单个项目方案 A 可行。如果有多个项目比较时，单个项目又都符合条件，则动态回收期小者为较优方案。方案 A 动态回收期小于方案 B，所以方案 A 优于方案 B。

（4）寿命周期净现值收益法

计算公式如下：

$$P=\sum_{j=1}^{N_S}\frac{A_j}{(1+i)^j}-I_P+\frac{F}{(1+i)^{N_S}} \tag{6-20}$$

式中，$P$ 为节能项目寿命周期净现值收益。如果节能项目每年的净收益相等，均为 $A$，则上式可简化为：

$$P=A\frac{(1+i)^{N_S}-1}{i(1+i)^{N_S}}-I_P+\frac{F}{(1+i)^{N_S}} \tag{6-21}$$

本方法把每个节能技术方案的一次性投资、每年的净节约费用、寿命周期的长短、残值及资金利率均考虑进去，最后折算成每个节能技术方案在寿命周期内净收益总和的现值。当 $P>0$ 时，节能方案增益，在经济上可行；$P=0$ 时，节能方案收支相抵，在经济上无收益，但若有环境效益，可考虑实施；$P<0$ 时，节能方案将亏损，在经济上不可行。

本方法尽管考虑的因素较多，但仍有一定的局限性，主要表现在以下两个方面：一是只评估寿命周期内净收益之现值，没有考察不同节能技术方案在投资方面的不同，也就是说没有考虑单位节能投资带来的收益大小。例如有两个节能方案甲与乙，寿命周期现值为10万元，方案甲一次性投资8万元，8年内总节约的净费用现值为10万元，方案乙一次性投资5万元，8年内总节约费用现值为7万元。由上可知，两个方案的寿命周期净收益均为2万元，本方法无法判断其优劣。二是当两个方案的寿命周期长短不一时，需要考虑寿命周期较短者设备更新因素，计算比较复杂。

对于前面锅炉节能方案A而言，寿命周期净现值为

$$P_A=4\times\frac{(1+0.1)^8-1}{0.1(1+0.1)^8}-20+\frac{3}{(1+0.1)^8}\approx 2.74(\text{万元})$$

对于节能方案B而言，寿命周期净现值为

$$P_B=5.5\times\frac{(1+0.1)^{10}-1}{0.1(1+0.1)^{10}}-30+\frac{4}{(1+0.1)^{10}}\approx 5.34(\text{万元})$$

从单个方案来看，两个节能方案在经济上均可行，但要比较哪个方案更优，需要将方案A的计算时间折算到10年，计算过程较复杂，为此引入年度净收益法，来弥补本方法的缺陷。

（5）年度净收益法

本法将寿命周期内总净收益之现值折算成年度净收益，从而使两个寿命周期不同的方案方便地进行比较。计算公式如下：

$$A_P=\left[\sum_{j=1}^{N_S}\frac{A_j}{(1+i)^j}-I_P+\frac{F}{(1+i)^{N_S}}\right]\frac{i(1+i)^{N_S}}{(1+i)^{N_S}-1} \tag{6-22}$$

式中，$A_P$ 为节能项目年度净收益。如果节能项目每年的净节约费用相等，均为 $A$，则上式可简化为：

$$A_P=A-\left[I_P-\frac{F}{(1+i)^{N_S}}\right]\frac{i(1+i)^{N_S}}{(1+i)^{N_S}-1} \tag{6-23}$$

本方法具体应用时和寿命周期净现值收益法相仿，当 $A_P>0$ 时，节能方案增益，在经济上可行；$A_P=0$ 时，节能方案收支相抵，在经济上无收益，但若有环境收益，可考虑实施；$A_P<0$ 时，节能方案将亏损，在经济上不可行。若有多个方案，$A_P$ 大者为较优方案。

对方案 A 而言，年度净收益为

$$A_{PA}=4-\left[20-\frac{3}{(1+0.1)^8}\right]\frac{0.1(1+0.1)^8}{(1+0.1)^8-1}\approx 0.51(万元)$$

对方案 B 而言，年度净收益为

$$A_{PB}=5.5-\left[30-\frac{4}{(1+0.1)^{10}}\right]\frac{0.1(1+0.1)^{10}}{(1+0.1)^{10}-1}\approx 0.87(万元)$$

由此可见，方案 B 优于方案 A。但该法和前面的方法存在一个共同的缺陷，没有考虑不同方案投资的差异，为此引入净收益-投资比值法。

（6）净收益-投资比值法

本法在考虑前面各因素的前提下，增加对投资差异的考虑，并将一次性投资折算成年度均摊费用，计算公式如下：

$$\beta=\frac{A_P}{A_I}=\frac{\left[\sum_{j=1}^{N_S}\frac{A_j}{(1+i)^j}-I_P+\frac{F}{(1+i)^{N_S}}\right]\frac{i(1+i)^{N_S}}{(1+i)^{N_S}-1}}{I_P\frac{i(1+i)^{N_S}}{(1+i)^{N_S}-1}} \tag{6-24}$$

$$=\frac{\sum_{j=1}^{N_S}\frac{A_j}{(1+i)^j}-I_P+\frac{F}{(1+i)^{N_S}}}{I_P}$$

式中，$\beta$ 为净收益-投资比值；$A_I$ 为节能项目一次性投资折算成年度均摊费用，其计算公式如下：

$$A_I=I_P\frac{i(1+i)^{N_S}}{(1+i)^{N_S}-1} \tag{6-25}$$

如果节能项目每年的净节约费用相等，均为 $A$，则式(6-24) 可简化为

$$\beta=\frac{A\frac{(1+i)^{N_S}-1}{i(1+i)^{N_S}}-I_P+\frac{F}{(1+i)^{N_S}}}{I_P} \tag{6-26}$$

该法对于单个节能方案而言，如果 $\beta$ 大于零意味着节能方案的年净收益小于零，方案在经济上是不可行的；如果 $\beta$ 等于零意味着节能方案的年净收益等于零，方案在经济上无增益，视方案的环境效果、社会效果及国家能源

政策等因素确定节能方案是否实施。

利用该法对锅炉节能改造方案进行计算，对方案 A 有

$$\beta_A=\frac{4\times\frac{(1+0.1)^8-1}{0.1(1+0.1)^8}-20+\frac{3}{(1+0.1)^8}}{20}\approx 0.137$$

对方案 B 有

$$\beta_B=\frac{5.5\times\frac{(1+0.1)^{10}-1}{0.1(1+0.1)^{10}}-30+\frac{4}{(1+0.1)^{10}}}{30}\approx 0.178$$

由此可见，节能方案 B 优于节能方案 A。

通过前面六种方法对锅炉节能技术方案的评价，方法 1 和方法 3 得出的结论是方案 A 优于方案 B，而其他四种方法得出的结论是方案 B 优于方案 A，在具体应用时需要考虑实际情况，选择合适的方法加以应用。其实方案的优劣除了跟选用的评价方法有关外，如果资金的利率发生改变，其评价结果也会发生改变。例如某节能项目残值为零，简单补偿年限为 3 年，若资金年利率 $i$ 为 1%，则 $N_D$ 为 3.06；若资金年利率 $i$ 为 10%，则 $N_D$ 为 3.74；若资金年利率 $i$ 为 20%，则 $N_D$ 为 5.026；若资金年利率 $i$ 为 30%，则 $N_D$ 为 8.78。显然当资金年利率 $i$ 接近 33.33%时，$N_D$ 将趋向无穷大，由此可见资金利率对项目评价的影响。

前面六种方法分析节能措施时，应该说仅仅着眼于节能单位（企业、个人、组织）的经济利益，而没有考虑节能对社会及地球环境带来的影响，例如由于采取某种节能措施，使得电能的消耗大幅降低，对于节能单位而言，所带来的利益是少交电费。其实除了少交电费之外，可能还有火力发电厂燃煤的减少，而燃煤的减少，可能带来酸雨的减少，由此而引起的一系列社会和生态效益是很难估算的。

# 6.3　节能技术生命周期评价

## 6.3.1　生命周期评价的概念及发展历程

（1）生命周期评价的概念

生命周期评价（life cycle assessment，LCA）是一种评价产品、工艺过程或服务系统，从原材料的采集、加工、生产、运输、销售、使用、回收、

养护、循环利用到最终处理整个生命周期系统对环境负荷影响的方法。也有学者将 LCA 写成 life cycle analysis，称为生命周期分析，其实质都是一样的。ISO 14040 对 LCA 的定义是，汇总和评价一个产品、过程（或服务）体系在其整个生命周期的所有及产出对环境造成影响的方法。国际环境毒理学与化学学会（SETAC）对 LCA 的定义是，通过对能源、原材料的消耗及“三废”排放的鉴定及量化来评估一个产品、过程或活动对环境带来负担的客观方法。生命周期评价是一种用于评价产品或服务相关的环境因素及其整个生命周期环境影响的工具，注重于研究产品系统在生态健康、人类健康和资源消耗领域内的环境影响。LCA 突出强调产品的生命周期，有时也称为“生命周期法”“从摇篮到坟墓”“生态衡算”。产品的生命周期一般包括四个阶段：生产（包括原材料的利用）阶段、销售/运输阶段、使用阶段、后处理/销毁阶段。在每个阶段产品以不同的方式和程度影响着环境。

生命周期评价是产业生态学的主要理论基础和分析方法，尽管生命周期评价主要应用于产品及产品系统评价，但在工业代谢分析和生态工业园建设等产业生态学领域也得到了广泛应用，LCA 已被认为是 21 世纪最有潜力的可持续发展支持工具。在此基础上发展起来的一系列新的理念和方法，如生命周期设计（life cycle design，LCD）、生命周期工程（life cycle engineering，LCE）、生命周期核算分析（life cycle cost analysis，LCCA）及为环境而设计（design for environment，DFE）等正在各个领域进行研究和应用。目前我国在能源及节能领域，对生命周期评价的认识和研究刚刚起步，在理论上还有很多需要澄清的地方，迫切需要进行探索与研究。

（2）生命周期评价的发展历程

生命周期评价的思想最早萌芽于 20 世纪 60 年代末到 70 年代初，经过近 40 年的发展，目前已纳入 ISO 14000 环境管理系列标准而成为国际上环境管理和产品设计的一个重要支持工具。从其发展历程来看，大致可以分为三个主要阶段，即思想萌芽阶段、研究探索阶段、迅速发展阶段。每一个阶段都有国际上的主要学术流派和研究机构参与其中。

① 思想萌芽阶段（20 世纪 60 年代末到 70 年代初)。生命周期评价最早出现于 20 世纪 60 年代末 70 年代初，当时美国开展了一系列针对包装品的资源与环境状况分析（resources and environment profit analysis，REPA)。而作为生命周期评价研究开始的标志是在 1969 年由美国中西部资源研究所(MRI）所开展的针对可口可乐公司饮料包装瓶进行评价的研究。该研究试图从最初的原材料采掘到最终的废弃物处理，进行全过程的跟踪与定量分析(从摇篮到坟墓)。这项研究使可口可乐公司抛弃了过去长期使用的玻璃瓶，

转而采用塑料瓶包装。当时把这一分析方法称为资源与环境状况分析，但已具备LCA的基本思想。自此，欧美一些国家的研究机构和私人咨询公司相继展开了类似的研究，这一时期的生命周期评价研究工作主要由工业企业发起，秘密进行，研究结果作为企业内部产品开发与管理决策的支持工具，并且大多数研究的对象是产品包装品。从1970年到1974年，整个的研究焦点是包装品和废弃物问题。由于很多与产品有关的污染物排放和能源利用有关，这些研究工作普遍采用能源分析方法。据Pederson等人的统计，在20世纪70年代初90多项有关REPA的研究中，大约有50%针对包装品，10%针对化学品和塑料制品，另有20%针对建筑材料和能源生产。该阶段的主要研究活动如下：

a.1969年，美国中西部研究所首次开展REPA研究；

b.1974年，美国国家环保局首先系统发表研究论文；

c.1974年，瑞士联邦材料测试与研究实验室（EMPA）首次提出了系统的物料平衡分析方法。

② 研究探讨阶段（20世纪70年代中到80年代末）。20世纪70年代中期，有些国家的政府开始积极支持并参与生命周期评价的研究。美国国家环保局于1975年开始放弃对单个产品的分析评价，继而转向于如何制订能源保护和固体废弃物减量目标。同时，欧洲经济合作委员会（EEC）也开始关注生命周期评价的应用，于1985年公布了《液体食品容器指南》，要求工业企业对其产品生产过程中的能源、资源以及固体废弃物排放进行全面的监测与分析。由于全球能源危机的出现，很多研究工作又从污染物排放转向于能源分析与规划。进入20世纪80年代，案例发展缓慢，方法论研究兴起。后来一系列的研究工作未能取得很好的研究结果，对此感兴趣的研究人员和研究项目逐渐减少，公众的兴趣也逐渐淡漠。这主要是由于该研究方法缺乏统一的研究方法论，再加上分析所需的数据常常无法得到或不确定，对不同的产品采取不同的分析步骤，同类产品的评价程序和数据也不统一，实际上无法利用它解决许多面临的实际问题。在此阶段，尽管工业界的兴趣逐渐下降，几乎放弃了研究，但学术界一些关于REPA的方法论研究仍在缓慢进行。直到全球性的固体废弃物问题又一次成为公众瞩目的焦点，REPA又重新开始着眼于计算固体废弃物产生量和原材料消耗量的研究，欧美的一些研究和咨询机构依据REPA的思想相应发展了有关废弃物管理的一系列方法论，更深入地研究环境排放和资源消耗的潜在影响。该阶段的主要研究活动如下：

a.1978年，英国Bousteod咨询公司创立了著名的平衡分析伦敦方法

(Boustead I. 和 Hancock G. F.，1979 年)，其近 30 年来不断更新的 Boustoad 商业软件被认为是生命周期评价领域最权威的软件之一；

b. 1985 年，德国斯图加特大学的 IKP 研究所开始对高技术产品（机电、电子等）进行生命周期评价；

c. 1989 年，瑞士国家环境研究所提出了著名的苏黎世平衡分析与评估模型方法。

③ 迅速发展阶段（20 世纪 90 年代以后）。随着区域性与全球性环境问题的日益严重、全球环境保护意识的加强、可持续发展思想的普及以及可持续行动计划的兴起，大量的 REPA 研究重新开始，社会公众也开始日益关注这种研究的结果。REPA 研究涉及研究机构、管理部门、工业企业、产品消费者等，但其使用 REPA 的目的和侧重点各不相同，而且所分析的产品和系统也变得越来越复杂，急需对 REPA 的方法进行研究和统一。1989 年荷兰国家居住、规划与环境部（VROM）针对传统的“末端控制”环境政策，首次提出了制订面向产品的环境政策。该政策涉及产品的生产、消费到最终废弃物处理的所有环节，即所谓的产品生命周期。这种管理模式逐渐发展成为今天所称的“链管理”。该研究提出，要对产品整个生命周期内的所有环境影响进行评价，同时也提出了要对生命周期评价的基本方法和数据进行标准化。1990 年由国际环境毒理学与化学学会（SETAC）首次主持召开了有关生命周期评价的国际研讨会，在该会议上首次提出了“生命周期评价（LCA）”的概念。1993 年国际标准化组织（ISO）开始起草 ISO 14040 国际标准，正式将生命周期评价纳入该体系。目前，已颁布了有关生命周期评价的多项标准，从 1997 年到 2000 年 ISO 已颁布了 ISO 14040～ISO 14043 共四个关于 LCA 的标准，我国针对该标准采用等同转化的原则，也颁布了两项国家标准：GB/T 24040—2008《环境管理 生命周期评价 原则与框架》、GB/T 24044—2008《环境管理 生命周期评价 要求与指南》。该阶段的主要研究活动如下：

a. 1990 年，SETAC 系统化了 LCA 的概念（SETAC，1990 年）；

b. 自 1990 年起，塑料制造业组织开发了目前全球最全、质量最好的有关聚合物生命周期数据；

c. 1993 年，SETAC 提出了 LCA 研究大纲（SETAC，1993 年）；

d. 1993 年，ISO 在加拿大的多伦多开始着手建立 ISO 14000 系列标准；

e. 1996 年，德国大众汽车公司完成了全球第一个对汽车整车进行的生命周期清单分析；

f. 1997 年 6 月，ISO 正式颁布了 ISO 14040 标准。

## 6.3.2　生命周期评价技术框架

最早提出生命周期评价技术框架的是环境毒理与环境化学学会（SETAC）。它将生命周期评价的基本结构归纳为四个有机联系部分，分别是定义目标与确定范围、清单分析、影响评价、改善评价，其相互关系如图 6-1 所示。

图 6-1
SETAC 的生命周期评价技术框架

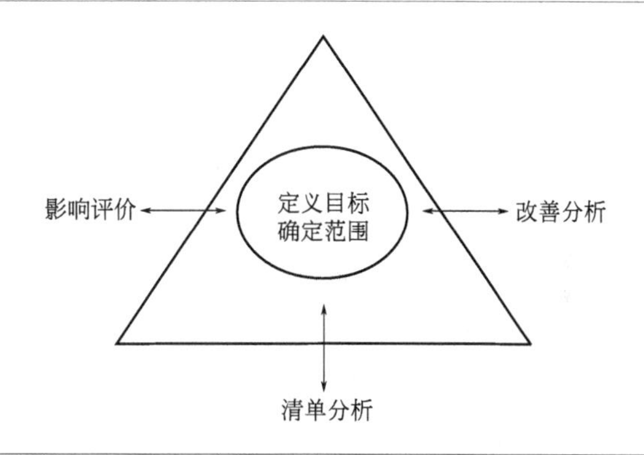


定义目标与确定范围是生命周期评价的第一步，它直接影响到整个评价工作程序和最终的研究结论。定义目标就是清楚地说明开展此项生命周期评价的研究目的、研究原因和研究结果可能应用的领域。研究目的应包括一个明确的关于应用原因及未来后果的说明。目的应清楚表明，根据研究结果将做出什么决定，需要哪些信息，研究的详细程度及动机。研究范围的确定应保证能满足研究目的，包括定义研究的系统、确定系统边界、说明数据要求、指出重要假设和限制等。由于生命周期是一个反复的过程，在数据和信息的收集过程中，可能修正预先界定的范围来满足研究的目的，在某些情况下，也可能修正研究目标本身。

清单分析（inventory analysis）是对一种产品、工艺和服务系统在其整个生命周期内的能量、原材料需要量以及对环境的排放（包括废气、废水、固体废弃物及其他环境释放物）进行以数据为基础的客观量化过程。该分析评价贯穿于产品的整个生命周期，即原材料的提取、加工、制造、运输、销售、使用和用后处理。清单分析的核心是建立以产品功能单位表达的产品系统的输入和输出。通常系统输入的是原材料和能源，输出的是产品和向空气、水体以及土壤等排放的废弃物。清单分析的步骤包括数据收集的准备、数据收集、计算程序、清单分析中的分配方法以及清单分析结果等。清单分析可以对所研究产品系统的每一过程单元的输入和输出进行详细清查，为诊断 LCA 所研究对象的物流、能流和废物流提供详细的数据支持。同时，清单分析也是影响评价阶段的基础，它是目前 LCA 组成部分中发展最完善的一部分。

影响评价（impact assessment）是对清单分析阶段所识别的环境影响压力进行定性或定量排序的一个过程，即确定产品系统的物质和能量交换对其外部环境的影响。这种评价应考虑对生态系统、人体健康及其他方面的影响。影响评价目前还处于概念阶段，还没有一个达成共识的方法。国际标准化组织、环境毒理与环境化学学会、英国环保局都倾向于把影响评价定为一个“三步走”的模型，即影响分类、特征化、量化。分类是将从清单分析中得来的数据进行归类，对环境影响相同的数据归到同一类型，影响类型通常包括资源耗竭、生态影响和人类健康三大类。特征化即按照影响类型建立清单数据模型，是分析与定量中的一步。量化即加权，是确定不同环境影响类型的相对贡献大小或权重，以期得到总的环境影响水平的过程。

改善评价（improvement assessment）是系统地评估在产品、工艺或活动整个生命周期内削减能源消耗、原材料使用以及环境释放的需求与机会。这种分析包括定量与定性地改进措施，例如改变产品结构、重新选择原材料、改变制造工艺和消费方式以及废弃物管理等。

ISO 14040 将生命周期评价分为互相联系的、不断重复进行的四个步骤，分别是目的与范围确定、清单分析、影响评价、结果解释。ISO 组织的 LCA 评价技术框架和 SETAC 不同之处就是去掉了改善分析阶段，增加了生命周期解释环节。ISO 组织的 LCA 评价技术框架中前三个互相联系步骤的解释是双向的，需要不断调整。另外，ISO 14040 框架更加细化了的步骤，更利于开展生命周期评价的研究与应用。其相互关系如图 6-2 所示。

图 6-2
ISO 的生命周期评价技术框架

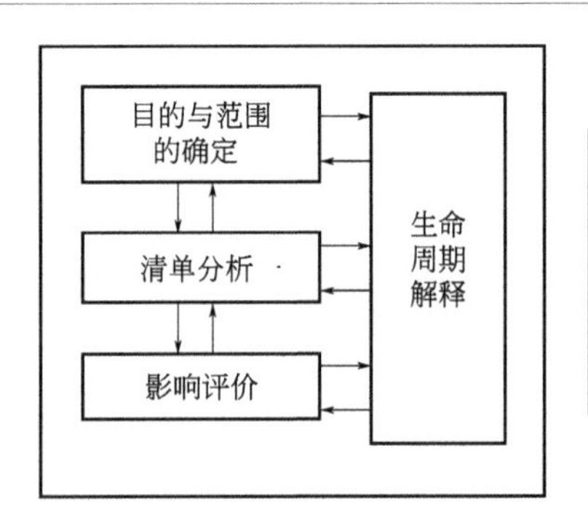

ISO 的生命周期评价技术框架前面三个步骤和 SETAC 相同，不再论述，增加的部分是生命周期解释。生命周期解释的目的是根据前三个阶段的研究或清单分析的发现，以透明的方式来分析结果、形成结论、解释局限性、提出建议并报告生命周期解释的结果，尽可能提供对生命周期评价研究结果易于理解的、完整一致的说明。在 ISO 14000 系列标准中，LCA 被认为是一种用于评估与产品有关的环境因素及其潜在影响的技术。其过程为编制产品系统中有关输入和输出的清单、评价与这些输入输出相关的潜在环境影响、解释与研究目的相关的清单分析和影响评价结果。LCA 研究贯穿于产品生命全过程（即从摇篮到坟墓），即从获取原材料、生产、使用直至最终处置的环境因素和潜在影响，需要考虑的环境因素类型包括资源耗竭、生态影响和人类健康。LCA 能用于帮助以下几个方面：识别改进产品生命周期各个阶段中环境因素的机会；产业、政府或非政府组织中的决策（如战略规划、确定优先项、对产品或过程的设计或再设计）；选择有关的环境表现（行为）参数，包括测量技术；营销（如环境声明、生态标志计划或产品环境宣言）。

### 6.3.3　节能技术生命周期评价应用策略

随着环境污染及温室效应对人类生存和生活环境影响的加剧，人们评价产品、技术或服务的优劣已不再是单纯的技术是否先进或经济是否合理，而是更加重视该产品、技术或服务在整个生命周期过程中对环境的直接影响和潜在危害，节能技术的评价也不例外。节能技术评价除了前面介绍的在技术先进可行的前提下进行经济效益评价外，目前已有专家和学者尝试利用生命周期评价的方法对节能技术进行评价。

生命周期评价方法既可以对单个方案进行评价也可以对多个竞争方案进行评价，所以，生命周期评价也可以适用于多个节能技术方案的优化评价。和前面经济评价方法一样，不同的节能方案，最后达到的效果应该一样，评价的基础、条件和经济评价的方法一样。我国学者曾对矿石柴油、生物柴油及其他替代燃料进行了全生命周期的排放评价，最后得出了以下结论：

① 与矿石柴油相比，生物柴油生命周期 $NO_x$ 排放、排放综合外部成本增加，生命周期其他排放降低。降低生命周期 $NO_x$ 排放是降低生物柴油生命周期排放综合外部成本的主要途径。

② 与矿石柴油相比，甲醇脱水法制 DME、天然气二步法制 DME 生命周期中 CO、$NO_x$、$PM_{10}$、$SO_x$ 和 $CO_2$ 排放及排放综合外部成本增加，生命周期 HC、$CH_4$ 和 $N_2O$ 排放降低。

③ 与矿石柴油相比，天然气一步法制 DME 生命周期 $PM_{10}$、$SO_x$ 排放略有增加，CO、$SO_x$、$CO_2$、$CH_4$ 和 $N_2O$ 排放及生命周期排放综合外部成本降低，建议促进天然气一步法制 DME 的发展与应用。

④ 与矿石柴油比较，生物柴油生命周期所有排放、生命周期排放外部成本降低。

⑤ 从生命周期排放角度出发，天然气一步法制 DME、FT 柴油是环境友好的柴油替代燃料。

从该结论看，生物柴油的优点似乎不是十分明显，但分析其文献中的内部数据，可以发现生物柴油是生命周期中总排放量最小的燃料，也是温室气体排放总量最小的燃料，尤其是 $CO_2$ 的排放。但在进行排放成本计算时，该文所采用的数据 $CO_2$ 的成本大大低于 $NO_x$，相差 300 多倍，而生物柴油的 $NO_x$ 排放略多于其他燃料，由此产生生物柴油的总排放成本多于矿石柴油的排放成本。如随着温室效应对环境损害的加剧及石油资源的枯竭和资源税的加大征收，两者总生命周期排放的成本可能逆转，所以从长远来看，生物柴油将得到大力发展。

生命周期评价应用于节能技术，可遵循 ISO 的生命周期评价技术框架，确定评价的目的和范围，对每种不同的节能技术需进行溯源分析，收集对该技术所需的原料如各种金属、燃料及其他材料的清单分析数据，按照原材料获得、原料生产、产品加工、节能技术应用、节能技术后处理整个生命周期，计算各种 LCA 指标数据，并据此进行影响评价。值得注意的是，随着各种外部条件的改变，对某种节能技术 LCA 评价的结论数据也会改变。如有新加坡学者对本国各种方式生产电力进行了 LCA 及 LCCA 评价分析，结果得出，如果国际油价、资金利率、火电厂发电效率等改变时，生产电力的评价指标也会发生改变，同时由于具体经济数据的不确定性，要想获得 LCCA 的精确数据有一定的困难。

### 6.3.4 生命周期评价注意问题及发展趋势

由于生命周期评价目前还不十分完善，具体应用时应注意以下问题：

① LCA 中所做的选择和假定，在本质上可能是主观的，如系统边界的设置、数据收集渠道和影响类型选择及归类等都带有一定的主观性。

② LCA 研究需要大量的数据，目前还没有统一完善的标准数据。研究人员必须经常依据典型的生产工艺、全国平均水平、工程估算或专业判断来获取数据，这就可能造成数据不精确或误差较大，以致得到错误的结论。

③ 目前LCA的研究，注重于资源和能源的消耗、废物管理、健康影响和生态影响方面较多，对费用成本这一战略性目标进行考虑研究得还不多，需要加强结合费用成本及生态影响多目标综合优化的研究。

④ 由于产品系统的数据更新相当快，而且在确定权重的过程中所做的假设带有主观性，因此很难为消费者提供具有绝对优势的结论。

⑤ LCA研究总体时间长、费用高。在国外完成一个LCA，一般要6～18个月，花费1.5万～30万美元。

当前国际社会的各个阶层都十分关注生命周期评价方法及其发展，投入了大量的人力物力，预计未来LCA主要在八个方面进行深入研究，即生命周期的生态风险分析；生命周期的环境和生态决策方法；生命周期废弃物的减量化、无害化和资源化生态工程技术；生命周期管理标准；生命周期管理政策和手段；生命周期的生态经济评价方法；生命周期管理的信息系统；产品的生命周期设计。而生命周期的生态经济评价方法比较适用于节能技术的评价，也就是说在评价节能技术时，需将生态效益和经济效益综合评价，利用多目标函数进行优化，采用LCA与LCCA综合评价的方法对节能技术进行评价。

# 附录 1　常见物质的热力学性质

(一)单质和无机化合物

| 物质 | | | $\Delta H_f^\ominus$ | $\Delta G_f^\ominus$ | $S^\ominus$ |
|---|---|---|---|---|---|
| 名称 | 化学式 | 聚集状态 | | | |
| 碳 | C | 石墨 | 0 | 0 | 5.694 |
| 氯 | $Cl_2$ | 气 | 0 | 0 | 222.9 |
| 氮 | $N_2$ | 气 | 0 | 0 | 191.5 |
| 氢 | $H_2$ | 气 | 0 | 0 | 130.6 |
| 氧 | $O_2$ | 气 | 0 | 0 | 205.0 |
| 硫 | S | 单斜 | 0.2971 | 0.09623 | 32.55 |
| | | 斜方 | 0 | 0 | 31.88 |
| 一氧化碳 | CO | 气 | −110.5 | −137.3 | 197.9 |
| 二氧化碳 | $CO_2$ | 气 | −393.5 | −394.4 | 213.6 |
| 碳酸钙 | $CaCO_3$ | 固 | −1207 | −1129 | 92.88 |
| 氧化钙 | CaO | 固 | −635.5 | −604.2 | 39.75 |
| 氢氧化钙 | $Ca(OH)_2$ | 固 | −986.6 | 896.8 | 76.15 |
| 硫酸钙 | $CaSO_4$ | 固 | −1433 | −1320 | 106.7 |
| 氯化氢 | HCl | 气 | −92.31 | −95.27 | 184.8 |
| 氟化氢 | HF | 气 | −268.6 | −270.7 | 173.5 |
| 硝酸 | $HNO_3$ | 液 | −173.2 | −79.91 | 155.6 |
| 水 | $H_2O$ | 气 | −241.8 | −228.6 | 188.7 |
| | | 液 | −285.8 | −237.2 | 69.94 |
| 硫化氢 | $H_2S$ | 气 | −20.15 | −33.02 | 205.6 |
| 硫酸 | $H_2SO_4$ | 液 | −800.8 | −687.0 | 156.9 |
| 氧化氮 | NO | 气 | 90.37 | 86.69 | 210.6 |
| 二氧化氮 | $NO_2$ | 气 | 33.85 | 51.84 | 240.5 |
| 氨 | $NH_3$ | 气 | −46.19 | −16.64 | 192.5 |
| 碳酸氢铵 | $NH_4HCO_3$ | 固 | −852.9 | −670.7 | 118.4 |
| 二氧化硫 | $SO_2$ | 气 | −296.9 | −300.4 | 248.5 |
| 三氧化硫 | $SO_3$ | 气 | −395.2 | −370.4 | 256.2 |

续表

| （二）有机化合物 | | | | | | |
|---|---|---|---|---|---|---|
| 物质 | | | $\Delta H_f^\ominus$ | $\Delta G_f^\ominus$ | $S^\ominus$ | $\Delta H_C^\ominus$ |
| 名称 | 化学式 | 聚集状态 | | | | |
| 甲烷 | $CH_4$ | 气 | −74.81 | −50.75 | 187.9 | −890.3 |
| 乙烷 | $C_2H_6$ | 气 | −84.68 | −32.90 | 229.5 | −1500 |
| 丙烷 | $C_3H_8$ | 气 | −103.8 | −23.50 | 269.9 | −2220 |
| 正丁烷 | $C_4H_{10}$ | 气 | −124.7 | −15.70 | 310.0 | −2878.5 |
| 异丁烷 | $C_4H_{10}$ | 气 | | | | −2868.8 |
| 正戊烷 | $C_5H_{12}$ | 气 | −146.4 | 8.201 | 348.4 | −3536 |
| 乙烯 | $C_2H_4$ | 气 | 52.26 | 68.12 | 219.5 | −1411 |
| 丙烯 | $C_3H_6$ | 气 | 20.40 | 62.72 | 266.9 | −2058.5 |
| 1-丁烯 | $C_4H_8$ | 气 | 1.170 | 72.05 | 307.4 | |
| 乙炔 | $C_2H_2$ | 气 | 226.7 | 209.2 | 200.8 | −1300 |
| 氯乙烯 | $C_2H_3Cl$ | 气 | 35.56 | 51.88 | 263.9 | −1271.5 |
| 苯 | $C_6H_6$ | 液 | 48.66 | 123.0 | 173.3 | −3268 |
| | | 气 | 82.93 | 129.7 | 269.7 | |
| 甲醇 | $CH_3OH$ | 液 | −238.7 | −166.4 | 127.0 | −726.5 |
| | | 气 | −200.7 | −162.0 | 239.7 | |
| 乙醇 | $C_2H_5OH$ | 液 | −277.7 | −174.9 | 161.0 | −1367 |
| | | 气 | −235.1 | −168.6 | 282.6 | |
| 甲醛 | $CH_2O$ | 气 | −117.0 | −113.0 | 218.7 | −570.8 |
| 乙醛 | $C_2H_4O$ | 液 | −192.3 | −128.2 | 160.0 | −1160 |
| | | 气 | −166.2 | −128.9 | 250.0 | |
| 丙酮 | $(CH_3)_2CO$ | 液 | −248.2 | −155.7 | | −1790 |
| | | 气 | −216.7 | −152.7 | | −1821 |
| 甲酸 | HCOOH | 液 | −424.7 | −361.4 | 129.0 | −254.6 |
| | | 气 | −378.6 | | | |
| 乙酸 | $CH_3COOH$ | 液 | −484.5 | −390.0 | 160.0 | −874.5 |
| | | 气 | −432.2 | −374.0 | 282.0 | |
| 尿素 | $(NH_2)_2CO$ | 固 | −332.9 | −196.8 | 104.6 | −631.7 |

注：$\Delta H_f^\ominus$——标准生成热，kJ/mol；$\Delta G_f^\ominus$——标准生成自由焓，kJ/mol；$S^\ominus$——标准熵，J/(mol·K)；$\Delta H_C^\ominus$——标准燃烧热，kJ/mol。

# 附录 2 理想气体摩尔定压热容的常数

| 化学物质 | 分子式 | $T_{max}$ | $A$ | $10^3B$ | $10^6C$ | $10^{-5}D$ |
|---|---|---|---|---|---|---|
| 链烷烃 | | | | | | |
| 甲烷 | $CH_4$ | 1500 | 1.702 | 9.081 | −2.164 | |
| 乙烷 | $C_2H_6$ | 1500 | 1.131 | 19.225 | −5.561 | |
| 丙烷 | $C_3H_8$ | 1500 | 1.213 | 28.785 | −8.824 | |
| 正丁烷 | $C_4H_{10}$ | 1500 | 1.935 | 36.915 | −11.402 | |
| 异丁烷 | $C_4H_{10}$ | 1500 | 1.677 | 37.853 | −11.945 | |
| 正戊烷 | $C_5H_{12}$ | 1500 | 2.464 | 45.351 | −14.111 | |
| 正己烷 | $C_6H_{14}$ | 1500 | 3.025 | 53.722 | −16.791 | |
| 正庚烷 | $C_7H_{16}$ | 1500 | 3.570 | 62.127 | −19.486 | |
| 正辛烷 | $C_8H_{18}$ | 1500 | 8.163 | 70.567 | −22.203 | |
| 烯烃 | | | | | | |
| 乙烯 | $C_2H_4$ | 1500 | 1.424 | 14.394 | −4.392 | |
| 丙烯 | $C_3H_6$ | 1500 | 1.637 | 22.706 | −6.915 | |
| 异丁烯 | $C_4H_8$ | 1500 | 1.967 | 31.630 | −9.873 | |
| 异戊烯 | $C_5H_{10}$ | 1500 | 2.691 | 39.753 | −12.447 | |
| 异己烯 | $C_6H_{12}$ | 1500 | 3.220 | 48.189 | −15.157 | |
| 异庚烯 | $C_7H_{14}$ | 1500 | 3.768 | 56.588 | −17.847 | |
| 异辛烯 | $C_8H_{16}$ | 1500 | 4.324 | 64.960 | −20.521 | |
| 其他有机物 | | | | | | |
| 乙醛 | $C_2H_4O$ | 1000 | 1.693 | 17.978 | −6.158 | |
| 乙炔 | $C_2H_2$ | 1500 | 6.132 | 1.952 | | −1.299 |
| 苯 | $C_6H_6$ | 1500 | −0.206 | 39.064 | −13.301 | |
| 1,3-丁二烯 | $C_4H_6$ | 1500 | 2.734 | 26.786 | −8.882 | |
| 环己烷 | $C_6H_{12}$ | 1500 | −3.376 | 63.249 | −20.928 | |

续表

| 化学物质 | 分子式 | $T_{max}$ | $A$ | $10^3B$ | $10^6C$ | $10^{-5}D$ |
|---|---|---|---|---|---|---|
| 乙醇 | $C_2H_6O$ | 1500 | 3.518 | 20.001 | −6.002 | |
| 苯乙烷 | $C_8H_{10}$ | 1500 | 1.124 | 55.380 | −18.476 | |
| 环氧乙烷 | $C_2H_4O$ | 1500 | −0.385 | 23.463 | −9.296 | |
| 甲醛 | $CH_2O$ | 1500 | 2.264 | 7.022 | −1.877 | |
| 甲醇 | $CH_4O$ | 1500 | 2.211 | 12.216 | −3.450 | |
| 甲苯 | $C_7H_8$ | 1500 | 0.290 | 47.052 | −15.716 | |
| 苯乙烯 | $C_8H_8$ | 1500 | 2.050 | 50.192 | −16.662 | |
| 无机物 | | | | | | |
| 空气 | | 2000 | 3.355 | 0.575 | | −0.016 |
| 氨 | $NH_3$ | 1800 | 3.578 | 3.020 | | −0.186 |
| 溴 | $Br_2$ | 3000 | 4.493 | 0.056 | | −0.154 |
| 一氧化碳 | $CO$ | 2500 | 3.376 | 0.557 | | −0.031 |
| 二氧化碳 | $CO_2$ | 2000 | 5.457 | 1.045 | | −1.157 |
| 二硫化碳 | $CS_2$ | 1800 | 6.311 | 0.805 | | −0.906 |
| 氯 | $Cl_2$ | 3000 | 4.442 | 0.089 | | −0.344 |
| 氢 | $H_2$ | 3000 | 3.249 | 0.422 | | 0.033 |
| 硫化氢 | $H_2S$ | 2300 | 3.931 | 1.490 | | −0.232 |
| 氯化氢 | $HCl$ | 2000 | 3.156 | 0.623 | | 0.151 |
| 氰化氢 | $HCN$ | 2500 | 4.736 | 1.359 | | −0.725 |
| 氮 | $N_2$ | 2000 | 3.280 | 0.593 | | 0.040 |
| 氧化亚氮 | $N_2O$ | 2000 | 5.328 | 1.214 | | −0.928 |
| 一氧化氮 | $NO$ | 2000 | 3.387 | 0.629 | | 0.014 |
| 二氧化氮 | $NO_2$ | 2000 | 4.982 | 1.195 | | −0.792 |
| 四氧化二氮 | $N_2O_4$ | 2000 | 11.660 | 2.257 | | −2.787 |
| 氧 | $O_2$ | 2000 | 3.639 | 0.506 | | −0.227 |
| 二氧化硫 | $SO_2$ | 2000 | 5.699 | 0.801 | | −1.015 |
| 三氧化硫 | $SO_3$ | 2000 | 8.060 | 1.056 | | −2.028 |
| 水 | $H_2O$ | 2000 | 3.470 | 1.450 | | 0.121 |

注：$c_p^{\ominus}/R=A+BT+CT^2+DT^{-2}$。式中，$A$、$B$、$C$、$D$ 为常数；$T$（开尔文）为 298K～$T_{max}$。

# 附录3 常见气体在不同温度区间的平均摩尔定压热容

单位：J/(mol·K)

| 温度/℃ | $H_2$ | $N_2$ | CO | 空气 | $O_2$ | NO | $H_2O$ | $CO_2$ |
|---|---|---|---|---|---|---|---|---|
| 25 | 28.84 | 29.12 | 29.14 | 29.17 | 29.37 | 29.85 | 33.57 | 37.17 |
| 100 | 28.97 | 29.17 | 29.22 | 29.27 | 29.64 | 29.89 | 33.82 | 38.71 |
| 200 | 29.11 | 29.27 | 29.36 | 29.38 | 30.05 | 30.23 | 34.21 | 40.59 |
| 300 | 29.16 | 29.44 | 29.58 | 29.59 | 30.51 | 30.34 | 34.37 | 42.29 |
| 400 | 29.21 | 29.66 | 29.86 | 29.92 | 30.99 | 30.55 | 35.18 | 43.77 |
| 500 | 29.27 | 29.95 | 30.17 | 30.23 | 31.44 | 30.92 | 35.73 | 45.09 |
| 600 | 29.33 | 30.25 | 30.50 | 30.54 | 31.87 | 31.25 | 36.31 | 46.25 |
| 700 | 29.42 | 30.53 | 30.82 | 30.85 | 32.24 | 31.59 | 36.89 | 47.29 |
| 800 | 29.54 | 30.83 | 31.14 | 31.16 | 32.60 | 31.92 | 37.50 | 48.24 |
| 900 | 29.61 | 31.14 | 31.47 | 31.46 | 32.94 | 32.25 | 38.11 | 49.12 |
| 1000 | 29.82 | 31.41 | 31.74 | 31.77 | 33.23 | 34.52 | 38.69 | 49.87 |
| 1100 | 30.00 | 31.69 | 32.02 | 32.05 | 33.51 | 32.80 | 39.28 | 50.63 |
| 1200 | 30.12 | 31.94 | 32.28 | 32.30 | 33.76 | 33.05 | 39.85 | 51.25 |
| 1300 | 30.34 | 32.18 | 32.52 | 32.54 | 33.99 | 33.27 | 40.42 | 51.84 |
| 1400 | 30.49 | 32.38 | 32.71 | 32.74 | 34.17 | 33.45 | 40.88 | 52.30 |
| 1500 | 30.65 | 32.58 | 32.91 | 32.94 | 34.32 | 33.64 | 41.38 | 53.09 |
| 1600 | 30.90 | 32.82 | 33.15 | 33.17 | 34.60 | 33.86 | 41.63 | 53.35 |
| 1700 | 31.05 | 32.97 | 33.30 | 33.33 | 34.75 | 33.99 | 42.38 | 53.56 |
| 1800 | 31.24 | 33.15 | 33.48 | 33.51 | 34.93 | 34.16 | 42.84 | 54.14 |
| 1900 | 31.40 | 33.29 | 33.61 | 33.65 | 35.07 | 34.28 | 43.26 | 54.43 |
| 2000 | 31.58 | 33.45 | 33.76 | 33.81 | 35.24 | 34.41 | 43.64 | 54.81 |
| 2100 | 31.75 | 33.59 | 33.89 | 33.95 | 35.40 | 34.54 | 44.02 | 55.10 |
| 2200 | 31.90 | 33.70 | 34.00 | 34.07 | 35.53 | 34.63 | 44.39 | 55.40 |

续表

| 温度/℃ | HCl | $Cl_2$ | $CH_4$ | $SO_2$ | $C_2H_4$ | $SO_3$ | $C_2H_6$ | $NH_3$ |
| --- | --- | --- | --- | --- | --- | --- | --- | --- |
| 25 | 29.12 | 33.97 | 35.77 | 39.92 | 43.72 | 50.67 | 52.84 | 35.46 |
| 100 | 29.16 | 34.48 | 37.57 | 41.21 | 47.49 | 53.72 | 57.57 | 36.62 |
| 200 | 29.20 | 35.02 | 40.25 | 42.89 | 52.43 | 57.49 | 63.89 | 38.16 |
| 300 | 29.29 | 35.48 | 43.05 | 44.43 | 57.11 | 60.84 | 69.96 | 39.67 |
| 400 | 29.37 | 35.77 | 45.90 | 45.77 | 61.38 | 63.68 | 75.77 | 41.17 |
| 500 | 29.54 | 36.02 | 48.74 | 46.94 | 65.27 | 66.19 | 81.13 | 42.64 |
| 600 | 29.71 | 36.23 | 51.34 | 47.91 | 68.83 | 68.32 | 86.11 | 44.09 |
| 700 | 29.92 | 36.40 | 53.97 | 48.79 | 72.05 | 70.17 | 90.71 | 45.52 |
| 800 | 30.17 | 36.53 | 56.40 | 49.54 | 75.10 | 71.84 | 95.06 | |
| 900 | 30.42 | 36.69 | 58.74 | 50.25 | 77.95 | 73.30 | 99.12 | |
| 1000 | 30.67 | 36.82 | 60.92 | 50.84 | 80.46 | 74.73 | 102.8 | |
| 1100 | 30.92 | 36.90 | 62.93 | 51.38 | 82.89 | 76.02 | 106.3 | |
| 1200 | 31.17 | 37.40 | 64.81 | 51.84 | 85.06 | 77.15 | 109.4 | |

注：本表中数据除 $NH_3$ 外均引自 *Chemical Process Principles*（O A Hougen，K M Watson，R A Ragatz，1959）并按 1cal=4.184J 换算成 SI 单位，$NH_3$ 的数据是根据下式计算出来的：$\bar{c}_p=25.89+3.300\times10^{-2}T-3.046\times10^{-6}T^2$。

# 参考文献


[1] 袁一，胡德生. 化工过程热力学分析法 [M]. 北京：化学工业出版社，1985.

[2] 党洁修，涂敏端. 化工节能基础——过程热力学分析 [M]. 成都：成都科技大学出版社，1987.

[3] 华贲. 工艺过程用能分析及综合 [M]. 北京：烃加工出版社，1989.

[4] 陈安民. 石油化工过程节能方法和技术 [M]. 北京：中国石化出版社，1995.

[5] 陈文威，李沪萍. 热力学节能与分析 [M]. 北京：科学出版社，1999.

[6] 范文元. 化工单元操作节能技术 [M]. 合肥：安徽科学技术出版社，2000.

[7] Guo Z. Mechanism and control of convective heat transfer-coordination of velocity and heat flow fields [J]. Chinese Science Bulletin，2001，46 (7)：596-599.

[8] 孟昭利. 企业能源审计方法 [M]. 2 版. 北京：清华大学出版社，2002.

[9] 顾晓华，董安霞. 蜂窝夹套的焊接工艺评定及爆破试验研究 [J]. 化工机械，2002，29 (1)：23-26.

[10] Tao W Q，Guo Z Y，Wang B X. Field synergy principle for enhancing convective heat transfer-Its extension and numerical verifications [J]. International Journal of Heat and Mass Transfer，2002，45 (18)：3849-3856.

[11] 陈新志. 化工热力学 [M]. 北京：化学工业出版社，2003.

[12] 吴存真，张诗针，孙志坚. 热力过程㶲分析基础 [M]. 杭州：浙江大学出版社，2004.

[13] 张濂，许志美. 化学反应器分析 [M]. 上海：华东理工大学出版社，2005.

[14] 陈登科. 电子器件冷却技术 [J]. 低温物理学报，2005 (3)：255-262.

[15] 贾振航，姚伟，高红. 企业节能技术 [M]. 北京：化学工业出版社，2006.

[16] 中国化工节能技术协会. 化工节能技术手册 [M]. 北京：化学工业出版社，2006.

[17] 朱自强，徐迅. 化工热力学 [M]. 2 版. 北京：化学工业出版社，2006.

[18] 崔海亭，彭培英. 强化传热新技术及其应用 [M]. 北京：化学工业出版社，2006.

[19] 杨世铭，陶文铨. 传热学 [M]. 4 版. 北京：高等教育出版社，2006.

[20] 柴诚敬，张国亮. 化工流体流动与传热 [M]. 北京：化学工业出版社，2007.

[21] 吴元欣，朱圣东，陈启明. 新型反应器与反应器工程中的新技术 [M]. 北京：化学工业出版社，2007.

[22] 潘永康，王喜忠，刘相东. 现代干燥技术 [M]. 2 版. 北京：化学工业出版社，2007.

[23] 方战强，任官平. 能源审计原理与实施方法 [M]. 北京：化学工业出版社，2008.

[24] 方利国. 节能技术应用与评价 [M]. 北京：化学工业出版社，2008.

[25] 钱伯章. 节能减排——可持续发展的必由之路 [M]. 北京：科学出版社，2008.

[26] 王文堂. 石油和化工典型节能改造案例 [M]. 北京：化学工业出版社，2008.

[27] 李志义，喻建良，刘志军. 过程机械 [M]. 北京：化学工业出版社，2008.

[28] 潘家祯. 过程原理与装备 [M]. 北京：化学工业出版社，2008.

[29] 朱冬生. 换热器技术及进展 [M]. 北京：中国石化出版社，2008.

[30] 潘亮，潘敏强，吴磊，等. 小型叠板式换热器传热与流阻特性实验 [J]. 化工进展，2008 (3)：448-452，456.

[31] 范琦，尹侠. 蜂窝夹套结构热力性能数值模拟研究 [J]. 石油机械，2008，36 (11)：20-24.

[32] 李云，姜培正. 过程流体机械 [M]. 北京：化学工业出版社，2008.

[33] 王晓红，田文德，王英龙.化工原理［M].北京：化学工业出版社，2009.
[34] 陈涛，张国亮.化工传递过程基础［M].3版.化学工业出版社，2009.
[35] 涂善东.过程装备与控制工程概论［M].北京：化学工业出版社，2009.
[36] 吴金星，韩东方，曹海亮.高效换热器及其节能应用［M].北京：化学工业出版社，2009.
[37] 张旭亮，黄继昌.节能减排基础知识［M].北京：中国电力出版社，2009.
[38] 冯霄.化工节能原理与技术［M].3版.北京：化学工业出版社，2009.
[39] 齐鸣斋.化工能量分析［M].上海：华东理工大学出版社，2009.
[40] 王抚华.塔器的工程设计及应用［M].西安：陕西人民出版社，2009.
[41] 范琦，尹侠.蜂窝夹套流动与换热的数值模拟及其结构优化［J].化工进展，2009，28（1）：31-36.
[42] Liu W，Liu Z C，Ming T Z，et al. Physical quantity synergy in laminar flow field and its application in heat transfer enhancement［J］. International Journal of Heat and Mass Transfer，2009，52（19-20）：4669-4672.
[43] 孙伟民.化工节能技术［M].北京：化学工业出版社，2010.
[44] 李平辉.化工节能减排技术［M].北京：化学工业出版社，2010.
[45] 李志信，过增元.对流传热优化的场协同理论［M].北京：科学出版社，2010.
[46] 上海市经济团体联合会.节能减排理论基础与装备技术［M].上海：华东理工大学出版社，2010.
[47] 马小明，钱颂文，朱冬生，等.管壳式换热器［M].北京：中国石化出版社，2010.
[48] 张超，刘婷，周光辉.微通道换热器在制冷空调系统中的应用分析［J].低温与超导，2011，39（9）：42-46.
[49] 魏新利，付卫东，张军.泵与风机节能技术［M].北京：化学工业出版社，2011.
[50] 王建平.化工生产节能技术［M].北京：人民邮电出版社，2011.
[51] 雷志刚，代成娜.化工节能原理与技术［M].北京：化学工业出版社，2012.
[52] 康盈，柳建华，张良，等.微通道换热器的研究进展及其应用前景［J].低温与超导，2012，40（6）：45-48.
[53] 刘宝庆.过程节能技术与装备［M].北京：化学工业出版社，2012.
[54] Liu W，Liu Z C，Ma L. Application of a multi-field synergy principle in the performance evaluation of convective heat transfer enhancement in a tube［J］. Chinese Science Bulletin，2012，57（13）：1600-1607.
[55] Zhang L，Yang S，Xu H. Experimental study on condensation heat transfer characteristics of steam on horizontal twisted elliptical tubes［J］. Applied Energy，2012，97：881-887.
[56] 龚光彩.流体输配管网［M].北京：机械工业出版社，2013.
[57] 郑津洋，桑芝富.过程设备设计［M].4版.北京：化学工业出版社，2015.
[58] Wang F Q，Lai Q Z，Han H Z，et al. Parabolic trough receiver with corrugated tube for improving heat transfer and thermal deformation characteristics［J］. Applied Energy，2016，164：411-424.
[59] 康勇，李桂水.过程流体机械［M].北京：化学工业出版社，2016.
[60] 向伟.流体机械［M].西安：西安电子科技大学出版社，2016.
[61] 陈志平，陈冰冰，刘宝庆，等.过程设备设计与选型基础［M].3版.杭州：浙江大学出版

社，2016.

[62] 阎建民，刘辉. 化工传递过程导论 [M]. 2 版. 北京：科学出版社，2019.

[63] Liu W，Liu P，Dong Z M，et al. A study on the multi-field synergy principle of convective heat and mass transfer enhancement [J]. International Journal of Heat and Mass Transfer，2019，134：722-734.

[64] Gorjaei A R，Shahidian A. Heat transfer enhancement in a curved tube by using twisted tape insert and turbulent nanofluid flow [J]. Journal of Thermal Analysis and Calorimetry，2019，137 (3)：1-10.

[65] 谢洪涛，李星辰，绳春晨，等. 微通道换热器结构及优化设计研究进展 [J]. 真空与低温，2020，26 (04)：310-316.

[66] 朱传辉，李保国，杨会芳. 微通道换热器研究及应用进展 [J]. 热能动力工程，2020，35 (9)：1-9.

[67] 史为帅，董金善，李川. 基于 ANSYS 的不同排列方式短管蜂窝夹套有限元分析 [J]. 石油化工设备，2020，49 (1)：17-23.

[68] 钱锦远，金志江，李文庆，等. 阀门设计与选用基础 [M]. 杭州：浙江大学出版社，2020.